建築電気設備の耐震設計・施工マニュアル

改訂第2版

一般社団法人　日本電設工業協会
一般社団法人　電気設備学会

はじめに

　1981年に、当時の新しい耐震設計の考え方を取り入れて大改正された建築基準法施行令を踏まえて「建築設備耐震設計・施工指針（1982年版）」（現：一般財団法人日本建築センター）が作成された。この指針は、電気・空調・給排水設備を含む建築設備すべてを対象範囲としたものとなっているが、電気設備のみについてより詳細、かつ簡便なものが必要であるとの要望が多く寄せられ、日本電設工業協会において、「建築電気設備の耐震設計・施工マニュアル」（以下「マニュアル」と呼ぶ）が作成され、1983年4月に発行された。以降、同書により建築電気設備の耐震対策の実務がなされてきた。

　1995年に発生した兵庫県南部地震は、マニュアルが発刊されて以降の地震としては最も大きなもので、これに対し日本電設工業協会・電気設備学会・その他各関係団体等で同地震の被害調査が実施され、それぞれの報告書が公表された。また、これを契機に耐震措置についても見直しが行われ、一般財団法人日本建築センターでは、「建築設備耐震設計・施工指針（1984年版）」を上述の報告書及び文献等の成果も踏まえ、「建築設備耐震設計・施工指針（1997年版）」として改訂し、同年7月発行された。これを受け、「マニュアル」を改訂すべく、社団法人日本電設工業協会及び社団法人電気設備学会では、「電気設備耐震設計施工指針作成委員会」を設置し、1999年に「建築電気設備の耐震設計・施工マニュアル（改訂新版）」を発行した。

　2011年3月に発生した東北地方太平洋沖地震では広範囲に揺れが観測され、広域に亘って被害報告や被害事例等の貴重なデータが集積された。これらの被害経験を踏まえ、2014年に「建築設備耐震設計・施工指針（2014年版）」として改訂・発行されたのを受け、一般社団法人日本電設工業協会及び一般社団法人電気設備学会では、「電気設備の耐震設計・施工に関する検討委員会」を設置し検討を進め、この度「建築電気設備の耐震設計・施工マニュアル（改訂第2版）」の発行をみたものである。

　この度の改訂に当たっての主な改正ポイントとしては、以下のものが挙げられる。

・kgf → N（ニュートン）等、SI単位の見直し
・日本建築センターの指針を含む関連の法規・基準の改正内容の反映
・ケーブルラックに関する耐震支持等への追加
・東日本大震災の被害から見た耐震上の留意点への反映

　本書は、「建築電気設備の耐震対策に関する情報を設計段階、施工段階等それぞれ必要に応じて提供できる。」ことを指標として作成されており、今後広く耐震対策に活用され、地震時においても安全で、機能を損なわない建築電気設備の構築に役立つことを期待するものである。

　終わりに、本書への「建築設備耐震設計・施工指針（2014年版）」からの多くの引用・転載をご快諾いただいた一般財団法人日本建築センターに、各分科会委員各位並びに関係団体に深甚なる謝意を表するものである。

2015年11月

電気設備の耐震設計・施工に関する検討委員会
委員長
（東京理科大学名誉教授）
寺 本 隆 幸

電気設備の耐震設計・施工に関する検討委員会
委員会構成名簿

(2015 年 11 月現在)

委員長	寺本 隆幸	東京理科大学 名誉教授	
主査	小林 靖昌	㈱日建設計 監理グループ技師長	
〃	鈴木 俊之	東光電気工事㈱ 工事管理部担当部長	
〃	角 耀	A.S 技術士事務所 所長	
委員	池田 靖	㈱日本設計 環境・設備設計群主任技師	
〃	大石 芳己	(一社) 日本内燃力発電設備協会 技術部	
〃	大和久 吾朗	(一社) 日本電機工業会 技術部標準化推進センター	
〃	座馬 知司	㈱関電工 営業統轄本部エンジニアリング部副部長	
〃	小板橋 裕一	㈱日建設計 構造設計部長	
〃	瀧沢 健二	㈱きんでん 技術本部安全品質保証部副部長	
〃	芦澤 友雄	(一社) 日本配電制御システム工業会 技術部部長	
〃	野口 東八	㈱ユアテック 東京本部設備技術部部長	
〃	原田 健司	㈱大林組 東京本社設計本部設備設計部電気設計課課長	
オブザーバ	和知 勝美	国土交通省 大臣官房官庁営繕部設備・環境課課長補佐	
〃	堀江 和浩	(一財) 日本建築センター 情報事業部情報課長	
事務局	齋藤 範幸	(一社) 電気設備学会	
〃	遠藤 衡樹	(一社) 日本電設工業協会	

WG（ワーキンググループ）構成名簿

（2015年11月現在）

建築センター「指針」フォローWG

主　査	小林　靖昌	㈱日建設計　監理グループ技師長
委　員	池田　靖	㈱日本設計　環境・設備設計群主任技師
〃	大石　芳己	（一社）日本内燃力発電設備協会　技術部
〃	小板橋　裕一	㈱日建設計　構造設計部門構造設計部長
オブザーバ	和知　勝美	国土交通省　大臣官房官庁営繕部設備・環境課課長補佐
〃	堀江　和浩	（一財）日本建築センター　情報事業部情報課長

施工上の留意点検討WG

主　査	鈴木　俊之	東光電気工事㈱　工事管理部担当部長
委　員	菊池　良直	東光電気工事㈱　中央支社内線部内線第一課副長
〃	栗原　正治	㈱関電工　営業統轄本部品質工事管理部課長（施工力強化・育成担当）
〃	瀧沢　健二	㈱きんでん　技術本部安全品質保証部副部長
〃	野口　東八	㈱ユアテック　東京本部設備技術部部長

ケーブルラックWG

主　査	角　耀	A.S技術士事務所　所長
委　員	中嶋　貴之	ネグロス電工㈱　技術サービス部技術管理課課長
〃	小川　正	カナフジ電工㈱　企画管理室技術顧問
〃	池場　賢次	未来工業㈱　開発部電設一課課長
〃	松岡　秀樹	パナソニック㈱エコソリューションズ社　パワー機器ビジネスユニット　商品技術部機構商品開発第一課課長
〃	座馬　知司	㈱関電工　営業統轄本部エンジニアリング部副部長
〃	野口　東八	㈱ユアテック　東京本部設備技術部部長

建築電気設備の耐震設計・施工マニュアル改訂第2版

目　　次

はじめに

委員会構成

分科会構成

第1章　総　説 …………………………………………………………………………… 1

  1.1　総　説 ……………………………………………………………………………… 1

    1.1.1　本マニュアルの位置付け ……………………………………………………… 1

    1.1.2　本マニュアルの目的 …………………………………………………………… 1

  1.2　適用範囲 …………………………………………………………………………… 1

    1.2.1　対象建築物、対象機器及び配管等 …………………………………………… 1

    1.2.2　適用範囲外とするものとその扱い方 ………………………………………… 2

第2章　地震力 …………………………………………………………………………… 5

  2.1　設計用地震力 ……………………………………………………………………… 5

  2.2　設備機器の地震力　その1 ……………………………………………………… 5

  2.3　設備機器の地震力　その2 ……………………………………………………… 7

第3章　設備機器の耐震支持 …………………………………………………………… 15

  3.1　設備機器の耐震支持の考え方 …………………………………………………… 15

  3.2　アンカーボルトによる耐震支持 ………………………………………………… 15

  3.3　頂部支持材による耐震支持 ……………………………………………………… 16

  3.4　耐震ストッパによる耐震支持 …………………………………………………… 16

  3.5　鉄骨架台による耐震支持 ………………………………………………………… 17

第4章　アンカーボルトの許容耐力と選定 …………………………………………… 49

  4.1　アンカーボルトの許容引抜き荷重と許容応力度 ……………………………… 49

  4.2　アンカーボルトの選定方法 ……………………………………………………… 49

第5章　建築設備の基礎の設計 ………………………………………………………… 57

  5.1　基礎への転倒モーメントとせん断力の伝達 …………………………………… 57

  5.2　基礎形状の検討式 ………………………………………………………………… 62

第6章　電気配管等の耐震対策 ………………………………………………………… 71

  6.1　基本的な考え方 …………………………………………………………………… 71

    6.1.1　対象とする配管等の分類 ……………………………………………………… 71

6.1.2 適用範囲……72
6.1.3 横引配管等の支持……72
6.1.4 立て配管等の支持……74
6.2 電気配管等の耐震設計・施工の設計手順……74
6.2.1 横引配管等の耐震設計・施工フロー……75
6.2.2 立て配管等の耐震設計・施工フロー……75
6.2.3 横引配管等の耐震支持方法の具体例……75
6.3 横引配管等の耐震支持……89
6.3.1 横引ケーブルラック……89
6.3.2 ケーブルラックの耐震強度……92
6.4 屋上の床上にある幹線ケーブルラック……93
6.4.1 既設の屋上ケーブルラック……93
6.4.2 最近の屋上ケーブルラックの耐震施工例……95

第7章 機器と配管等の耐震上の留意点……97
7.1 機器と配管等の接続部の耐震対策……97
7.1.1 基本事項……97
7.1.2 具体的な手法……97
7.1.3 床据付機器の耐震対策……99
7.1.4 天井吊り機器の耐震対策……100
7.1.5 防振支持機器の耐震対策……101
7.1.6 あと施工アンカーの耐震対策……102
7.1.7 変圧器の接続部の耐震対策……103
7.1.8 発電機・電動機への接続部の耐震対策……105
7.1.9 蓄電池への接続部の耐震対策……105
7.1.10 配電盤への接続部の耐震対策……106
7.2 エキスパンションジョイント通過部の耐震対策……108
7.2.1 注意事項……108
7.2.2 エキスパンションジョイント通過部の対策例……108
7.3 建物導入部の配管等の耐震対策……110
7.3.1 注意事項……110
7.3.2 建物導入部の配管等の対策例……111
7.3.3 免震建物における対応の具体例と計算……113
7.4 軽量な機器の耐震対策……117
7.4.1 1kN未満で0.1kN以上の吊り下げ機器……117
7.4.2 照明器具の施工例……117
7.4.3 重量のある高出力LED照明器具の施工例……119
7.4.4 国土交通省の「特定天井」対応について……120
7.4.5 監視制御システムの耐震措置……121

第8章　付　表 …… 123
　付表1　アンカーボルトの許容引抜き荷重 …… 124
　付表2　配管用耐震支持部材選定表および組立要領図の例 …… 140
　付表3　電気配線用耐震支持部材選定表および組立要領図の例 …… 183

第9章　機器の耐震支持の計算例 …… 187
　9.1　基本事項 …… 187
　9.2　盤　類 …… 189
　9.3　変圧器 …… 201
　9.4　蓄電池 …… 206
　9.5　自家発電装置 …… 208
　9.6　比較的軽量な機器 …… 215

第10章　電気配管等の耐震支持の計算例 …… 217
　10.1　横引き配管等の耐震支持方法の種類の一覧 …… 218
　10.2　横引き配管等の耐震支持の選定例 …… 218
　　10.2.1　横引き配管の耐震支持の選定例 …… 218
　　10.2.2　ケーブルラックの耐震支持の選定例 …… 220
　　10.2.3　バスダクトの耐震支持の選定例 …… 227
　10.3　立て配管等の耐震支持方法の種類の一覧 …… 232
　10.4　立て配管等の耐震支持の選定例 …… 232
　　10.4.1　立て配管の耐震支持の選定例 …… 232
　　10.4.2　立てケーブルラックの耐震支持の選定例 …… 233
　　10.4.3　立てバスダクトの耐震支持の選定例 …… 239
　10.5　配管等の耐震支持材の計算例 …… 241
　　10.5.1　配管等の耐震支持材の計算式 …… 243
　　10.5.2　ケーブルラックの耐震支持部材の計算例 …… 253
　　10.5.3　バスダクトの耐震支持部材の計算例 …… 256
　　10.5.4　立てケーブルラックの耐震支持の計算例 …… 260
　　10.5.5　立てバスダクトの耐震支持部材の計算例 …… 262
　10.6　屋上の床上にある幹線ケーブルラックの耐震支持部材の検討例 …… 264

付録
　付録1　床応答倍率の略算値 …… 270
　付録2　耐震クラスの適用例 …… 272
　付録3　水槽の有効重量および地震力の作用点 …… 274
　付録4　許容応力度等の規定 …… 276
　付録5　鉄骨架台の接合部の例 …… 296
　付録6　配管等支持材に発生する部材力および躯体取付部に作用する力 …… 301

付録7　建築基準関連法規における建築設備等の耐震規定 …………………………………… 306
付録8　（一社）日本建築あと施工アンカー協会資料 …………………………………………… 344
付録9　過去の地震による建築設備の被害例 ……………………………………………………… 358
付録10　電気設備ケーブルラックの耐震性に関する研究 ……………………………………… 380
付録11　地震の基礎知識 ……………………………………………………………………………… 386
付録12　電気設備配管等の耐震設計の考え方 …………………………………………………… 398

第1章 総　説

1.1 総　説

1.1.1 本マニュアルの位置付け

① 「建築設備耐震設計・施工指針（2014年版）」に基づくものであること

本マニュアルは日本建築センター刊「建築設備耐震設計・施工指針（2014年版）」（以降、本マニュアルでは「センター指針」と言う）を基本として作成したものである。

建築電気設備技術者に扱いやすいマニュアルとなることを意図し、「センター指針」のうち、建築電気設備に関わる部分を主体にまとめた。

② 建築電気設備工事で「建築設備耐震設計・施工指針（2014年版）」と同等として扱えること

本マニュアルは学協会による民間マニュアルであるが、内容は広く国内の建築設備工事に使用されている「センター指針」に沿ったものであることから、建築電気設備の耐震設計・施工について「センター指針」と同等のものとして使用して差し支えない。

1.1.2 本マニュアルの目的

① 地震時の建築電気設備の機器・配管等の、移動・転倒・落下等を防止すること

建築電気設備は各種の機器・配管等から構成されているが、これまでの被害調査等によると、これら構成機材の移動・転倒・落下等が発生しなければ、建築電気設備が人体安全に関わる被害を起こすことを避けられ、多くの場合で必要な機能の早期復旧あるいは機能の全喪失の回避が可能であるとの知見が得られている。

そこで本マニュアルは、建築電気設備を構成する機器・配管等の移動・転倒・落下等を防止できるよう、構成機材の確実な耐震支持を得ることを基本的な目的とする。

② 地震時の機能維持に備えた建築電気設備の設計・施工に資すること

地震による建築電気設備被害の中には配管等と機器の接続部や配管の建物への導入部の措置に起因するものもある。本マニュアルではこれらへの対策と、併せて不測の事態や地震時特有の機能停止トラブルに備えた機器とシステムの地震対策の強化策について記し、地震時の建築電気設備の機能維持に資することを目的とする。

1.2 適用範囲

本マニュアルの適用範囲は、次のように、「センター指針」と同じ範囲での建築電気設備とする。

1.2.1 対象建築物、対象機器及び配管等

① 対象とする建築物

建築物の構造が、鉄骨（S）造、鉄骨鉄筋コンクリート（SRC）造及び鉄筋コンクリート（RC）造等で、高さ60m以下の建築物を対象とし、その建築物に設置される建築電気設備の機器・配管等を対象とする。

なお、高さが60mを超える建築物や免震構造の建築物などの時刻歴応答解析により建築構造体の耐震設計が行なわれている場合には、第2章に「建築物の動的解析が行われている場合の地震力」を

示しているので、それを使用することができる。

　同様に、設備機器を建物内の免震床に設ける場合は、当該部分の地震応答加速度値を建築構造設計者に確認し、その値を使用して第2章の耐震クラスに当てはめ、建築構造設計者の指定する方法で床に支持し、配線余長を確保するなどして対応することができる。

② 対象とする建築電気設備

　建築物に据え付けられる次の建築電気設備の機器及び配管等を対象とする。ただし機器本体の耐震性能は、別途製造者により確認されているものとする。なお「配管等」とは、ケーブルラック、金属配管・金属ダクト・バスダクトなどの「電気配線等」のほか、発電機設備に使用される排気管や燃料配管等を含んだものをいう。

- ●受変電設備（受変電キュービクル、配電盤ほか）
- ●自家発電設備（内燃力発電設備、太陽光発電設備ほか）
- ●電力貯蔵設備（直流電源装置盤、UPS盤、架台設置の蓄電池ほか）
- ●電気配線等（金属管、金属ダクト、バスダクトほか）、ケーブルラック
- ●動力設備（動力制御盤ほか）
- ●照明・コンセント設備（電灯分電盤、重量照明器具ほか）
- ●通信・情報設備（MDF、電話交換機、LANラック、AVラックほか）
- ●防災設備（自火報受信機盤、非常放送アンプ架ほか）
- ●避雷設備（避雷針ほか）

（注）支持については、地震対策以外の規定や要素がある場合はそれによること。たとえば以下の事項がある。

- ・重量1kNを超える照明設備・音響設備等の地震に備えた吊り支持は本マニュアルの対象範囲になるが、「懸垂物安全指針・同解説」（日本建築センター刊）を遵守すること。
- ・屋上の太陽光発電パネルや、テレビ・パラボラアンテナなどの支持については、地震力よりも他で規定された荷重（たとえば風圧荷重）が上回る場合は、本マニュアルとは別に風圧荷重計算を実施して必要な支持を行うこと。

1.2.2　適用範囲外とするものとその扱い

　表1.2-1のものは、耐震設計・施工（耐震支持の設計）において適用範囲外とする。

表 1.2－1 本マニュアルの適用範囲外のもの

①	項目	機器本体の耐震性能
	解説	機器本体は別途、製造者で確認されているものとして、適用範囲外としている。しかし地震被害事例には、たとえば受変電キュービクルの事例では、盤自体は基礎に固定され無被害だったにもかかわらず、その中に収容された機器の取付けが外れて損傷した事例や収容機器本体の内部が損傷した事例などが報告されている。建築電気設備技術者は機器本体の耐震性能について、その機器の製造者に確認することが望ましい。 　確認する事項には、製造者が用意する機器及び付属機材（防振装置や架台など）の耐震性能、機器内部の部品・機材取付の耐震性能、機器本体の地震動後の動作・機能維持状態、その他が考えられる。 　なお確認時には、本マニュアルの耐震支持計算に用いる設計用震度値を機器の製造者に伝え、耐震支持と機器本体の耐震性能の整合に配慮する。機器が有する耐震性能と機能維持の必要性を施設計画全体の中で考慮し、状況によっては機器を設計用震度値が低くなる地階に設置したり免震構造の建物の部分に設置するなどを行うことも考えられる。
②	項目	重量1kN以下の機器
	解説	重量1kN以下の機器の据付け・取付けについては、本マニュアルに準拠あるいは同等な設計用地震力に耐える方法で設計・施工されることを推奨する。ただし、取付けの詳細は軽量であることを考慮し、機器製造者の指定する方法で確実に行えばよいものとする。この際、特に機器の支承部（機器等が支持される、天井・壁・床等の仕上げ部分など）が地震によって生ずる力に十分耐えるように検討されている必要がある。 　なお第7章には、中央管理室や防災センターなどの軽量な卓上機器への対応や、避難所となる集会場や体育館の照明器具などへの対応として、高天井部分における吊り支持の機器で0.1kN以上のものについて参考となる事項を記載しているので参照されたい。
③	項目	φ82以下の単独電線管、幅40cm未満のケーブルラックあるいは周長80cm以下の電気配線、定格電流600A以下のバスダクト、吊り長さ（高さ方向）が平均20cm以下の電気配線・ケーブルラック
	解説	これら電気配線等は本マニュアルの適用範囲外であるが、現場の状況に応じて可能な範囲で、本マニュアルに準拠あるいは同等な設計用地震力に耐える方法で、振れ止めなどの設計・施工されることを推奨する。
④	項目	引込柱、構内電柱、架空配線
	解説	電柱の建柱方法は立地の地盤条件によるので建築構造設計者に相談すること。なお地震動による荷重よりも、電気設備の技術基準に規定されている風圧荷重等が上回ると考えられ、液状化などの悪条件がないならば、同基準に基づき設計・施工を行う。
⑤	項目	外構の地上に設ける電気設備
	解説	受変電キュービクル、自立盤類、外灯などが該当するが、これらを設置するためのコンクリート基礎は建築構造設計者に検討してもらう必要がある。その際、電気設備設計者はそれらの設備の用途（重要度）を建築構造設計者に伝達しなければならない。
⑥	項目	地中に設ける電気設備
	解説	建築物と切り離された地中埋設のオイルタンク用コンクリート躯体あるいは直接地中埋設する二重殻タンクは建築構造設計者に検討してもらう必要がある。 　地中埋設配管は立地の地盤条件に応じて、可とう性などに配慮しながら、電気設備技術基準及び公共建築工事標準仕様書等に準拠して施工すれば良いものとする。なお液状化の可能性がある場合、ハンドホール等の対応をどうするかは建築構造設計者に確認する。
⑦	項目	電気給湯器類、昇降機設備
	解説	これらは電気設備工事の範囲外の機器・設備とし、本マニュアルでは扱っていない。
⑧	項目	内燃力発電設備に含まれる油・水配管、排気管（煙導）、給排気ダクト
	解説	これらは「センター指針」の"配管"の部分の記載を参照し、給気・排気ダクトは"ダクト"の部分の記載を参照するものとして本マニュアルには記載していない。ただし、消音器は"機器"として扱った。

（注）　機器用免震装置を使用する場合

本マニュアルでは詳細にふれないが、建物内に機器用免震装置を設けてその上に設備機器を設置する場合は、その免震装置の仕様と載せる設備機器の用途（重要度）を建築構造設計者に伝えて、当該場所の床応答加速度値などを加味した結果の値を使用して耐震クラスに当てはめ、床への支持方法を選定することができる。なお床に支持できずに置くだけとなる場合は、機器の転倒が起きぬことを確認する必要がある。

第2章　地震力

2.1　設計用地震力

設備機器に対する設計用水平地震力 F_H は次式によるものとし、作用点は原則として設備機器の重心とする。

$$F_H = K_H \cdot W \text{ (kN)} \quad (2.1-1)$$

　　ここに、

　　　K_H：設計用水平震度

　　　W：設備機器の重量、ただし水槽においては満水時の液体重量を含む設備機器総重量（kN）

設計用鉛直地震力 F_V は次式によるものとし、作用点は原則として設備機器の重心とする。

$$F_V = K_V \cdot W \text{ (kN)} \quad (2.1-2)$$

　　ここに、

　　　K_V：設計用鉛直震度

ただし、ここで水槽とは受水槽、高置水槽などである。水槽および自由表面を有する液体貯槽の場合には、「第3編　付録3」による有効重量比 $α_T$、作用点高さと等価高さの比 $β_T$ を用い、設計用重量および地震力の作用点高さを求め使用してもよい。

なお、上記の設備機器に対する設計用地震力算定に用いる K_H、K_V については、建築物の時刻歴応答解析が行われていない場合（2.2節）と、建築物の時刻歴応答解析が行われている場合（2.3節）とに分けて規定している。

2.2　設備機器の地震力　その1（建築物の時刻歴応答解析が行われていない場合）

時刻歴応答解析が行われない通常の構造の建築物については、2.2.1項で設計用水平震度 K_H を、2.2.2項で設計用鉛直震度 K_V を求める。

2.2.1　設計用水平震度

設計用水平震度 K_H を下式で求める。

$$K_H = Z \cdot K_S \quad (2.2-1)$$

　　ここに、

　　　K_S：設計用標準震度（指針表2.2-1の値以上とする）

　　　Z：地域係数（指針図2.2-1による、通常1.0としてよい）

指針表 2.2－1 設備機器の設計用標準震度

	設備機器の耐震クラス			適用階の区分
	耐震クラス S	耐震クラス A	耐震クラス B	
上層階、屋上および塔屋	2.0	1.5	1.0	塔屋／上層階
中間階	1.5	1.0	0.6	中間階
地階および 1 階	1.0（1.5）	0.6（1.0）	0.4（0.6）	1 階／地階

（　）内の値は地階および 1 階（あるいは地表）に設置する水槽の場合に適用する。

上層階の定義
- 2～6 階建ての建築物では、最上階を上層階とする。
- 7～9 階建ての建築物では、上層の 2 層を上層階とする。
- 10～12 階建ての建築物では、上層の 3 層を上層階とする。
- 13 階建て以上の建築物では、上層の 4 層を上層階とする。

中間階の定義
- 地階、1 階を除く各階で上層階に該当しない階を中間階とする。
  指針表 2.2－1 における「水槽」とは、受水槽、高置水槽などをいう。

注）各耐震クラスの適用について
1. 設備機器の応答倍率を考慮して耐震クラスを適用する。
   （例　防振支持された設備機器は耐震クラス A 又は S による。）
2. 建築物あるいは設備機器などの地震時あるいは地震後の用途を考慮して耐震クラスを適用する。
   （例　防災拠点建築物、あるいは重要度の高い水槽など。）
3. 耐震クラスの適用例を「第 3 編　付録 2」に示す。

指針図 2.2－1 地域係数（Z）（詳細は「第 3 編　付録 7.3.2」昭 55 建告第 1793 号による）

2.2.2 設計用鉛直震度

設計用鉛直震度 K_V を下式で求める。

$$K_V = \frac{1}{2} K_H \tag{2.2-2}$$

ここに、

K_H：2.2.1 項で求めた設計用水平震度

2.3 設備機器の地震力　その2（建築物の時刻歴応答解析が行われている場合）

時刻歴応答解析が行われている建築物については、各階床の応答加速度値 G_f（cm/s²）が与えられることとなる。この場合の設計用水平震度 K_H を 2.3.1 項で、設計用鉛直震度 K_V を 2.3.2 項で求める。

2.3.1 設計用水平震度

時刻歴応答解析結果がある場合は解析結果による震度 K_H' を下式によって求め、耐震クラスを S・A・B のいずれかに設定して、指針表 2.3－4 を適用して K_H の値を定める。

$$K_H' = (G_f/G) \cdot K_2 \cdot D_{SS} \cdot I_S \quad \cdots 設備機器の場合 \tag{2.3-1}$$
$$= (G_f/G) \cdot \beta \cdot I \quad \cdots 水槽（受水槽、高置水槽など）の場合 \tag{2.3-2}$$

ここに、

G_f：各階床の応答加速度値（cm/s²）

G ：重力加速度値＝980（cm/s²）

K_2：設備機器の応答倍率で、設備機器自体の変形特性や防振支持された設備機器支持部の増幅特性を考慮して、指針表 2.3－1 によるものとしている。

D_{SS}：設備機器据付け用構造特性係数で、振動応答解析が行われていない設備機器の据付・取付の場合、ある程度の変形特性を見込んで $D_{SS}=2/3$ と設定している。

I_S ：設備機器の用途係数で、$I_S=1.0～1.5$ としている。

β ：水槽の設置場所に応じた応答倍率で、指針表 2.3－2 による。

I ：水槽の用途係数で指針表 2.3－3 による。

指針表 2.3－1　設備機器の応答倍率

設備機器の取付状態	応答倍率：K_2
防振支持された設備機器	2.0
耐震支持された設備機器	1.5

指針表 2.3－2　水槽の応答倍率 β

場　所	応答倍率：β
1階、地階、地上	2.0
中間階、上層階、屋上、塔屋	1.5

指針表 2.3-3 水槽の用途係数 I

用　途	用途係数：I
耐震性を特に重視する用途	1.5
耐震性を重視する用途	1.0
その他の用途	0.7

指針表 2.3-4 建築物の時刻歴応答解析が行われている際の設計用水平震度 K_H

K_H' の値	設計用水平震度 K_H		
	耐震クラス S	耐震クラス A	耐震クラス B
1.65 超	2.0	2.0	2.0
1.10 超～1.65 以下	1.5	1.5	1.5
0.63 超～1.10 以下	1.0	1.0	1.0
0.42 超～0.63 以下	1.0	0.6	0.6
0.42 以下			0.4

2.3.2 設計用鉛直震度

建築物の時刻歴応答解析が行われている場合の設計用鉛直震度を下式で求める。

$$K_V = \frac{1}{2} K_H \tag{2.3-3}$$

ここに、
　K_H：2.3.1 項で求めた設計用水平震度

ただし、免震構造の建築物において、設計用鉛直震度が、特に解析されていない場合には、2.2.2 項に従って設計用鉛直震度を定める。

【解説】

2.1 設計用地震力

地震時の建築物床応答に応じて、その床に支持されている設備機器は加速度を生じる。設備機器に作用する地震力は、この加速度の影響を基に等価な静的震度を用いて定義し、設計用地震力としている。

（震度の考え方）

質量 m（重量 W＝m・G、G：重力加速度）の設備機器に加速度 α が作用する場合を考えると、作用する力 F は（質量×加速度）なので、

　F＝m・α＝（W/G）α＝（α/G）・W＝K・W

　　ここに、震度 K＝α/G

である。ただし、水槽においては、質量 m として水槽容器の質量と水槽内の液体満水時の液体質量を合わせた総質量を採るものとする。給湯設備（電気給湯器、ガス給湯器、石油給湯器など）についても同様に満水時の質量を採用する（第3編　付録 7.3.5　平12建告第1388号参照）。ここで水槽とは、受水槽、高置水槽、消火関係水槽、オイルタンクなどのこととしている。

震度は、作用加速度値を重力加速度で除した係数であり、無次元量である。建築物の振動状況を深

く考えなくとも、設計用震度 K を用いて、自重の K 倍の地震力が作用していると考えればよく、理解しやすくなる。気象庁震度階級の震度と設計用震度とは紛らわしいが、全く異なるものなので注意して使用する必要がある。本指針では、設計用水平地震力 F_H と設計用鉛直地震力 F_V を、この震度を用いて定義している。

また、設備機器の地震力は設備機器の重心位置に作用するとしている。設備機器の重心位置は、基本的には設備機器製造者などの情報による。したがって、設備機器製造者などは使用者に対して、重心位置の情報を明らかにする必要がある。なお、設備機器構成部品個々の重心および重量が明らかな場合は、計算により重心位置を求めることができる。

2.2 設備機器の地震力 その1 建築物の時刻歴応答解析が行われていない場合
(1) 基本的考え方

本節では、建築物の時刻歴応答解析が行われていない場合に設備機器の地震力を算出する方法を規定している。ここでの地震力の規定には、建築物や設備機器の重要度による耐震クラス（耐震クラスの考え方については、後述の(4)を参照）、あるいは設備機器の設置階や設備機器の応答倍率に応じて、設備機器の重量に設計用水平震度あるいは設計用鉛直震度を乗じることで求める局部震度法を採用している。ここでの規定では、以下に示す設備機器への地震力作用メカニズムを考慮して、設計用標準震度を定めている。また、地震時にスロッシング現象を生じる水槽関係とそれ以外の設備機器とを分けて記述している。

設備機器に作用する設計用水平地震力および鉛直地震力は、2.1節で示した静的震度により定めている。設備機器は、建築物内部に設置されているので、当然建築物の振動状況の影響を受けることになる。厳密には、建築物毎にその振動性状を考慮して算定する必要があるが、本指針では平均的な建築物挙動を想定して、簡便な計算方法を採用している。

(2) 局部震度法による設備機器の地震力

指針表2.2－1に設備機器に作用する地震力（設計用標準震度）が示されているが、これは以下のような考え方に基づいて算定されたものである。

解図2.2－1に示したように、建築物の基部に地震動が作用したと考え、その加速度値を設計用震度に換算して基準震度 K_0 とする。地震動により建築物は振動し、一般的には建築物内部で上層ほど最大加速度値が大きくなり、解図2.2－2のように建築物頂部（屋根床）では2～3倍に増幅される。各階での増幅係数を各階床の振動応答倍率 K_1 とする。K_1 の高さ方向分布は、建築物の構造特性に応じて異なり一様ではないが、これを1階および地階・中間層・最上層と3段階に分けて、1.0～1.5～2.5と簡便に設定している。この増幅率を考えることにより、ある階の床の設計用震度は（$K_0 \cdot K_1$）となる。さらに、設備機器が置かれている建築物床の振動により、設備機器が振動し機器内部で加速度が増幅される。この設備機器内部の増幅係数を設備機器の応答倍率 K_2 とすると、ある建築物の特定の階に設置されている設備機器の設計用震度は（$K_0 \cdot K_1 \cdot K_2$）となる。本指針では、堅固に支持された一般の設備機器に対して $K_2=1.5$、防振支持された設備機器に対して $K_2=2.0$ としている。

さらに、設備機器設計用の値とするために、設備機器の構造特性係数 D_{SS}・設備機器の用途係数 I_S・建築物の用途係数 I_K を考える。

建築基準法において、構造設計に用いられている構造特性係数 D_S は、「構造部材にじん性（塑性変

形能力）がある場合には、必要保有水平耐力を低減してよい」という係数である。設備機器に対して、その値を決めることは簡単ではないが、建築構造物の構造特性係数 $D_S=0.25〜0.55$ を参考として、設備機器に対してはやや安全側の数値として $D_{SS}=2/3$ としている。また、設備機器や建築物の用途・重要度に応じて定める用途係数 I_S および I_K は、それぞれ 1.0〜1.5 としているが、最大値としては $I_S \cdot I_K$ は 2.0 以下としている。

これらの諸係数を全て考慮して、設備機器の設計用水平震度を設定すると、以下のようになる

設計用水平震度 $K_H = K_0 \cdot K_1 \cdot K_2 \cdot Z \cdot D_{SS} \cdot I_S \cdot I_K$ （解2.2－1）

ここに、

- K_0 ：基準震度＝0.4（地動加速度 0.4G、400cm/s² 相当の値）
- K_1 ：各階床の振動応答倍率（1.0、1.5、2.5）
- K_2 ：設備機器の応答倍率（1.5：一般の設備機器、2.0：防振支持された設備機器）
- Z ：地域係数（告示1793号による値で、$Z=1.0〜0.7$）
- D_{SS}：構造特性係数＝2/3
- I_S ：設備機器の用途係数（1.0〜1.5）
- I_K ：建築物の用途係数（1.0〜1.5）、ただし $I_S \cdot I_K \leq 2.0$ とする。

耐震クラスと建築物内部の床位置に応じて、（解式2.2－1）に各係数の値を代入すると、解表2.2－1 のように $K_S=0.4〜2.0$ の値が得られる。なお、K_S の計算値は数値を丸めて（0.4、0.6、1.0、1.5、2.0）になるようにしている。

上記において、通常の堅固に支持された設備機器では、機器の応答倍率 $K_2=1.5$ としており、防振支持された設備機器では、機器部での加速度の増幅を考慮して $K_2=2.0$ と大きくしている。$K_2=2.0$ を用いて、設計用水平震度 K_S を計算すると、解表2.2－1 の K_S の最大値（2.0）を上回るが、本指針では、指針表2.2－1 に示すように、防振支持された機器では応答倍率が一般機器の約1.5倍となることを考慮し耐震クラスBには適用しないで、指針表2.2－1 の脚注に「防振支持された設備機器は、耐震クラスA又はSによる。」と記述している。

解表2.2－1 設計用標準震度の算定（一般の設備機器用、Z＝1.0）

	床位置	K_0	K_1	K_2	D_{SS}	$I_S \cdot I_K$	K_S
耐震クラスS	上層階	0.4	2.5	1.5	2/3	2.0	2.0
	中間階		1.5				(1.2)→1.5
	1階		1.0				(0.8)→1.0
耐震クラスA	上層階	0.4	2.5	1.5	2/3	1.5	1.5
	中間階		1.5				(0.9)→1.0
	1階		1.0				0.6
耐震クラスB	上層階	0.4	2.5	1.5	2/3	1.0	1.0
	中間階		1.5				0.6
	1階		1.0				0.4

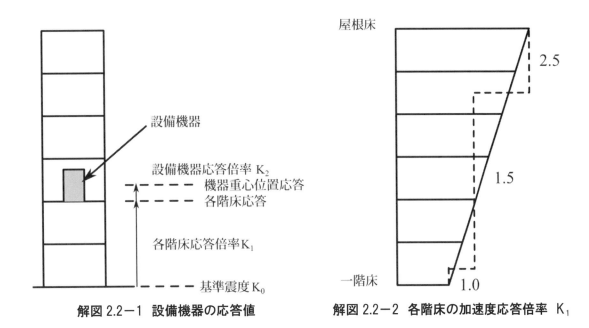

解図 2.2-1　設備機器の応答値　　解図 2.2-2　各階床の加速度応答倍率　K_1

なお、本節の局部震度法の規定では、特定の地震を想定して設定したものではなく、極稀に発生する地震動の平均的な性質に対応するものとして、標準震度を設定している。指針表 2.2-1 において、地階および 1 階における標準震度を 0.4～1.0 としているが、これは地震動の加速度が 0.4G～1.0G（G：重力加速度）であることにほぼ相当している。建築物の敷地における地震動の特性を想定して、建築物用途などに応じた重要度を考慮した地震動に対して時刻歴応答解析が行われている場合には、建築物の時刻歴応答解析結果を活用して設備機器類の設計用標準震度を 2.3 節により求めてもよいこととする。

(3) 建築物内の各設置階における地震力

指針表 2.2-1 においては、設備機器の設置階の位置により設計用標準震度の値を異なるものとして規定している。これは、建築物の地震時の揺れによる加速度の増幅程度を考慮したものであり、建築構造物としての振動特性を反映したものである。また、水槽についてはスロッシングの影響も考慮して他の一般の設備機器より大きな値としている。

このように本指針では、建築物の振動特性を反映させて階別の設計用標準震度を規定しており、設備機器の設計用標準震度としては、設備機器の設置されている床の階の設計用標準震度の値を採用すればよい。したがって、ある階の床上に設置しても（解図 2.2-3 左図④）、その階の床スラブの下面に取付けても（解図 2.2-3 左図②）、同じ震度を採用することになる。例えば平屋建ての場合、屋根床上面および下面は「上層階、屋上および塔屋」に相当する。1 階床は「地階および 1 階」として扱えばよい。実際には、建築物高さなどに応じて固有周期が異なり簡単ではないが、指針ではこのように大幅に簡略化して決めている。また、壁に支持される設備機器については（解図 2.2-3 右図⑧）、一般にはその壁のある階の床における震度を採用すればよい。ただし、壁が直上階の床より吊り下げられている場合など、直上階床とほぼ同じ動きをする場合など特殊な場合には、実情に合わせて上の階の震度を採用する必要がある。

また、例えば階数の異なる部分からなる建築物が全体として一体に振動する場合には、低層部の屋上であってもそれが高層部の中間階の高さにあれば中間階としての値を採用すればよい。（解図 2.2-

4(b)) ただし、この二つの建築物間がエキスパンションジョイントにより完全に構造的に分離され、地震時にそれぞれの建築物が独立して振動する場合には、それぞれの建築物内での階に応じた設計用標準震度の値を採用してよい。（解図 2.2－4（c））

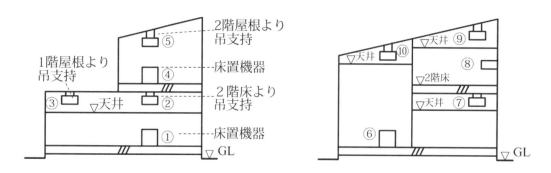

(設計用標準震度の例1)　　　　　　　　　　(設計用標準震度の例2)

解図 2.2－3　設備機器の設置階と設計用標準震度の例

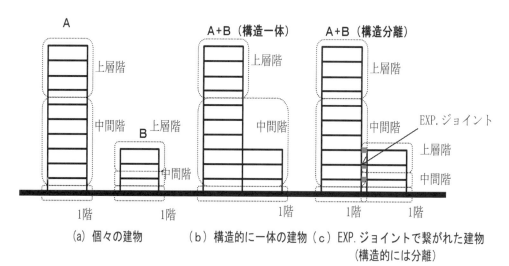

(a) 個々の建物　　(b) 構造的に一体の建物　(c) EXP. ジョイントで繋がれた建物
　　　　　　　　　　　　　　　　　　　　　　（構造的には分離）

解図 2.2－4　複数建築物の階数区分の設定

(4) 耐震クラス設定の考え方

指針表 2.2－1 における耐震クラスは、その設備機器の重要度に応じて、S、A、B クラスの中から選択することとしている。建築主や設計者が、指針表 2.2－1 の注）にあるように、建築物あるいは設備機器などの地震時あるいは地震後の用途を考慮して耐震クラスを設定して、この表の値を適用すればよい。

建築物に入力される地震動は、それぞれの地震や建築物の敷地地盤の性質などによって異なる揺れの大きさや性質を示す。したがって、大地震後に拠点機能を有する施設や避難施設として使用される

ものなど、大地震後にも機能維持を必要とされる建築物内の設備機器類や、特に重要な設備機器に対しては、耐震クラスSあるいはそれ以上の値を採用することが望ましい。また、個々の設備機器の重要度に応じて耐震クラスを設定するだけでなく、システムとして接続する配管・ダクト・電気配線類などに適切な耐震対策を施すことも重要である。耐震クラスの適用例については、「第3編　付録2」に示しているので参考にされたい。

(5) 水平方向と鉛直方向の震度

本指針においては、設計用鉛直震度 K_V を設計用水平震度 K_H の1/2と規定している。これは、従来実際に観測された地震動の鉛直方向成分の最大値が、水平方向成分の最大値に対して、平均的には1/2になっていたことによる。ただし、地震動の特性は震源特性や地盤特性などに応じてばらつくものであり、震源近傍では大きな鉛直方向加速度が観測されることもある。個々の設備機器の機能に応じてこのような不確定性を考慮した適切な設計的対応をすべきであろう。また、片持梁の先端部など、鉛直方向の振動増幅が大きな部位に設備機器類が設置されている場合には、鉛直方向の震度を割り増すなど適切に対応すべきである。

2.3　設備機器の地震力　その2　建築物の時刻歴応答解析が行われている場合

(1) 基本的考え方

指針本文の2.3節では、建築物の時刻歴応答解析が行われている場合に、その解析結果を用いて設備機器の地震力を算出する方法を規定している。ここでも、2.2節と同様に局部震度法を採用しているが、地震入力や建築物内の揺れの増幅特性、地域特性、建築物の用途に応じた重要度などは、既に建築物の時刻歴応答解析の中に含まれていると考えて、設備機器の設計用標準震度を定めることとしている。

すなわち、振動応答解析が行われている建築物の各階床の振動応答値 G_f は、

$$G_f = K_0 \cdot K_1 \cdot Z \cdot I_K \cdot G$$

の値に相当していると考えて2.2節の解説中の以下の式を本文中の式に変換して規定している。

$$K_H{}' = K_0 \cdot K_1 \cdot K_2 \cdot Z \cdot D_{SS} \cdot I_S \cdot I_K \quad \cdots \text{設備機器の場合}$$

$$K_H{}' = K_0 \cdot K_1 \cdot Z \cdot \beta \cdot I \quad \cdots \text{水槽の場合}$$

(2) 免震構造の建築物の設計用鉛直震度

免震構造の建築物では、一般に水平方向の応答加速度は地盤からの入力地震動の加速度よりも小さな値となり、一般の在来構造の建築物が上部構造で加速度が大きな値に増幅されるのとは異なる。したがって、免震構造の建築物では、本節の地震応答解析結果を用いる方法を適用すればよい。

一方、免震構造の建築物の鉛直方向の応答加速度は、在来構造のものとほぼ同様の値になるのが一般的である。したがって、ここでは、時刻歴応答解析が行われている免震構造の建築物における設備機器の設計用鉛直震度は、2.2節の建築物の時刻歴応答解析が行われていない場合の設備機器の設計用鉛直震度の値によるものとした。

(3) 超高層建築物への適用

本指針は高さ60m以下の建築物における設備機器が対象ではあるが、超高層建築物内の設備機器

に対して、本節に示した方法を適用することも可能である。

　高さ 60m を超える超高層建築物では、大臣認定を得るために詳細な時刻歴応答解析を行っており、その地震入力設定や応答性状のクライテリアから、耐震性が高い建築物となっている。このため、建築物の用途係数 I_K は床応答加速度値に含まれているものとしているが、別途に用途係数 I_K を考慮して安全側の設定としてもよい。ただし一般的に、超高層建築物の地上部分では加速度値は小さくなるが、層間変形が大きくなる傾向があるので、この点には注意する必要がある。

　超高層建築物のように、時刻歴応答解析手法により構造設計された建築物は、指定性能評価機関の性能評価を得て、国土交通大臣の認定を得る必要があり、詳細な検討資料が作成されている。設備機器の耐震検討に用いる時刻歴応答解析結果（床応答加速度値や最大層間変形など）は、大臣認定の検討資料などに含まれていることが多いので、これを構造設計者から入手すればよい。

第3章 設備機器の耐震支持

本章では、主として設備機器の耐震支持に対しての耐震設計・計算方法を示す。耐震支持の方法としては、アンカーボルトによる基礎・床・壁への支持や吊り支持、頂部支持材、ストッパ、鉄骨架台などを取り上げている。

各項で示した計算式は、妥当と思われる仮定に基づいた略算式である。計算方法としては、必ずしも本章の記述にこだわらずに、他の適切な検討式を採用することも十分に考えられる。また、同様の仮定に基づいて行えば、本章に記載していない他の支持形式の場合にも準用できるものである。

なお、アンカーボルトや支持部材の設計・選定に際しては、地震時を対象としていることから、短期許容応力度を用いて検討することとし、「第3編　付録4」に示されている各部材の短期許容応力度または許容応力を使用する。

3.1　設備機器の耐震支持の考え方

3.1.1　アンカーボルトを用いた耐震支持

設備機器の耐震支持は、アンカーボルトを用いて鉄筋コンクリートの基礎・床・壁などに緊結することを原則とする。耐震支持の方法は、3.2～3.5節に示す方法とし、それ以外のものについては同様な考え方に基づいて検討する。また、機器の短辺・長辺方向について耐震支持を検討するが、方向により別の支持方法を採用することも可能である。

3.1.2　アンカーボルトに作用する引抜き力とせん断力

地震時に原則として設備機器の重心に、機器重量・設計用水平地震力・設計用鉛直地震力が作用するものとし、アンカーボルトに作用する引抜き力とせん断力を算定する。

作用する応力に対して適切なアンカーボルトを、「第4章　アンカーボルトの許容耐力と選定」に従って、選択する。

3.1.3　支持構造部材

頂部支持材や鉄骨架台などの支持構造部材を用いる場合は、支持部材の安全性を検討すると共に、支持部材をアンカーボルトで鉄筋コンクリートの基礎・床・壁などに緊結する。

3.1.4　耐震ストッパ

耐震ストッパを用いる場合は、耐震ストッパの安全性を検討すると共に、耐震ストッパをアンカーボルトで鉄筋コンクリートの基礎・床・壁などに緊結する。

3.2　アンカーボルトによる耐震支持（直接支持）

アンカーボルトによって設備機器を直接耐震支持する場合には、次によりアンカーボルトに作用する引抜き力とせん断力を計算して、「第4章　アンカーボルトの許容耐力と選定」における設計用応力とする。

3.2.1 床・基礎支持の場合（矩形断面機器の場合）

床・基礎支持の場合（矩形断面機器）の設計用応力は、指針表3.2－1による。

3.2.2 床・基礎支持の場合（円形断面機器の場合）

床・基礎支持の場合（円形断面機器）の設計用応力は、指針表3.2－2による。

3.2.3 壁面支持の場合

壁面支持の場合（矩形断面機器）の設計用応力は、指針表3.2－3による。

3.2.4 吊り支持の場合

吊り支持の場合（矩形断面機器）の設計用応力は、指針表3.2－4による。

3.3 頂部支持材による耐震支持

縦横比が大きな設備機器の耐震支持を行う場合は、頂部支持材の設置が有効である。

3.3.1 頂部支持材の選定

地震時に設備機器の重心に、機器重量・設計用水平地震力・設計用鉛直地震力が作用するものとし、頂部支持材に生じる圧縮力・引張り力を算定し、適切な部材の選定を行うこと。頂部支持材は、アンカーボルトで鉄筋コンクリートの上階床スラブ下面や壁などに緊結すること。

3.3.2 壁つなぎ材の場合

壁つなぎ材の設計用応力は、指針表3.3－1による。

3.3.3 上面つなぎ材の場合

上面つなぎ材の設計用応力は、指針表3.3－2による。

3.3.4 二方向つなぎ材の場合

二方向つなぎ材の設計用応力は、指針表3.3－3による。

3.4 耐震ストッパによる耐震支持
3.4.1 耐震ストッパ

防振材・防振装置を介して設置される設備機器（防振支持された設備機器）の耐震支持は、耐震ストッパを使用すること。

① 地震時に設備機器の重心に、機器重量・設計用水平地震力・設計用鉛直地震力が作用するものとし、防振材・防振装置の引抜きおよび設備機器の転倒の可能性を判断したうえで、適切な形式を選定、板厚などの選定を行うこと。

② 耐震ストッパの形式に応じた、適切な部材を用いること。

③ 耐震ストッパは、アンカーボルトにより鉄筋コンクリートの基礎・床などに緊結すること。その際、「3.2 アンカーボルトによる耐震支持（直接支持）」に準じて、アンカーボルトの検

第3章　設備機器の耐震支持

討を行うこと。

3.4.2　移動防止形ストッパ
移動防止形ストッパの板厚などは、指針表3.4－1による。

3.4.3　移動・転倒防止形ストッパ
移動・転倒防止形ストッパの板厚などは、指針表3.4－2による。

3.4.4　通しボルト形ストッパ
通しボルト形ストッパ（ストッパボルト）の軸径などは、指針表3.4－3による。

3.5　鉄骨架台による耐震支持
設備機器をアンカーボルトにより直接支持しない場合には、鉄骨架台を設けて支持する。鉄骨架台には、矩形架台・壁付き架台・背面支持架台などがある。

3.5.1　取付けボルトの設計
鉄骨架台と設備機器は、取付けボルトにより緊結する。取付けボルトの設計は、「3.2　アンカーボルトによる耐震支持（直接支持）」に準じて行う。

3.5.2　鉄骨架台のアンカーボルトの設計
鉄骨架台を鉄筋コンクリート床などに緊結するアンカーボルトの設計は、設備機器と鉄骨架台を一体と考えて、「3.2　アンカーボルトによる耐震支持（直接支持）」に準じて行う。

3.5.3　鉄骨架台の設計
鉄骨架台は、設備機器に作用している機器重量・設計用水平地震力・設計用鉛直地震力を考慮して、鉄骨部材の安全性を確認する。なお、架台重量が小さい場合には架台重量の影響を無視してもよい。

指針表 3.2－1 床・基礎支持の場合（矩形断面機器）

<table>
<tr><td rowspan="3">アンカーボルトに作用する引抜き力とせん断力</td><td>

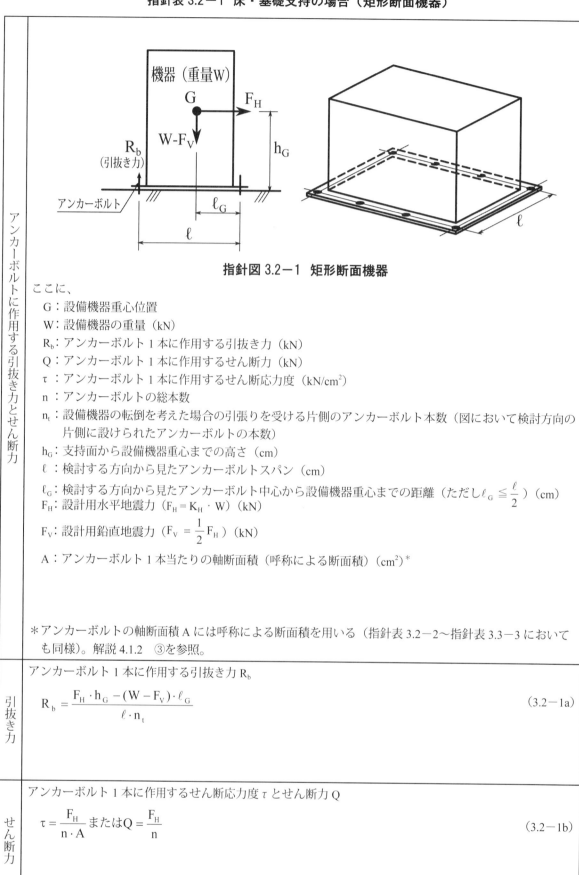

指針図 3.2－1 矩形断面機器

ここに、
- G：設備機器重心位置
- W：設備機器の重量（kN）
- R_b：アンカーボルト1本に作用する引抜き力（kN）
- Q：アンカーボルト1本に作用するせん断力（kN）
- τ：アンカーボルト1本に作用するせん断応力度（kN/cm²）
- n：アンカーボルトの総本数
- n_t：設備機器の転倒を考えた場合の引張りを受ける片側のアンカーボルト本数（図において検討方向の片側に設けられたアンカーボルトの本数）
- h_G：支持面から設備機器重心までの高さ（cm）
- ℓ：検討する方向から見たアンカーボルトスパン（cm）
- $ℓ_G$：検討する方向から見たアンカーボルト中心から設備機器重心までの距離（ただし $ℓ_G \leq \dfrac{ℓ}{2}$）（cm）
- F_H：設計用水平地震力（$F_H = K_H \cdot W$）（kN）
- F_V：設計用鉛直地震力（$F_V = \dfrac{1}{2} F_H$）（kN）
- A：アンカーボルト1本当たりの軸断面積（呼称による断面積）（cm²）*

*アンカーボルトの軸断面積Aには呼称による断面積を用いる（指針表3.2－2～指針表3.3－3においても同様）。解説4.1.2 ③を参照。

</td></tr>
</table>

<table>
<tr><td>引抜き力</td><td>

アンカーボルト1本に作用する引抜き力 R_b

$$R_b = \frac{F_H \cdot h_G - (W - F_V) \cdot ℓ_G}{ℓ \cdot n_t} \qquad (3.2-1a)$$

</td></tr>
<tr><td>せん断力</td><td>

アンカーボルト1本に作用するせん断応力度τとせん断力Q

$$\tau = \frac{F_H}{n \cdot A} \text{ または } Q = \frac{F_H}{n} \qquad (3.2-1b)$$

</td></tr>
</table>

指針表 3.2－2　床・基礎支持の場合（円形断面機器）

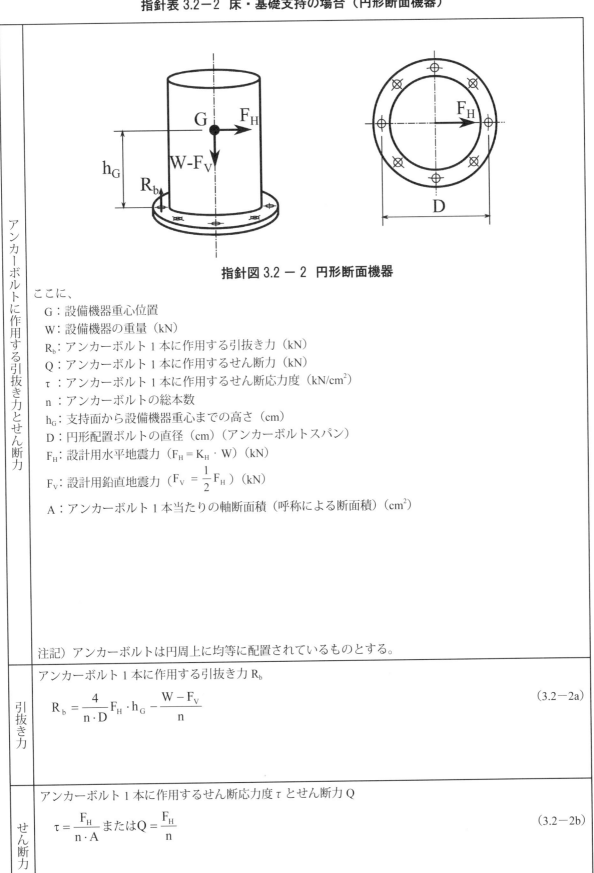

指針図 3.2－2　円形断面機器

ここに、
- G：設備機器重心位置
- W：設備機器の重量（kN）
- R_b：アンカーボルト1本に作用する引抜き力（kN）
- Q：アンカーボルト1本に作用するせん断力（kN）
- τ：アンカーボルト1本に作用するせん断応力度（kN/cm²）
- n：アンカーボルトの総本数
- h_G：支持面から設備機器重心までの高さ（cm）
- D：円形配置ボルトの直径（cm）（アンカーボルトスパン）
- F_H：設計用水平地震力（$F_H = K_H \cdot W$）（kN）
- F_V：設計用鉛直地震力（$F_V = \dfrac{1}{2} F_H$）（kN）
- A：アンカーボルト1本当たりの軸断面積（呼称による断面積）（cm²）

注記）アンカーボルトは円周上に均等に配置されているものとする。

引抜き力

アンカーボルト1本に作用する引抜き力 R_b

$$R_b = \frac{4}{n \cdot D} F_H \cdot h_G - \frac{W - F_V}{n} \quad (3.2-2a)$$

せん断力

アンカーボルト1本に作用するせん断応力度 τ とせん断力 Q

$$\tau = \frac{F_H}{n \cdot A} \ \text{または}\ Q = \frac{F_H}{n} \quad (3.2-2b)$$

指針表 3.2−3 壁面支持の場合（矩形断面機器）

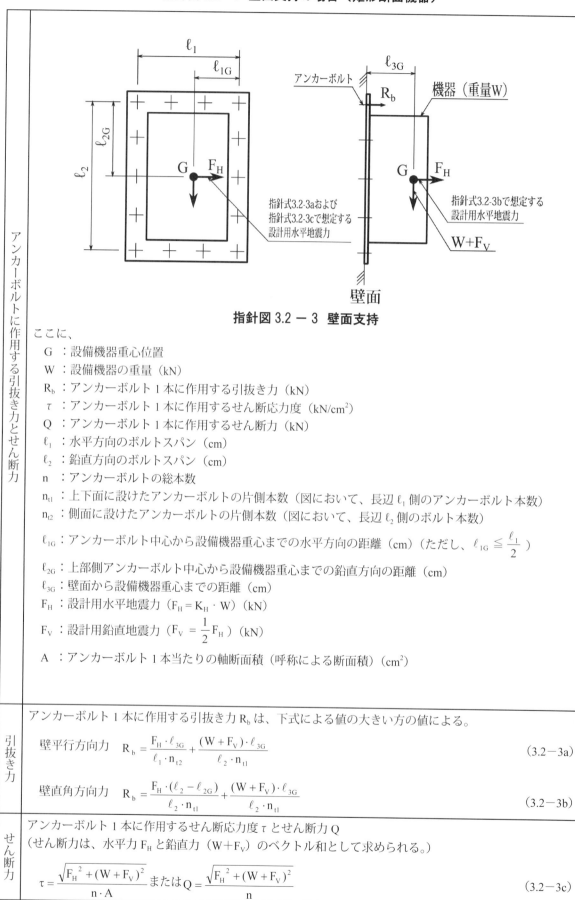

指針図 3.2−3 壁面支持

ここに、
- G ：設備機器重心位置
- W ：設備機器の重量（kN）
- R_b ：アンカーボルト 1 本に作用する引抜き力（kN）
- τ ：アンカーボルト 1 本に作用するせん断応力度（kN/cm²）
- Q ：アンカーボルト 1 本に作用するせん断力（kN）
- ℓ_1 ：水平方向のボルトスパン（cm）
- ℓ_2 ：鉛直方向のボルトスパン（cm）
- n ：アンカーボルトの総本数
- n_{t1} ：上下面に設けたアンカーボルトの片側本数（図において、長辺 ℓ_1 側のアンカーボルト本数）
- n_{t2} ：側面に設けたアンカーボルトの片側本数（図において、長辺 ℓ_2 側のボルト本数）
- ℓ_{1G} ：アンカーボルト中心から設備機器重心までの水平方向の距離（cm）（ただし、$\ell_{1G} \leqq \dfrac{\ell_1}{2}$）
- ℓ_{2G} ：上部側アンカーボルト中心から設備機器重心までの鉛直方向の距離（cm）
- ℓ_{3G} ：壁面から設備機器重心までの距離（cm）
- F_H ：設計用水平地震力（$F_H = K_H \cdot W$）（kN）
- F_V ：設計用鉛直地震力（$F_V = \dfrac{1}{2} F_H$）（kN）
- A ：アンカーボルト 1 本当たりの軸断面積（呼称による断面積）（cm²）

引抜き力

アンカーボルト 1 本に作用する引抜き力 R_b は、下式による値の大きい方の値による。

壁平行方向力
$$R_b = \frac{F_H \cdot \ell_{3G}}{\ell_1 \cdot n_{t2}} + \frac{(W + F_V) \cdot \ell_{3G}}{\ell_2 \cdot n_{t1}} \tag{3.2−3a}$$

壁直角方向力
$$R_b = \frac{F_H \cdot (\ell_2 - \ell_{2G})}{\ell_2 \cdot n_{t1}} + \frac{(W + F_V) \cdot \ell_{3G}}{\ell_2 \cdot n_{t1}} \tag{3.2−3b}$$

せん断力

アンカーボルト 1 本に作用するせん断応力度 τ とせん断力 Q
（せん断力は、水平力 F_H と鉛直力（$W+F_V$）のベクトル和として求められる。）

$$\tau = \frac{\sqrt{F_H^2 + (W + F_V)^2}}{n \cdot A} \quad \text{または} \quad Q = \frac{\sqrt{F_H^2 + (W + F_V)^2}}{n} \tag{3.2−3c}$$

指針表 3.2－4　吊り支持の場合（矩形断面機器）

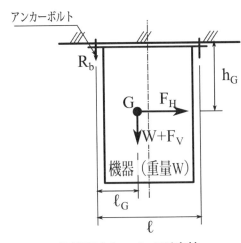

指針図 3.2 － 4　吊り支持

ここに、
G：設備機器重心位置
W：設備機器の重量（kN）
R_b：アンカーボルト1本に作用する引抜き力（kN）
Q：アンカーボルト1本に作用するせん断力（kN）
τ：アンカーボルト1本に作用するせん断応力度（kN/cm²）
n：アンカーボルトの総本数
n_t：設備機器の片側脱落を考えた場合の引張を受ける片側のアンカーボルトの総本数（図において検討方向の片側に設けられたアンカーボルトの本数）
h_G：支持面から機器重心までの高さ（cm）
ℓ：検討する方向から見たアンカーボルトスパン（cm）
ℓ_G：検討する方向から見たアンカーボルト中心から設備機器重心までの距離（ただし $\ell_G \leq \frac{\ell}{2}$）（cm）
F_H：設計用水平地震力（$F_H = K_H \cdot W$）（kN）
F_V：設計用鉛直地震力（$F_V = \frac{1}{2}F_H$）（kN）
A：アンカーボルト1本当たりの軸断面積（呼称による断面積）（cm²）

引抜き力	アンカーボルト1本に作用する引抜き力 R_b $$R_b = \frac{F_H \cdot h_G + (W + F_V) \cdot (\ell - \ell_G)}{\ell \cdot n_t}$$	(3.2－4a)
せん断力	アンカーボルト1本に作用するせん断応力度 τ とせん断力 Q $$\tau = \frac{F_H}{n \cdot A} \text{ または } Q = \frac{F_H}{n}$$	(3.2－4b)

左欄縦書き：アンカーボルトに作用する引抜き力とせん断力

指針表 3.3－1　壁つなぎ材

<table>
<tr><td rowspan="2">頂部支持の形式</td><td>

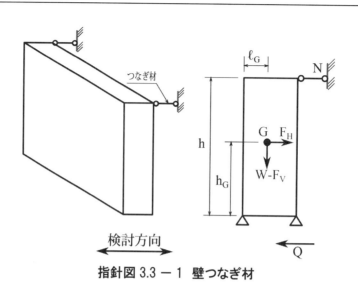

指針図 3.3－1　壁つなぎ材

ここに、
- G ：設備機器重心位置
- W ：設備機器の重量（kN）
- n ：下部のアンカーボルトの総本数
- m ：つなぎ材の本数
- h ：設備機器の高さ（cm）（つなぎ材の高さ）
- h_G ：支持面から設備機器重心までの高さ（cm）
- ℓ_G ：設備機器重心までの水平距離（cm）
- F_H ：設計用水平地震力（kN）
- F_V ：設計用鉛直地震力（kN）
- A ：下部のアンカーボルト1本当たりの軸断面積（呼称による断面積）（cm²）
- N ：つなぎ材に働く軸方向力（kN）
- Q ：下部のアンカーボルト1本に作用するせん断力（kN）
- τ ：下部のアンカーボルトに作用するせん断応力度（kN/cm²）
- $_cF_A$ ：つなぎ材の短期許容圧縮応力（kN）
- n_0 ：頂部支持材のアンカーボルト本数
- R_b ：頂部支持材のアンカーボルト1本に作用する引抜き力（kN）
</td></tr>
</table>

<table>
<tr><td>壁つなぎ材検討式</td><td>

① つなぎ材に働く軸方向力

$$N = \frac{F_H \cdot h_G}{m \cdot h} \quad (3.3-1a)$$

② 下部のアンカーボルト1本に作用するせん断力

$$Q = \frac{F_H \cdot (h - h_G)}{n \cdot h}, \quad \tau = \frac{Q}{A} \quad (3.3-1b)$$

③ つなぎ材の圧縮力 N

$$N \leq {}_cF_A \quad (3.3-1c)$$

④ つなぎ材のアンカーボルトは、各材に作用するNを引抜き力と考えて、各材のアンカーボルトがn_0本であれば、R_bに対して第4章に準じてアンカーボルトを選定する。

$$R_b = \frac{N}{n_0} \quad (3.3-1d)$$

⑤ 機器下部のアンカーボルトは、Q、τを用いて第4章に準じて選定する。

⑥ 検討方向と直角の方向（壁平行方向）については、指針表3.2－1の床・基礎支持の場合に準じて、アンカーボルトを別途に選定する。つなぎ材は、壁平行方向には期待しないで、底面のアンカーボルトですべて負担することとしている。
</td></tr>
</table>

指針表 3.3−2 上面つなぎ材

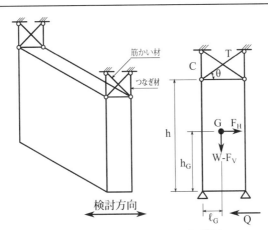

指針図 3.3 − 2 上面つなぎ材

頂部支持の形式	ここに、 G ：設備機器重心位置 W ：設備機器の重量（kN） n ：下部のアンカーボルトの総本数 m ：つなぎ材の構面数（上図の場合2） h ：設備機器の高さ（cm） h_G ：支持面から設備機器重心までの高さ（cm） ℓ_G ：設備機器重心までの水平距離（cm） F_H ：設計用水平地震力（kN） F_V ：設計用鉛直地震力（kN） θ ：筋かい材の角度 A ：下部のアンカーボルト1本当たりの軸断面積（呼称による断面積）（cm^2） T、C ：筋かい材およびつなぎ材に働く軸方向力 R_b ：頂部支持材のアンカーボルト1本に作用する引抜き力（kN） Q_b ：頂部支持材のアンカーボルト1本に作用するせん断力（kN） Q ：下部のアンカーボルトに作用するせん断力（kN） τ ：下部のアンカーボルトに作用するせん断力応力度（kN/cm^2） n_0 ：頂部支持材のアンカーボルト本数
上面つなぎ材検討式	① 筋かい材とつなぎ材に働く軸方向力 $$T = \frac{F_H \cdot h_G}{m \cdot h} \cdot \frac{1}{\cos\theta} \quad (3.3-2a)$$ $$C = T \cdot \sin\theta \quad (3.3-2b)$$ ② 頂部支持材のアンカーボルトに作用する力 引抜き力　$R_b = \dfrac{T \cdot \sin\theta}{n_0}$ 　(3.3−2c) せん断力　$Q_b = \dfrac{T \cdot \cos\theta}{n_0}$ 　(3.3−2d) ③ 下部のアンカーボルトに作用するせん断力 $$Q = \frac{F_H \cdot (h - h_G)}{n \cdot h} \quad (3.3-2e)$$ $$\tau = \frac{Q}{A} \quad (3.3-2f)$$ ④ 頂部支持材のアンカーボルトは、R_bとQ_bを用いて別途に選定する。 ⑤ 機器下部のアンカーボルトは、Q、τを用いて第4章に準じて選定する。 ⑥ 検討方向と直角の方向については、指針表3.2−1の床・基礎支持の場合に準じて、アンカーボルトを別途に選定する。つなぎ材は、長辺方向には期待しないで、底面のアンカーボルトですべて負担することとしている。

指針表 3.3－3 二方向つなぎ材

頂部支持の形式	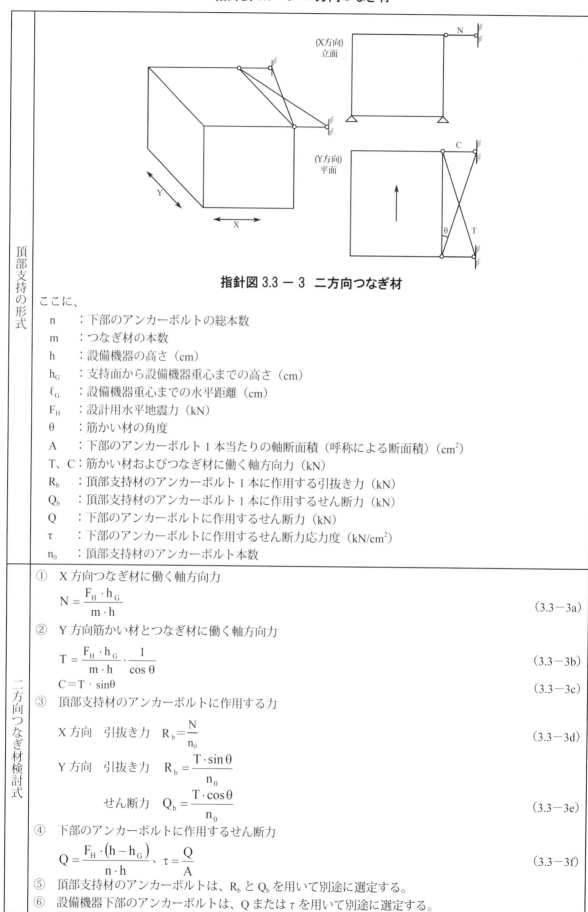 **指針図 3.3－3　二方向つなぎ材** ここに、 　n　　：下部のアンカーボルトの総本数 　m　　：つなぎ材の本数 　h　　：設備機器の高さ（cm） 　h_G　：支持面から設備機器重心までの高さ（cm） 　ℓ_G　：設備機器重心までの水平距離（cm） 　F_H　：設計用水平地震力（kN） 　θ　　：筋かい材の角度 　A　　：下部のアンカーボルト1本当たりの軸断面積（呼称による断面積）（cm²） 　T、C：筋かい材およびつなぎ材に働く軸方向力（kN） 　R_b　：頂部支持材のアンカーボルト1本に作用する引抜き力（kN） 　Q_b　：頂部支持材のアンカーボルト1本に作用するせん断力（kN） 　Q　　：下部のアンカーボルトに作用するせん断力（kN） 　τ　　：下部のアンカーボルトに作用するせん断力応力度（kN/cm²） 　n_0　：頂部支持材のアンカーボルト本数
二方向つなぎ材検討式	① X方向つなぎ材に働く軸方向力 $$N = \frac{F_H \cdot h_G}{m \cdot h} \quad (3.3-3a)$$ ② Y方向筋かい材とつなぎ材に働く軸方向力 $$T = \frac{F_H \cdot h_G}{m \cdot h} \cdot \frac{1}{\cos\theta} \quad (3.3-3b)$$ $$C = T \cdot \sin\theta \quad (3.3-3c)$$ ③ 頂部支持材のアンカーボルトに作用する力 　X方向　引抜き力　$R_b = \dfrac{N}{n_0}$　　(3.3-3d) 　Y方向　引抜き力　$R_b = \dfrac{T \cdot \sin\theta}{n_0}$ 　　　　せん断力　$Q_b = \dfrac{T \cdot \cos\theta}{n_0}$　　(3.3-3e) ④ 下部のアンカーボルトに作用するせん断力 $$Q = \frac{F_H \cdot (h - h_G)}{n \cdot h},\quad \tau = \frac{Q}{A} \quad (3.3-3f)$$ ⑤ 頂部支持材のアンカーボルトは、R_bとQ_bを用いて別途に選定する。 ⑥ 設備機器下部のアンカーボルトは、Qまたはτを用いて別途に選定する。

指針表 3.4－1 移動防止形ストッパ

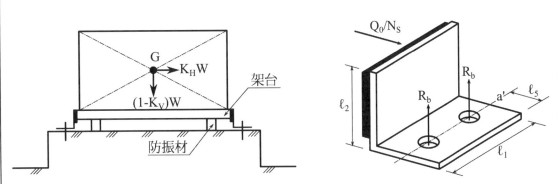

指針図 3.4－1 移動防止形ストッパ

上図で、ℓ_2はストッパの上端（力 Q_0 の想定作用点）までの高さとする。ただし、設備機器架台より低い位置に達する線上の突き出し部を設けた場合には、図のℓ_2と当該突出し部の高さの和をℓ_2とすることができる。

ここに、

- f_b ：鋼材の短期許容曲げ応力度（kN/cm²）
- m ：ストッパ1個当たりのアンカーボルト本数
- d_0 ：アンカーボルト孔径（cm）
- t ：ストッパの板厚（cm）
- N_S ：設備機器の一辺のストッパ個数
- W ：設備機器の重量（架台重量を含む）（kN）
- K_H ：設計用水平震度
- K_V ：設計用鉛直震度
- W ：設備機器の重量（kN）
- Q_0 ：検討方向に直交する1辺のストッパ群に作用する全せん断力＝$K_H \cdot W$（kN）
- R_b ：ストッパのアンカーボルト1本に作用する引抜き力（kN）
- Q ：ストッパのアンカーボルト1本に作用するせん断力（kN）
- ℓ_1 ：ストッパの幅（cm）
- ℓ_2 ：力の作用点までの高さ（cm）
- ℓ_5 ：ストッパの端からボルト穴中心までの距離（cm）

区分	内容	
板厚検討式	ストッパの板厚 $$t \geq \sqrt{\dfrac{6 K_H \cdot W \cdot \ell_2}{f_b \cdot (\ell_1 - m \cdot d_0) \cdot N_S}}$$	(3.4－1a)
引抜き力	アンカーボルト1本に作用する引抜き力 $$R_b = \dfrac{\ell_2 \cdot K_H \cdot W}{\ell_5 \cdot m \cdot N_S}$$	(3.4－1b)
せん断力	アンカーボルト1本に作用するせん断力 $$Q = \dfrac{K_H \cdot W}{m \cdot N_S}$$	(3.4－1c)

指針表 3.4－2 移動・転倒防止形ストッパ

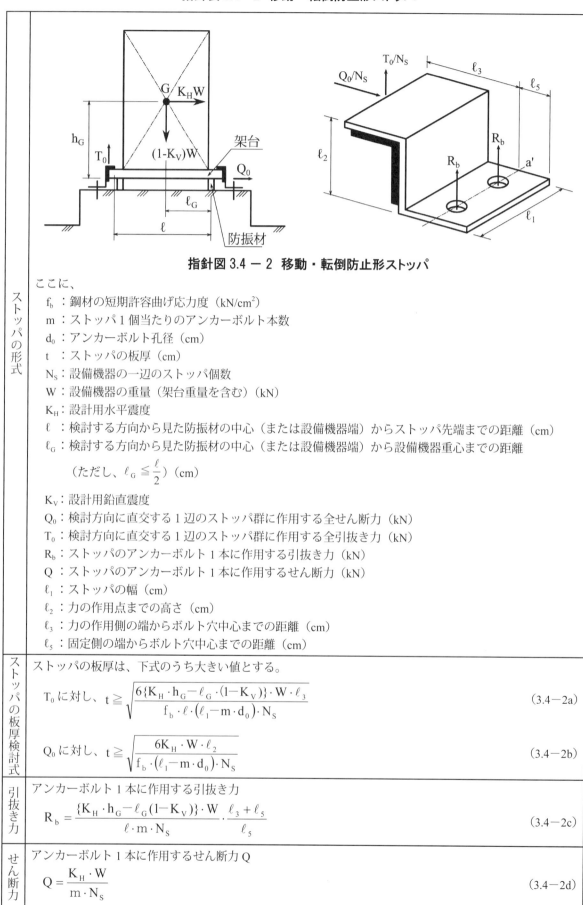

指針図 3.4－2 移動・転倒防止形ストッパ

<table>
<tr><td rowspan="2">ストッパの形式</td><td>

ここに、
- f_b ：鋼材の短期許容曲げ応力度（kN/cm²）
- m ：ストッパ1個当たりのアンカーボルト本数
- d_0 ：アンカーボルト孔径（cm）
- t ：ストッパの板厚（cm）
- N_S ：設備機器の一辺のストッパ個数
- W ：設備機器の重量（架台重量を含む）（kN）
- K_H ：設計用水平震度
- ℓ ：検討する方向から見た防振材の中心（または設備機器端）からストッパ先端までの距離（cm）
- ℓ_G ：検討する方向から見た防振材の中心（または設備機器端）から設備機器重心までの距離

  （ただし、$\ell_G \leq \dfrac{\ell}{2}$）（cm）
- K_V ：設計用鉛直震度
- Q_0 ：検討方向に直交する1辺のストッパ群に作用する全せん断力（kN）
- T_0 ：検討方向に直交する1辺のストッパ群に作用する全引抜き力（kN）
- R_b ：ストッパのアンカーボルト1本に作用する引抜き力（kN）
- Q ：ストッパのアンカーボルト1本に作用するせん断力（kN）
- ℓ_1 ：ストッパの幅（cm）
- ℓ_2 ：力の作用点までの高さ（cm）
- ℓ_3 ：力の作用側の端からボルト穴中心までの距離（cm）
- ℓ_5 ：固定側の端からボルト穴中心までの距離（cm）

</td></tr>
</table>

ストッパの板厚検討式	ストッパの板厚は、下式のうち大きい値とする。 T_0 に対し、 $t \geq \sqrt{\dfrac{6\{K_H \cdot h_G - \ell_G \cdot (1-K_V)\} \cdot W \cdot \ell_3}{f_b \cdot \ell \cdot (\ell_1 - m \cdot d_0) \cdot N_S}}$ (3.4－2a) Q_0 に対し、 $t \geq \sqrt{\dfrac{6 K_H \cdot W \cdot \ell_2}{f_b \cdot (\ell_1 - m \cdot d_0) \cdot N_S}}$ (3.4－2b)
引抜き力	アンカーボルト1本に作用する引抜き力 $R_b = \dfrac{\{K_H \cdot h_G - \ell_G(1-K_V)\} \cdot W}{\ell \cdot m \cdot N_S} \cdot \dfrac{\ell_3 + \ell_5}{\ell_5}$ (3.4－2c)
せん断力	アンカーボルト1本に作用するせん断力 Q $Q = \dfrac{K_H \cdot W}{m \cdot N_S}$ (3.4－2d)

第 3 章　設備機器の耐震支持

指針表 3.4－3　通しボルト形ストッパ

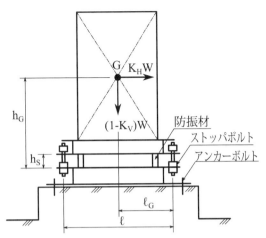

指針図 3.4 － 3　通しボルト形ストッパ

ストッパの形式

ここに、
- σ_{tb} ：引張りと曲げを同時に受ける部材の応力度（kN/cm²）
- T ：ストッパボルトに作用する引張り力（kN）
- A_e ：ボルトの有効断面積（軸断面積×0.75）（cm²）
- M ：ストッパボルトに作用する曲げモーメント（kN・cm）
- Z ：ボルトの断面係数（cm³）　$Z = \dfrac{\pi \cdot (0.85d)^3}{32} = 0.06d^3$
- G ：設備機器本体と上部架台との合成重心
- W ：設備機器の重量（架台重量を含む）（kN）
- h_S ：防振材の高さ（ストッパボルトの支持点から上部架台下端までの距離）（cm）
- h_G ：ストッパボルトの支持点から機器重心までの高さ（cm）
- ℓ ：検討する方向からみたストッパボルトスパン（cm）
- ℓ_G ：検討する方向からみたストッパボルト中心から設備機器重心までの距離（ただし、$\ell_G \leqq \dfrac{\ell}{2}$）（cm）
- n ：ストッパボルトの総本数
- n_t ：ストッパボルトの片側本数
- f_b ：鋼材の短期許容曲げ応力度（kN/cm²）
- f_s ：鋼材の短期許容せん断応力度（kN/cm²）
- K_H ：設計用水平震度
- K_V ：設計用鉛直震度

ストッパボルトの検討式

ストッパボルトの軸径は、下式の許容応力度以下となるように選定する。

① 鋼材の短期許容曲げ応力度≧ストッパボルトの曲げ応力度

$$f_b \geqq \sigma_{tb} = \frac{T}{A_e} + \frac{M}{Z} = \frac{W\{K_H \cdot h_G - (1 - K_V) \cdot \ell_G\}}{\ell \cdot n_t \cdot A_e} + \frac{K_H \cdot W \cdot h_S}{n \cdot Z} \quad (3.4-3a)$$

② 鋼材の短期許容せん断応力度≧ストッパボルトの存在せん断応力度

$$f_S \geqq \tau = \frac{K_H \cdot W}{n \cdot A_e} \quad (3.4-3b)$$

注1）下部のアンカーボルトの応力は、設備機器の重量（架台重量を含む）に対して、（h_G＋架台の高さ）を高さとして床・基礎支持の場合に準じて計算する。

注2）①と②の応力度は、厳密には合成して検討しなければならないが、ここでは簡便に別途に検討してよいこととしている。

【解説】
3.1 設備機器の耐震支持の考え方
3.1.1 アンカーボルトを用いた耐震支持

　設備機器の耐震支持は、原則としてアンカーボルトによることとし、鉄筋コンクリートの基礎・床・壁などにアンカーボルトで緊結することとしている。これらの鉄筋コンクリート部材は、建築構造体と見なせるものであり、地震時にアンカーボルトを介して伝達される力に対して、十分安全なものである必要がある。鉄筋が入っていない無筋コンクリートのものは、原則として対象としない。

　建築構造体ではないラフコンクリート（防水押さえコンクリートなど）に、設備機器を直接アンカーボルトで支持することは避ける。少なくとも、設備用基礎を設けることを原則とする。

　また、間仕切壁については、十分な強度を有していない非構造壁は十分な支持能力がないので注意する。軽量間仕切壁やALC壁などの非構造部材の壁に固定することは避けるべきである。

　鉄筋コンクリート壁であっても、設備機器を固定するのに十分であるとは言えない場合があるので注意する。例えば、解図3.1－1のように、W15と表示のある場合には、厚さ15cmの、この鉄筋コンクリート壁はいわゆる非構造壁であり、壁周辺の3方向に構造スリットが設けられている。通常、この構造スリットは、柱・梁断面と壁の間に20～25mmの空隙を設けて、壁にせん断力が作用しないようにすると共に、柱・梁の変形を拘束しないことを意図して設けられている。

　このような壁は、壁面内および面外方向に十分な耐力を有しているとは言えないので、設備機器や配管を固定することは避けるべきである。構造スリットの有無は、仕上げ材があると外見のみでは判断しにくい場合もあるので、構造設計図を参照したり構造設計者に聞くなどして確認する必要がある。通常、EW20などと構造図で表現されたコンクリート壁は、厚さ20cmの耐震壁という意味であるので、構造スリットが設置されていないものと判断してよい。

　また、電気給湯器などの耐震支持の場合には、アンカーボルト等（アンカーボルト、木ねじその他これに類するもの）を使用することも可能である（第3編　付録7.3.5　平12建告第1388号参照）。

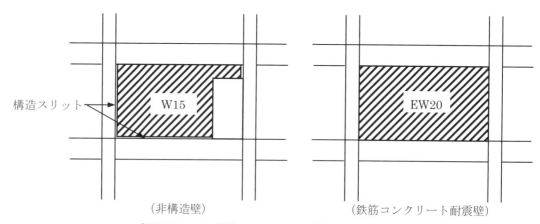

解図3.1－1　鉄筋コンクリート耐震壁と非構造壁

3.1.2 アンカーボルトに作用する引抜き力とせん断力
(1) アンカーボルトの引抜き力

① 設備機器を剛体とみなし、設計用水平地震力と設計用鉛直地震力が、同時に設備機器の重心位置に作用するものとする。設計用鉛直地震力は、アンカーボルトの引抜き力が大きくなる方向に、設計用水平方向地震力と同時に作用させる。

② 設計用水平地震力と設計用鉛直地震力は、設備機器を転倒させるように作用するが、設備機器底面に作用するモーメントに対して、アンカーボルトの引抜き力により抵抗させる。圧縮力については、圧縮側のアンカーボルト位置に作用するものとして、計算を簡略化し検討を省略している。

③ 設計用水平地震力は設備機器の転倒に対して不利な方向（アンカーボルトの引抜き力が大きくなる方向）に対して作用させる。不利な方向が不明な場合には、設備機器の短辺・長辺の両方向に別々に作用させて検討する。

(2) アンカーボルトのせん断
① 設備機器に作用する設計用水平地震力は、アンカーボルトのせん断力でこれに抵抗させる。設計用水平地震力によりアンカーボルトに作用するせん断力は、アンカーボルト全数で受け持つものとする。
② 設備機器重量やボルト締め付け力に起因する設備機器と基礎・床などとの摩擦力は、原則として考慮しない。

3.1.3 支持構造部材

鉄筋コンクリート部材に直接取付けることが難しい場合には、頂部支持材や鉄骨架台などの支持構造部材を使用して、支持部材をアンカーボルトにより鉄筋コンクリート構造体に緊結する。
① 支持構造部材とは、鉄骨部材による壁つなぎ材・上面つなぎ材などの頂部支持材や鉄骨架台などを想定している。
② 支持構造部材を用いる場合、設備機器と支持構造部材の緊結方法は別途確認すること。緊結方法の検討には、状況に応じて、本指針の検討式を準用することも可能である。

3.1.4 耐震ストッパ

防振支持された設備機器については、3.4節の耐震ストッパによる間接的な固定を採用することができる。

3.2 アンカーボルトによる耐震支持（直接支持）
3.2.1 床・基礎支持の場合（矩形断面機器の場合）
(1) アンカーボルト引抜き力の考え方

アンカーボルトの引抜き力を算定する方法は、設備機器底面に作用するモーメント M とアンカーボルト群の断面係数 Z から引張り応力度 σ_t を求め、アンカーボルト1本の断面積を乗じて引抜き力 R_b を計算している。

矩形断面機器の床・基礎支持の場合を例にとり解説すると、以下のようになる。なお、記号は（指針式 3.2-1）による（指針表 3.2-1 参照）。

解図 3.2-1 のように、設備機器に下向きに機器重量 W・右向きに設計用水平地震力 F_H・上向きに設計用鉛直地震力

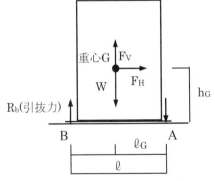

解図 3.2-1 設備機器に作用する自重と地震力

F_V が作用している場合を考える。設計用鉛直地震力を上向きとしているのは、上下方向のうち不利となる方向として採用している。

設計用水平地震力による設備機器底面におけるモーメント M は、設計用水平地震力に重心高さを乗じて得られる。

$$M = F_H \cdot h_G \qquad (解3.2-1)$$

また、アンカーボルト群の断面係数 Z は

$$Z = \sum (\ell_1 \cdot A) \qquad (解3.2-2)$$

ここに、ℓ_1：アンカーボルトの中心から中立軸までの距離（cm）
　　　　 A：アンカーボルト1本あたりの断面積（cm²）

となる。

一般的には、アンカーボルトが対称に配置されているので、ℓ_1 はボルトスパン ℓ の1/2とし、中間のアンカーボルトを無視して両側のボルトのみを考慮し、片側ボルト本数を n_t とすると、

$$Z = \frac{\ell}{2} 2 n_t \cdot A = \ell \cdot n_t \cdot A \qquad (解3.2-3)$$

となる。

B点のアンカーボルト1本に作用する引抜き力 R_b は、曲げ応力度 $\sigma_t = M/Z$ に断面積 A を乗じたものと、鉛直荷重による軸方向力 $N_c = (W_G - F_V)(\ell_G/\ell)/n_t$ の差であることから、

$$R_b = A\sigma_t - N_c = A \cdot \left(\frac{M}{Z}\right) - \frac{(W_G - F_V) \cdot \ell_G}{\ell \cdot n_t} = \frac{F_H \cdot h_G}{\ell \cdot n_t} - \frac{(W_G - F_V) \cdot \ell_G}{\ell \cdot n_t} = \frac{F_H \cdot h_G - (W_G - F_V) \cdot \ell_G}{\ell \cdot n_t}$$

$$(解3.2-4)$$

別の考え方では、R_b（反力として逆符号とする）を含めて A 点に作用するモーメント M_A の釣合いを考える。

$$M_A = F_H \cdot h_G - (W_G - F_V) \cdot \ell_G - R_b \cdot n_t \cdot \ell = 0$$
$$R_b = \frac{F_H \cdot h_G - (W_G - F_V) \cdot \ell_G}{\ell \cdot n_t} \qquad (解3.2-5)$$

結果として、両者共に（指針式3.2-1a）と同じ値となる。

(2) アンカーボルト位置での検討

本指針では、引抜き力算定時などにアンカーボルト位置に力が作用するとしている。安全側の仮定として、基本的には、引張り力も圧縮力もアンカーボルトのみで負担するとしている。

解図3.2-2のように、アンカーボルトが設備機器の外側でも内側でも、単純にボルトスパン（ℓ）を採用している。これは、実状として、圧縮側の力が設備機器底部により十分伝達できるかは必ずしも保証されていないので、安全側の値としてボルトスパン（ℓ）を採用しているためである。

圧縮側の力が設備機器底部により負担できると考えて、設備機器の端からボルトまでの距離（解図3.2-2の ℓ_1、ℓ_2）を用いて計算する場合には、圧縮側の力の伝達を詳細に検討する必要がある。

第3章 設備機器の耐震支持

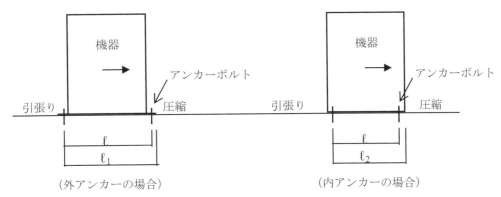

(外アンカーの場合)　　　　　　　　　(内アンカーの場合)

解図 3.2－2　引張り力と圧縮力の作用位置

(3) アンカーボルト支持部材の応力と変形

　本指針では、設備機器を完全剛体と想定して計算している。アンカーボルトの計算方法のみが例示され、アンカーボルトの力はどこから伝達され、どこに伝えるべきであるかには言及していない。

　解図 3.2－3 のように、L 形金物を介してアンカーボルトを固定している場合には、L 形金物には応力と変形が生じて

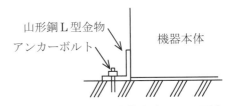

解図 3.2－3　L 形金物を介しての固定

いる。結果として、アンカーボルトにも付加応力が作用する可能性がある。実状としては山形鋼を使うなどして、ボルトに付加応力が生じにくい板厚が使用されていること、ボルト耐力を低めに評価していることなどから、計算を簡便にするために、この点の検討を省略している。

　実際には、使用ボルト径を考え、それとバランスした板厚の L 形金物を使用する必要がある。さらに、設備機器側の取付け部に関しても、同様のことがいえる。なお、L 形金物の板厚を検討したい場合には、本指針の「3.4　耐震ストッパを用いた耐震支持」の計算式が参考となる。

(4) 中間アンカーボルトの影響

　本指針においては、アンカーボルトの引抜き力を計算する場合、計算式を簡便にするために中間アンカーボルトを無視して、片側辺のボルトのみを引抜き力に有効であるとして検討式を作成している。

　解図 3.2－4 のように、中間アンカーボルトがある場合に、中間アンカーボルトを考慮した計算式を用いることもできる。

　アンカーボルト群の断面係数 Z を計算して、$\sigma = M/Z$、$R_b = A \cdot \sigma$ より R_b を算定する。

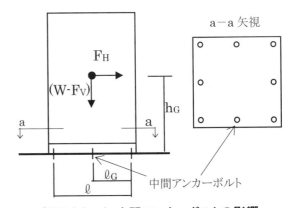

解図 3.2－4　中間アンカーボルトの影響

断面係数 Z の算定時に、$Z = \sum (\ell_i \cdot A)$ の式において、全てのアンカーボルトを考慮して、アンカーボルト図心位置での断面係数を計算すれば、中間ボルトも含めて考慮できることになる。

　引張り側アンカーボルトに作用する力 R_b は、指針図 3.2－1 と解図 3.2－4 の記号を用いて、以下の式で求められる。この式を用いて詳細な計算を行っても間違いではないが、中間のアンカーボルトに

も機器重量による圧縮力を負担させているので、必ず有利側の値になるとは限らないことに留意する。

$$\sigma_c = \frac{W - F_V}{n \cdot A}$$
$$M = F_H \cdot h_G + (W - F_V) \cdot (\ell/2 - \ell_G)$$
$$\sigma_t = M/Z$$
$$R_b = A \cdot \sigma = A \cdot (\sigma_t - \sigma_c)$$

(解 3.2－6)

ここに、σ：アンカーボルトの引張り応力度
　　　　σ_c：鉛直荷重によりアンカーボルトに生じる圧縮応力度
　　　　σ_t：水平荷重によりアンカーボルトに生じる引張り応力度
　　　　M：設備機器底面のアンカーボルト群の図心に作用するモーメント

参考として、両側のアンカーボルト n_t 本のみが有効な場合を、上式により計算すると、下記のようになり、（指針式 3.2－1a）と同じ式となる。

$$Z = n_t \cdot A \frac{\ell}{2} \times 2 = n_t \cdot A \cdot \ell$$

$$\begin{aligned}
R_b &= A \cdot (\sigma_t - \sigma_c) = A \cdot \left\{ \frac{F_H \cdot h_G + (W - F_V) \cdot (\ell/2 - \ell_G)}{n_t \cdot A \cdot \ell} - \frac{(W - F_V)}{2n_t \cdot A} \right\} \\
&= \frac{F_H \cdot h_G + (W - F_V) \cdot (\ell/2 - \ell_G - \ell/2)}{n_t \cdot \ell} \\
&= \frac{F_H \cdot h_G - (W - F_V) \cdot \ell_G}{n_t \cdot \ell}
\end{aligned}$$

(解 3.2－7)

(5) 水平地震力の入力方向

本指針では、水平地震力の入力方向は、原則として設備機器の短辺方法（X 方向）と長辺方向（Y 方向）の二方向としている。明らかに、短辺方向がアンカーボルトにとって不利側になると考えられる場合には、長辺方向の検討を省略してもよい。

しかし、底面が正方形の設備機器の場合で 4 隅に 4 本のアンカーボルトが設置されている場合には、斜め 45°方向の地震入力に対してアンカーボルト応力が最大となるので、45°方向について検討する必要がある。この場合の R_b の計算は、円形配置の場合の式を用いて、4 本ボルトとして求めれば 45°方向の結果が得られる。

正方形機器の式により、矩形断面で n=4、n_t=2、$\ell_G = \ell/2$ として計算すると、

$$R_b = \frac{F_H \cdot h_G - (W - F_V) \cdot \ell_G}{\ell \cdot n_t} = \frac{F_H \cdot h_G - (W - F_V) \cdot \ell/2}{\ell \cdot 2} = \frac{2F_H \cdot h_G - (W - F_V) \cdot \ell}{4\ell}$$

(解 3.2－8)

である。

円形断面として、$D = \sqrt{2}\ell$ として計算すると、

$$R_b = \frac{4}{n \cdot D} \cdot F_H \cdot h_G - \frac{W - F_V}{n} = \frac{4}{4 \cdot \sqrt{2}\ell} \cdot F_H \cdot h_G - \frac{W - F_V}{4} = \frac{2\sqrt{2}F_H \cdot h_G - (W - F_V) \cdot \ell}{4\ell}$$

(解 3.2－9)

となる。

円形断面の式を用いた場合が $F_H \cdot h_G$ に乗ずる係数が大きいので、R_b が大きくなることが分かる。

このため、底面が正方形の設備機器の場合で4隅に4本のアンカーボルトが設置されている場合に限っては、円形断面の式を使用して45°方向の力によるR_bを算定する（解図3.2−5参照）。

3.2.2 床・基礎支持の場合（円形断面機器の場合）

円形断面機器のアンカーボルトが、円周上に均等に配置されている場合には、アンカーボルトの総断面積が円環状に配置されていると考えると（指針式3.2−2a）が得られる。

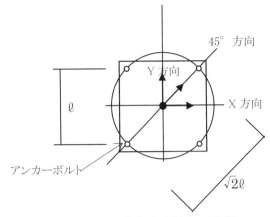

解図3.2−5　45°方向地震力の影響

（円環置換による引抜き力算定）

n本のアンカーボルト断面積を厚さt_eの円環に置換すると、（$d=D-2t_e$）として、

等価円環厚さ　　$t_e = \dfrac{n \cdot A}{\pi \cdot D}$ （解3.2−10）

等価断面係数　　$Z_e = \dfrac{\pi \cdot (D^4 - d^4)}{32D} \fallingdotseq \dfrac{\pi \cdot D^2 t_e}{4}$ （解3.2−11）

引張り応力度　　$\sigma_e = \dfrac{F_H \cdot h_G}{Z_e}$ （解3.2−12）

1本当りの引抜き力　　$R_b = \sigma_e \cdot A = \dfrac{4}{n \cdot D} F_H \cdot h_G$ （指針式3.2−2aの第1項）

3.2.3 壁面支持の場合

壁面支持の場合の検討においては、壁面に平行または壁面に直角な方向に水平方向の地震力が作用したと考えている。どの方向の引抜き力が大きくなるかは不明であるので、両方向について計算を行い、大きい方の値を設計用応力として採用する。

壁面支持の場合には、水平方向にF_H、鉛直方向下向きに$(W+F_V)$が作用しており、この合力がアンカーボルトに作用するせん断力となる。力はベクトル量であるから、両者の和である合力は二乗和の平方根となるので、

$$Q = \dfrac{\sqrt{F_H^2 + (W+F_V)^2}}{n}$$ （解3.2−13）

を採用している。簡便な検討方法として、3つの力の単純和$(F_H+W+F_V)/n$を用いれば、必ず安全側の値になるので、単純和を採用値としても安全側の計算となる。

壁面支持の場合で、重心位置Gが上側のボルト位置より上にあっても、基本的には同じ式が適用可能である。アンカーボルトに作用する力やモーメントの正負を考えて、適切に（指針式3.2−3a～3.2−3c）を適用することができる。

3.2.4 吊り支持の場合

設備機器を上面スラブに取付ける場合には、設備機器重量が下向きに作用して、機器重量Wと鉛

直方向地震力が共に下向きとなる方向が不利となる。このため、(指針式 3.2－4a) 中の項が (W+F_V) となり、さらに F_H による力との和になり、床置きの場合より大きな値となることに注意する。

過去の地震による被害例

(1) アンカーボルトなどの取付けられていないもの

軽いものから重いものまで、重量にかかわらずアンカーボルトによる固定がないものは、移動・転倒により設備機器などが損傷している。

(2) アンカーボルトの埋込み不完全なもの

箱抜きアンカーボルトなどで、箱抜きの内面が平滑すぎて充填したモルタルの付着力が不十分なものや、充填したモルタルの強度が不足しているものは、アンカーボルトが抜け出して、設備機器などが移動・転倒している。

(3) アンカーボルトや固定金物の強度不足

アンカーボルトや固定金物の強度が不足しているものは、これらが破損して設備機器などが移動・転倒している。

(4) 架台などの強度不足

鉄骨架台の上に設置された設備機器が、架台の部材強度が不足していたり、部材の接合法が不適切であったりしたために、架台本体が損傷して転倒したものがある。

(5) 設備機器本体の強度が不足していたもの

設備機器本体の強度が不足していたために、本体が破損してしまったものがある。特に、FRP製水槽や FRP 製冷却塔などにこの被害が見られる。

(6) デスク上機器

デスク上機器で、耐震措置が施さていない CRT やプリンターの移動・転落およびデスク本体の移動により、機能停止などの被害が見られる。

(7) 吊りボルトなどに振止めを施してないもの

設備機器本体が振り子状に大きくあるいは繰り返し振れて、吊りボルトが抜け出してしまったり、あるいは他の機器や配管等と衝突して破損したり落下したりしている。

(8) 吊り金物などの強度不足

吊り元および器具接続部が破損したり、吊り架台などが破損したりして落下している。

(9) 埋込金物などの強度不足

埋込金物が破損したり、躯体から抜け出したりして落下している。

3.3 頂部支持材による耐震支持

本節では、頂部支持材の仕様を記述しているが、必ず頂部支持材を使用しなければならないということではない。頂部支持は、アンカーボルトのみでは固定が難しい場合に行うものである。設備機器の形状・設置状況などに応じて、頂部支持材を使用するか否かを検討する。

本節で対象としている支持方法は、設備機器の上部と下部で支持をとることにより、下部のアンカーボルトには引抜き力が作用しないとしている。しかし、せん断力は作用するので、その検討は必要である。

頂部支持材の固定は、鉄筋コンクリートの壁・床・柱・梁などの構造体に固定することが基本である。軽量間仕切壁やALC壁などの非構造部材の壁や、構造スリットが設けられた非構造壁などに耐震支持を固定することは適切ではない。
　適切な支持構造体がない場合には、鉄骨架台などの支持部材を設けて支持することが必要になる。

3.3.1　頂部支持材の選定

　頂部支持材に作用する圧縮・引張り応力度が、部材の短期許容圧縮・引張り応力度以下となるように支持部材を選定する。部材の短期許容圧縮・引張り応力度は、建築基準法・同施行令によることを原則とし、記載の無い場合にはJISや（一社）日本建築学会の規準による。
　なお、支持部材に生じる圧縮力・引張り力を軸方向力Nとして、一般的には、

　　　許容圧縮応力 C_a ＜ 許容引張り応力 T_a

であることから、安全側の検討として $N \leqq C_a$ となるように支持部材を選定する。

(1) 支持部材の選定

　支持部材の選定は、部材応力Nに対応して

　　（部材断面の仮定）→（断面積A）→（応力度計算 $\sigma = N/A$）→（許容応力度 f_a との比較）

という手順で検討が行われる。
　別の検討法で、$\sigma = N/A \leqq f_a$ の検討式の両辺にAを乗じて

$$N \leqq A \cdot f_a = F_a \quad , \quad \frac{N}{F_a} \leqq 1.0 \tag{解3.3-1}$$

　　　ここに、f_a：許容応力度（f_t または f_c）
　　　　　　　F_a：許容応力（T_a または C_a）

として、引張力または圧縮力に応じてあらかじめ各部材の F_a を求めておけば、部材の選定はNより大きな F_a を持つ部材を選べばよい。（「第3編　付録4」に代表的部材の C_a の値を示す。）
　曲げモーメントMが作用する場合には、同様な考えで

$$\frac{N}{N_a} + \frac{M}{M_a} \leqq 1.0 \tag{解3.3-2}$$

を検討式とすることができる。

(2) 振止めの設置

　設備機器の剛性が低いことに起因して生ずる「揺れ・振れ」を抑えるため、追加措置として頂部支持を行うことがあるが、このような振止めのための頂部支持は本指針では規定していない。
　建築主、設計者、設備機器の製造者、施工者が協議のうえ、頂部支持をとるのであれば、振止めのための一つの解決策となると思われる。設備機器の剛性が低く、周囲に悪影響を及ぼすようであれば、設備機器の製造者が工夫し是正すべき問題とも思われる。なお、振止めの支持であっても、鉄筋コンクリートなどの構造体からとることを推奨する。

3.4 耐震ストッパによる耐震支持
3.4.1 耐震ストッパ

設備機器に防振支持を行った場合などで、アンカーボルトを用いた耐震支持を行うことができない場合には、耐震ストッパを使用する。

なお、ストッパ板厚の算定には設備機器がストッパに衝突する効果は考慮していないので、ストッパと設備機器との間隙は、定常運転時に接触しない範囲で極力小さくすることが必要である。

(1) ストッパのタイプ

防振材や防振装置の種類は多く、設備機器との組合せも多様である。どのような状況で、どのような形式の耐震ストッパを用いるのかを慎重に検討する必要がある。参考として、耐震ストッパの形式を以下に示す。

スプリング防振などのたわみ量が大きな防振材を用いる場合は、移動・転倒防止形とする。通しボルト形以外の耐震ストッパを選定する場合は、地震時に防振材に引抜きを生ずるか否かを検討する必要がある。

なお、移動防止形のL形プレート形、移動・転倒防止形のクランクプレート形、通しボルト形について検討式を示している。他の形式については、これらを参考として適用する。

1) 移動防止形ストッパ

形鋼・鋼板などで製作し、主に水平方向の移動を防止するのに用いる。

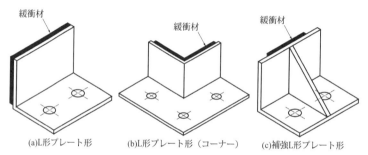

解図 3.4－1 移動防止形ストッパの例

2) 移動・転倒防止形ストッパ

形鋼・鋼板などで製作し、水平方向の移動および転倒を防止するのに用いる。

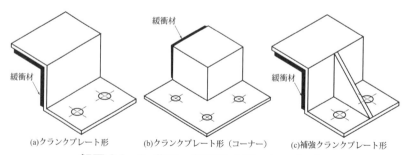

解図 3.4－2 移動・転倒防止形ストッパの例

3) 通しボルト形ストッパ（移動・転倒防止型）

通しボルト形ストッパは、常時は設備機器や防振架台と接触しない状態で設定し、地震時には設備機器の水平方向の移動および転倒を防止するのに用いる。

第3章 設備機器の耐震支持

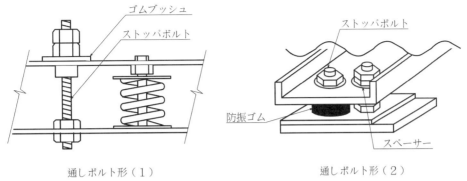

通しボルト形（1）　　　　　　　　　通しボルト形（2）

解図 3.4－3　通しボルト形ストッパの例

(2) ストッパの設計フロー

耐震ストッパを選定するときには、解図 3.4－4 のようなフローに従って行う。通しボルト形ストッパか、それ以外かにより、また、引抜き力 T_0 が作用するかどうかにより、移動防止形ストッパか移動・転倒防止形ストッパかが定まる。なお、解図 3.4－4 中の記号は指針表 3.4－1 ～指針表 3.4－3 による。

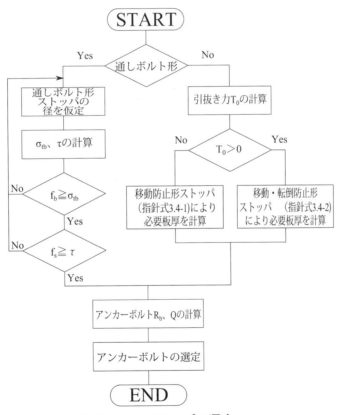

解図 3.4－4　ストッパの選定フロー

(3) 引抜き力 T_0 の検討

通しボルト形以外のストッパの形を選定する場合、地震時に防振材に引抜きを生ずるか否か検討する必要がある。

解図 3.4－5 において支持部 B を中心とする転倒モーメントを考えると、下式が成立つ。

$$T_0 = \frac{\{K_H \cdot h_G - \ell_G(1-K_V)\} \cdot W}{\ell} \tag{解 3.4-1}$$

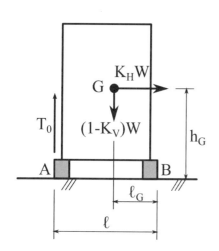

G ：設備機器重心位置
W ：設備機器の重量 (kN)
h_G ：設備機器支持部から設備機器重心までの高さ (cm)
ℓ ：検討する方向から見た支持長さ (cm)
ℓ_G ：検討する方向から見た支持部中心から設備機器重心までの距離（ただし $\ell_G \leqq \dfrac{\ell}{2}$）(cm)
K_H ：設計用水平震度
K_V ：設計用鉛直震度
T_0 ：支持部 A の受ける引抜力 (kN)

解図 3.4-5　引抜き力 T_0

① $T_0 \leqq 0$ のとき、すなわち $\dfrac{h_G}{\ell_G} \leqq \dfrac{1-K_V}{K_H}$ のとき

防振材には引抜きを生じないので、移動防止形の耐震ストッパでよい。

② $T_0 > 0$ のとき、すなわち $\dfrac{h_G}{\ell_G} > \dfrac{1-K_V}{K_H}$ のとき

防振材には引抜きを生じるので、移動・転倒防止形の耐震ストッパとする。

(4) ストッパによる耐震支持

ストッパの利用対象は、防振支持した設備機器だけには限定されない。防振支持されていない設備機器に対しても、適切に設計することで、ストッパによる固定を適用できる。また、耐震補強工事などの際、防振支持しているか否かを問わず、耐震支持金物を後付けで追加設置する場合などに有効である。解図 3.4-6 のように、ストッパと設備機器とを接続ボルトを用いて直接固定する方法も考えられる。図中の Q_0/N_s と T_0/N_s は、N_s 個のストッパの 1 個当たりに作用する力である。

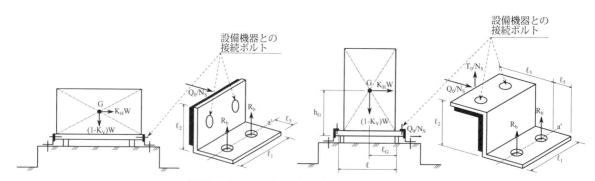

解図 3.4-6　ストッパ形式による耐震固定

3.4.2　移動防止形ストッパ

移動防止形ストッパの板厚の算定は、板の曲げモーメントによる応力度が許容応力度以下となるように、必要板厚が算出されている。

水平力 Q_0（$=K_H \cdot W$）が作用するときに、アンカーボルトに引張り力が、ストッパ先端付近に圧

縮力が生じる。先端圧縮力の合力は、先端よりやや内側になるが、計算を簡便にするために先端に作用するものとしている。

また、水平力に抵抗するものは片側のストッパのみと考えて、片側ストッパのみに全体の力を作用させていることに注意する。

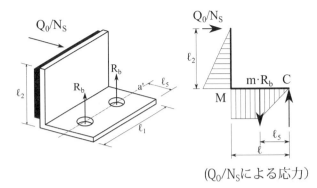

解図 3.4－7 ストッパに作用するモーメント

必要板厚の算出は、作用する曲げモーメントと許容応力度から、以下のように算定される。

$$M = Q_0/N_s \cdot \ell_2 = K_H \cdot W \cdot \ell_2/N_s \tag{解 3.4－2}$$

$$Z = \frac{1}{6} \cdot (\ell_1 - m \cdot d_0) \cdot t^2 \tag{解 3.4－3}$$

（許容応力度≧板に生じる曲げ応力度）より

$$f_b \geq \sigma = \frac{M}{Z} = \frac{6K_H \cdot W \cdot \ell_2}{(\ell_1 - m \cdot d_0) \cdot t^2 \cdot N_s} \tag{解 3.4－4}$$

必要板厚は、

$$t^2 \geq \frac{6K_H \cdot W \cdot \ell_2}{f_b \cdot (\ell_1 - m \cdot d_0) \cdot N_s}$$

$$t \geq \sqrt{\frac{6K_H \cdot W \cdot \ell_2}{f_b \cdot (\ell_1 - m \cdot d_0) \cdot N_s}} \tag{解 3.4－5}$$

ここに、M：L形コーナー部のモーメント
　　　　Z：片側にある N_s 個のストッパのボルト孔位置での断面係数（板幅 ℓ_1 からボルト孔径の合計値 $m \cdot d_0$ を減ずる）

また、アンカーボルトに作用する引抜き力 R_b とせん断力 Q は、N_s 個のストッパに各 m 本のアンカーボルトがあるとして、モーメントと水平力の釣合いより、以下のようになる。

$$Q_0 \cdot \ell_2 / N_s = R_b \cdot \ell_5 \cdot m$$

$$R_b = \frac{\ell_2 \cdot K_H \cdot W}{\ell_5 \cdot m \cdot N_s} \tag{解 3.4－6}$$

$$Q = \frac{K_H \cdot W}{m \cdot N_s}$$

3.4.3 移動・転倒防止形ストッパ

移動・転倒防止形ストッパの板厚の算定は、板の曲げモーメントによる応力度が許容応力度以下となるように、必要板厚が算出されている。

引張り力（T_0/N_s）による必要板厚さは、下記により算定される。3.4.2項と同様に、圧縮反力はストッパの先端に作用するものとしている。（解図 3.4－8 参照）

鉛直方向力の釣合い　$(T_0 + C)/N_s = m \cdot R_b$

モーメントの釣合い　$T_0 (\ell_3 + \ell_5)/N_s = m \cdot R_b \cdot \ell_5$

$$m \cdot R_b \cdot N_S = \frac{\ell_3 + \ell_5}{\ell_5} T_0 、 \quad C = \frac{\ell_3}{\ell_5} T_0$$

$$M = C \cdot \ell_5 / N_S = T_0 \cdot \ell_3 / N_S = \frac{W\{K_H \cdot h_G - \ell_G(1-K_V)\}}{\ell \cdot N_S} \ell_3 \tag{解 3.4-7}$$

$$Z = \frac{1}{6} \cdot (\ell_1 - m \cdot d_0) \cdot t^2$$

ここに、M：アンカーボルト部のモーメント

  Z：片側にある N_s 個のストッパのボルト孔位置での断面係数（板幅 ℓ_1 からボルト孔径の合計値 $m \cdot d_0$ を減ずる）

（許容応力度≧板に生じる曲げ応力度）から

$$f_b \geqq \sigma = \frac{M}{Z} = \frac{6W \cdot \{K_H \cdot h_G - \ell_G(1-K_V)\} \cdot \ell_3}{\ell \cdot (\ell_1 - m \cdot d_0) \cdot t^2 \cdot N_S} \tag{解 3.4-8}$$

必要板厚は、

$$t^2 \geqq \frac{6\{K_H \cdot h_G - \ell_G(1-K_V)\} \cdot W \cdot \ell_3}{f_b \cdot \ell \cdot (\ell_1 - m \cdot d_0) \cdot N_S}$$

$$t \geqq \sqrt{\frac{6\{K_H \cdot h_G - \ell_G(1-K_V)\} \cdot W \cdot \ell_3}{f_b \cdot \ell \cdot (\ell_1 - m \cdot d_0) \cdot N_S}} \tag{解 3.4-9}$$

水平力（Q_0/N_S）による必要板厚は、移動転倒形ストッパと同様に算定される。なお、解図 3.4-8 には（T_0/N_S）と（Q_0/N_S）が同時に作用するように表示されているが、全体図から理解できるように、左側からの水平力に対しては右側ストッパに水平力、左側ストッパに引抜き力と、それぞれが別途に作用するので、それぞれの力に対して必要な板厚さの大きいものを採用すればよい。

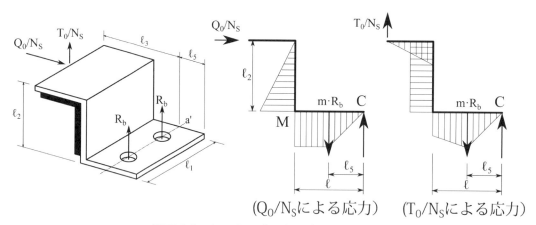

解図 3.4-8　ストッパに作用するモーメント

また、アンカーボルトに作用する引抜き力 R_b とせん断力 Q は、N_s 個のストッパに各 m 本のアンカーボルトがあるとして、

$$R_b = \frac{\ell_3 + \ell_5}{\ell_5} T_0 /(m \cdot N_s) = \frac{\{K_H \cdot h_G - \ell_G(1-K_V)\} \cdot W}{\ell \cdot m \cdot N_S} \cdot \frac{\ell_3 + \ell_5}{\ell_5}$$

(解 3.4-10)

$$Q = \frac{K_H \cdot W}{m \cdot N_S}$$

となる。

3.4.4 通しボルト形ストッパ

通しボルト形ストッパは、ストッパボルトの曲げ剛性と耐力を利用して設備機器の水平移動を拘束するものである。ストッパボルトの脚部には、曲げモーメントと引張り力が作用するので、この力を確実に基礎に伝達する必要がある。

過去の地震による被害例
(1) 耐震ストッパが設けられていなかったもの
　設備機器本体が大きく移動したり、転倒したものあるいは防振スプリングなどが飛び出してしまったりするものなどがある。
(2) 耐震ストッパが不完全なもの
　水平方向の変位を止めるだけの耐震ストッパ、あるいは移動防止形ストッパだったために、ストッパを飛び越えてしまったものや、ストッパボルトにナットが締め付けてなかったためにボルトから飛び出してしまったものなどがある。
(3) 重量設備機器の上部変位量が大きいもの
　変圧器などでは移動・転倒防止形のストッパを用いた場合でも、上部変位量が大きく変圧器に取り付けられる電気配線が破損したものや、防振架台が破損したものがある。

3.5 鉄骨架台による耐震支持

鉄骨架台については、様々な架台形状が考えられるので、それぞれの形状に応じて力学的に合理的な方法により部材応力を算定し、必要な部材検討を行って安全性を確認する必要がある。鉄骨架台には、矩形架台・壁付き架台・背面支持架台などがある。

3.5.1 取付けボルトの設計

解図 3.5-1 に示したように、鉄骨架台と設備機器は取付けボルトにより緊結する必要がある。取付けボルトの設計は、「3.2 アンカーボルトによる耐震支持（直接支持）」に準じて行うことになる。鉄骨架台上面には、取付けボルトを固定する部材（鋼板・水平受け梁など）を設ける。

取付けボルトの力は確実に鉄骨架台に伝達する必要がある。取付けボルトが柱上にない場合には、水平受け梁を設けるなどして取付けボルトの力を柱に伝達する。

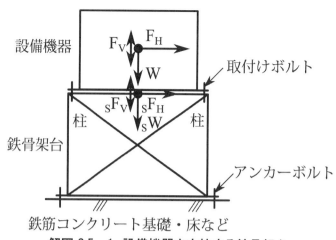

解図 3.5－1 設備機器を支持する鉄骨架台

3.5.2 鉄骨架台のアンカーボルトの設計

鉄骨架台を鉄筋コンクリート床などに緊結するアンカーボルトの設計は、設備機器と鉄骨架台を一体と考えて、「3.2 アンカーボルトによる耐震支持（直接支持）」に準じて行う。

鉄骨架台重量が無視できる場合には、設備機器重量のみを考慮してアンカーボルト位置と設備機器重心の位置を考慮して算定する。

鉄骨架台重量が無視できない場合には、検討に用いる水平方向力および鉛直方向力は、設備機器に作用する力と鉄骨架台に作用する力の重心位置に合力を作用させる。

3.5.3 鉄骨架台の設計

鉄骨架台は、設備機器に作用している機器重量 W・設計用水平地震力 F_H・設計用鉛直地震力 F_V を考慮して、鉄骨部材の安全性を確認する。なお、本指針の計算式では、鉄骨架台重量は無視しているが、設備機器重量に比較して無視できない場合には、鉄骨架台重量・設備機器重量・設計用水平地震力・設計用鉛直地震力も考慮する。目安としては、鉄骨架台重量が設備機器重量の20%を超える場合には、鉄骨架台重量を考慮する。考慮する場合には、計算を簡便にするために、設備機器重量に鉄骨架台重量を加える、または、鉄骨架台に作用する力は鉄骨架台上面に作用するものとしてよい。

以下に、鉄骨架台の代表的なものとして、矩形架台（4本柱と6本柱）・壁付き架台・吊り架台・背面支持架台の計算方法を例示する。また、第2編計算例において、計算例1と計算例2に矩形架台、計算例9に吊り架台、計算例15に壁付き架台、計算例19に矩形架台、計算例20にH形鋼による支持（解説記述なし）、計算例25に背面支持架台が例示されている。

(1) 矩形架台（4本柱）の計算方法の例

4本柱で1層の場合を例にとり、部材に生じる力を算定する。解図3.5－2（a）に示すように鉄骨架台の部材は、柱：A材、ブレース（筋かい）：B材、梁：C材である。

計算は、長辺・短辺の両方向について行い不利側の値を設計用荷重とするが、明らかに短辺方向が不利な場合には長辺の検討は省略できる。

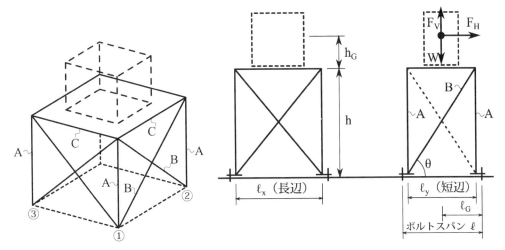

(a) 検討鉄骨架台　　　(b)長辺方向の検討（①〜③）　　(c)短辺方向の検討（①〜②）

解図 3.5－2　鉄骨架台の検討（4 本柱）

1) 柱材に生じる軸方向力

設備機器底部に作用する地震時の水平力による転倒モーメントは、

$$M = F_H \cdot h_G \tag{解3.5-1}$$

鉄骨架台底部に作用する地震時の水平力による転倒モーメント M_B は、

$$M_B = M + F_H \cdot h \tag{解3.5-2}$$

柱部材 A 材に作用する引張りおよび圧縮の軸方向力は、重量と鉛直方向地震力を考慮して、

引張り力　　$N_T = \dfrac{M_B}{n_1 \cdot \ell_y} - \dfrac{W}{n_2}(1 - K_v)$　　　　　　　　　　　　　　　　（解3.5-3）

圧縮力　　　$N_C = \dfrac{M_B}{n_1 \cdot \ell_y} + \dfrac{W}{n_2}(1 + K_v)$　　　　　　　　　　　　　　　　（解3.5-4）

ここに、n_1：鉄骨架台の構面数（図示の場合は $n_1 = 2$）
　　　　n_2：構面の全柱本数（図示の場合は $n_2 = 4$）
　　　　ℓ：検討方向のボルトスパン

となる。一般には、圧縮力に対して不利となるので、圧縮側を検討しておけばよい。

2) ブレースに生じる引張り力

ブレース B 材については、引張り力のみを負担するとして片側の部材のみで検討を行う。ブレース材が同一断面である場合には、水平力の（$1/\cos\theta$）の力を生じるので、構面内のブレース材数 n_3 を考慮して計算すると、

ブレース引張り力　　$T_B = \dfrac{F_H}{n_3 \cdot \cos\theta}$　　　　　　　　　　　　　　　　　　　　（解3.5-5）

ここに、θ：ブレースの水平面との角度（$\tan\theta = h/\ell_x$、または h/ℓ_y）
　　　　n_3：構面内のブレース材数（図示の場合、奥の面にもブレースがあるので $n_3 = 2$）

となる。この検討は、通常は $\cos\theta$ が小さい方向についてのみ行えばよい。また、構面内のブレース材数 n_3 は、柱材のみがありブレースがない構面は考慮しない。

3) 鉄骨架台のアンカーボルト

　鉄骨架台の柱1本あたりにn本のアンカーボルトがあるとすると、

　　作用引張り力　　$n \cdot R_b = N_T$ 　　　　　　　　　　　　　　　　　　　　　　　　（解式3.5－3参照）

　　作用せん断力　　$Q = \dfrac{F_H}{n \cdot n_3}$ 　　　　　　　　　　　　　　　　　　　　　　　（解3.5－6）

を用いて、アンカーボルトの選定を行う。この場合に、ブレースにつながる片側のアンカーボルトのみにせん断力が作用していることに留意する。ただし、柱下端が連結されている場合には、両側柱を考慮できる。

4) 正方形平面の場合

　柱位置が正方形配置の場合には、解説3.2.1項の（5）で述べたように、45°方向の地震荷重に対して最も不利となる。これに対応して、ボルトスパンを斜めのスパン（平行スパンの$\sqrt{2}$倍）を用いて、構面数 n_1 を1.0として柱材軸方向力・アンカーボルト引張り力を計算する。せん断力については、割増しを要しない。

(2) 矩形架台（6本柱）の計算方法の例

　解図3.5－3に示すような6本柱の矩形架台の場合は、4本柱の場合と同様な式を用いてよいが、短辺方向の検討では、

　　n_1：鉄骨架台の構面数（$n_1 = 3$）

　　n_2：構面の全柱本数（$n_2 = 6$）

　　n_3：構面内のブレース材数

　　　　（3構面にブレースがある場合 $n_3 = 3$、両側2構面のみにブレースがある場合 $n_3 = 2$）

長辺方向の検討では、

　　n_1：鉄骨架台の構面数（$n_1 = 2$）

　　n_2：構面の全柱本数（$n_2 = 6$）

　　n_3：構面内のブレース材数（両側2構面に2つのブレースがある場合 $n_3 = 4$）

として計算式を適用する。

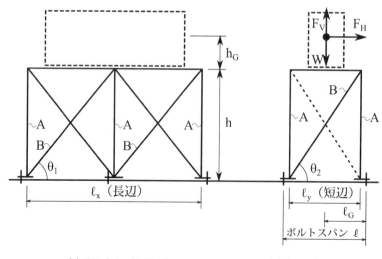

(a) 長辺方向（2構面）　　　(b) 短辺方向（3構面）

解図3.5－3　鉄骨架台の検討（6本柱）

(3) 壁付き架台の計算方法の例

解図3.5-4のような壁付の支持架台の例である。設備機器からの架台への力の伝達はやや複雑であるが、ここでは簡便な計算法を示す。

高所の壁付き架台では、機器が落下すると危険であるので注意が必要である。設備機器重量が5kNを超えるような設備機器に対しては、構造専門家に相談し、より正確なモデルを使用して計算を行う必要がある。

1) 壁面直角方向

計算を簡便にするために以下のモデルを採用する。

・設備機器重量などの鉛直力は、支持架台上面のA材に等分布荷重で作用するものとする。
・水平力は直接A部材に作用するものとする。
・水平力と鉛直力による転倒モーメントは、A材の両端に集中力Pとして作用するとする。
・アンカーボルトに作用する力は、厳密には架台の各部応力から伝達されるが、架台が剛体であるとして単純に反力計算から算出する。（C材は十分な断面を有するとしている）

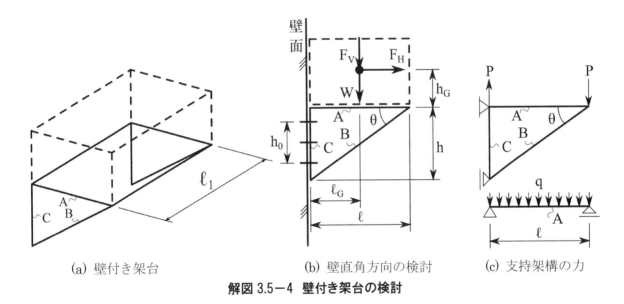

(a) 壁付き架台　　(b) 壁直角方向の検討　　(c) 支持架構の力

解図 3.5-4　壁付き架台の検討

(i) A材とB材の応力

A部材の上面に作用する鉛直荷重による応力は、分布荷重をqとして架台の支持部材が2組みあるので、

$$\text{長期} \quad q_L = \frac{W}{2\ell}, \quad \text{地震時} \quad q_E = K_V \cdot q_L \tag{解 3.5-7}$$

A部材は指針図3.5-4に示すように、両端支持の単純梁とすると、

$$\text{中央モーメント } M_0 \text{ と端部せん断力 } Q_0 \text{ は、} \quad M_0 = \frac{q_L + q_E}{8}\ell^2, \quad Q_0 = \frac{q_L + q_E}{2}\ell \tag{解 3.5-8}$$

$$\text{先端の集中荷重 P は、} \quad P = Q_0 + \frac{F_H \cdot h_G}{2\ell} \tag{解 3.5-9}$$

トラス応力の釣合から、安全側として水平荷重F_Hの1/2を考慮して

$$A\text{材の引張り力、}T = P \cdot \frac{1}{\tan\theta} + \frac{F_H}{2}\text{、}B\text{材の圧縮力}C = P \cdot \frac{1}{\sin\theta} \quad \text{(解 3.5-10)}$$

となる。A 材は上記の部材応力（M_0 と T）、B 材は圧縮力 C に対して設計を行う。

(ⅱ) アンカーボルト

アンカーボルトに作用する引抜き力 R_b とせん断力 Q は、以下により算定できる。

$$R_b = \frac{F_H}{2n} + \frac{F_H \cdot (h_G + h/2)}{2h_0} + \frac{(W + F_V) \cdot \ell_G}{2h_0} \text{、} Q = \frac{W + F_V}{2n} \quad \text{(解 3.5-11)}$$

ここに、n：片側のアンカーボルト本数（2 組あるために 2 倍して用いる）
　　　　h_0：アンカーボルトのボルトスパン

2) 壁面平行方向

解図 3.5-4 において、F_H の方向が壁面と平行になった場合を検討する。

壁面直角方向より部材応力は少ないとみなせるので、部材の応力検討は省略する。

アンカーボルトに作用する引抜き力 R_b とせん断力 Q は、以下により算定できる。

$$R_b = \frac{F_H \cdot \ell_G}{\ell_1 n} + \frac{(W + F_V) \cdot \ell_G}{2h_0} \text{、} Q = \sqrt{\left(\frac{F_H}{2n}\right)^2 + \left(\frac{W + F_V}{2n}\right)^2} \quad \text{(解 3.5-12)}$$

(4) 吊り架台の計算方法の例

解図 3.5-5 のような吊り支持の架台を対象とする。ここでは立面 (a) 方向について述べ、立面 (b) 方向は計算例 9 (p.188) を参考にして計算する。

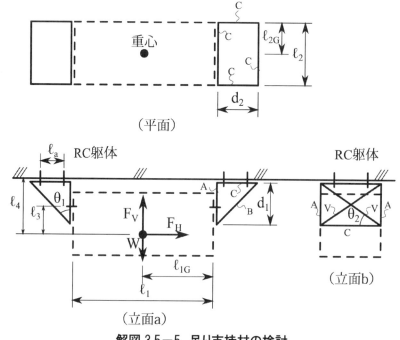

解図 3.5-5　吊り支持材の検討

(i) 地震入力

設計用水平地震力 $F_H = K_H \cdot W$、

設計用鉛直地震力 $F_V = K_V \cdot W = F_H/2$ として、

水平力 F_H による本体取付けボルト部の転倒モーメント $M = F_H \cdot \ell_3$

水平力 F_H による上部 RC 躯体部の転倒モーメント $M_B = F_H \cdot \ell_4$

ここに、ℓ_3：重心位置から取付けボルトまでの距離
　　　　ℓ_4：重心位置から RC 躯体までの距離

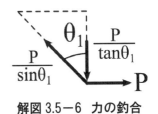

解図 3.5－6　力の釣合

(ii) 部材応力

A 材　作用水平力 $P = F_H/4$（4 か所で支持しているので、A 材には 1/4 が作用する）

　　　計算を簡便にするため、P は架台の先端に作用するものとする。

　　　P による引張り力（解図 3.5－6 参照）

$$T_1 = \frac{P}{\tan\theta_1} \quad (解\ 3.5-13)$$

　　　M と $(W + F_V)$ による引張り力（2 面あるので 1/2 としている）

$$T_2 = \frac{M}{2\ell_1} + \frac{(W + F_V) \cdot (\ell_1 - \ell_{1G})}{2\ell_1} \quad (解\ 3.5-14)$$

　　　A 材に作用する引張り力 $N_T = T_1 + T_2$

B 材　P による圧縮力（解図 3.5－6 参照）

$$N_C = \frac{P}{\sin\theta_1} \quad (解\ 3.5-15)$$

C 材は検討を省略し、A 材および B 材と同等以上の材を使用する。

(5) 背面支持架台の計算方法の例

解図 3.5－7 のような背面支持架台の検討においては、計算を簡便にするために、背面支持材と設備機器は一体化されており、剛体としてアンカーボルトに力を伝達できるものとして、矩形機器に準じて計算を行う。

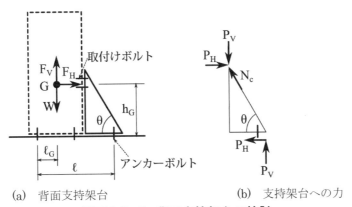

(a) 背面支持架台　　　　(b) 支持架台への力

解図 3.5－7　背面支持架台の検討

(i) アンカーボルト

1本のアンカーボルトに作用する引抜き力 R_b とせん断力 Q は、以下により算定できる。自重によるアンカーボルト圧縮は背面支持材を考慮しないで算定する。

$$R_b = \frac{F_H \cdot h_G - (W - F_V) \cdot \ell_G}{\ell \cdot n_t}、\quad Q = \frac{F_H}{n} \tag{解 3.5-16}$$

ここに、

- G ：設備機器重心位置
- W ：設備機器の重量（kN）
- h_G ：支持面から設備機器重心までの高さ（cm）
- ℓ ：アンカーボルトのボルトスパン（cm）
- ℓ_G ：設備機器重心までの水平距離（cm）
- F_H ：設計用水平地震力（kN）
- F_V ：設計用鉛直地震力（kN）
- n ：アンカーボルトの総本数
- n_t ：アンカーボルトの片側本数（2組の支持架台の場合：$n_t = 2$）
- R_b ：アンカーボルト1本に作用する引き抜き力（kN）
- Q ：アンカーボルト1本に作用するせん断力（kN）

(ii) 支持部材の応力

支持部材に作用する力は、取付けボルト位置も関係して複雑であるが、計算を簡単にするために、節点にアンカーボルト反力に相当する力が作用するものと仮定する。やや乱暴な仮定であるので、設備機器重量が大きいものや重要度の高い設備機器では、力学的に妥当なモデルを用いる、または次の計算結果に安全率を多くすることが望ましい。

解図3.5-7の例では、支持部材に作用する力は、3本のアンカーボルトのうち2本が設備機器に、1本が背面支持材に接続されているので、1本分のせん断力を負担するとして計算する。この力は、設備機器と背面支持架台の取付けボルトから作用するが、計算を簡便にするために頂部に作用するとする。

水平方向の力 $P_H = Q$（アンカーボルトせん断力）
鉛直方向の力 $P_V = R_b$（アンカーボルト引抜き力）

と仮定すると、

$$\text{斜め部材の応力}\quad N_C = \frac{P_H}{\cos\theta} + \frac{P_V}{\sin\theta} \tag{解 3.5-17}$$

この応力に対して、斜め部材の断面を決定し、他の部材は同断面としておけばよいと思われる。

第4章 アンカーボルトの許容耐力と選定

　本章では、アンカーボルトに作用する力に対して、どのようにアンカーボルトを選定するかを述べる。アンカーボルトには引抜き力 R_b（引張り軸応力度 σ_t）とせん断力 Q（せん断応力度 τ）が作用するものとして、許容応力度設計法により適切な工法と直径を選定する。ここで、アンカーボルト1本当りの引抜き力 R_b とせん断力 Q（せん断応力度 τ）は、第3章により求めるものとする。

4.1 アンカーボルトの許容引抜き荷重と許容応力度

4.1.1 アンカーボルトの許容引抜き荷重

　アンカーボルトの許容引抜き荷重は、原則として付表1「自家用発電設備耐震設計のガイドライン」に示された値を使用する。

　ただし、特別に品質管理が十分行われて基礎コンクリートが打設され、（一社）日本建築あと施工アンカー協会の「あと施工アンカー施工指針（案）・同解説」により、同協会の施工資格者、製品認定制度に基づいて施工されたものは、同指針に基づく許容荷重を使用してもよい。

　常時荷重に対しては長期許容荷重、地震時荷重（長期荷重を含む）に対しては短期許容荷重を使用する。

4.1.2 アンカーボルトの許容応力度

　アンカーボルトとしては、SS400材のボルトまたはステンレスボルトを使用する。その許容応力度は、建築基準法施行令第90条の構造用鋼材に基づき定める。ねじ部有効断面積についての値を軸断面積に換算した許容応力度の値を指針表4.1－1に示す。

　常時荷重に対しては長期許容応力度、地震時荷重（長期荷重を含む）に対しては短期許容応力度を使用する。

指針表4.1－1　ボルト（SS400）およびステンレスボルト（A2－50）の許容応力度表

ボルトの種類	長期許容応力度（kN/cm²）		短期許容応力度（kN/cm²）	
	引　張（f_t）	せん断（f_s）	引　張（f_t）	せん断（f_s）
ボルト（SS400）	11.7	6.78	17.6	10.1
ステンレスボルト（A2－50）	10.5	6.08	15.8	9.12

4.2 アンカーボルトの選定方法

（1）アンカーボルトに作用する力

　アンカーボルトには、引抜き力 R_b（引張り軸応力度 σ_t）とせん断力 Q（せん断応力度 τ）が作用する。

（2）アンカーボルトの選定方法

　アンカーボルトの選定の方法としては、以下の3つの方法がある。どの方法によって検討を行ってもよいが、①の方法が一般的である。②および③の方法は略算的にアンカーボルト断面を推定

するときに使用できる。
① R_b とせん断応力度 τ で計算する方法
② R_b とせん断力 Q で計算する方法
③ 設備機器の縦横比と設計用震度で図表から求める簡便法

【解説】
4.1 アンカーボルトの許容引抜き荷重と許容応力度
4.1.1 アンカーボルトの許容引抜き荷重
(1) アンカーボルトの許容引抜き荷重

アンカーボルトの許容引抜き荷重は、付表1の（一社）日本内燃力発電設備協会「自家用発電設備耐震設計のガイドライン」に示された値を、原則として使用することとしている。同ガイドラインによる許容引抜き荷重は、安全率を高くして比較的小さい数値を与えている。これは、建築設備関係の基礎やアンカーボルトにおいては、「必ずしも品質管理が十分ではないので、アンカーボルト耐力を低く評価しておくべきである。」という考え方に基づいている。

これに対して、特別に品質管理が十分行われて基礎コンクリートが打設された場合、たとえば（一社）日本建築あと施工アンカー協会の「あと施工アンカー施工指針（案）・同解説」により、同協会の施工資格者、製品認定制度に基づいて施工された場合には、同指針に基づく許容荷重を使用してもよいこととしている。この場合の許容引抜き荷重は、建築構造の構造躯体検討に用いられる数値となり、かなり大きい値を採用できる。

ただし、その場合には、アンカーボルトを埋込む鉄筋コンクリートは、構造躯体に準じた十分な品質管理が行われたものか、既存コンクリートにあっては現地調査などで強度を確認し、ひび割れなどの欠損がないことが確認されている必要がある。

(2) 長期許容引抜き荷重と短期許容引抜き荷重

アンカーボルトの許容引抜き荷重としては、常時荷重に対しては長期許容引抜き荷重、地震時荷重（長期荷重を含む）に対しては短期許容引抜き荷重を使用する。短期許容引抜き荷重は、長期許容引抜き荷重の1.5倍の値を用いている。

(3) アンカーボルトの混用

径や強度の異なるアンカーボルトや金属拡張アンカーと接着系アンカーを混用した場合には、強度の弱いアンカーボルトから破損することになる。また、応力伝達や崩壊形式が複雑になり、設計で想定した形式とならない可能性があるため、このような異種アンカーボルトの混用は原則として行わない。

(4) アンカーボルトと機器側鋼板の隙間

アンカーボルトとそれに取り合う機器側鋼板は、隙間が大きすぎるとせん断力の伝達が不十分になる。施工性の問題もあるが、穴径を、（アンカーボルト径＋2mm）程度とすることが望ましい。

建築構造物においては、アンカーボルトに対して穴径を、（アンカーボルト径＋5mm）以下とする規定があるが、この場合は隙間を埋める工法を採用しているので適用しない。

なお、穴径が大きすぎた場合には、無収縮モルタルにて孔まで埋める、十分な厚みを確保した大きめのワッシャーを用いる、ワッシャーと鋼板を溶接で緊結する、などの対策がある。

(5) アンカーボルトの締め付け力

本指針で対象としているアンカーボルトは、手締めで締める程度で施工するものである。ボルトには締め付け力による引張り応力度が作用しているが、計算上は無視できる程度と考えている。ただし、大きな力で締め付ける場合はその影響を考慮する必要がある。

(6) あと施工アンカーのピッチ・ヘリあき寸法・設置間隔

あと施工アンカーのピッチは 10d 以上、はしあき寸法 $C≧50+d/2mm$ とし、設置間隔は 10d 以上、2L 以上を原則とする。

　　　ここに、d：あと施工アンカーの径（mm）
　　　　　　L：あと施工アンカーの埋込み長さ（mm）

また、アンカーボルトが基礎の隅角部や辺部に打設される場合には、許容引抜き耐力、許容せん断耐力が低下することがあるので、必要に応じて、「付表1 表3.3の左欄、表3.6」に示す方法により確認すること。

(7) あと施工アンカーボルトの施工

あと施工アンカーを施工する作業は、（一社）日本建築あと施工アンカー協会の資格を有する者、またはあと施工アンカーについて十分な技能および経験を有したものが行う。

(8) アンカーボルトの付着耐力式

アンカーボルトの付着耐力は、解式4.1－1で求めることができる。これにより引抜き耐力が決まることがあるので必要に応じて確認すること。

$$T_a = \frac{F_C}{8} \cdot \pi \cdot d_2 \cdot L \qquad (解 4.1-1)$$

ここに、
　　T_a：アンカーボルトの付着耐力（kN）
　　L：アンカーボルトの埋込み長さ（cm）
　　d_2：コンクリートの穿孔径（cm）
　　F_c：コンクリートの設計基準強度（kN/cm²）

4.1.2 アンカーボルトの許容応力度

アンカーボルトに作用する荷重に対して、鋼材としてのボルトの断面耐力が耐えられるかを検討する。指針表4.1－1の値は、建築基準法施行令第90条に基づいた計算値を示している。

① ボルトの引張り応力度を検討する必要が生じた場合には、指針表4.1－1の f_t 値を用いる。
② 引張りとせん断を同時に受けるボルトの強度確認は、以下による。

$$\tau ≦ f_s \qquad (解 4.1-2)$$

$$\sigma_t ≦ \min(f_t, f_{ts})　ただし、f_{ts} = 1.4f_t - 1.6\tau \qquad (解 4.1-3)$$

ここに、

- τ：ボルトに作用するせん断応力度（$\tau = Q/A$）
- σ_t：ボルトに作用する引張り応力度（$\sigma_t = R_b/A$）
- A：アンカーボルトの軸断面積（呼び径による断面積）
- f_s：せん断のみを受けるボルトの許容せん断応力度（指針表 4.1－1 の値）
- f_t：引張りのみを受けるボルトの許容引張応力度（指針表 4.1－1 の値）
- f_{ts}：引張りとせん断力を同時に受けるボルトの許容引張り応力度

ただし、$f_{ts} \leqq f_t$

（SS400 材の場合、短期許容応力度については $\tau = 4.4\mathrm{kN/cm^2}$ 以下の時には $f_{ts} = f_t$ となる。）

③　指針表 4.1－1 の引張り許容応力度は、ボルト類の許容応力度であり、SS400 鋼材の許容応力度ではないことに注意する。ボルトの「ねじ谷径断面 / 軸断面積 = 0.75」として、ねじ部で断面検討を行うための簡便な手法として、鋼材自体の許容応力度を 0.75 倍して評価してある。このため、アンカーボルトの応力度計算などには、呼径による断面積である軸断面積を用いて計算を行う。

引張り耐力 = 軸断面積 × f_t

引張り応力度 σ_t = 引抜き力 / 軸断面積

として検討してよい。

なお、取付けボルトなどで SS400 ボルトを使用する場合には、SS400 鋼材の許容応力度を使用し、ねじ谷径断面を使うので注意する。

④　アンカーボルトを面外剛性の弱い板材や回転拘束の少ない止め金物（山形鋼や溝形鋼）・ベースプレートに取り付けると、てこ反力が生じてアンカーボルトに生じる力が大きくなることがあるので、その影響を考慮して検討すること。

4.2　アンカーボルトの選定方法

(1) アンカーボルトに作用する力

アンカーボルトには設備機器に作用した地震力により、引抜き力 R_b とせん断力 Q が作用する。これらの作用力は、第 3 章に示した計算式を用いて計算できるので、本章ではその計算結果を用いてアンカーボルトを選定する方法を示す。

(2) アンカーボルトの選定方法

1) 引抜き力 R_b とせん断応力度 τ で計算する方法

アンカーボルト選定の計算を行うためには、アンカーボルトの本数と径を仮定してせん断応力度 τ を計算する必要がある。通常は、設備機器によってアンカーボルト本数が決められている場合が多いので、この場合には、アンカーボルト径を選定することになる。

アンカーボルトの許容応力度は、引張り応力度とせん断応力度の合成応力度により検討する必要がある。そのために両者を用いた許容応力度 f_{ts} を用いている（解説 4.1.2 項の②参照）。

この引張りとせん断を同時に受けるボルトの許容応力度 f_{ts} は、解図 4.2－3、解図 4.2－4 のような引張り力とせん断力の相関を考慮したものであり、（解式 4.1－2）および（解式 4.1－3）は相関曲線を簡便に 3 本の直線で近似したものである。

アンカーボルト選定の手順は、解図 4.2－1 のフロー図に示したように、

① ボルト径の仮定（ボルト配置と本数は決まっているとして）
② 引抜き力 R_b とせん断応力度 τ の計算
③ R_b が負：引抜きを生じないので τ が許容応力度 f_s 以下であることを確認して終了
④ R_b が正：許容引抜き荷重 T_a を計算して、$T_a \geq R_b$ を確認（アンカーボルト工法は仮定する）、許容引張り応力度 f_{ts} を計算し、$f_{ts} \geq$ 引張り応力度 σ_t を確認して終了
⑤ 上記③または④が満足できないときは、ボルト径やボルト工法を変更して再計算
となる。

解図 4.2-1 のフロー図おいて、$\tau \leq 4.4 \text{kN/cm}^2$ の記述があるが、これは、その下の「f_{ts} の計算」を省略するための条件である。SS400 材ボルト（$f_t = 17.6 \text{kN/cm}^2$）においては、$\tau$ が 4.4kN/cm^2 以下では必ず $f_{ts} \geq f_t$ となり、$\min(f_t, f_{ts}) = f_t$ となる。このため、τ の影響による低減を受けないので、解図 4.2-1 において $f_{ts} = f_t$ としている。（$f_{ts} = f_t = 17.6 \text{kN/cm}^2$ の時に τ が 4.4kN/cm^2 となっている。）

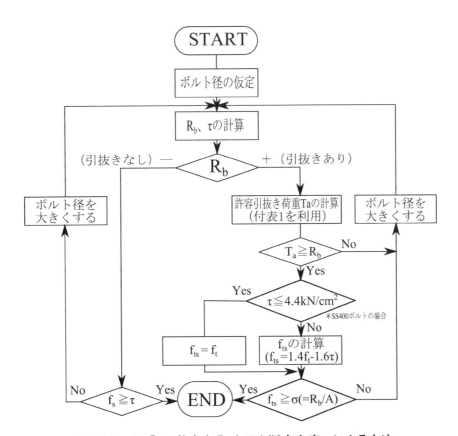

解図 4.2-1 ① 引抜き力 R_b とせん断応力度 τ による方法

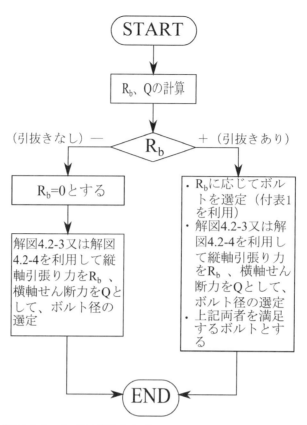

解図 4.2－2 ② 引抜き力 R_b とせん断力 Q による方法

2) 引抜き力 R_b とせん断力 Q で計算する方法

より計算を簡便にしたアンカーボルトの選定の方法として、引抜き力 R_b とせん断力 Q から図表を利用する方法がある。この方法によると、あらかじめアンカーボルト径を仮定する必要がなく、図上計算からボルト径が求められる。この方法のフローを解図 4.2－2 に示す。

この方法の手順は、以下による。

① 引抜き力 R_b とせん断力 Q の計算

② R_b が負：引抜きを生じないので解図 4.2－3 または解図 4.2－4 の横軸上で、Q の値からボルト径を決定

③ R_b が正：許容引抜き荷重 T_a を計算して、$T_a \geq R_b$ を確認（アンカーボルト工法は仮定する）、解図 4.2－3 または解図 4.2－4 上で、縦軸に R_b・横軸に Q をプロットして、ボルト径を決定

図を利用するために簡便にボルト径を決定できるが、計算書として残すためには不向きであるので、設計上の目安をつける上で有効な方法と思われる。

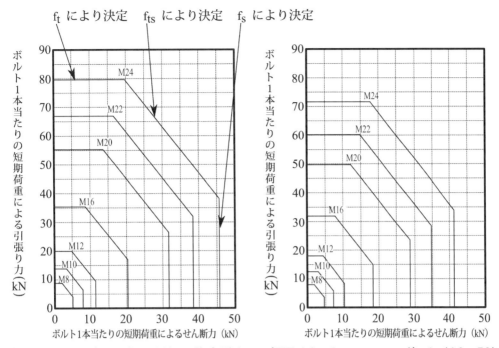

解図 4.2−3 ボルト（SS400）の許容耐力　　解図 4.2−4 ステンレスボルト（A2−50）の許容耐力

3) 設備機器の縦横比と設計用震度で図表から求める簡便法

　この方法は、設備機器の縦横比より解図 4.2−5 から許容重量を求めて、それが設備機器重量以上であることを確認する、さらに簡便な方法である。

　この方法は、縦横比（高さ/底辺＝h/ℓ）に対して、h_G（重心高さ）＝h/2、$ℓ_G$（重心までの平面距離）＝ℓ/2 を仮定し、アンカーボルトは最低量の 4 本の M8（SS400）であるとした略算法である。

　この方法では、重心位置を高さ h/2、水平寸法 ℓ/2 と想定して作成している。重心位置が極端に偏っている場合は、この方法では誤差が出るので注意する。

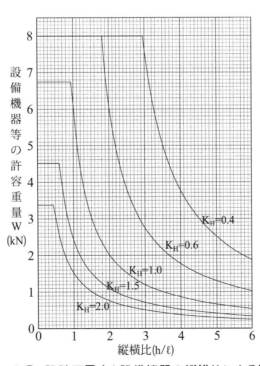

解図 4.2−5 ③　設計用震度と設備機器の縦横比による許容重量

過去の地震による被害例

あと施工アンカーボルトにおいて、以下のような被害が報告されている。

(1) 埋込み不足によるもの

埋込み不足のアンカーボルトが、抜け出した被害がある。埋込み不足とは、仕上げモルタルなどに埋め込まれたものや、アンカーの埋込み不十分のものなど、構造躯体への所定の埋込み長さが確保されていないもの。

(2) 拡張不足によるもの

拡張不足のアンカーボルトが、抜け出した被害がある。拡張不足とは、金属拡張アンカーで所定の拡張が十分行われていないものや、アンカー打設用の穴がアンカーサイズより大きすぎるものなど。

(3) アンカーボルトの破壊によるもの

アンカーボルト破壊とは、施工が十分行われ、アンカーボルトは最大耐力まで達していたが、作用外力に対して十分な径や工法が選定されていなかったためにアンカーボルトの破断、アンカーボルトの抜けおよび周辺コンクリートがコーン状破壊したもの。

(4) へりあき不足によるもの

へりあき不足とは、アンカーボルトがコンクリート基礎などのへりあきの小さい所に設置されており、へり部分のコンクリートが破壊したもの。

(5) 構造躯体による被害

あと施工アンカーボルトが、構造躯体の亀裂発生やコンクリートの剥落などにより、被害を受けている例が見られる。

(6) 錆の進行によるアンカーボルトの耐力の低下によるもの

錆による被害は、建築物外部に使用するアンカーボルトに多く見られ、アンカーボルト本体が細くやせ、破断しているものがある。

第 5 章　建築設備の基礎の設計

5.1　基礎への転倒モーメントとせん断力の伝達

　設備機器に生じる地震力はアンカーボルトを通じて、転倒に抵抗する力（引抜き力と圧縮力）とずれに抵抗する力（せん断力）として堅固な基礎に伝達される。堅固な基礎とは、設備機器に生じる地震力に対してほとんど変形せず、剛体として扱える鉄筋コンクリート基礎とする。
　以下に、アンカーボルトから基礎に伝達される力に対する検討方法を示す。

5.1.1　基礎の分類と適用基準

　基礎には、指針表 5.1−1 に示したように、床スラブ・梁のような主要構造躯体と切り離して設けられるものと、主要構造躯体と一体化されたものがある。
　本章で検討対象とする範囲は主として主要構造体と切り離して設けられる基礎とし、設備機器の基礎からの力は、床スラブ・梁により十分支持できるものとする。ただし、断面形状と平面形状の組み合わせが複雑なものは、日本建築学会の規準等に準拠することとし、原則として建築構造設計者が設計することとする。また、主要構造躯体と一体化された基礎についても、建築構造設計者が設計することとする。
　検討式などは、簡便な方式による検討を主目的としたものであり、設備機器以外の付帯架構の拘束効果などをとり入れた詳細な検討を行う場合には本項の規定によらなくてもよい。
　また、各種基礎の平面形状の種類を指針表 5.1−2 に、断面形状の種類を指針表 5.1−3 に示す。

5.1.2　せん断力の床スラブなどへの伝達

　設備機器に生じた水平地震力は基礎に対してせん断力となり床スラブなどの基礎を固定する構造体に円滑に伝達される必要がある。基礎のタイプにより伝達方法が異なるが、主に
① 　基礎底面の摩擦により伝達する方法
② 　アンカーボルトやダボ鉄筋のせん断力にて伝達する方法
の 2 つである。
　また、地面に直接基礎を設置する場合は、設備機器重量と基礎重量を地盤が十分支持できるかどうかを検討し、転倒モーメントや水平力を十分地面に伝達できる場合は、床スラブ上に設置する基礎と同様に検討すること。

指針表 5.1－1 基礎形状と検討方式

本表の分類および検討方式の適用は、防水層の有無によらず行っている。実際の基礎の断面形状・施工法による種類は、指針表 5.1－3 による。

基礎平面形状 \ 基礎断面形状	aタイプ 目荒しを行いラフコンクリートのない場合	bタイプ 目荒しを行いラフコンクリートのある場合	cタイプ ラフコンクリートの間につなぎ鉄筋を配する場合	dタイプ 床スラブとの間にダボ鉄筋を配する場合	eタイプ 床スラブと一体構造にする場合
A、A'、A"タイプ* （べた基礎）	・（指針式5.2－1）を満足すること。 ・$K_H \leq 1.0$	・（指針式5.2－1）を満足すること。	（指針式5.2－1）を満足すること。 （基礎重量にラフコンクリート重量を見込んでよい）	ダボ鉄筋の引抜き力（指針式5.2－3）、せん断力（指針式5.2－4）により、検討すること。	日本建築学会「鉄筋コンクリート構造計算規準・同解説(2010)」に準拠すること。**
Bタイプ （梁形基礎）	・$K_H \leq 1.0$ ・設備機器のアンカーボルトに引抜き力を生じていない。 ・基礎高さ：h_F 基礎幅：$B_F \geq$ 20cm $h_F/B_F \leq 2$	・（指針式5.2－1）を満足すること。 ・基礎高さ：h_F' 基礎幅：$B_F \geq$ 20cm $h_F'/B_F \leq 2$	（指針式5.2－1）を満足すること。 （基礎重量にラフコンクリート重量を見込んでよい）	日本建築学会「鉄筋コンクリート構造計算規準・同解説(2010)」に準拠すること。**	日本建築学会「鉄筋コンクリート構造計算規準・同解説(2010)」に準拠すること。**
Cタイプ （独立基礎）	・$K_H < 1.0$ ・設備機器のアンカーボルトに引抜き力を生じていない。 ・基礎高さ：h_F 基礎幅：$B_F \geq$ 30cm $h_F/B_F \leq 1$	・（指針式5.2－1）を満足すること。 ・基礎高さ：h_F' 基礎幅：$B_F \geq$ 20cm $h_F'/B_F \leq 2$	（指針式5.2－1）を満足すること。 （基礎重量にラフコンクリート重量を見込んでよい）	日本建築学会「鉄筋コンクリート構造計算規準・同解説(2010)」に準拠すること。**	日本建築学会「鉄筋コンクリート構造計算規準・同解説(2010)」に準拠すること。**

*　A、A'、A"タイプの区別については、指針表 5.1－2 を参照。
**　解説 5.1（2）を参照。

指針表 5.1－2　基礎の形式による種類

分類	基礎概念図	備考
べた基礎	（平面形状　Aタイプ） （平面形状　A'タイプ）（平面形状　A"タイプ） ※つなぎコンクリート	(1) 基礎を打設する場合、打継部スラブなどの上面は目荒し、打水をすること。 (2) 指針表5.1－1に示す方法により検討を行い、指針表5.1－3に示す基礎の形状、施工法に準拠すること。 (3) 背の高い梁形基礎は互いの基礎をつなぐ必要がある。詳しくは、指針表5.1－3に示す方法で検討すること。
梁形基礎	（平面形状　Bタイプ）	(1) 上記 (1) に同じ (2) 上記 (2) に同じ
独立基礎	（平面形状　Cタイプ） ※独立基礎	(1) 上記 (1) に同じ (2) 上記 (2) に同じ (3) 基礎形状は正方形としている。

指針表 5.1－3a　基礎の断面形状・施工法による種類

分類		概略断面図	基礎の概要と注意事項	主な使用部分
防水層上基礎	防水層立上げの場合	eタイプ（防水層押えコンクリート、防水層） eタイプ（露出防水層）	屋上などの防水層のある床に設置する基礎で、コンクリート基礎に防水層を立ち上げる方式であり、コンクリート基礎には配筋を行い、スラブと緊結する。 このような基礎は設計・施工ともに建築構造設計者に依頼すること。	屋上などの防水層のある部分に設置する、比較的大型で重量のある設備機器などに用いる。 ・大型冷却塔 ・大型水槽 ・大型キュービクル ・自家発電機
	防水層押えコンクリート上の場合	dタイプ（露出防水層、ダボ鉄筋）	屋上などの防水層のある床に設置する基礎で、改修など防水層を後から施工するものに主に用いる。	軽微な設備機器に用いる。
		aタイプ（防水層、ラフコンクリート） dタイプ（防水層、ダボ鉄筋） cタイプ（防水層、つなぎ鉄筋）	屋上などの防水層のある床に設置する基礎で、押えコンクリートのある場合に、押えコンクリート上に作るコンクリート基礎を示している。 aタイプは押えコンクリートの表面を目荒し、打水をしてコンクリート基礎を打設する方式の基礎である。 dタイプはaタイプの基礎と押えコンクリートの間に、ダボ鉄筋を配した方式の基礎である。 cタイプはaタイプのコンクリート基礎ののる部分の押えコンクリートに、メッシュ筋程度の配筋を行い、コンクリート基礎と押えコンクリートはつなぎ鉄筋で緊結する。押えコンクリートの配筋の範囲は、基礎周囲600mm程度以下とする。	屋上などの防水層のある部分に設置する設備機器などに用いる。ただし、aタイプは比較的軽微な設備機器に用いる。 ・冷却塔 ・水槽 ・キュービクル ・空調機、ファン、ポンプ ・冷房機の屋外機

指針表 5.1－3b 基礎の断面形状・施工法による種類

分類		概略断面図	基礎の概要と注意事項	主な使用部分
一般スラブ上基礎	ラフコンクリートのある場合	bタイプ（ラフコンクリート） dタイプ（ダボ鉄筋） cタイプ（つなぎ鉄筋） eタイプ	一般床スラブ上に設置する基礎でスラブ上にラフコンクリートが打設される場合のコンクリート基礎を示している。この方式の基礎は原則として床スラブ上に直接設け、基礎の周囲にはラフコンクリートを打設する。 bタイプはスラブ表面を目荒し、打水をしてコンクリート基礎を打設する方式の基礎である。 dタイプはbタイプの基礎と床スラブの間にダボ鉄筋を配した方式である。 cタイプはbタイプの基礎とラフコンクリートの間につなぎ鉄筋をしておく方式である。 eタイプはbタイプの基礎に配筋をし、床スラブと一体構造とする方式である。	屋内のスラブ上に設置する設備機器などに用いる。 設備機器全般に用いる。
	ラフコンクリートのない場合	aタイプ dタイプ（ダボ鉄筋） eタイプ	一般床スラブ上に設置する基礎で、スラブの上にはラフコンクリートなどが打設されない場合のコンクリート基礎を示している。 aタイプはスラブ表面を目荒し、打水をしてコンクリート基礎を打設する方式の基礎である。 dタイプはaタイプの基礎と床スラブの間にダボ鉄筋を配した方式である。 eタイプはaタイプの基礎に配筋をし、床スラブと一体構造とする方式である。	同　上

注）① ここに示す基礎は、一般的に用いられる基礎の例である。別タイプの基礎を設ける場合には、この例に準ずること。
② この他にコンクリート基礎などを作らず、直接床や地表面に設置する方法もある。
③ ラフコンクリートは、防水層を押さえるためやケーブル用トレンチなどを作る目的で床スラブの上に打設されたコンクリートで、俗称シンダーコンクリートなどと呼ばれるものをいう。
④ 比較的軽量な設備機器については適宜実状に応じて支持する。

5.2 基礎形状の検討式

5.1 節の指針表 5.1－1 に示したタイプ（平面形状と断面形状の組み合わせ）に応じて、検討式を以下に示す。

5.2.1 A-a タイプ

床スラブ上にべた基礎を置いたタイプである。この時の基礎の検討すべき条件は、
① 基礎の浮き上がりを生じない。
② せん断力を下部の床スラブに伝達できる。
である。

①に対しては、下式を満足することを確認する。

$$(1-K_V)\left\{\left(\ell_G + \frac{\ell_F - \ell}{2}\right)W + \frac{\ell_F}{2}W_F\right\} \geq K_H\left\{(h_F + h_G)W + \frac{1}{2}h_F W_F\right\} \tag{5.2-1}$$

$\ell_G = \frac{1}{2}\ell$ の場合には

$$(1-K_V)(W + W_F)\frac{\ell_F}{2} \geq K_H\left\{(h_F + h_G)W + \frac{1}{2}h_F W_F\right\} \tag{5.2-1}'$$

②に対しては、コンクリートの目荒らし面で接触していることを前提とし、$K_H \leq 1.0$ の場合に限ることとする。

ここに、
- ℓ ：設備機器の幅（cm）
- ℓ_G ：設備機器重心位置（$\ell_G \leq \frac{\ell}{2}$）（cm）
- h_G ：設備機器重心高さ（cm）
- ℓ_F ：基礎長さ（cm）
- h_F ：基礎高さ（cm）
- K_H ：設計用水平震度
- K_V ：設計用鉛直震度
- W ：設備機器の重量（kN）
- W_F ：基礎重量（kN）
  （$h_F \times \ell_F \times$ 基礎幅 $\times$ 比重量）
  比重量は普通コンクリートで 23×10^{-6} kN/cm³

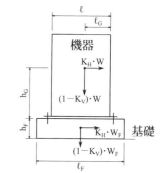

指針図 5.2－1 A-a タイプのべた基礎に加わる力

5.2.2 A-b タイプ

床スラブ上にべた基礎を置き、周辺にラフコンクリート（厚さ 50mm 以上）が打設されたものである。

この時の基礎の検討条件は、周辺のラフコンクリートがせん断力を伝達してくれるものと考えることができるため、基礎の浮き上がりを生じないことの検討だけで、（指針式 5.2－1）を満足すればよいことになる。（指針式 5.2－1）を満足できない場合は、他のタイプの基礎で検討すること。

5.2.3 A–c タイプ

床スラブ上にべた基礎を置き、周辺にラフコンクリート（厚さ 80mm 以上）を打設し、基礎とラフコンクリートをつなぎ鉄筋で一体化したものである。

この時の検討条件は、「A–b タイプ」と同じであるが、せん断力の伝達もつなぎ鉄筋があるためより信頼性が高いことと、周辺のラフコンクリート重量を見込んで（指針式 5.2－1）における基礎重量 W_F を次式の W_F' に代えてよい。

$$W_F' = W_F + W_R \tag{5.2－2}$$

ここに、

W_R：周辺のラフコンクリート重量（kN）

（$= h_R \times (\ell_R B_R - \ell_F B_F) \times$ ラフコンクリート比重量）

特に引抜き力が大きく「A–b タイプ」では浮き上がりを生じてしまう場合には有効な工法である。また、つなぎ鉄筋は D10@200、重量計算用の長さ（ℓ_a）0.6m 以下とする。

ここに、

ℓ_R：つなぎ鉄筋の入っているラフコンクリートの長さ（cm）

B_R：つなぎ鉄筋の入っているラフコンクリートの幅（cm）

ℓ_F：基礎長さ（cm）

B_F：基礎幅（cm）

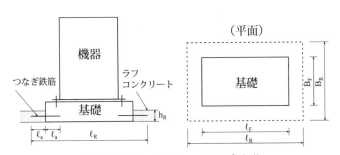

指針図 5.2－2　A–c タイプ基礎

5.2.4 A–d タイプ

床スラブまたはラフコンクリート上にべた基礎を設置し、基礎に生ずる力を、ダボ鉄筋を介して下部に伝えるものである。

ダボ鉄筋には、引抜き力とせん断力が作用するため、引張り応力度・付着面積・せん断応力度を満足するような鉄筋径を選択する。なお、計算を簡便にするために、引張り応力度とせん断応力度の組み合わせは行っていない。

ダボ鉄筋 1 本当りの引抜き力 R_b は、指針図 5.2－1、指針図 5.2－3 の記号を用いて、

$$R_b = \frac{K_H \left\{ (h_F + h_G) W + \frac{1}{2} h_F W_F \right\} - (1 - K_V) \left\{ \left(\ell_G + \frac{\ell_F - \ell}{2} \right) W + \frac{\ell_F}{2} W_F \right\}}{n_t \cdot d} \tag{5.2－3}$$

ダボ鉄筋 1 本当りのせん断応力度またはせん断力は

$$\tau = \frac{K_H (W + W_F)}{n \cdot A} \quad \text{または} \quad Q = \frac{K_H (W + W_F)}{n} \tag{5.2－4}$$

ここに、

τ ：ダボ鉄筋に作用するせん断応力度（kN/cm²）

Q ：ダボ鉄筋に作用するせん断力（kN）

K_H：設計用水平震度

W ：設備機器の重量（kN）

W_F：基礎重量（kN）

A ：ダボ鉄筋1本当りの軸断面積（cm²）

n ：ダボ鉄筋の総本数

n_t：片側のダボ鉄筋本数

d ：基礎端からダボ鉄筋までの長さ（cm）

で与えられる。

ダボ鉄筋の選定はアンカーボルトのそれに準ずればよいが、異形鉄筋（SD295）を使用する時は、

引張り応力度より　$A \cdot f_t \geqq R_b$

付着応力度より　$\phi \geqq \dfrac{R_b}{f_a \cdot (\ell_1 - 1)}$

せん断応力度より　$A \geqq \dfrac{Q}{f_s}$　または　$f_s \geqq \tau$

を満足するように、鉄筋断面積Aと埋込長さℓ_1を定めればよい。

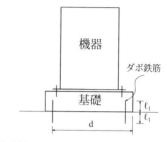

指針図5.2－3　A－dタイプ基礎

ここに、

ϕ：ダボ鉄筋の周長（cm）

f_a：コンクリートの短期許容付着応力度

$$f_a = \dfrac{1.5}{10} F_C \quad かつ \left(0.135 + \dfrac{1}{25} F_C\right) \times 1.5 \text{以下}$$

F_cはコンクリートの設計基準強度（kN/cm²）

F_cが不明の場合はF_c18としf_a=2.7N/mm²（0.27kN/cm²）としてよい。

ただし、防水押えコンクリート上のものはf_a=1.5N/mm²（0.15kN/cm²）

ℓ_1：埋込長さ（cm）

ℓ_1は、ダボ鉄筋長さの1/2（10cm以上）とする。

$(\ell_1 - 1)$は、端部1cmは無効として引いてある。

$f_t \cdot f_s$：鉄筋の短期許容引張り応力度とせん断応力度

SD295の場合　f_t＝29.5kN/cm²、f_s＝17.0kN/cm²

5.2.5　B－aタイプ

梁形基礎は、梁形方向（指針図5.2－4参照）にはべた基礎と同様の性状を示すが、梁形直角方向では矩形断面の倒れが問題となる。

しかしながら、実用的には梁形基礎を床スラブ上に置いたこの種の基礎も使用されているため、やや厳しい構造規準を設けて適用範囲を制限した上で認めることとする。

適用基準は

① 設計用水平震度$K_H \leqq 1.0$の場合に適用する。

② 設備機器のアンカーボルトに引抜きを生じない。

アンカーボルトの引抜き力 $R_b \leq 0$ を満足する必要があるが、略算的には、

$$\frac{h_G}{\ell} \leq \frac{1}{2K_H} - \frac{1}{4} \tag{5.2-5}$$

を満足すればよいものとする。

ここに、
ℓ：設備機器のボルトスパン（cm）
h_G：設備機器の底面から重心までの高さ（cm）

上式は、$K_H=0.4$ の時　　$h_G \leq \ell$
　　　　$K_H=0.6$ の時　　$h_G \leq 0.58\ell$
　　　　$K_H=1.0$ の時　　$h_G \leq 0.25\ell$

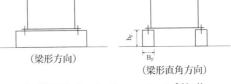

指針図 5.2－4　B－a タイプ基礎

となり、設備機器の幅と重心高さの比によって決まる制限である。

③ 梁形断面が細長いと転倒の問題を生ずるため、断面寸法に下記の制限を設ける。

梁基礎高さ h_F、幅 B_F として

$B_F \geq 20\text{cm}$　　$h_F/B_F \leq 2$ 　　　　　　　　　　　　　　　　　　　　(5.2-6)

5.2.6　B－b タイプ

床スラブ上に梁形基礎を置き、周辺にラフコンクリート（厚さ 50mm 以上）を打設したものである。

この時は、周辺のラフコンクリートが梁形基礎を押え込んでくれるため、梁形基礎の倒れやせん断力の伝達に対しては有利に作用すると考えられる。

検討条件は、（指針式 5.2－1）を満足するものとする。

ただし、同式の適用に際して、

W_F：基礎の全重量（$\ell_F \times h_F \times B_F \times$ 基礎本数 $\times$ コンクリートの比重量）（kN）
ℓ_F：基礎長さ（cm）
h_F：梁形基礎高さ（cm）
B_F：梁形基礎幅（cm）

また、基礎の倒れに対しては「B－a タイプ（ⅲ）」の適用基準を守るものとする。ただし、h_F にかえて h_F' を使用してよい。

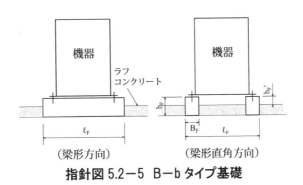

指針図 5.2－5　B－b タイプ基礎

5.2.7 B-c タイプ

床スラブ上に梁形基礎を置き、周辺にラフコンクリート（厚さ 80mm 以上）を打設し基礎とコンクリートをつなぎ鉄筋で一体化したものである。検討条件は、（指針式 5.2－1）を満足することを確認し、同式の適用に当っては W_F を（指針式 5.2－2）の W_F' に代えてよい。

ただし、$W_F' = W_F + W_R$

W_R：周辺のラフコンクリート重量（kN）

$(= h_R \times (\ell_R B_R - \ell_F B_F) \times 基礎本数 \times ラフコンクリート比重量)$

ここに、

ℓ_R：つなぎ鉄筋の入っているラフコンクリートの長さ（$= \ell_F + 2\ell_a$）（cm）

B_R：つなぎ鉄筋の入っているラフコンクリートの幅（$= B_F + 2\ell_a$）（cm）

ℓ_F：基礎長さ（cm）

B_F：基礎幅（cm）

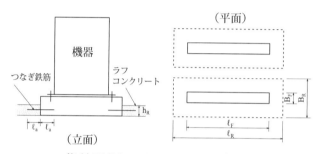

指針図 5.2－6　B－c タイプ基礎

5.2.8 C-a タイプ

独立基礎は、過去の地震被害も多くせん断力の伝達や基礎の転倒などに問題が多い。

しかしながら、実用的には独立基礎を床スラブ上に置いたこの種の基礎も使用されているため、やや厳しい適用基準を設けて適用範囲を制限した上で認めることとする。

適用基準は、

① 設計用水平震度 $K_H < 1.0$ の場合に適用する。
② 設備機器のアンカーボルトに引抜きを生じない。

アンカーボルトの引抜き力 $R_b \leq 0$ を満足する必要があるが、略算的には、

$$\frac{h_G}{\ell} \leq \frac{1}{2K_H} - \frac{1}{4} \tag{5.2－7}$$

を満足すればよいものとする。

上式は、$K_H = 0.4$ の時　　$h_G \leq \ell$

　　　　　$K_H = 0.6$ の時　　$h_G \leq 0.58\ell$

となり、設備機器の幅と重心高さの比によって決まる制限である。

③ 独立基礎の断面が細長いと転倒の問題を生ずるため、断面寸法に下記の制限を設ける。

独立基礎高さ h_F、幅 B_F として

$B_F \geq 30cm$　　$h_F/B_F \leq 1$ 　　　　　　　　　　　　　　　　　　　　　　　　　(5.2－8)

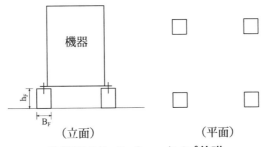

指針図 5.2－7 C－a タイプ基礎

5.2.9 C－b タイプ

床スラブ上に独立基礎を置き、周辺にラフコンクリート（厚さ 50mm 以上）を打設したものである。

この時は、周辺のラフコンクリートが独立基礎を押込んでくれるため、独立基礎の転倒やせん断力の伝達に対しては有利に作用すると考えられる。

検討条件は、（指針式 5.2－1）を満足するものとする。

　　ここに、同式の適用に際して、

　　　　W_F：基礎の全重量（$h_F \times B_F^2 \times$ 基礎個数 × コンクリートの比重量）（kN）

　　　　ℓ_F：基礎長さ（cm）

　　　　h_F：基礎高さ（cm）

　　　　B_F：基礎幅（cm）

また、基礎の転倒に対しては $B_F \geqq 20$cm　$h_F/B_F \leqq 2$ とする。

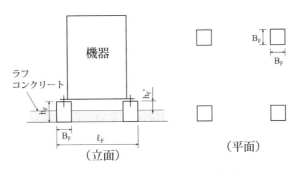

指針図 5.2－8 C－b タイプ基礎

5.2.10 C－c タイプ

床スラブ上に独立基礎を置き、周辺にラフコンクリート（厚さ 80mm 以上）を打設し、基礎とコンクリートをつなぎ鉄筋で一本化したものである。

検討条件は、（指針式 5.2－1）を満足することを確認し、同式の適用に当っては W_F を（指針式 5.2－2）の W_F' に代えてよい。

　　ここに、$W_F' = W_F + W_R$

　　　　W_R：周辺のラフコンクリート重量（kN）

　　　　　　（$= h_R \times (B_R^2 - B_F^2) \times$ 基礎個数 × ラフコンクリート比重量）

　　　　h_R：ラフコンクリートの高さ（cm）

　　　　B_R：つなぎ鉄筋の入っているラフコンクリートの幅（$= B_F + 2\ell_a$）（cm）

ℓ_F：基礎長さ（cm）

B_F：基礎幅（cm）

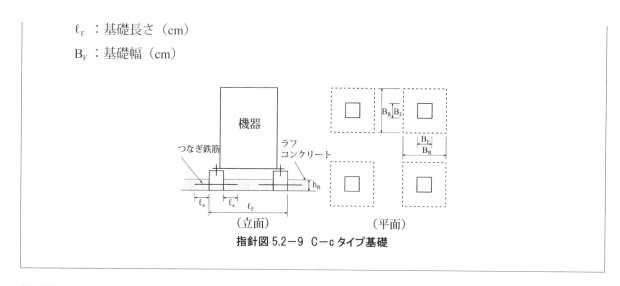

指針図 5.2－9　C－c タイプ基礎

【解説】

5.1　基礎への転倒モーメントとせん断力の伝達

(1) 堅固な基礎

　付表1の（一社）日本内燃力発電設備協会「自家用発電設備耐震設計のガイドライン」に示された「堅固な基礎」は、一般的な設備機器の基礎を意味しており、本指針の指針表5.1－1～指針表5.1－3に示された形状のものである。この項は、アンカーボルトの耐力を算定するときに用いるものであり、基礎がどこに置かれていても関係はない。基礎自体の検討において指針表5.1－1の検討をする際に、床スラブ上や一体形などの詳細が検討対象となる。

(2) 鉄筋コンクリート構造計算規準・同解説

　指針表5.1－1において、（一社）日本建築学会「鉄筋コンクリート構造計算規準・同解説（2010）」に準拠することとあるが、上記規準書には特に、基礎の設計例が載っているわけではない。例えば、C－dタイプなどは、規準の内容を十分に理解している技術者（一般的には、構造設計者）が検討するということを意味している。

　必要に応じて基礎的な力学および鉄筋コンクリート構造を勉強して、規準書を十分に理解して使用する。この基礎タイプでは、建築物構造体との取合いもあるので、構造設計者と十分に打合せる必要がある。なお、同規準は適宜改定されているので、設計時点の最新版を使用する必要がある。

(3) 独立基礎の使用制限

　C－aタイプの基礎は、$K_H<1.0$ となっており、相対的に面積が大きいと想定される A や B タイプでは $K_H\leq1.0$ となっている。

　Cタイプは独立基礎であり、過去の地震においても被害例が多い基礎なので、軽微な設備機器のみを対象とし、使用を制限している。具体的には、$K_H<1.0$ としているので建築物の屋上には使用できないことになる。

　一方、Aタイプは設備機器下全面に設置する「べた基礎」であり、面積も大きく安全性が高いので、$K_H\leq1.0$ の範囲で使用できるようにしている。

（4）基礎の設計

施工図書などの紛失・不備などにより、床置き基礎か躯体と一体型の基礎か不明な場合は、安全側の判断として床置きタイプ（aタイプ）として検討する。

基礎の配筋は、（一社）公共建築協会「公共建築設備工事標準図」などに準じてもよい。大型で重量のある設備機器には一体型の基礎を推奨しているが、軽微な設備機器には防水層押えコンクリート上の基礎も可能としている。ただし、軽微な設備機器でも重要度が高い設備機器などは一体型基礎が望ましい。

5.2 基礎形状の検討式

（1）基礎検討の手順

基礎の設計は、まず基礎の平面形状A～Cタイプを決め、基礎の置かれている状況（床スラブとの取合い）を考慮しつつ断面形状a～eタイプについて検討する。

検討の方法としては、基礎寸法を仮定して、あるタイプ（例えばB−aタイプ）について検討し、条件を満足しない場合には基礎寸法を大きくするか、別の断面形状（例えばB−dタイプ）を選び再度検討することにより条件を満足するようにする。

断面形状を変更する場合には

  aタイプ→dタイプ→eタイプ

  bタイプ→cタイプ→eタイプ

の手順となり、さらにB、Cタイプの平面形状のものはA'、A"タイプの平面形状にすることにより耐力の向上が図れる。

（2）コンクリート基礎の施工

基礎の施工において、コンクリートの設計基準強度は$18N/mm^2$（$1.8kN/cm^2$）以上の強度を有するものを使用することとし、建築構造躯体に準じた施工管理を行うことが望ましい。補強鉄筋については、軽量設備機器用の基礎を除き、少なくともD10@200（または9φ@200）程度の鉄筋を入れることが望ましい。

過去の地震による被害例

（1）　コンクリート基礎の破損

 コンクリート基礎に埋め込まれるアンカーボルトのへりあき寸法の不十分なものは、コンクリート基礎の縁が破損してアンカーボルトが抜けて、設備機器などが移動・転倒して損傷している。

（2）　不安定なコンクリート基礎

 独立あるいは梁状の背の高いコンクリート基礎を床スラブと緊結せずに設備機器などを据付けたものが、コンクリート基礎ごと移動・転倒している。

第6章　電気配管等の耐震対策

6.1　基本的な考え方

　電気配管等（以下「配管等」と言う）の耐震性を検討する場合、まず使用する材料の機械的性質、配線の種類、取付形態（水平、垂直）などを考慮し、配管等が地震時にどのような影響を受けるかを併せて考慮する必要がある。

　建築物が地震時に受ける応力に影響する要素は種々あるが、耐震措置を行うのに一般には加速度、層間変位を考慮し、さらに材料、工法ごとにこれらの検討を行う必要がある。配管等は組み立てられた状態（完成品の状態）で剛性、重量等の物理的条件が異なる。また、これらの施設条件などによって地震時の影響は異なってくる。ここでは、金属管、金属ダクト、ケーブルラック、バスダクト等の耐震支持工法について述べる。

　アンカーボルト又はインサートなどの引抜強度、曲げ強度、せん断強度などは支持金具の長さ、重量及び配線材料の重量に静的に耐えられ、かつ地震時の応力が加わった時にも支障がなく使用できるように設計する。また、配管等軸方向の揺れに対しても検討をしておく。

　具体的な設計施工で配管等の耐震措置を行うに当たっては、地震時に配管等の支持材各部に発生する応力、変形等が実用上支障のない範囲にとどまることを確認する必要がある。

　そのためには、
　1)　配管等を設置してある建築物の各部にどの程度の応答（加速度及び変形）が生ずるか
　2)　上記の応答により配管等の支持材の各部にどの程度の応力が生ずるか
　3)　上記の応力が許容限界内にあるか
　の3つの事項について検討する。

　1) 項は地震入力、2) 項は設計計算手法、3) 項は耐力判定の問題として既に種々の方法が報告されている。

　配管系では、配管等の支持間隔が施工上の制約等から等間隔ではなく、個々の支持材間の荷重が異なる。したがって、個々の支持材に加わる力もそれぞれ異なり、それぞれに適した支持材の選定をする設計作業又はその検査、確認作業も共にはん雑となり、誤りが生じやすくなる。

　指針においては、建築設備用配管の耐震措置については支持される配管等の重量と支持形式により、それぞれに適した支持材の選定を行うよう示されている。

　なお、施工に際しては関係先と十分協議すること。

6.1.1　対象とする配管等の分類

　電力供給の要である幹線等のケーブルの集中する場所では、ケーブルの支持物としてケーブルラックによるケーブル配線工法が主流であり、その役割は重い。しかし、幹線ケーブルラックも耐震対策上は配管等に準ずるものとして、「センター指針」等により、耐震措置の方法が定められてきた。

　東日本大震災では、屋上の床上にある幹線ケーブルラックの支持架台の転倒等による被害が多く見られたほか、地震による建物の変位及びケーブルラック本体等の過大な振れにより、吊りボルトが抜け出してしまったり、あるいは他の機器や配管等と衝突して破損したり落下したりしている。

　また震災後の復旧を考慮すると幹線ケーブルラックの被害を抑えることは、復旧に係る工期の短縮

を図るためには、非常に重要なポイントとなる。

　これらを踏まえ、本マニュアルは「センター指針」に沿った内容の充実を図るため、配管等の耐震支持方法を見直し、従来の電気配線とは別にケーブルラックの分類を追加し、それに関する耐震支持の適用をはかるものとする。

6.1.2　適用範囲

　本マニュアルで対象とする配管等の分類の適用範囲は、以下に準ずるものとする。

(1) 電気配線

　金属管・金属ダクト・バスダクト等の適用範囲を以下に示す。

　　a．金属管は、JIS C 8305：99「鋼製電線管」に適合するもので、次の3種類とする。
　　　① 厚鋼電線管
　　　② 薄鋼電線管
　　　③ ねじなし電線管

　　b．金属ダクトは、幅が5cmを超え、かつ、厚さが1.2mm以上の鉄板又はこれと同等以上の強さを有する金属製のものとする。

　　c．バスダクトは、金属製のダクトの内部に適切な間隔に支持された裸導体又は絶縁導体を収納し、大電流を流すように製作されたもので、JIS C 8364（2008）「バスダクト」に適合するものとする。

(2) ケーブルラック

　ケーブルラックは鋼製で、はしご状のもの（はしご形）とし、ケーブルラックの主要構成材料の鋼製の強度がJIS G 3131：05「熱間圧延軟鋼板及び鋼帯」、JIS G 3141：09「冷間圧延鋼板及び鋼帯」又はこれと同等以上の強度を有するものとする。

6.1.3　横引配管等の支持

　配管等を支持する場合、一般的には支持材は配管等の自重（ケーブル重量を含む。）の引張力に耐えるもので施工する。

　耐震支持を行う場合、建築設備機器の耐震クラスがS、A、B（指針表2.2−1参照）のいずれに該当するか、耐震支持をする場所は建物のどの位置（階）なのかにより以下の耐震支持の種類のうちいずれかを選定する（表6.1−1参照）。

　具体的には、配管等の「耐震支持間隔」を配管等の許容応力以内になるよう実務上の見地を加えて定め、この耐震支持材の部材に加わる配管等の重量（内容物を含む）により適当な部材支持形式を有する「耐震支持材の部材」を選定する（第8章の付表2.1〜2.3参照）。

　1) S_A種耐震支持は、地震力により支持材に作用する引張力、圧縮力、曲げモーメントにそれぞれ対応した部材を選定して構成されたもので、支持材に加わる水平荷重として耐震支持材間の配管等重量の1.0倍（設計用標準震度1.0）としてS_A種耐震支持材の選定を行う。

　2) A種耐震支持は、上記S_A種と同じ作用をする支持部材で構成されたもので、支持材に加わる水平荷重として耐震支持材間の配管等重量の0.6倍（設計用標準震度0.6）としてA種耐震支持材の部材の選定を行う。

　3) B種耐震支持は、地震力により支持材に作用する圧縮力を配管等の重量自重による引張力と相

殺させることにより、吊材、振止斜材が引張材（鉄筋、フラットバー等）のみで構成されているものである。従って自重支持吊材と同程度以上の部材の選定を行う。

配管等の耐震支持方法の種類及び部材の選定は、表 6.2－3 ～ 6.2－4 を参照のこと。

表 6.1－1　横引き配管等　耐震支持の適用

設置場所	配　管　等	
	電気配線 （金属管、金属ダクト、バスダクトなど）	ケーブルラック
耐震クラス A・B 対応		
上層階、屋上、塔屋	電気配線の支持間隔 12m 以内に 1 箇所 A 種を設ける	ケーブルラックの支持間隔 8m 以内に 1 箇所 A 種または B 種を設ける
中間階	電気配線の支持間隔 12m 以内に 1 箇所 A 種又は B 種を設ける	
地階、1 階		ケーブルラックの支持間隔 12m 以内に 1 箇所 A 種または B 種を設ける
耐震クラス S 対応		
上層階、屋上、塔屋	電気配線の支持間隔 12m ごとに 1 箇所 S_A 種を設ける	ケーブルラックの支持間隔 6m 以内に 1 箇所 S_A 種を設ける
中間階	電気配線の支持間隔 12m 以内に 1 箇所 A 種を設ける	ケーブルラックの支持間隔 8m 以内に 1 箇所 A 種を設ける
地階、1 階		
ただし、以下のいずれかに該当する場合は上記の適用を除外する		
	（ⅰ）φ82 以下の単独金属管 （ⅱ）周長 80cm 以下の電気配線 （ⅲ）定格電流 600A 以下のバスダクト （ⅳ）吊り長さが平均 20cm 以下の電気配線（図 6.1－1 参照）	（ⅰ）ケーブルラックの支持間隔については、別途間隔を定めることができる[4] （ⅱ）幅 400mm 未満のもの （ⅲ）吊り長さが平均 20cm 以下のケーブルラック（図 6.1－1 参照）

※1　本表の「耐震クラス」とは、指針表 2.2－1、あるいは、指針表 2.3－4 で選定する耐震クラスのことである。
※2　耐震支持の適用に際し、吊り長さが平均 20cm であっても、吊り長さが異なる場合は、吊り長さの短い部分に地震力が集中するため、適宜、耐震支持を設ける必要がある。
※3　耐震支持の適用に際し、配管、ダクト、電気配線、ケーブルラックの末端付近では、耐震クラスによらず、耐震支持を設けることを原則とする。
※4　ケーブルラックの中央部変形が少なく、子桁端部の許容応力度が充分あるなど、上記の支持間隔を広げても支障ないことが製造者により確認された製品を使用する場合は、その製品の性能によって、最大値を 12m として支持間隔を定めることができる（第 6 章　6.3.2 参照）。

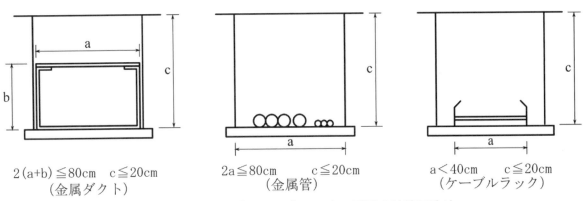

図 6.1－1　電気配線・ケーブルラックの耐震支持適用除外

官庁施設における耐震施工については、国土交通省大臣官房庁営繕部監修「公共建築工事標準仕様書（電気設備工事編）」に記述された耐震支持の適用から「耐震支持部材」を選定する。

6.1.4 立て配管等の支持

立て配管等は、地震による配管等軸直角方向の過大な変形を抑制し、かつ建築物の層間変位に追従するよう耐震支持を行う。

立て配管等については、原則として層間変形角が鉄骨構造（S造）の場合には1/100、鉄筋コンクリート構造（RC造）及び鉄骨鉄筋コンクリート構造（SRC造）の場合は1/200を考慮したものとする。

表6.1-2の「立て配管等　耐震支持の適用」に示す配管等において、立て電気配線は標準支持間隔ごとに自重支持することにより、過大な変形は抑制され、耐震支持がなされていることとしてよい。

立てケーブルラックは、支持間隔6m以下の範囲で且つ各階ごとに耐震支持の種類のうちいずれかを選定する。

表6.1-2　立て配管等　耐震支持の適用

設置場所	配管等	
	電気配線（金属管、金属ダクト、バスダクトなど）	ケーブルラック
耐震クラスA・B対応		
上層階、屋上、塔屋	電気配線の標準支持間隔ごとに自重支持を設ける（耐震支持を設ける場合はA種とする）	ケーブルラックの支持間隔6m以下の範囲で且つ各階ごとにA種を設ける
中間階		
地階、1階		
耐震クラスS対応		
上層階、屋上、塔屋	電気配線の標準支持間隔ごとに自重支持を設ける（耐震支持を設ける場合はS_A種とする）	ケーブルラックの支持間隔6m以下の範囲で且つ各階ごとにS_A種を設ける
中間階	電気配線の標準支持間隔ごとに自重支持を設ける（耐震支持を設ける場合はA種とする）	ケーブルラックの支持間隔6m以下の範囲で且つ各階ごとにA種を設ける
地階、1階		

注）1　立て電気配線頂部一点吊りケーブルにあっては、9～12mの範囲でスペーサー等により耐震支持（振止め）を行う。

注）2　上層階、中間階の定義は、指針表2.2-1による。

6.2　電気配管等の耐震設計・施工の設計手順

配管等の耐震設計・施工の設計手順として、「耐震支持間隔」を配管等の許容応力、許容変形以内になるよう実務上の見地を加えて定め、この耐震支持材間の配管等の重量（内容物を含む）により、適当な部材支持形式を有する「耐震支持部材」を選定する方法を示す。

耐震支持部材の選定については、部材の強度、アンカーボルトの引抜強度等の技術資料によって作成した選定表によるものとし、なるべく計算することを少なくした。

6.2.1 横引配管等の耐震設計・施工フロー

横引配管等の耐震設計・施工は、地震力による配管等の軸直角方向及び配管等の軸方向の過大な変位を抑制するよう耐震支持を行うものとする。表6.2－1にその設計・施工フローを示す。

6.2.2 立て配管等の耐震設計・施工フロー

一般的に電気配線は、標準支持間隔ごとに自重支持することにより、過大な変形は抑制され、耐震支持がなされていることとしてよい。表6.2－2に立て配管等の設計・施工フローを示す。

6.2.3 横引配管等の耐震支持方法の具体例

横引配管等の耐震支持方法の種類を表6.2－3～表6.2－4に、横引配管等の耐震支持材の組立要領の例を図6.2－3～図6.2－6に示す。

表 6.2－1　横引配管等の耐震設計・施工フロー

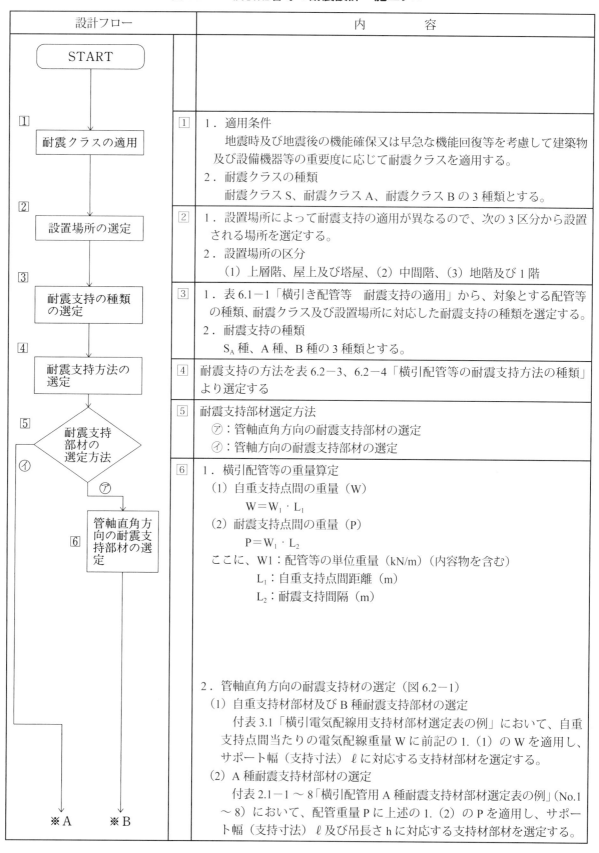

設計フロー		内　容
① 耐震クラスの適用	①	1．適用条件 　地震時及び地震後の機能確保又は早急な機能回復等を考慮して建築物及び設備機器等の重要度に応じて耐震クラスを適用する。 2．耐震クラスの種類 　耐震クラスS、耐震クラスA、耐震クラスBの3種類とする。
② 設置場所の選定	②	1．設置場所によって耐震支持の適用が異なるので、次の3区分から設置される場所を選定する。 2．設置場所の区分 　(1) 上層階、屋上及び塔屋、(2) 中間階、(3) 地階及び1階
③ 耐震支持の種類の選定	③	1．表6.1－1「横引き配管等　耐震支持の適用」から、対象とする配管等の種類、耐震クラス及び設置場所に対応した耐震支持の種類を選定する。 2．耐震支持の種類 　S_A種、A種、B種の3種類とする。
④ 耐震支持方法の選定	④	耐震支持の方法を表6.2－3、6.2－4「横引配管等の耐震支持方法の種類」より選定する
⑤ 耐震支持部材の選定方法	⑤	耐震支持部材選定方法 　㋐：管軸直角方向の耐震支持部材の選定 　㋑：管軸方向の耐震支持部材の選定
⑥ 管軸直角方向の耐震支持部材の選定	⑥	1．横引配管等の重量算定 　(1) 自重支持点間の重量（W） 　　　$W = W_1 \cdot L_1$ 　(2) 耐震支持点間の重量（P） 　　　$P = W_1 \cdot L_2$ 　ここに、W_1：配管等の単位重量（kN/m）（内容物を含む） 　　　　　L_1：自重支持点間距離（m） 　　　　　L_2：耐震支持間隔（m） 2．管軸直角方向の耐震支持材の選定（図6.2－1） 　(1) 自重支持材部材及びB種耐震支持部材の選定 　　付表3.1「横引電気配線用支持材部材選定表の例」において、自重支持点間当たりの電気配線重量Wに前記の1.(1)のWを適用し、サポート幅（支持寸法）ℓに対応する支持材部材を選定する。 　(2) A種耐震支持部材の選定 　　付表2.1－1～8「横引配管用A種耐震支持材部材選定表の例」(No.1～8)において、配管重量Pに上述の1.(2)のPを適用し、サポート幅（支持寸法）ℓ及び吊長さhに対応する支持材部材を選定する。

表 6.2−1 つづき

設計フロー	内容
※A ※B ↓ ↓ [7] 管軸方向の耐震支持部材の選定 ↓ ↓ END	(3) S_A 種耐震支持材部材の選定 付表 2.2−1 〜 8「横引配管用 S_A 種耐震支持材部材選定表の例」（No.1 〜 8）において、配管重量 P に前記の 1.(2) の P を適用し、サポート幅（支持寸法）ℓ 及び吊長さ h に対応する支持材部材を選定する。 [7] 1. 管軸方向の耐震支持部材の選定 (1) B 種耐震支持部材の選定 付表 3.4−3「横引電気配線用軸方向 B 種支持材部材選定表の例」より自重支持点間当たりの電気配線重量 W に前記 1.(1) の W を適用し、支持部材を選定する。 (2) A 種耐震支持材部材の選定 付表 3.4−2「横引電気配線用軸方向 A 種支持材部材選定表の例」において、配管重量 P に上述の 1.(2) の P を適用し、支持材部材を選定する。 (3) S_A 種耐震支持材部材の選定 付表 3.4−1「横引電気配線用軸方向 S_A 種支持材部材選定表の例」において、配管重量 P に前記の 1.(2) の P を適用し、支持材部材を選定する

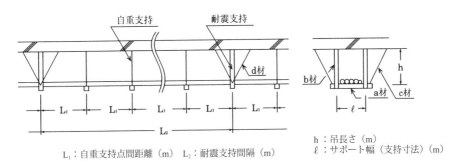

L_1：自重支持点間距離（m）　L_2：耐震支持間隔（m）

h：吊長さ（m）
ℓ：サポート幅（支持寸法）（m）

図 6.2−1　横引配管等の耐震支持の例

注）1　図 6.2−1 における耐震支持部材の各部名称について、①配管等を載せる部材を a 材②吊り材を b 材、③管軸直角方向の振止め斜材を c 材、④管軸方向の振止め斜材を d 材と呼ぶものとする。

注）2　サポート幅（支持寸法）ℓ は、左右の b 材の芯々間の距離とする。

表 6.2-2 立て配管等の耐震設計・施工フロー

設計フロー	内　　容
START ① 耐震クラスの適用	① 1．適用条件 　　地震時及び地震後の機能確保又は早急な機能回復等を考慮して建築物及び設備機器等の重要度に応じて耐震クラスを適用する。 2．耐震クラスの種類 　　耐震クラスS、耐震クラスAの2種類とする。
② 設置場所の選定	② 1．設置場所によって耐震支持の適用が異なるので、次の3区分から設置される場所を選定する。 2．設置場所の区分 　　(1) 上層階、屋上及び塔屋、(2) 中間階、(3) 地階及び1階
③ 耐震支持の種類の選定	③ 1．表6.1-2「耐震支持の適用」から、対象とする配管等の種類、耐震クラス及び設置場所に対応した耐震支持方法を選定する。 2．耐震支持方法 　　S_A種、A種の2種とする。
④ 耐震支持部材の選定	④ 1．立て配管重量算定 　　(1) 立て配管等の自重支持点間の重量（W） 　　$W = W_1 \cdot L_1$ 　　W_1：配管等の単位重量（kN/m）（内容物を含む） 　　L_1：自重支持点間の距離（m） 　　(2) 自重支持部材 2．自重支持部材の選定（図 6.2-2） 　　付表3.3「立て電気配線用耐震支持材部材選定表の例」において、自重支持点間当たりの電気配線重量Wに上述の1.(1) のWを適用し、サポート幅（支持寸法）ℓに対応する支持材部材を、耐震支持の種別（A種、S_A種）に応じて選定する。
END	

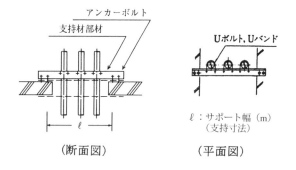

図 6.2-2 立て配管等の耐震支持例

第6章　電気配管等の耐震対策

(1) 横引配管等の耐震支持方法の種類

表6.2－3　横引配管等の耐震支持方法（S_A種及びA種）

分類		耐震支持方法の概念	部材選定	備考
S_A及びA種耐震支持の例	はり・壁等の貫通部	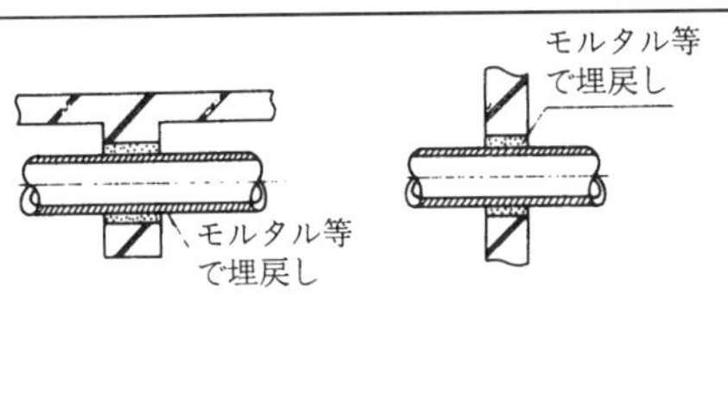 (a)はり貫通部　(b)壁貫通部		建築物躯体の貫通部（はり、壁、床等）は、貫通部周囲をモルタル等で埋戻しすれば、配管等の軸直角方向の振れを防止することができる。
	はりや天井スラブより吊下げる方法	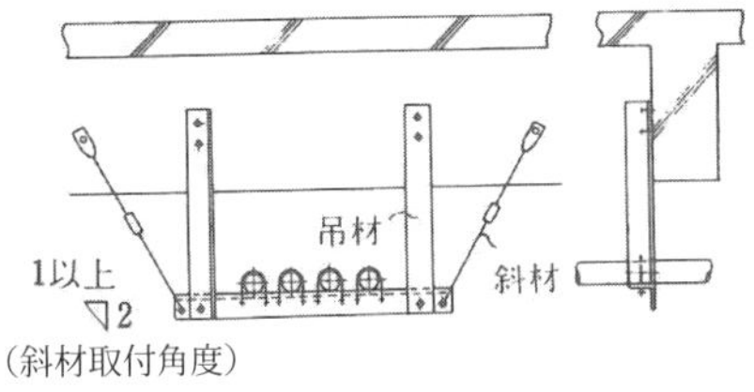 はり(又はスラブ)に吊下げる場合(トラス架構)	「第8章付表2」の付表2.1－5及び2.2－5の部材選定表及び図6.2－5に準ずる。	耐震支持材の吊材は、圧縮力に対しても座屈しない材料とする。ここに示すものは、耐震支持材をトラス架構とする場合の一例である。
	柱・壁等の間を利用する方法	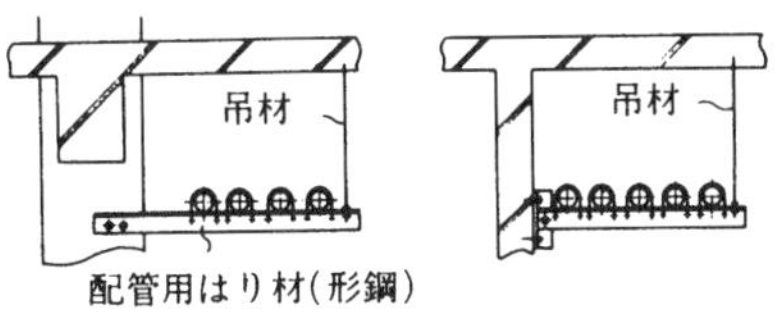 (a)柱を利用する例　(b)壁を利用する例	「第8章付表2」の付表2.1－1及び2.2－1の部材選定表及び図6.2－3に準ずる。	柱（又は）壁を利用すると比較的容易に配管等の軸直角方向の振れを防止することができる。ここに示すものは、その一例である。
	柱・壁等の間を利用する方法	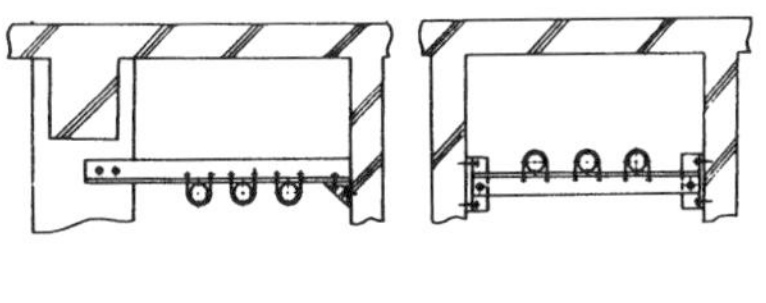 (a)柱と壁を利用する例　(b)壁と壁を利用する例	「第8章付表2」の付表2.1－2及び2.2－2の部材選定表及び図6.2－4に準ずる。	柱（又は壁）と壁にはさまれた空間に配管等をする場合には、比較的容易に配管等の軸直角方向の振れを防止することができる。ここに示すものは、その一例である。

表 6.2－4　横引配管等の耐震支持方法（B 種）

分類		耐震支持方法の概念	部材選定	備　考
B種耐震支持の例	はりや天井スラブより吊下げる方法	（図：ターンバックル、吊材、斜材、1以上 2(斜材取付角度)）	吊材、はり材ともに配管等（内容物を含む）の自重により生ずる応力度が長期許容応力度以内となるように余裕をもって決定する。また、斜材は吊材と同程度以上の部材とする。「第8章付表3」の付表3.1の部材選定表及び図6.2－6に準ずる。	自重支持用の吊材と同程度以上の斜材を設けて、軸直角方向の振れを防止する。斜材は振止めとして、ガタを生じない程度に締め、締めすぎにより、配管等の重量を負担することのないように注意する。ここに示すものは、複数本の配管を支持する場合の一例である。

(2) 横引配管等耐震支持材組立要領図の例

　a. 横引配管等 S_A 及び A 種耐震支持材組立要領の例

図 6.2－3　横引配管等 S_A 及び A 種耐震支持図材組立要領図の例（No.1）

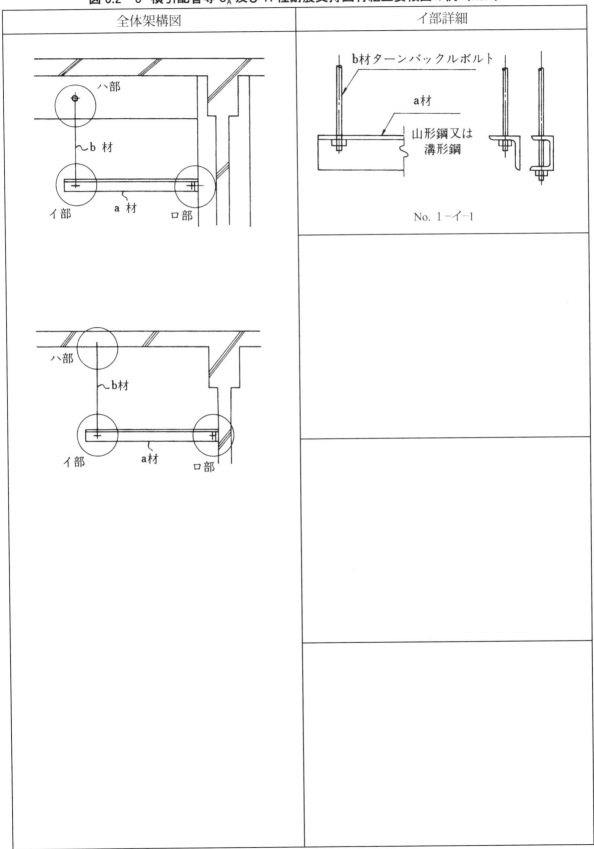

図6.2-3 つづき

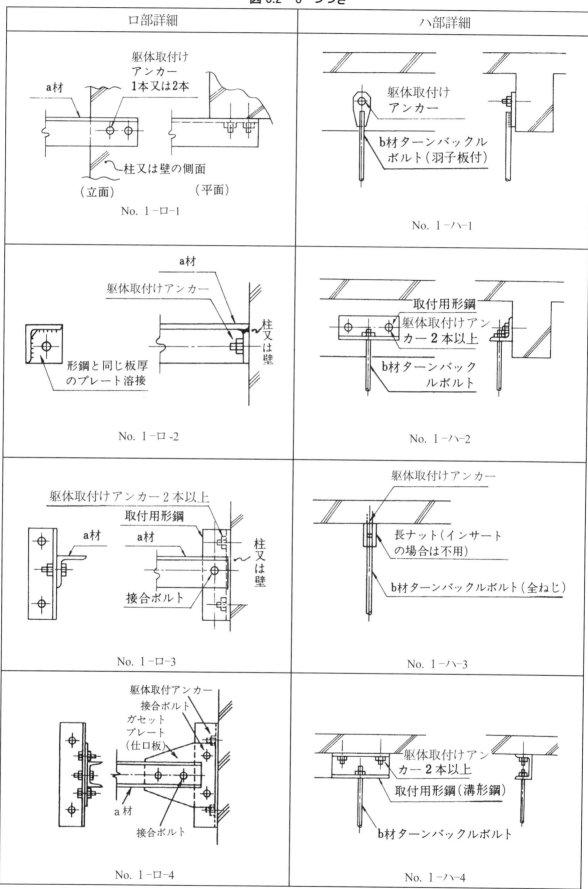

図 6.2－4 横引配管用 S_A および A 種耐震支持材組立要領図の例（No.2）

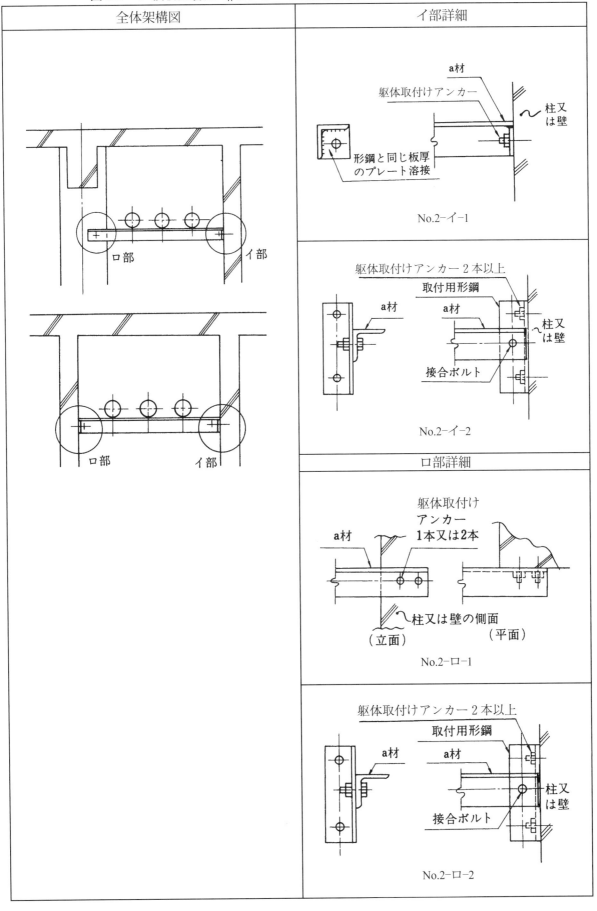

図 6.2−5 横引配管用 S_A および A 種耐震支持材組立要領図の例（No.3）

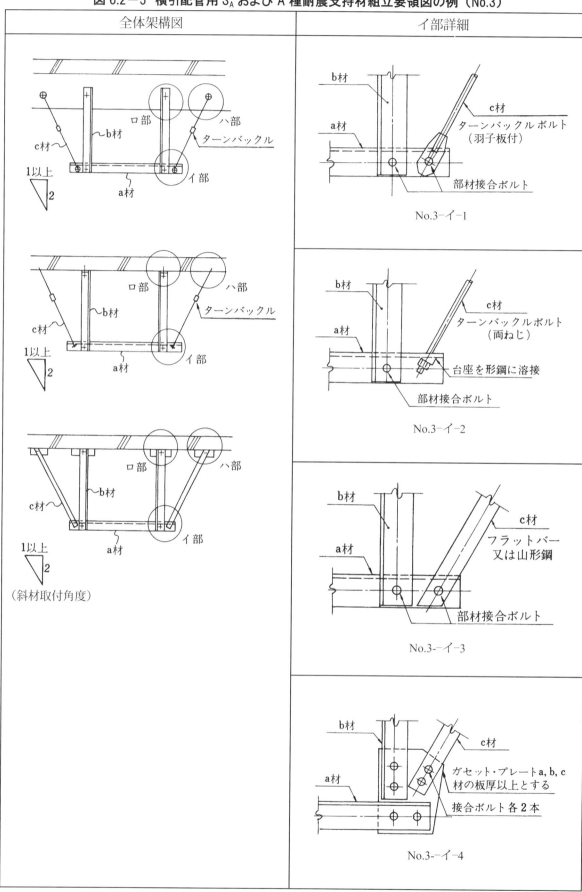

図 6.2-5 つづき

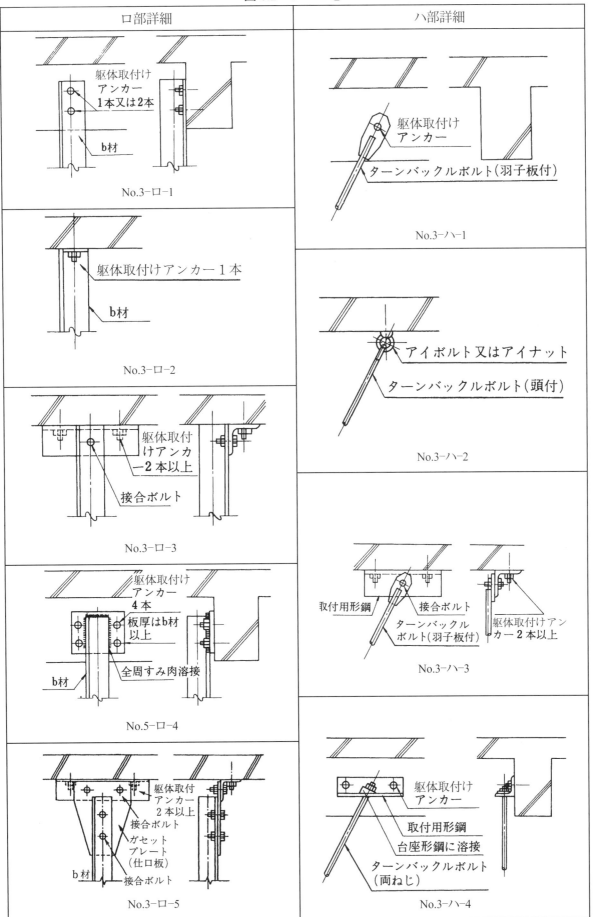

図 6.2-5 つづき

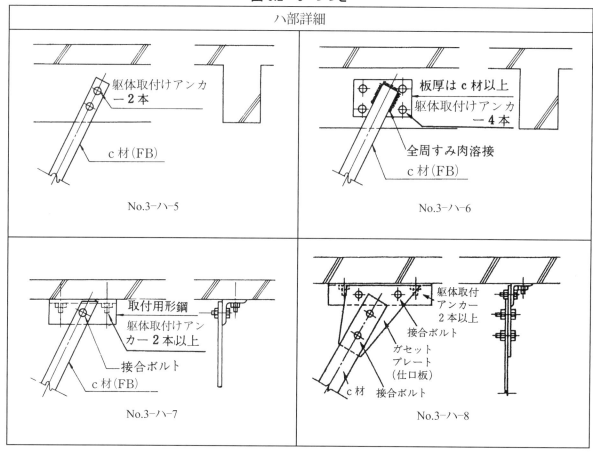

b．横引配管等自重支持及びB種耐震支持材部材組立要領図の例

図6.2－6　横引配管等自重支持及びB種耐震支持材部材組立要領図の例

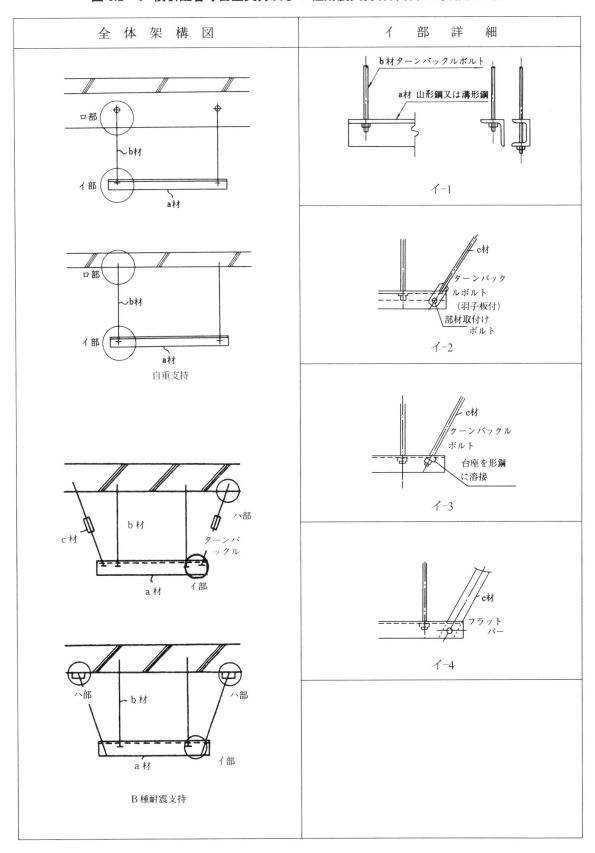

図 6.2－6 つづき

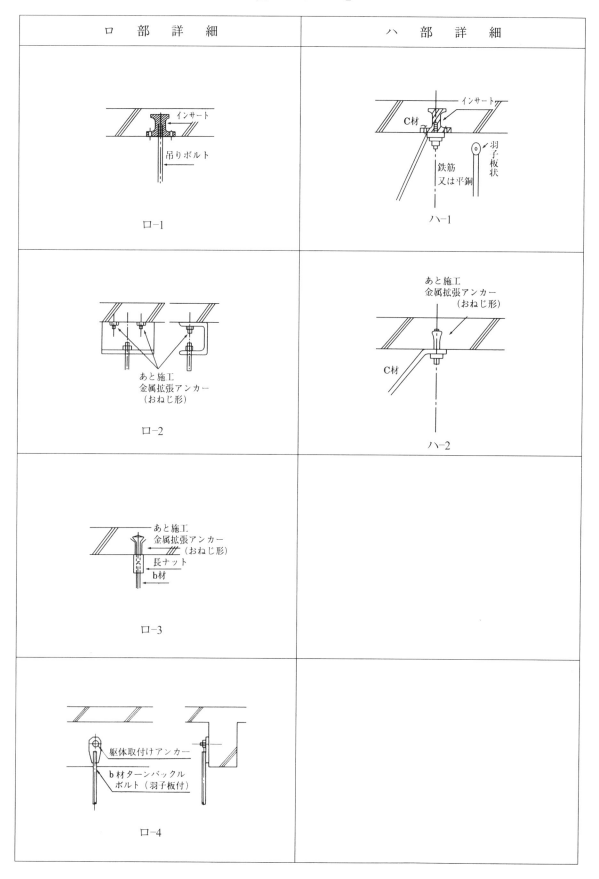

6.3　横引配管等の耐震支持
6.3.1　横引ケーブルラック
(1) 被害と原因

　ケーブルラック等の電気配線が地震時に大きく揺れて、吊り金具や埋込金具に過度な力がかかり、これらの強度が不足していたためにこの部分が破損し、ケーブルラック等が変形や脱落した。また、ケーブルラックから盤などへのケーブル立下げ部分で、末端部分に耐震支持がないために、これら部位で破損したものもある。防火区画貫通部付近では、ケーブルラック等の耐震支持が適切でないため区画処理の一部が破損した例も多くあった。

写真 6.3－1　ケーブルラックの脱落

ケーブルラック吊り金物が抜けてラックおよびケーブルが落下した。

写真 6.3－2　ケーブル立下げ箇所の破損

ケーブル立下げ箇所で、ラックの末端部分に耐震支持がないために、これら部位で破損した。

写真 6.3－3　区画処理の破損

区画貫通部付近でケーブルラックが適切に固定されていないため区画処理の一部が破損した。

(2) 被害から見た耐震上の留意点

 a. ケーブルラックの脱落・損傷防止

 ① 幹線支持

　幹線の横方向への耐震支持と同様に管軸方向についても、表6.1－1に示す所定の間隔で耐震支持を施す。図6.3－1に軸方向の支持例を示す。なお、ケーブルラックの先端から2m以内および防火区画貫通部直近には、区画処理材の破損を防止するために耐震支持を施す。

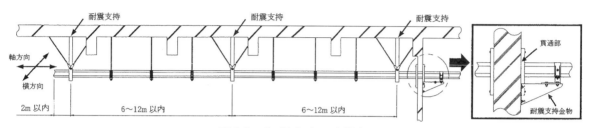

図6.3－1 軸方向の支持例

 ② 耐震支持部材とケーブルラックとの固定

　ケーブルラックの親桁に穴明け加工して、耐震支持材にボルトで締結する。自重支持部で使用する通常の振れ止め金具は、耐震支持部には使用しないこと。図6.3－2に固定の一例を示す。

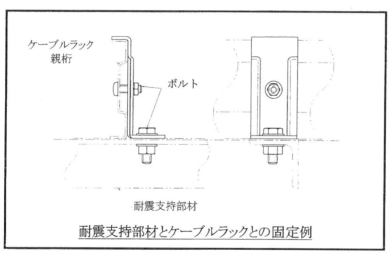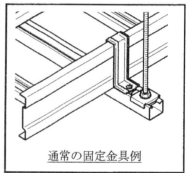

図6.3－2 親桁の固定例

③ ケーブル立下げ部のケーブルラックの固定

ケーブルラック等から盤などへのケーブル立下げ部分では、直近に耐震支持材を設け、ここを起点として所定の間隔ごとに耐震支持材を設ける。また、立下げ部が連続している場合では、6m～12m以内を目安に耐震支持を施す。終端部からケーブルを立下げする部分では、直近（2m以内）に耐震支持材を設ける。図6.3－3に一例を示す。

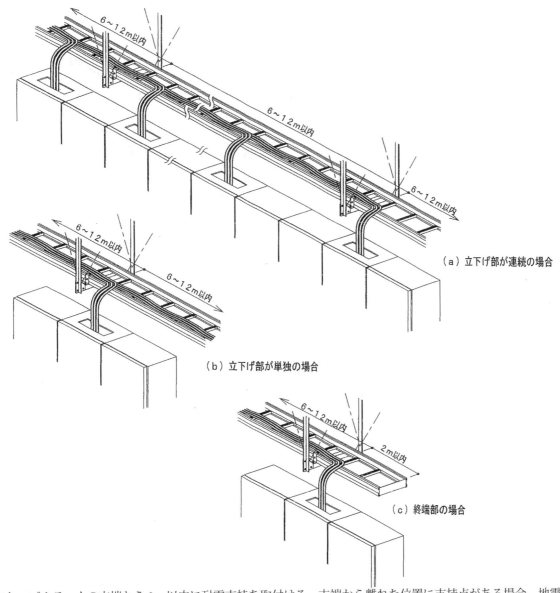

（a）立下げ部が連続の場合

（b）立下げ部が単独の場合

（c）終端部の場合

※ケーブルラックの末端から2m以内に耐震支持を取付ける。末端から離れた位置に支持点がある場合、地震時に末端は自由端となり振動が増幅することとなる。そのため、末端付近に耐震支持を設けることが耐震上有効である。

図6.3－3　ケーブル立下げ部のラックの支持例

④ 鋼材からの支持

鋼材部分での耐震支持の取付金具は、水平方向よりの引張り荷重が働いても脱落を防ぐ構造の吊り金具を使用しなければならない。図 6.3－4 に金具の一例を示す。

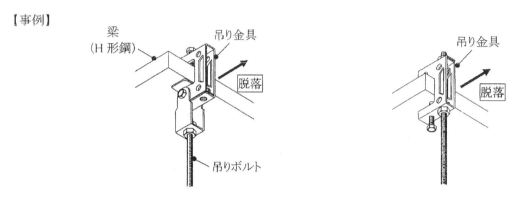

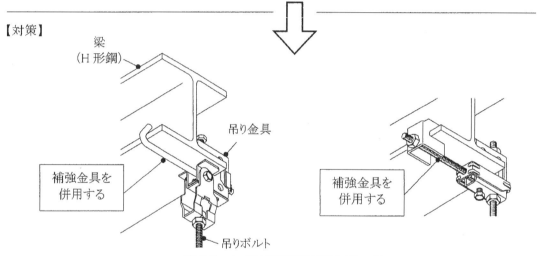

図 6.3－4 鋼材耐震型吊り金具の例

6.3.2 ケーブルラックの耐震強度

(1) ケーブルラックの耐震性の評価

ケーブルラックは、親桁・子桁の接続構造であり、横からの変形が金属管などと異なるため「電気設備ケーブルラックの耐震性に関する研究（2004 年 10 月　電気設備学会誌）」にて静的実験・動的実験とその解析および耐震性の評価方法が報告されている。ケーブルラックの耐震支持間隔はこの報告などを用いて定めた。

なお、表 6.1－1 に記された「支持間隔を広げても支障ないことが製造者により確認された製品を使用する場合」には、上記の報告による評価方法を用いることが考えられる。

(2) ケーブルラックの耐震支持間隔

地震時にケーブルラックが変形し、また近接する他の設備機器等に接触しないように、振れ止め支持工法によりケーブルラックの変形を抑制することで、耐震支持間隔の最大値を 12m として定めることができるものとしてよい。

図6.3-5に振れ止め支持工法の例を示す。

［振れ止め支持工法］

a. 耐震支持間の自重支持のc材（管軸直角方向の振れ止め）およびd材（管軸方向の振れ止め）を適切に設ける。

b. ケーブルラックの自重支持間の強度が、製造者の強度計算書、強度試験成績書等により適切であることを確認する。

c. 耐震支持材が、耐震支持間隔間（L2）の水平地震力を受けるものとする。

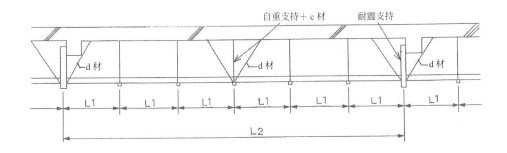

L_1：自重支持点間距離（m）　L_2：耐震支持間隔（最大12m）

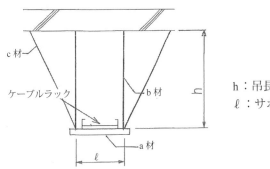

h：吊長さ（m）
ℓ：サポート幅（支持寸法）（m）

図6.3-5 振れ止め支持工法の例

6.4 屋上の床上にある幹線ケーブルラック

6.4.1 既設の屋上ケーブルラック

(1) 被害と原因

屋上設置設備の被害は、基本的に地震動による。機器の倒壊やケーブルラック支持架台転倒などが多く報告されている。機器倒壊の原因としては、固定具・アンカーの折損や、支持架台の座屈・屋上面への未固定による転倒などが挙げられる。

a. シート防水上に布設したケーブルラック

被害状況（写真6.4-1　参照）

ケーブルラックの布設は、一般的にコンクリートブロック等の置き基礎により自重を支え、所定の耐震支持間隔（12m）を目安として必要個所を固定している。一般的にシート防水や塗布防水上のケーブルラックの固定は難しく、要所のみで振れ止めおよび固定をしているのが実情である。また、建物はS造であり屋上の振れ幅が大きかったことにより、置き基礎の転倒による被害が大きかったと考えられる。しかも、各々の置き基礎は独立して設置されており、地震動に対する転倒について必ずしも万全なものではなかった。

b. 段積布設したケーブルラック
被害状況（写真 6.4－2 参照）

写真 6.4－1 シート防水上布設における被害（転倒）

写真 6.4－2 段積箇所の被害（転倒・変形）

　支持材は、自重を支えるのに十分な強度を持った部材を選定していた。また、各支持間隔は 2m 以内であった。さらに、所定の間隔で A 種耐震支持を行っていた。建物が S 造の屋上に設置されているため、地震による変位が大きかったと推測される。そのため水平方向の荷重が大きくかかり、支持材のずれや傾きが生じたと考えられる。特に重量が大きかった段積箇所は、ケーブルラックが倒れ、それに引きずられるようにして全体が変形した。

(2) 被害から見た耐震上の留意点
　a. 屋上の床上にある幹線ケーブルラックの耐震支持
　屋上の幹線ケーブルラックが床面から支持されている場合、表 6.1－1 に準じて耐震支持を検討する。特にシート防水仕上面とか、防水層押えコンクリートを施している部分については、被害状況から見て立上がり躯体などを利用した耐震支持固定の設置を検討する。
　b. シート防水上に布設したケーブルラックの復旧事例（写真 6.4－3 参照）

写真 6.4－3 シート防水布設における対策（基礎同士の接続）

写真 6.4-4 段積箇所の対策（支持部材の追加）　　**写真 6.4-5 段積箇所の対策（支持部材の追加）**

　写真 6.4-1 の復旧に当たり、コンクリートブロックの置き基礎の転倒を防ぐため、隣接する置き基礎同士を金物で接続した。これにより面が構成され、各々の基礎の転倒の可能性を小さくしている。

　c．段積布設したケーブルラックの復旧事例（写真 6.4-4、写真 6.4-5 参照）

　写真 6.4-2 の復旧に当たり、ケーブルラック固定用の支持材の変形・傾きを防ぐために、さらに剛性の高い部材を追加して設置した。軸方向の変形に対しても有効に作用するよう支持方法を改めた。

6.4.2　最近の屋上ケーブルラックの耐震施工例

(1) 防水層押えコンクリート上に布設したケーブルラックの事例（写真 6.4-6 参照）

　S 造の屋上における支持部材の追加の施工例である。コンクリートブロックの置き基礎の転倒を防ぐため、隣接する置き基礎架台同士を通し金物で接続し、各々の置き基礎の転倒の可能性を小さくしている。

写真 6.4-6　防水層押えコンクリート上の布設例（基礎架台同士の接続）

(2) 屋上設備架台より吊り支持したケーブルラックの事例（写真 6.4-7 参照）

　高層ビル、S 造の搭屋における耐震支持施工例である。幹線ケーブルラックの管軸直角方向の耐震支持と同様に軸方向についても耐震支持を施している。

写真 6.4-7 設備架台よりの耐震支持例

第7章　機器と配管等の耐震上の留意点

7.1　機器と配管等の接続部の耐震対策

7.1.1　基本事項

設備機器は固定し、配管等は過大な変位を生じないよう支持することにより、接続部に損傷を生じないようにすることを原則とする。

特に「地震時に大きな変位を生ずるおそれのある防振支持機器」や「本体がぜい性材で構成された機器」等で本体や配管等に損傷を生ずるおそれのある場合は、十分に可とう性のある接続とする。

配管支持には、S_A種・A種・B種の3種類があり、S_A種・A種耐震支持は地震時に支持材に作用する引張力・圧縮力・曲げモーメントにそれぞれ対応した部材を選定して構成するものである。B種耐震支持は、地震力により支持材に作用する圧縮力を配管等の重量自重による引張力と相殺させるものである（吊材・振止斜材が、鉄筋・フラットバー等の引張材のみで構成されているもの）。

7.1.2　具体的な手法

(1)　防振装置付き機器と耐震ストッパ

一般に回転機は運転時に振動が発生し、この振動が不可避なので、防振装置が取り付けられている例が多い。一方、静止機器である変圧器、遮断器等も、励磁による音響振動や開閉時の機械音振動が発生し、この伝達防止に防振ゴムが取り付けられている例が多い。特に、乾式変圧器には防振ゴムが設置されている。防振支持した機器の地震応答倍率は、1.5〜2.5倍の試験データがある。このため地震時に、機器の固有振動と地震の振動周期が共振するローリング現象を生じ、防振ゴムは破断し機器の脱落を招くことになる。すなわち、防振ゴムを設置するときには、一般的な振動を防止する機能と、地震力にも耐える対策が必要となる。

一般に金属製筐体と変圧器上部の離隔距離は、100mm程度であり、変圧器上部の変位量は、編組導体のたわみから20〜30mm（最大50mm）程度が望ましい。したがって、変圧器の床面据付部の変位量は数ミリ程度の許容範囲となる。防振ゴムの許容たわみ率35％以下を使用した場合、変圧器上部の変位量はこれ以上となり、防振ゴムにストッパを設置したわみを制限する必要がある。

変圧器の上部の変位量はストッパボルトのクリアランスで決まることから、耐震ストッパ又は頂部支持等の措置が必要である。総合的に防振ゴムは、最大たわみ率35％以下のものを使用し、変圧器上部の変位量30mm以下を目標にストッパを設置する。

(2)　機器と配管等の接続と余長の設け方

機器と配管等と接続は、端子部に荷重がかからないことを原則とする。

余長の設け方は、配管等の許容曲げ半径を確保し、かつ表7.1-1の式により余長を持たせる。なお、ℓ寸法は、電線等の太さ、重量により異なるが、機器の端子カバー並びに端子部分に電線の重量による外力がかかっても機能上支障のない長さとする。細物電線の場合は、垂れ下がらないようにする。

(3)　配管等の耐震措置

①　横引配管等は、地震による管軸直角方向の過大な変位を抑制するよう耐震支持を行う。

表 7.1－1 接続部の余長の取り方

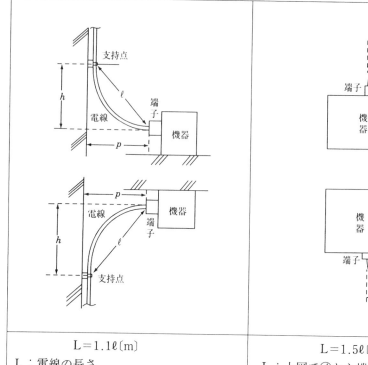

$L=1.1\ell$ 〔m〕 L：電線の長さ ℓ：電線支持点から機器端子までの寸法は 　　$\ell=\sqrt{h^2+p^2}=1.0$〔m〕 　　　h：0.1〜0.7〔m〕 　　　p：0.1〜0.7〔m〕	$L=1.5\ell$ 〔m〕 L：上図で①から端子までの電線長さ ℓ：①から端子までの寸法は，0.6〔m〕程度

② 立て配管等は、地震による配管軸直角方向の過大な変形を抑制し、かつ建築物の層間変位に追従するよう耐震支持を行う。

　具体的には配管の「耐震支持間隔」を配管の許容応力、許容変形以内になるよう実務上の見地を加えて定め、この耐震支持間の配管の重量（内容物を含む）により、適当な部材支持形式を有する「耐震支持部材」の選定を行う方法を採用する。耐震支持部材については各種の支持形式のものを列挙し、特に部材の結合部における断面欠損、接合ボルト、アンカーボルト等の局部応力による問題が生じないよう「第8章 付表2 配管用耐震支持部材選定表および組立要領図の例」に詳細例を示す。

　横引配管については支持材に加わる水平荷重として、耐震支持材間の配管重量の1.0倍としてS_A種耐震支持部材の選定を行う。A種耐震支持は、前記配管重量の0.6倍として耐震支持部材の選定を行う。また、立て管については、原則として層間変形角が鉄骨構造（S造）の場合には1/100、鉄筋コンクリート構造（RC造）及び鉄骨鉄筋コンクリート構造（SRC造）の場合には1/200を考慮する。他の支持形式を用いる場合は、上記の条件により部材の選定を行い、同等の安全性を有する方法とする。また、これを超えるおそれのある場合は、建築構造設計者の指示によるものとする。

③ 建築物のエキスパンションジョイント部を通過する配管等で、変位を抑制することができない場合は、変位吸収が可能な措置をとる。

建築物の上層部では相対変位量が大きくなるので、主要な配管等は建築物の下層部で、エキスパンションジョイント部を通過するように心掛けるのが賢明である。

変位吸収措置は管軸直角方向及び管軸方向の二方向に対し行うことが原則である。

④ 地盤の性状が著しく不安定で、建築物と地盤の間に変位が生ずるおそれのある場合の、建築物導入部の配管等には耐震措置を施す。

⑤ 積層ゴム等を用いた免震構造建築物においては、地震時の相対変位量が大きいので、免震構造の上部構造部分へわたる配管等には、この相対変形量を吸収できる措置を施す。

7.1.3　床据付機器の耐震対策
(1) 被害と原因

コンクリート基礎と床スラブとの緊結不十分や鉄骨架台の部材強度不足、アンカーボルトのへりあき寸法不十分、箱抜きアンカーボルトの充てんモルタルの強度不足などにより、機器類が移動・転倒し、損傷した。

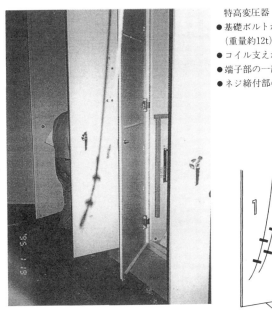
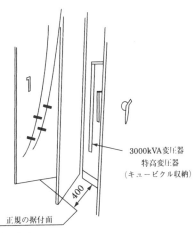

特高変圧器
● 基礎ボルトが抜けてキュービクル全体（重量約12t）が約400mm移動していた。
● コイル支えが一部脱落しかかっていた。
● 端子部の一部が変形していた。
● ネジ締付部の一部に緩みが生じていた。

写真 7.1-1　キュービクルの移動・損傷 (1)

・地震によりキュービクルが架台上を50cm移動。キュービクルがアンカーボルトで固定されておらず、クランプによる簡単な固定をしていた。

写真 7.1-2　キュービクルの移動・損傷 (2)

(2) 被害から見た耐震上の留意点

　独立あるいは背の高いコンクリート基礎においては床スラブと十分に緊結し、機器を設置する鉄骨架台については十分耐力のある鉄骨を使用する。アンカーボルトや固定金物は機器に対して十分強度の保てる材料を使用すると共に、充てんモルタルも十分強度の保てるものを使用する。

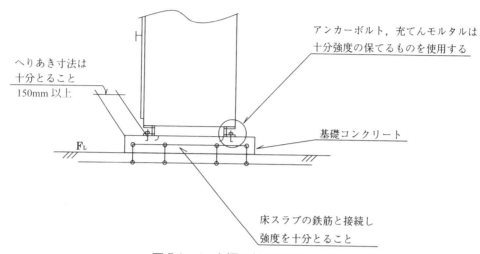

図7.1－1　床据付機器の施工例

7.1.4　天井吊り機器の耐震対策

(1) 被害と原因

　埋込金物や吊りボルト、支持金物の強度不足により、機器本体が大きく振れたり、機器や器具接続部の破損や落下等が散見された。

写真7.1－3　消音器の落下

(2) 被害から見た耐震上の留意点

　吊りボルトには、横方向のみでなく縦方向についても振止めを施し、埋込金物、アンカーボルトについては、十分に強度のある材料を使用する。消音器等の振動又は熱膨張対策としては、弾性支持に加えて3方向ストッパを設ける。

第7章　機器と配管等の耐震上の留意点

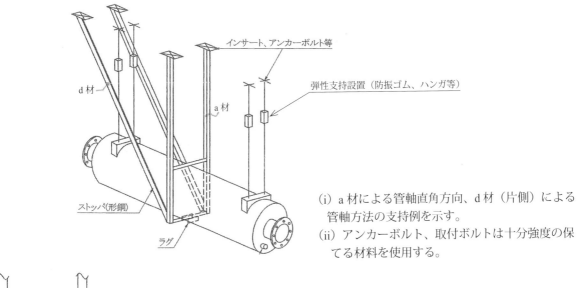

(i) a材による管軸直角方向、d材（片側）による管軸方法の支持例を示す。
(ii) アンカーボルト、取付ボルトは十分強度の保てる材料を使用する。

図 7.1－2　消音器の弾性支持の施工例

7.1.5　防振支持機器の耐震対策
(1) 被害と原因
　耐震ストッパが設けられていなかったり、取付方法が不完全であったため、機器が移動・転倒した。また、移動・転倒防止形ストッパを用いたにもかかわらず、二次導体及び防振架台が破損した。

・揺れの過大な変位を抑制するストッパがなかったため、地震動により変圧器の防振ゴムが破断。

写真 7.1－4　変圧器の防振ゴム破損

(2) 被害から見た耐震上の留意点

防振支持機器については、機器の重量や変位を十分考慮した耐震ストッパを取り付けることとし、変圧器・盤などの上部変位量の大きい重量機器については、十分耐力のある移動・転倒防止形ストッパを設ける。

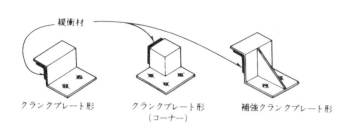

クランクプレート形耐震ストッパ（移動・転倒防止形）

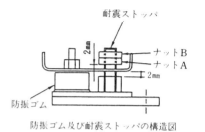

防振ゴム及び耐震ストッパの構造図

ストッパの隙間は 2 mm 程度とし，変圧器等の振動が床に伝達しない最小寸法とすることが望ましい。

図 7.1－3 耐震ストッパの例

7.1.6 あと施工アンカーの耐震対策

(1) 被害と原因

あと施工アンカーが、仕上モルタル、断熱材などに埋め込まれたことにより構造躯体への埋込深さ又は、金属拡張アンカー本体の埋込深さが確保されていない等の要因によってアンカーの強度が確保できず、機器、盤類が移動・転倒した例が散見された。

(2) 被害から見た耐震上の留意点

あと施工アンカーの施工に際しては、適切なコンクリート・ドリル径の選定、適宜なアンカー角度、穿孔深さの確保を行い、アンカーは、打込み、又は締付けにより確実に拡張（固着）させる。なお、表 7.1－2、表 7.1－3 に金属拡張アンカー及び接着系アンカーの施工要領を示す。

表 7.1－2 金属拡張アンカーの標準施工要領

	標準施工要領	確 認 事 項
①	取付け母材の確認	対象母材の圧縮強度、厚さ及び表面の平滑さ
②	墨出し	ピッチ、へりあき寸法の確認
③	コンクリート・ドリルの選定	所定の径のドリルの選定
④	穿孔	母材面との垂直性、穿孔深さ
⑤	孔内清掃	切粉が孔底に残らないようにする
⑥	アンカーの挿入	アンカー製品の確認
⑦	アンカーの拡張	拡張の終了を確認
⑧	機器等の取付け	所定のトルクでの締付けの確認

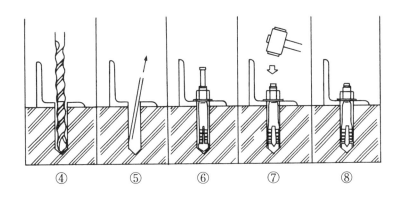

表 7.1－3 接着系アンカーの標準施工要領

	標準施工要領	確 認 事 項
①	取付け母材の確認	対象母材の圧縮強度、厚さ及び表面の平滑さ
②	墨出し	ピッチ、へりあき寸法
③	コンクリート・ドリルの選定	所定の径のドリルの選定
④	穿孔	母材面との垂直性
⑤	孔内清掃	吸じんし、穴の中を清掃する。ブラシをよくかけ、孔壁面を清掃する。再び吸じんし、穴の中を清掃する。切粉が孔底、孔壁面に残らないようにする。
⑥	カプセル挿入	所定のカプセルの流動性を確認後、孔の中へ入れる
⑦	アンカー筋の埋込み	アンカー筋に回転・打撃を与えながら一定の速度で孔底まで埋込む過剰攪拌をしないこと
⑧	硬化養生	接着剤が硬化するまで養生する硬化時間内はアンカー筋を動かさない
⑨	機器等の取付け	ねじ締付けの場合は所定のトルク値で締め付ける

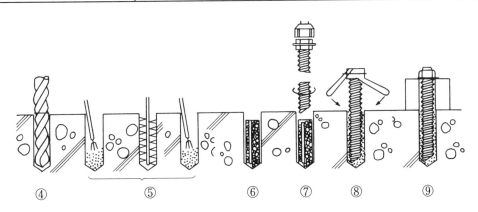

7.1.7 変圧器の接続部の耐震対策

(1) 被害と原因

キュービクル内変圧器の防振装置が移動・転倒防止形でないため、地震時に上部変位量が大きく、二次導体破損、盤内短絡及び防振架台が破損した。

写真 7.1−5 変圧器の二次導体の破損

・地震動による二次導体破損、盤内短絡が発生、防振架台が破損。

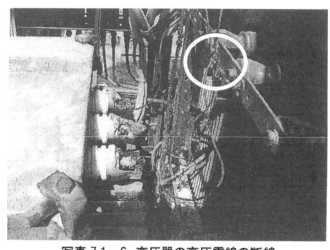

写真 7.1−6 変圧器の高圧電線の断線

・地震動による動力変圧器の揺れにより、高圧端子に引っ張り応力が発生。余裕の無い高圧電線が断線し、フレームに接触、地絡・短絡が発生した。

(2) 被害から見た耐震上の留意点

防振装置を移動・転倒形ストッパを設置しクリアランスを確保して上部変位量を抑制する。さらに変圧器自体の耐震性能強化を図り、かつ二次導体に可とう導体を設置し、余長をもたせて、相間短絡を防止するために絶縁措置（絶縁筒、絶縁チューブ、絶縁セパレータ等）を施す。

第7章　機器と配管等の耐震上の留意点

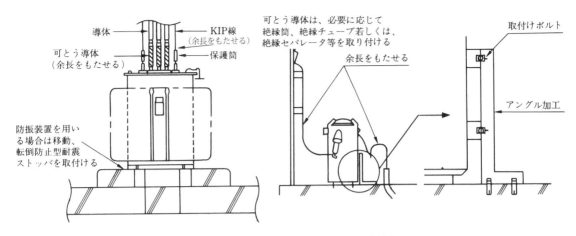

図 7.1－4　変圧器への電気配線接続例

7.1.8　発電機・電動機への接続部の耐震対策
(1) 被害と原因
　通常の防振措置を施した場合及びケーブル等に余長をもたせて施工した場合には、特に接続部分に損傷はなかった。

(2) 被害から見た耐震上の留意点
　地震時に大きな変位を生じるおそれのある機器との接続は、接続機器に過大な反力を生じない方法で接続し、十分に可とう性を有するもので変位を吸収する。

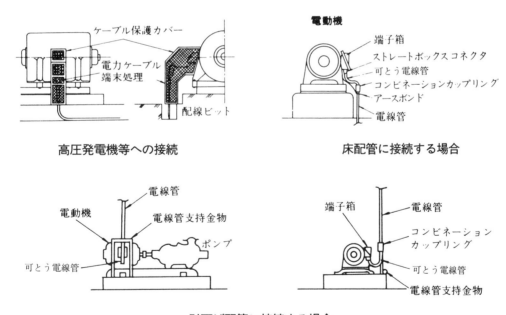

図 7.1－5　発電機・電動機への電気配線接続例

7.1.9　蓄電池への接続部の耐震対策
(1) 被害と原因
　キュービクル式蓄電池では、電池支持架台の破損により電池が移動して接続部が電気的に短絡し機

能を喪失したり、重心が高いことから転倒し内部短絡破損、電池固定用スペーサ取付不備により電槽が移動し損傷した（写真7.1-7）。

開放式では架台が丈夫なものが多く、架台の破壊よりも電池相互間の接続部品や外部配線用の接続部が損傷した（写真7.1-8）。

(2) 被害から見た耐震上の留意点

ストッパボルト等の強度を確保し、重心が高い場合には転倒防止措置を施す。さらに、電気配線は、曲がりを大きくとり余長を十分にもたせる。

写真7.1-7 キュービクル式蓄電池の破損

写真7.1-8 開放式蓄電池の破損

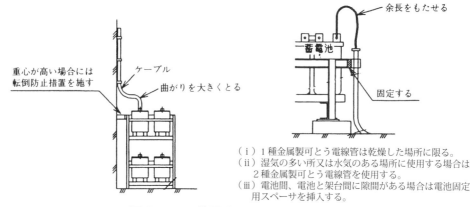
図7.1-6 蓄電池への電気配線接続例

7.1.10 配電盤への接続部の耐震対策

(1) 被害と原因

ケーブルラックの変形・脱落等による二次的な被害は生じたが、ケーブル等に余長をもたせて施工した場合には、特に配電盤との接続部分に損傷はなかった。

写真 7.1－9　ケーブルラックの変形・脱落

(2) 被害から見た耐震上の留意点

a. バスダクトの場合

　地震時に閉鎖形配電盤の接続部には、固有振動数の違いから異なった周期の力が加わるので、ずれ及び変形を防止するために、バスダクト導体とブスバーは確実に接続し、かつ、盤と筐体ボルトにより確実に固定する。

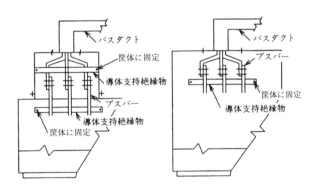

図 7.1－7　一般的なバスダクトと閉鎖形配電盤の接続例

b. その他の電気配線の場合

　閉鎖形配電盤と電気配線などは地震時の振動状態が異なるため、地震時に電気配線との接続部に大きな相対変位が生じるので、変位吸収の処置として電気配線に余裕をもたせ、かつ、盤配線口近辺で確実に支持する。

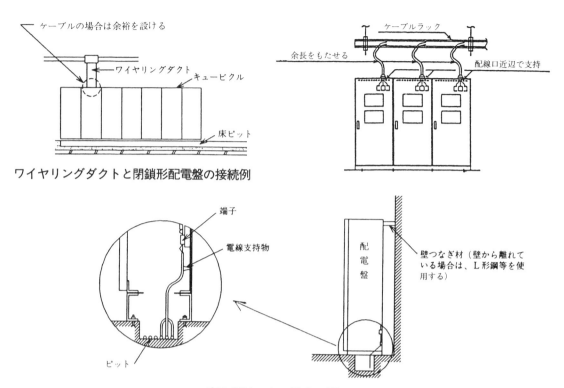

図 7.1－8　配電盤への電気配線接続例

7.2　エキスパンションジョイント通過部の耐震対策

7.2.1　注意事項

　建築物のエキスパンションジョイント部を通過する配管等で、変位を抑制することができない場合は、変位吸収が可能な措置をとる。エキスパンションジョイント部での両建築物の相対変位量 δ は、層間変形角 R により次式で計算する。

　　　$\delta = 2Rh$

　　　ここに、h：配管の通過する部分の地上高さ（m）

　　　　　　　R：層間変形角（rad）

　なお、建築物の上層部では δ が大きくなるので、主要な配管等は建築物の下層部で、エキスパンションジョイント部を通過するように心掛けるのが賢明である。

　層間変形角 R は、X 方向、Y 方向に分けて考えられるので、変位吸収措置は管軸直角方向及び管軸方向の二方向に対し行うことが原則である。

7.2.2　エキスパンションジョイント通過部の対策例

（1）　被害と原因

　建築物のエキスパンションジョイント部を横断していた電気配線が地震時の建屋の相対変位量に追随できず変形、破損した。

・エキスパンションジョイント部を横断して管路が地盤沈下に伴い破損した。

写真 7.2-1　横断管路の破損（1）

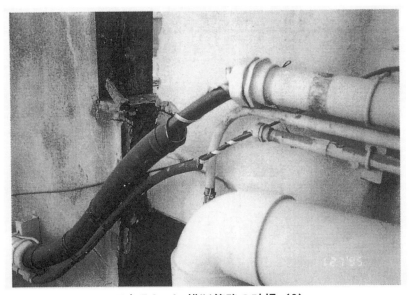

同　上
（管路破損部の拡大）

写真 7.2-2　横断管路の破損（2）

(2) 被害から見た耐震上の留意点

　建築物のエキスパンションジョイント部の相対変位量を想定し十分な余長を設ける。

　建築物の上層部では相対変位量が大きくなるので、主要な電気配線は建屋の下層部でエキスパンションジョイント部を通過するように計画するのが賢明である。

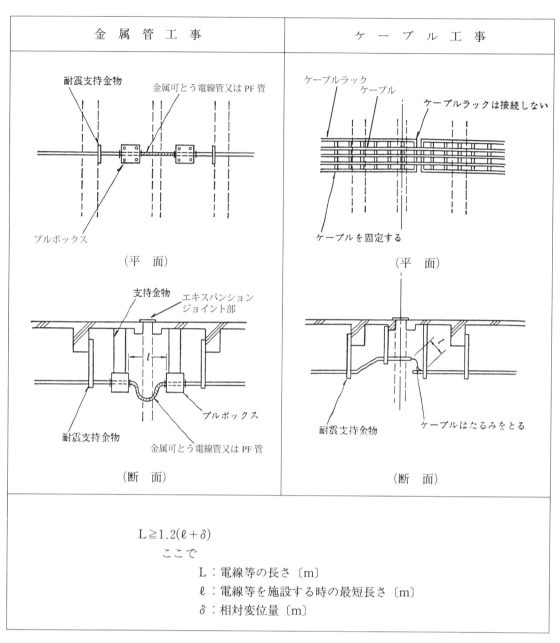

図 7.2－1 建築物エキスパンションジョイント部を通過する電気配線例

7.3 建物導入部の配管等の耐震対策
7.3.1 注意事項

　地中化された電線管路では地盤の変動に対し、いちばん影響を受けやすいのが建物への引込み部分である。中高層建築物の多くの建物が、基礎を強固な地盤に固定しているため被災時や不等沈下による変位がないのに対し、地中側は地盤が変位すると、この引込み部分が建屋側と地盤側とで大きく変位差が出てくる。ここに曲げ、引張りなどの応力が集中し、管路、ケーブルの破断、損傷を受けることがあるので、次のような措置を講ずる。

(1) 地盤の変状により、建築物と周辺地盤との間に変位が生ずるおそれのある場合には、建築物導入部の配管等に適切な変位吸収が可能な措置を行う。
(2) 建築物導入部の配管設備については、以下に示すような損傷防止措置を講じる。

① 配管の貫通により建築物の構造耐力上に支障が生じないこと。
② 貫通部分にスリーブを設けるなど有効な配管損傷防止措置を講ずること。
③ 変形により配管に損傷が生じないように可とう継手を設けること。

7.3.2 建物導入部の配管等の対策例
(1) 被害と原因
　地震時に建屋と地盤が相互に変形したか、又は地盤の沈下などにより、建築物導入部の配管がこの相対変位量に追随できず破損した。

・引込みルートの地盤（管路共）が50cm以上沈下した。
（ケーブルの損傷状況不明）

写真 7.3-1　引込みルートの地盤沈下（1）

・液状化により地盤が沈下し引込みケーブルの配管が外れケーブルが露出した。
（ケーブルの損傷状況不明）

写真 7.3-2　引込みルートの地盤沈下（2）

(2) 被害から見た耐震上の留意点
　建築物の導入部の相対変位量、地盤沈下量を想定して引込み、ハンドホール内では引込みケーブルに十分な余長を見込む。また、引込み管路には地盤沈下対応措置を講ずる。

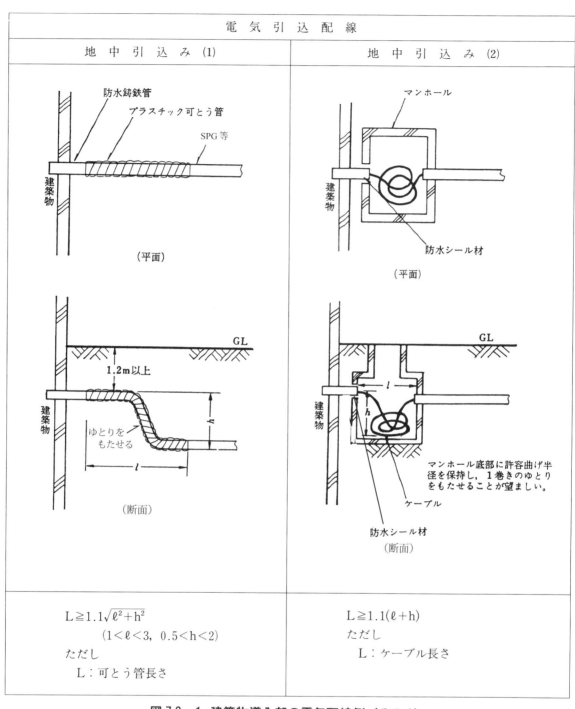

図 7.3−1 建築物導入部の電気配線例(その1)

第 7 章　機器と配管等の耐震上の留意点

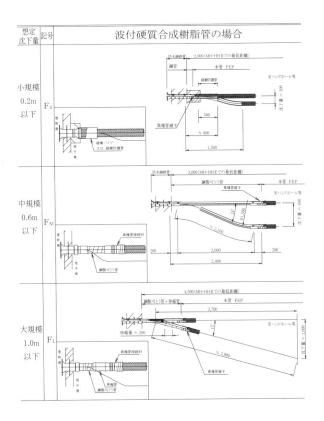

備考　(1) マンホール・ハンドホール内では、配管の変位量に対して配線の余長を見込む。
　　　(2) 図は、一例を示す。

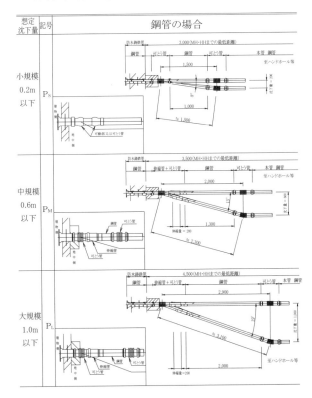

備考　(1) マンホール・ハンドホール内では、配管の変位量に対して配線の余長を見込む。
　　　(2) 図は、一例を示す。

図 7.3－2　建築物導入部の電気配線例（その 2）

＊出典：公共建築設備工事標準図（電気設備工事編）第 2 編　電力設備工事

113

7.3.3 免震建物における対応の具体例と計算

(1) 注意事項

① 積層ゴムなどを用いた免震構造建築物においては、地震時の下部構造と上部構造の相対変形量が大きいので、免震構造の上部構造部分へわたる配管等には、この相対変形量を吸収できる措置を施す。この相対変形量は一般的な免震構造建築物の場合は400mm程度を考慮することとなるが、構造設計者と協議をして、設計上想定される最大変形量とする。

② 免震層内は相対変形量吸収のための設備スペースだけではなく、積層ゴムおよび設備免震システムの点検、取替えの動線として利用するので、免震層を貫通する位置などについて、構造・建築や他設備との調整をはかる。

③ 地震時の相対変化に追随した場合でも、可動範囲内のどの点においてもケーブルが最少曲げ半径以下にならないための措置を施す。

④ ケーブルの特性を考えた場合、通常の敷設でも考慮すべきケーブルに掛かる応力や放熱性の確保をはかる。

(2) 免震建物導入部の引込み配線例

ケーブルの種類・配線量、敷設方法により、次のような方法がある。(図7.3－3　参照)

① 平面ケーブル余長法

　平面的にケーブルの余長を確保する方法であり、地盤が想定した免震相対変位量を動いた場合でも無理な張力が加わらず、最少曲げ半径以下とならないように敷設する。この場合は、スペース確保のための必要面積が大きくなる。

② 立面ケーブル余長法

　ケーブルの立上がり部でケーブルの余長を確保する方法である。本数が多い場合は、ケーブル相互間の離隔も必要となるが、面積的には比較的多くを必要としないため、ケーブルの免震対応としては、最も対応しやすい方法である。

③ 立面ループケーブル余長法

　立面ケーブル余長法と同様に、ケーブルの立上がり部でケーブルの余長を輪を作って確保する方法であり、柔らかく細いケーブルの場合は適用しやすい。

(3) 具体例

実際の引込み配線の施工例を以下に示す。

① 平面ループ余長法（1）（高圧ケーブル）（写真7.3－3参照）
② 平面ループ余長法（2）（ラック上幹線の並列）（写真7.3－4参照）
③ 立面スネーク余長法（接地線）（写真7.3－5参照）
④ 立面ループ余長法（接地線、保護管）（写真7.3－6参照）

第7章　機器と配管等の耐震上の留意点

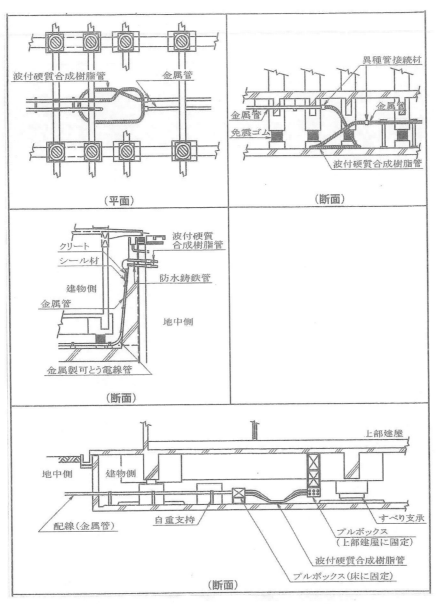

図 7.3－3　免震建物導入部の引込み配線例
＊出典：公共建築設備工事標準図（電気設備工事編）第2編　電力設備工事

写真 7.3－3　平面ループ余長法（1）

写真 7.3－4　平面ループ余長法（2）

115

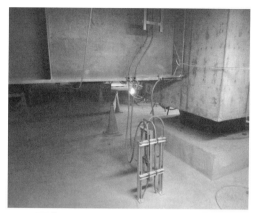

写真7.3-5 立面スネーク余長法

写真7.3-6 立面ループ余長法

(4) 計算例

ケーブルの余長を検討する時の一例として、立面ケーブル余長法の計算例について述べる。

計算条件；免震相対変形量を400mmとした場合（図7.3-4参照）

① 通常時におけるA点からB点までのケーブル長（L_{AB}）は、直径を約700mmとすると円の約150度の円弧の長さ＋300mm程度とすると、$L_{AB}=2\pi R \times 150/360+300=1,216$mm

② 地震時にB点のケーブルがC点の最大変位まで動いた場合、A点からC点までのケーブル長（L_{AC}）は、$L_{AC}=\sqrt{(400+300)^2+800^2}=1,063$mm これに、端部での曲りを＋αしても$L_{AB}$より短いので、変位は上下のケーブラック間で吸収できる。

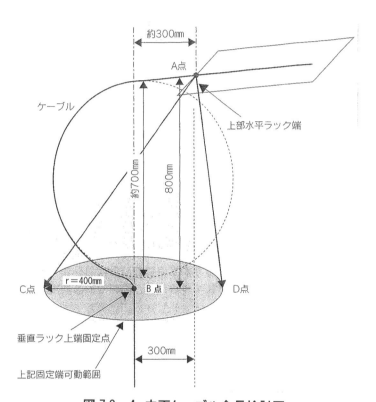

図7.3-4 立面ケーブル余長検討図

③ 地震時にB点のケーブルがD点の最大変位まで動いた場合、A点からD点までのケーブル長（L_{AD}）は、$L_{AD}=\sqrt{100^2+800^2}=806$mm これに、端部での曲りを＋αしても$L_{AB}$より短いので、変位は上下のケーブルラック間で吸収できる。

以上は検討内容の一例であるが、各条件を考慮しケーブルに損傷を与えないように十分な余長をとることが重要である。

7.4 軽量な機器の耐震対策
7.4.1 1kN未満で0.1kN以上の吊り下げ機器

重量1kN以下の軽量な機器の耐震支持については、「センター指針」でセンター指針に準拠あるいは同等な設計用地震力に耐える方法で設計・施工することが推奨されている。

7.4.2 照明器具の施工例

二次災害防止が求められる重要な場所等に設置する照明器具に対しては、吊りボルトや落下防止チェーン等を取付け、パイプ吊り照明器具やレースウェイ取付け・メッセンジャーワイヤ支持照明器具に対しては、ボルト・ワイヤ等により振止め措置を施す。

1) ダウンライト器具

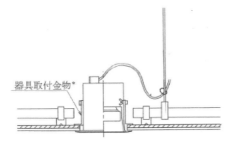

注 * 器具取付金物は、バネ構造、L形構造等とする。
器具質量が15N以下の場合

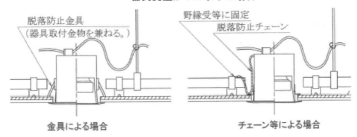

金具による場合　　**チェーン等による場合**
器具質量が15Nを超え、30N以下の場合（脱落防止処置）

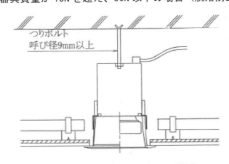

器具質量が30Nを超える場合
図7.4－1　ダウンライト施工例

＊出典：公共建築設備工事標準図（電気設備工事編）

2) パイプ吊り照明器具

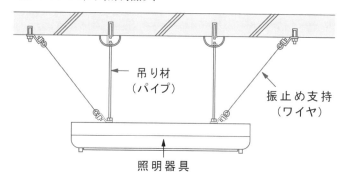

パイプ吊り照明器具施工例(側面)　　　パイプ吊り照明器具施工例(断面)

図 7.4－2

3) レースウェイ取付け・メッセンジャーワイヤ支持照明器具
・レースウェイ取付け照明器具

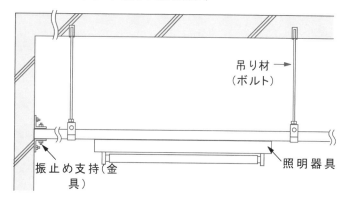

レースウェイ照明器具施工例(側面)　　　レースウェイ照明器具施工例(断面)

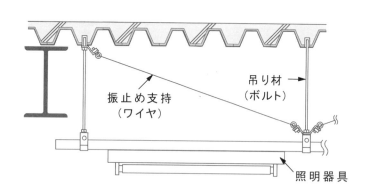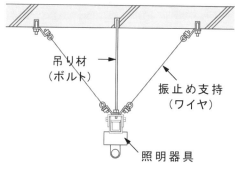

レースウェイ照明器具施工例(側面)　　　レースウェイ照明器具施工例(断面)

図 7.4－3

・メッセンジャーワイヤ支持照明器具

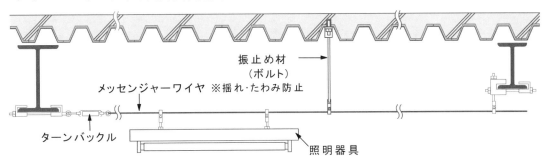

メッセンジャーワイヤ吊り照明器具施工例（側面）

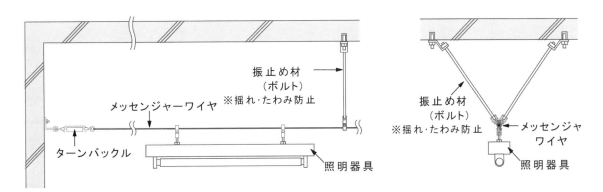

メッセンジャーワイヤ吊り照明器具施工例（側面） 　　メッセンジャーワイヤ吊り照明器具施工例（断面）

図 7.4－4

7.4.3 重量のある高出力 LED 照明器具の施工例

屋内運動場、武道場、講堂、屋内プールといった大規模空間を持つ施設では、地震により照明器具が振れると、照明器具の吊り材や取付け部に応力が集中し、破損、落下する可能性がある。

1）直付け形照明（高天井の照明器具）

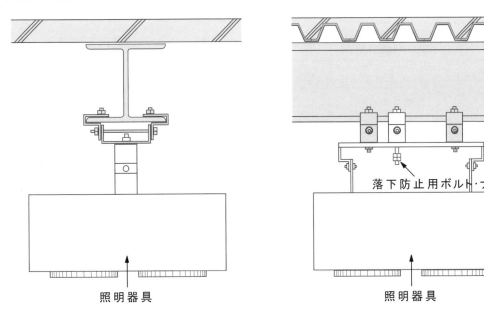

高天井照明器具施工例（正面）　　　高天井照明器具施工例（側面）

図 7.4－5

2）吊り下げ形照明（高天井の照明器具）

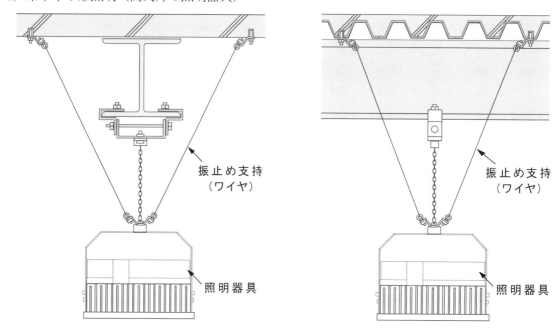

高天井チェーン吊り照明器具施工例（正面）　　高天井チェーン吊り照明器具施工例（側面）

図 7.4－6

3）天井埋込み照明（高天井の照明器具）

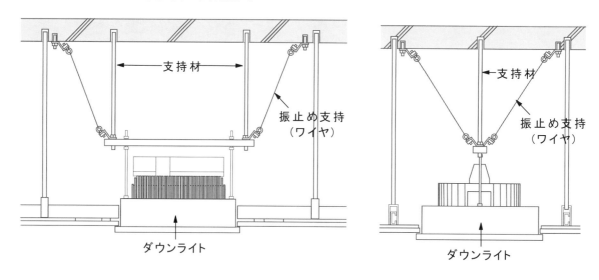

高天井ダウンライト施工例（側面）　　高天井ダウンライト施工例（断面）

図 7.4－7

7.4.4　国土交通省の「特定天井」対応について

「建築物における天井脱落対策に係る技術基準の解説」（国土技術政策総合研究所資料　第751号　平成25年9月、建築研究資料　第146号　平成25年9月）に、設備機器のうち、図7.4－8のように、垂直荷重を天井面に伝達し、天井と一体となって挙動するもの、図7.4－10のように垂直荷重を天井に伝達し、天井面と接する部分をフレキシブル接続等で追従させて天井と一体となって挙動するものについては、クリアランスを設けなくてもよい。

ただし、図7.4－9のように垂直荷重を床スラブに負担させ、水平荷重を天井面に伝達するものに

ついては、設備機器の重量や水平投影面積が天井面構成部材と比較して小さい場合には、天井と設備機器が一体に挙動するために天井に損傷を与える可能性は小さいが、設備機器の重量や水平投影面積が大きい場合には、慣性力により天井面構成部材と設備機器が一体に挙動せずに天井に損傷を与える可能性があるため、注意が必要である。

なお、自重を天井材でなく床スラブ等の構造耐力上主要な部分等で支える設備機器等については、「建築設備耐震設計・施工指針2005年版」（建築センター）等を参考にしながら、耐震性に配慮した設計を行う必要があるが、その際、天井下地材、吊り材、斜め部材等との接触が生じないよう、地震力による水平変位を考慮した適切なクリアランスの確保に配慮する必要がある。と解説されている。

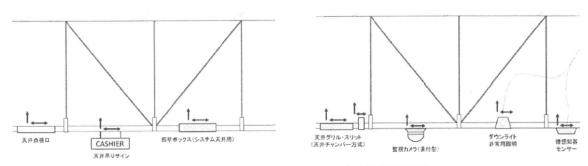

図 7.4-8　荷重を天井面に伝達する設備設置図

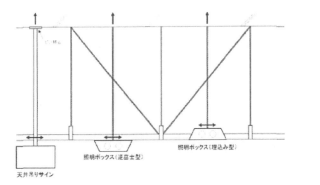

図 7.4-9　垂直荷重を床スラブに、水平荷重を天井面に伝達する設備設置図

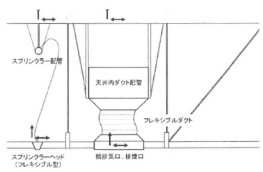

図 7.4-10　地震時に天井面と追従する設備設置図

7.4.5　監視制御システムの耐震措置

建築物における中央監視装置（防災、防犯含む）は、地震時の建物中枢機能を確保する見地から耐震に対する配慮が必要である。

・設置上の注意

1) デスク上に設置される各機器への耐震措置は、必要度に合わせたゴムマット等による滑り止めか、バンド・金具等による固定を施す。デスク自体の固定も行い、フリーアクセスフロアの場合は、耐震強化仕様とするか、直接躯体への固定を配慮する。

2) フリーアクセスフロアへの固定方法は、「フリーアクセスフロア什器固定事例集」（フリーアクセスフロア工業会（JAFA）のホームページに記載）に固定方法を4つ分類にてまとめられている。

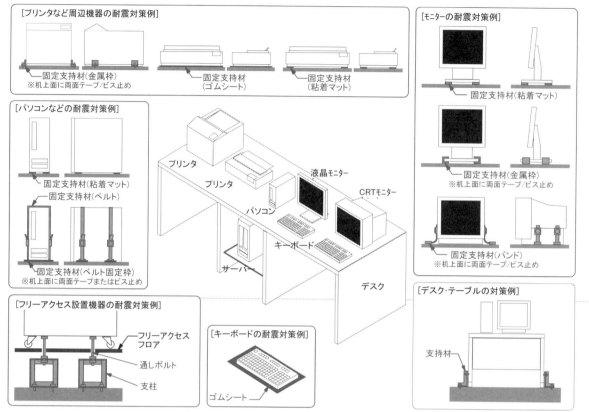

図 7.4−11 中央監視機器の耐震固定事例

第8章 付　表

付表1　アンカーボルトの許容引抜き荷重
付表2　配管用耐震支持部材選定表および組立要領図の例
付表3　電気配線用耐震支持部材選定表および組立要領図の例

付表1　アンカーボルトの許容引抜き荷重

(一社) 日本内燃力発電設備協会「自家用発電設備耐震設計のガイドライン」抜粋

　本指針では、自家用発電設備耐震設計ガイドラインのアンカーボルト名称を常用されている名称に読み替えている。ガイドラインと本指針での名称の対応を以下に示す。

自家用発電設備耐震設計のガイドライン	本指針での名称
後打ちアンカー	「あと施工アンカー」
後抜きアンカー	
後打ち式アンカーボルト	
メカニカルアンカー	「あと施工金属拡張アンカー」又は、「金属拡張アンカー」
後打式メカニカル	
後打式メカニカル（おねじ形）	「あと施工金属拡張アンカー（おねじ形）」又は、「金属拡張アンカー（おねじ形）」
後打式メカニカルアンカー（おねじ形）	
おねじ形メカニカルアンカー	
おねじ形メカニカルアンカーボルト	
後打ち式おねじ形メカニカルアンカーボルト	
後打ち式めねじ形メカニカルアンカーボルト	「あと施工金属拡張アンカー（めねじ形）」又は、「金属拡張アンカー（めねじ形）」
後打式樹脂アンカー	「あと施工接着系アンカー」又は、「接着系アンカー」
後打樹脂アンカー	
樹脂アンカー	
後打式樹脂アンカーボルト	
樹脂アンカーボルト	
後打ち式樹脂アンカーボルト	
備考： ＊各種アンカーは、(一社) 日本建築あと施工アンカー協会（JCAA）認証製品として用意されている。 ＊表3.3中「表3.2注3」とあるのは、本指針4章解説4.1.2　②に対応するものである。	

第8章 付表

3.3 アンカーボルトなど

機器、機器のストッパ及び配管サポート部材は、アンカーボルトなどその他の方法で、機械基礎、建物の床スラブ上面、天井スラブ下面、コンクリート壁面などに固定する。

3.3.1 アンカーボルトなどの施工法

アンカーボルトなどの施工法には、次に示すものがあり、これらのアンカーボルトなどの要領を、表3.1に示す。

- （ⅰ）埋込アンカー
- （ⅱ）箱抜きアンカー
- （ⅲ）あと施工アンカー
  - （a）金属拡張アンカー
  - （b）接着系アンカー
- （ⅳ）インサート金物

表3.1 アンカーボルトなどの施工法

（ⅰ）埋込アンカー	（ⅱ）箱抜きアンカー	（ⅲ）あと施工アンカー		（ⅳ）インサート金物	
		（a）金属拡張アンカー　イ）おねじ形　ロ）めねじ形	（b）接着系アンカー	イ）鋼製	ロ）いもの
基礎コンクリート打設前にアンカーボルトを正しく位置決めをし、コンクリートを打設と同時にアンカーボルトの設定が完了する方式。	基礎コンクリート打設時にアンカーボルト設定用の箱抜き孔を設けておき機器などの据付時にアンカーボルトを設定し、モルタルなどでアンカーボルトを固定埋込する方式。	躯体コンクリートにドリルなどで所定の孔をあけアンカーをセットしたうえ下部を機械的に拡張させて、コンクリートに固着させる方式。この方式には　イ）おねじ形（ヘッドとボルトが一体のもの）　ロ）めねじ形（ヘッドとボルトが分離しているもの）の2種類があり、強度が著しく異なる。	躯体コンクリートに所定の穿孔をし、その内に樹脂および硬化促進剤、骨材などを充てんしたガラス管カプセル（上図参照）を挿入し、アンカーボルトをその上からインパクトドリルなどの回転衝撃によって打ち込むことにより、樹脂硬化剤、骨材や粉砕されたガラス管などが混合されて硬化し、接着力によって固定される方式。	コンクリートに所定のねじたねじを切った金物で、配管などを支持する吊りボルトなどをねじ込み使用する方式。	コンクリート打設時に埋込まれ、配管などを支持する吊りボルトなどをねじ込み使用する方式。

表3.2（略）

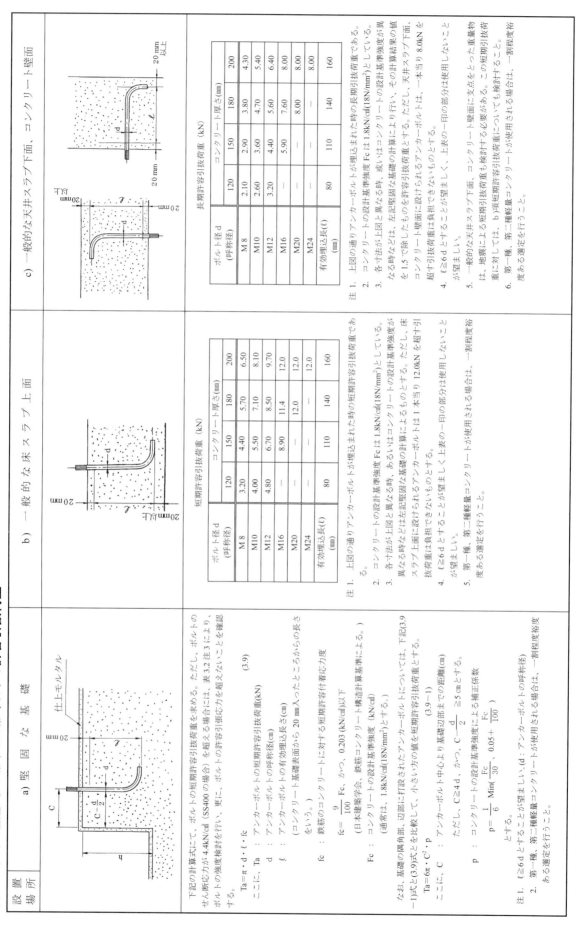

表 3.3（ii） 埋込式ヘッド付ボルトの許容引抜荷重

| 設置場所 | a) 堅固な基礎 | b) 一般的な床スラブ上面 | c) 一般的な天井スラブ下面、コンクリート壁面 |

a) 堅固な基礎

下記の計算式にて、ボルトの短期許容引抜荷重を求める。ただし、ボルトのせん断応力が 4.4kN/cm²(SS400 の場合)を超える場合には、表 3.2 注 3 により、ボルトの強度検討を行い、更に、ボルトの許容引抜応力を超えないことを確認する。

$$T_a = 6\pi \cdot L(L+B) \cdot p \quad (3.10)$$

ここに、T_a ：アンカーボルトの短期許容引抜荷重(kN)
L ：アンカーボルトの埋込長さ (cm)
B ：ヘッドの最小巾 (cm)、(JIS 六角ボルト頭の二面巾以上とする。)
p ：コンクリートの設計基準強度による補正係数

$$p = \frac{1}{6} \text{Min}\left(\frac{F_c}{30}, \ 0.05 + \frac{F_c}{100}\right)$$

とする。

F_c ：コンクリートの設計基準強度 (kN/cm²)
（通常は、1.8kN/cm²(18N/mm²)とする。）

なお、基礎の隅角部、辺部に打設されたアンカーボルトについては、ボルトの中心より基礎辺部までの距離 C が、$C \leq L+B$ の場合、下記 (3.10−1) 式又は (3.10−2) にて短期許容引抜荷重を求める。

1) $L \leq C + h$ の場合
$$T_a = 6\pi \cdot C^2 \cdot p \quad (3.10\text{-}1)$$

2) $L > C + h$ の場合
$$T_a = 6\pi \cdot (L-h)^2 \cdot p \quad (3.10\text{-}2)$$

ただし、$L+B \geq C \geq 4d$、かつ、$C - \frac{d}{2} \geq 5$ cm

とする。C ：アンカーボルト中心より基礎辺部までの距離(cm) (d：アンカーボルトの呼称径)

h ：基礎の盛上高さ (cm)

注 1. $L \geq 6d$ とすることが望ましい。
2. 上図の H は、JIS 六角ボルト頭の高さ以上とする。
3. 第一種、第二種軽量コンクリートが使用される場合、一割程度余裕ある選定を行うこと。

b) 一般的な床スラブ上面

短期許容引抜荷重 (kN)

ボルト径 d (呼称径)	コンクリート厚さ(mm)					ボルト寸法	
	120	150	180	200		H(mm)	B(mm)
M8	9.00	9.00	9.00	9.00		5.5	13
M10	12.0	12.0	12.0	12.0		7	17
M12	12.0	12.0	12.0	12.0		8	19
M16	–	12.0	12.0	12.0		10	24
M20	–	–	–	12.0		13	30
M24	–	–	–	–		15	36
ボルトの埋込長さ L(mm)	100−H	130−H	160−H	180−H			

注 1. 上図において、上表の埋込み長さ及びボルト寸法のアンカーボルトが埋込まれた時の短期許容引抜荷重である。
2. コンクリートの設計基準強度 F_c は、1.8kN/cm²(18N/mm²)としている。
3. 各寸法が上図と異なる時、或いはコンクリートの設計基準強度が異なる時などは、左記堅固な基礎の計算によるものとする。ただし、床スラブ上面に設けられるアンカーボルトは、一本当り 12.0kN を超す引抜荷重は負担できないものとする。
4. $L \geq 6d$ とすることが望ましく、上表の一印の部分は、使用しないこと。
5. 上図の B、H 寸法は、それぞれ JIS 六角ボルト頭の二面巾及び高さを基準としている。
6. 第一種、第二種軽量コンクリートが使用される場合、一割程度余裕ある選定を行うこと。

c) 一般的な天井スラブ下面、コンクリート壁面

長期許容引抜荷重 (kN)

ボルト径 d (呼称径)	コンクリート厚さ(mm)					ボルト寸法	
	120	150	180	200		H(mm)	B(mm)
M8	6.00	6.00	6.00	6.00		5.5	13
M10	8.00	8.00	8.00	8.00		7	17
M12	8.00	8.00	8.00	8.00		8	19
M16	–	8.00	8.00	8.00		10	24
M20	–	–	–	8.00		13	30
M24	–	–	–	–		15	36
ボルトの埋込長さ L(mm)	100−H	130−H	160−H	180−H			

注 1. 上図の通りアンカーボルトが埋込まれた時の長期許容引抜荷重である。
2. コンクリートの設計基準強度 F_c は 1.8kN/cm²(18N/mm²)としている。
3. 各寸法が上図と異なる時、或いはコンクリートの設計基準強度が異なる時などは、左記堅固な基礎の計算によるものとする。ただし、その計算結果の値を 1.5 で除したものを許容引抜荷重とする。ただし、天井スラブ下面、コンクリート壁面に設けられるアンカーボルトは、一本当り 8.0kN を超す引抜荷重は負担できないものとする。
4. $L \geq 6d$ とすることが望ましく、上表の一印の部分は、使用しないこと。
5. 上図の B、H 寸法は、それぞれ JIS 六角ボルト頭の二面巾及び高さを基準としている。
6. 一般的な天井スラブ下面、コンクリート壁面も検討する必要がある。この短期引抜荷重は、地震による短期引抜荷重を検討すること。
7. 第一種、第二種軽量コンクリートが使用される場合、一割程度余裕ある選定を行うこと。

表 3.3（ⅲ） 埋込式 J 形、JA 形ボルトの許容引抜荷重

設置場所	a) 堅固な基礎	b) 一般的な床スラブ上面	c) 一般的な天井スラブ下面、コンクリート壁面

a) 堅固な基礎

下記の計算式にて、ボルトの短期許容引抜荷重を求める。ただし、ボルトのせん断応力が 4.4kN/cm²（SS400 の場合）を超える場合には、表 3.2 注 3 により、ボルトの許容応力度確認を行い、更に、ボルトの許容引抜応力を超えないことを確認する。

$$Ta = 6\pi \cdot L^2 \cdot p \qquad (3.11)$$

ここに、Ta：アンカーボルトの短期許容引抜荷重(kN)
L：アンカーボルトの埋込長さ(cm)、ただし、6d≦L≦30
p：コンクリート設計基準強度による補正係数

$$p = \frac{1}{6}\,\text{Min}\left(\frac{Fc}{30}\,,\,0.05 + \frac{Fc}{100}\right)$$

とする。
Fc：コンクリートの設計基準強度 (kN/cm²)
（通常は、1.8kN/cm²(18N/mm²) とする。）

なお、基礎の隅角部、辺部に打設されたアンカーボルトについては、ボルトの中心より基礎辺部までの距離が、C≦L の場合、下記 (3.11-1) 式または (3.11-2) 式にて短期許容引抜荷重を求める。

1) L≦C+h の場合
$$Ta = 6\pi \cdot C^2 \cdot p \qquad (3.11-1)$$

2) L>C+h の場合
$$Ta = 6\pi \cdot (L-h)^2 \cdot p \qquad (3.11-2)$$

ここに、C：アンカーボルト中心より基礎辺部までの距離(cm)
（d：アンカーボルトの呼称径）

ただし、L≧C≧4d、かつ、$C - \frac{d}{2}$ ≧5cm とする。
h：基礎の盛上高さ(cm)

注 1. L≧6d とすることが望ましい。JIS ボルトの場合のℓ≒4.5d できる。
2. 第一種、第二種軽量コンクリートが使用される場合は、一割程度余裕ある選定を行うこと。

b) 一般的な床スラブ上面

短期許容引抜荷重 (kN)

ボルト径 d (呼称径)	コンクリート厚さ(mm)				
	120	150	180	200	
M8	9.00	9.00	9.00	9.00	
M10	12.0	12.0	12.0	12.0	
M12	—	12.0	12.0	12.0	
M16	—	—	12.0	12.0	
M20	—	12.0	12.0	12.0	
M24	—	—	—	12.0	
ボルトの埋込長さ L(mm)	100-d	130-d	160-d	180-d	

注 1. 上図のとおりアンカーボルトが埋込まれた時の短期許容引抜荷重である。
2. コンクリートの設計基準強度 Fc は、1.8kN/cm²(18N/mm²) としている。
3. 各寸法が上図と異なる時、或いはコンクリートの設計基準強度が異なる時などは、左記堅固な基礎の計算によるものとする。ただし、床スラブ上面引抜荷重は負担できるアンカーボルトは、一本当り 12.0kN を超す引抜荷重は負担できないものとする。
4. L≧6d とすることが望ましく、上表の一印の部分は使用しないことが望ましい。
5. 上図のℓは JIS ボルトの場合のℓ≒4.5d できる。
6. 第一種、第二種軽量コンクリートが使用される場合は、一割程度余裕ある選定を行うこと。

c) 一般的な天井スラブ下面、コンクリート壁面

長期許容引抜荷重 (kN)

ボルト径 d (呼称径)	コンクリート厚さ(mm)				
	120	150	180	200	
M8	6.00	6.00	6.00	6.00	
M10	8.00	8.00	8.00	8.00	
M12	—	8.00	8.00	8.00	
M16	—	—	8.00	8.00	
M20	—	8.00	8.00	8.00	
M24	—	—	—	8.00	
ボルトの埋込長さ L(mm)	100-d	130-d	160-d	180-d	

注 1. 上図のとおりアンカーボルトが埋込まれた時の長期許容引抜荷重である。
2. コンクリートの設計基準強度 Fc は、1.8kN/cm²(18N/mm²) としている。
3. 各寸法が上図と異なる時、或いはコンクリートの設計基準強度が異なる時などは、左記堅固な基礎の計算により行い、その計算結果の値を 1.5 で除したものを許容引抜荷重とする。ただし、天井スラブ下面、コンクリート壁面に設けられるアンカーボルトは、一本当り 8.0kN を超す引抜荷重は負担できないものとする。
4. L≧6d とすることが望ましく、上表の一印の部分は使用しないことが望ましい。
5. 上図のℓは JIS ボルトの場合のℓ≒4.5d できる。
6. 一般的な天井スラブ下面、コンクリート壁面に支点をとった重量物は、地震による短期引抜荷重も検討する必要がある。この短期引抜荷重に対しては、b) 項短期許容引抜荷重について検討すること。
7. 第一種、第二種軽量コンクリートが使用される場合は、一割程度余裕ある選定を行うこと。

表3.3 (ⅳ) 箱抜式L形、LA形ボルトの許容引抜荷重（一般的な天井スラブ下面、コンクリート壁面には用いない。）

設置場所	a) 堅固な基礎	b) 一般的な床スラブ上面

a) 堅固な基礎

下記の計算式と表3.3（ⅰ）の(3.9)式にて、ボルトの許容引抜荷重を求め、小さい方の値を短期許容引抜荷重とする。ただし、ボルトのせん断応力が4.4kN/cm²（SS400の場合）を超える場合には、表3.2注3より、ボルトの許容応力が4.4kN/cm²を超えないことを確認する。更に、ボルトの許容引抜応力度を超えないことを確認する。

$Fc_1 \leq Fc_2$ の場合

$$Ta = \frac{Fc_1}{80} \pi \cdot L \cdot W \quad (3.12)$$

$Fc_1 > Fc_2$ の場合（例えば無収縮性モルタル[ロ]など）

$$Ta = \frac{Fc_2}{80} \pi \cdot L \cdot W \quad (3.13)$$

ここに、Ta：アンカーボルトの短期許容引抜荷重(kN)
L：アンカーボルトの埋込長さ (cm)
Fc_1：充填モルタルの設計基準強度 (kN/cm²)
Fc_2：周囲コンクリートの設計基準強度 (kN/cm²)

通常の場合は $Fc_1 = 1.2\text{kN/cm}^2(12\text{N/mm}^2)$
$Fc_2 = 1.8\text{kN/cm}^2(18\text{N/mm}^2)$ を用いる。

W：アンカーボルトの箱寸法 (10 cm ≦ W ≦ 15 cm)
短形の場合は最小辺の寸法とする。ただし、箱が面は十分な目荒しをすること。

なお、基礎の隅角部、辺部に打設されたアンカーボルトについては表3.3(ⅰ)(3.9)式の計算結果と下記(3.12-1,2)又は(3.13-1,2)式のいずれかにて計算した結果とを比較し、小さい方の値を短期許容引抜荷重とする。

1) $Fc_1 \leq Fc_2$、$L \leq h$ の場合

$$Ta = \frac{Fc_1}{80} \pi \cdot L \cdot W \cdot \frac{A}{10} \quad (3.12-1)$$

2) $Fc_1 \leq Fc_2$、$L > h$ の場合

$$Ta = \frac{Fc_1}{80} \pi \cdot L \cdot W \cdot (L - h + \frac{A}{10} h) \quad (3.12-2)$$

3) $Fc_1 > Fc_2$、$L \leq h$ の場合

$$Ta = \frac{Fc_2}{80} \pi \cdot L \cdot W \cdot \frac{A}{10} \quad (3.13-1)$$

4) $Fc_1 > Fc_2$、$L > h$ の場合

$$Ta = \frac{Fc_2}{80} \pi \cdot L \cdot W \cdot (L - h + \frac{A}{10} h) \quad (3.13-2)$$

ここに、h：基礎の盛上高さ (cm)
A：箱抜式アンカーボルトの箱外開口寸法(cm)、ただし 10 cm > A ≧ 5 cm
(d：アンカーボルトの呼称径)

注1. L ≧ 6d とすることが望ましい。
2. 第一種、第二種軽量コンクリートが使用される場合は、一割程度余度ある選定を行うこと。

b) 一般的な床スラブ上面

短期許容引抜荷重 (kN)

ボルト径 d (呼称径)	コンクリート厚さ(mm)				
	120	150	180	200	
M8	2.40	3.60	4.80	5.70	
M10	3.00	4.50	6.10	7.10	
M12	—	5.40	7.30	8.50	
M16	—	—	8.40	9.60	
M20	—	—	8.40	9.60	
M24	—	—	—	9.60	
ボルトの埋込長さ L(mm)	80−d	110−d	140−d	160−d	140
ボルトの有効埋込長さ l(mm)	60	90	120		

注1. 上図のとおりアンカーボルトが埋込まれたとき、$Fc_1 = 2.1\text{kN/cm}^2(21\text{N/mm}^2)$、$Fc_2 = 1.8\text{kN/cm}^2(18\text{N/mm}^2)$、W=100mmの場合の短期許容引抜荷重である。
2. 各寸法が上図と異なる時、或いはコンクリートの設計基準強度が異なる時などは、左記堅固な基礎の計算によるものとする。ただし、床スラブ上面に設けられるアンカーボルトは、一本当り12.0kNを超す引抜荷重は負担できないものとする。
3. L ≧ 6d とすることが望ましく、上表の一印の部分は使用しないこと。
4. W が 15 cm 以下で箱寸法であれば、上表を使用してよい。
5. 第一種、第二種軽量コンクリートが使用される場合は、一割程度余度ある選定を行うこと。

(同様の表・注記が a) 堅固な基礎 にも記載されている：)

短期許容引抜荷重 (kN)

ボルト径 d (呼称径)	コンクリート厚さ(mm)				
	120	150	180	200	
M8	1.60	2.40	3.20	3.80	
M10	2.00	3.00	4.00	4.70	
M12	—	3.60	4.80	5.70	
M16	—	—	5.60	6.40	
M20	—	—	5.60	6.40	
M24	—	—	—	6.40	
ボルトの埋込長さ L(mm)	80−d	110−d	140−d	160−d	140
ボルトの有効埋込長さ l(mm)	60	90	120		

注1. 上図のとおりアンカーボルトが埋込まれたとき、$Fc_1 = 1.2\text{kN/cm}^2(12\text{N/mm}^2)$、$Fc_2 = 1.8\text{kN/cm}^2(18\text{N/mm}^2)$、W=100mmの場合の短期許容引抜荷重である。
2. 各寸法が上図と異なる時、或いはコンクリートの設計基準強度が異なる時などは、左記堅固な基礎の計算によるものとする。ただし、床スラブ上面に設けられるアンカーボルトは、一本当り12.0kNを超す引抜荷重は負担できないものとする。
3. L ≧ 6d とすることが望ましい。
4. W が 15 cm 以下で箱寸法であれば、上表を使用してよい。
5. 第一種、第二種軽量コンクリートが使用される場合は、一割程度余度ある選定を行うこと。

表 3.3 (ⅴ) 箱抜式 J 形、JA 形およびヘッド付ボルトの許容引抜荷重（一般的な天井スラブ下面、コンクリート壁面には用いない。）

設置場所	a) 堅固な基礎	b) 一般的な床スラブ上面

a) 堅固な基礎

下記の計算式にて、ボルトの短期許容引抜荷重を求める。ただし、ボルトのせん断応力が 4.4kN/cm² (SS400 の場合)を超える場合には、表 3.2 注 3 により、ボルトの強度検討を行い、更に、ボルトの許容引抜応力を超えないことを確認する。

$Fc_1 \leq Fc_2$ の場合 $Ta = \dfrac{Fc_2}{80} \cdot \pi \cdot L \cdot W$ （3.14）

$Fc_1 > Fc_2$ の場合（例えば無収縮性モルタル口など）
$Ta = \dfrac{Fc_1}{80} \cdot \pi \cdot L \cdot W$ （3.15）

ここに、Ta : アンカーボルトの短期許容引抜荷重 (kN)
L : アンカーボルトの埋込み長さ (cm)
Fc_1 : 充填モルタルの設計基準強度 (kN/cm²)
Fc_2 : 周囲コンクリートの設計基準強度 (kN/cm²)

通常は、$Fc_1 = 1.2\text{kN/cm}^2 (12\text{N/mm}^2)$
$Fc_2 = 1.8\text{kN/cm}^2 (18\text{N/mm}^2)$ を用いる。

W : 箱抜式アンカーボルトの箱寸法 (10 cm ≦ W ≦ 15 cm)
箱形の場合は最小辺の寸法とする。ただし、箱内面は十分な目荒らしをすること。

なお、基礎の隅角部、辺部に打設されたアンカーボルトについては下記 (3.14～1.2) 式は、(3.15～1.2) 式のいずれかにて短期許容引抜荷重を求める。

1) $Fc_1 \leq Fc_2$, $L \leq h$ の場合
   $Ta = \dfrac{Fc_2}{80} \pi \cdot L \cdot W \cdot \dfrac{A}{10}$ （3.14-1）

2) $Fc_1 \leq Fc_2$, $L > h$ の場合
   $Ta = \dfrac{Fc_2}{80} \pi \cdot W \left(L - h + \dfrac{A}{10} h \right)$ （3.14-2）

3) $Fc_1 > Fc_2$, $L \leq h$ の場合
   $Ta = \dfrac{Fc_1}{80} \pi \cdot L \cdot W \cdot \dfrac{A}{10}$ （3.15-1）

4) $Fc_1 > Fc_2$, $L > h$ の場合
   $Ta = \dfrac{Fc_1}{80} \pi \cdot W \left(L - h + \dfrac{A}{10} h \right)$ （3.15-2）

ここに、h : 基礎の盛上高さ (cm)
A : 箱抜式アンカーボルトの箱外間寸法 (cm) (d : アンカーボルトの呼称径)

注 1. L ≧ 6d とすることが望ましい。
2. 第一種、第二種軽量コンクリートが使用される場合は、一割程度余裕ある選定を行うこと。ただし 10 cm > A ≧ 5 cm

b) 一般的な床スラブ上面（$Fc_1 \leq Fc_2$ の場合）

短期許容引抜荷重 (kN)

ボルト径 d (呼称径)	コンクリート厚さ (mm)				
	120	150	180	200	
M8	3.20	4.60	5.60	6.40	
M10	3.20	4.60	5.60	6.40	
M12	—	4.60	5.60	6.40	
M16	—	—	5.60	6.40	
M20	—	—	5.60	6.40	
M24	—	—	—	6.40	
ボルトの埋込み長さ L(mm)	80-d	110-d	140-d	160-d	

注 1. 上図のとおりアンカーボルトが埋込まれたとき、$Fc_1 = 1.2\text{kN/cm}^2 (12\text{N/mm}^2)$, $Fc_2 = 1.8\text{kN/cm}^2 (18\text{N/mm}^2)$ の場合の短期許容引抜荷重である。
2. 各寸法が上図と異なる時、或いはコンクリートの設計基準強度が異なる時などは、左記堅固な基礎の計算によるものとする。ただし、床スラブ上面に設けられるアンカーボルトは一本当り 12.0kN を超える引抜荷重は負担できないものとする。
3. L ≧ 6d とすることが望ましく、上表の一印を使用してもよい。
4. W が 15 cm 以下の箱寸法であれば、上表を使用してよい。
5. 第一種、第二種軽量コンクリートが使用される場合は、一割程度余裕ある選定を行うこと。

b) 一般的な床スラブ上面（$Fc_1 > Fc_2$ の場合）

短期許容引抜荷重 (kN)

ボルト径 d (呼称径)	コンクリート厚さ (mm)				
	120	150	180	200	
M8	4.90	6.90	8.40	9.00	
M10	4.90	6.90	8.40	9.60	
M12	—	6.90	8.40	9.60	
M16	—	—	8.40	9.60	
M20	—	—	8.40	9.60	
M24	—	—	—	9.60	
ボルトの埋込み長さ L(mm)	80-d	110-d	140-d	160-d	

注 1. 上図のとおりアンカーボルトが埋込まれたとき、$Fc_1 = 2.1\text{kN/cm}^2 (21\text{N/mm}^2)$, $Fc_2 = 1.8\text{kN/cm}^2 (18\text{N/mm}^2)$, W = 100 mm の場合の短期許容引抜荷重である。
2. 各寸法が上図と異なる時、或いはコンクリートの設計基準強度が異なる時などは、左記堅固な基礎の計算によるものとする。ただし、床スラブ上面に設けられるアンカーボルトは一本当り 12.0kN を超える引抜荷重は負担できないものとする。
3. L ≧ 6d とすることが望ましく、上表の一印を使用してもよい。
4. W が 15 cm 以下の箱寸法であれば、上表を使用してよい。
5. 第一種、第二種軽量コンクリートが使用される場合は、一割程度余裕ある選定を行うこと。

表 3.3（vi）あと施工接着系アンカーボルトの許容引抜荷重

設置場所	a) 堅固な基礎	b) 一般的な床スラブ上面	c) 一般的な天井スラブ下面、コンクリート壁面

a) 堅固な基礎

下記の計算式にて、ボルトの短期許容引抜荷重を求める。ただし、ボルトのせん断応力が4.4kN/cm²（SS400の場合）を超える場合には、表3.2注3によるボルトの強度検討を行い、更に、ボルトの許容引張応力を超えないことを確認する。

$$Ta = \frac{Fc}{8} \pi \cdot d_2 \cdot L \quad (3.16)$$

ここに、Ta : アンカーボルトの短期許容引抜荷重(kN)
L : アンカーボルトの埋込長さ (cm)
d_2 : コンクリートの穿孔径 (cm)
Fc : コンクリートの設計基準強度 (kN/cm²)

なお、基礎の隅角部、辺端部に打設されたアンカーボルトについては、上記(3.16)式の計算結果と下記(3.16-1)式又は(3.16-2)式のいずれかにて計算した結果とを比較し、小さい方の値を短期許容引抜荷重とする。

1) L≦C+hの場合
$$Ta = 6\pi \cdot C^2 \cdot p \quad (3.16-1)$$

2) L>C+hの場合
$$Ta = 6\pi(L-h)p \quad (3.16-2)$$

ここに、C : アンカーボルト中心より基礎辺端部までの距離(cm)
ただし、C≧4d、かつ、C−$\frac{d_2}{2}$ ≧5cmとする。

p : コンクリートの設計基準強度による補正係数
$$p = \frac{1}{6} \text{Min}\left(\frac{Fc}{30}, 0.05 + \frac{Fc}{100}\right)$$
とする。

注1. L≧6dとすることが望ましい。（d：アンカーボルトの呼称径）
2. コンクリートの設計基準強度Fcが3.0kN/cm²（30N/mm²）を超える場合は、3.0kN/cm²にて計算する。
3. コンクリートの穿孔径d_2は接着系アンカーボルトメーカーの推奨値を採用する。
4. 第一種、第二種軽量コンクリートが使用される場合は、一割程度余裕のある選定を行うこと。

b) 一般的な床スラブ上面

短期許容引抜荷重 (kN)

ボルト径 d (呼称径)	コンクリート厚さ(mm)					埋込深さ L(mm)	穿孔径 d_2(mm)
	120	150	180	200			
M10	7.60	7.60	7.60	7.60	80	13.5
M12	9.20	9.20	9.20	9.20	90	14.5
M16	—	12.0	12.0	12.0	110	20
M20	—	—	12.0	12.0	120	24
ボルトの埋込長さLの限度(mm)	100	130	160	180		

注1. 上図において、上表の埋込み長さ及び穿孔径のコンクリートの接着系アンカーボルト下が埋込まれたときの短期許容引抜荷重である。
2. コンクリートの設計基準強度 Fc は 1.8kN/cm²(18N/mm²)としている。
3. 各寸法が上図と異なる時、或いはコンクリートの設計基準強度が異なる時などは、左記堅固な基礎の計算によるものとする。ただし、床スラブ上面に設けられるアンカーボルトは一本当り、12.0kNを超え引抜荷重は負担できないものとする。
4. L≧6dとすることが望ましく、上表の一印の部分は使用しないことが望ましい。
5. 第一種、第二種軽量コンクリートが使用される場合は、一割程度余裕度ある選定を行うこと。

c) 一般的な天井スラブ下面、コンクリート壁面

長期許容引抜荷重 (kN)

ボルト径 d (呼称径)	コンクリート厚さ(mm)					埋込長さ L(mm)	穿孔径 d_2(mm)
	120	150	180	200		
M10	5.00	5.00	5.00	5.00	80	13.5
M12	6.10	6.10	6.10	6.10	90	14.5
M16	—	8.00	8.00	8.00	110	20
M20	—	—	8.00	8.00	120	24
ボルトの埋込長さLの限度(mm)	100	130	160	180		

注1. 上図において、上表の埋込み長さ及び穿孔径のコンクリートの接着系アンカーボルト下が埋込まれたときの長期許容引抜荷重である。
2. コンクリートの設計基準強度 Fc は 1.8kN/cm²(18N/mm²)としている。
3. 各寸法が上図と異なる時、或いはコンクリートの設計基準強度が異なる時などは、左記堅固な基礎の計算によるものとし、その計算結果の値を1.5で除したものを許容荷重とする。ただし、天井スラブ下面、コンクリート壁面に設けられるアンカーボルトは、一本当り 8.0kNを超え引抜荷重は負担できないものとする。
4. L≧6dとすることが望ましく、上表の一印の部分は使用しないことが望ましい。
5. 一般的な天井スラブ下面、コンクリート壁面に支持する重量物は、地震による短期引抜荷重も検討する必要がある。この短期引抜荷重については、b）項短期許容量コンクリートが使用される場合は、一割程度余裕のある選定を行うこと。
6. 第一種、第二種軽量コンクリートが使用される場合は、一割程度余裕度ある選定を行うこと。

表 3.3（vii）あと施工金属拡張アンカーボルト（おねじ形）の許容引抜荷重

設置場所	a）堅固な基礎	b）一般的な床スラブ上面	c）一般的な天井スラブ下面、コンクリート壁面

a）堅固な基礎

下記の計算式にて、ボルトの短期許容引抜荷重を求める。ただし、ボルトのせん断応力が4.4kN/cm²(SS400)の場合には、表3.2上注3により、ボルトの強度の検討を行い、更に、ボルトの許容引張応力を超えないことを確認する。

$$Ta = 6\pi \cdot L^2 \cdot p \quad (3.17)$$

ここに、Ta ：アンカーボルトの短期許容引抜荷重(kN)
L ：アンカーボルトの埋込許容長さ (cm)
（穿孔深さをとってもよい。）

$$p = \frac{1}{6} \text{Min}\left(\frac{Fc}{30}, \ 0.05 + \frac{Fc}{100}\right) \text{とする。}$$

Fc ：コンクリートの設計基準強度 (kN/cm²)
（通常は、1.8kN/cm²(18N/mm²)とする。）

ただし、L≧2c≦4d、かつ、$C - \frac{d}{2} \geq 5 \text{cm}$ とする。

$$Ta = 6\pi \cdot C^2 \cdot p$$

ここに、C ：アンカーボルト中心より基礎辺部までの距離(cm)

注 1. 第一種、第二種軽量コンクリートが使用される場合は、一割程度余裕ある選定を行うこと。

b）一般的な床スラブ上面

短期許容引抜荷重 (kN)

ボルト径 d (呼称径)	コンクリート厚さ(mm)				埋込長さ L(mm)
	120	150	180	200	
M8	3.00	3.00	3.00	3.00	40
M10	3.80	3.80	3.80	3.80	45
M12	6.70	6.70	6.70	6.70	60
M16	9.20	9.20	9.20	9.20	70
M20	12.0	12.0	12.0	12.0	90
M24	12.0	12.0	12.0	12.0	100
ボルトの埋込長さLの限度(mm)	100以下	120以下	160以下	180以下	

注 1. 上図において、上表の埋込み長さのアンカーボルトが埋込まれた時の短期許容引抜荷重である。
2. コンクリートの設計基準強度 Fc は、1.8kN/cm²(18N/mm²)としている。
3. 各寸法が上図と異なる時、或いはコンクリートの設計基準強度が異なる時などは、左記設定な基礎の計算によるものとする。ただし、床スラブ上面に設けられるアンカーボルトは、一本当り12.0kNを超える引抜荷重は負担できないものとする。
4. 押込長さが右欄以下のものは使用しないことが望ましい。
5. 第一種、第二種軽量コンクリートが使用される場合は、一割程度余裕ある選定を行うこと。

c）一般的な天井スラブ下面、コンクリート壁面

長期許容引抜荷重 (kN)

ボルト径 d (呼称径)	コンクリート厚さ(mm)				埋込長さ L(mm)
	120	150	180	200	
M8	2.00	2.00	2.00	2.00	40
M10	2.50	2.50	2.50	2.50	45
M12	4.50	4.50	4.50	4.50	60
M16	6.10	6.10	6.10	6.10	70
M20	8.00	8.00	8.00	8.00	90
M24	8.00	8.00	8.00	8.00	100
ボルトの埋込長さLの限度(mm)	100以下	120以下	160以下	180以下	

注 1. 上図において、上表の埋込み長さのアンカーボルトが埋込まれた時の長期許容引抜荷重である。
2. コンクリートの設計基準強度 Fc は、1.8kN/cm²(18N/mm²)としている。
3. 各寸法が上図と異なる時、或いはコンクリートの設計基準強度が異なる時などは、左記堅固な基礎の計算により行い、その計算結果の値を1.5で除したものを許容引抜荷重とする。ただし、天井スラブ下面、コンクリート壁面に設けられるアンカーボルトは、一本当り8.0kNを超る引抜荷重は負担できないものとする。
4. 押込長さが右欄以下のものは使用しないことが望ましい。
5. 一般的な天井スラブ下面のもの、コンクリート壁面に支点をとった重量物は、地震による短期引抜荷重も検討する必要がある。この短期引抜荷重に対しては、b）項短期許容引抜荷重について検討を行うこと。
6. 第一種、第二種軽量コンクリートが使用される場合は、一割程度余裕ある選定を行うこと。

第8章 付　表

表 3.3 (viii) あと施工金属拡張アンカーボルト（めねじ形）の許容引抜荷重

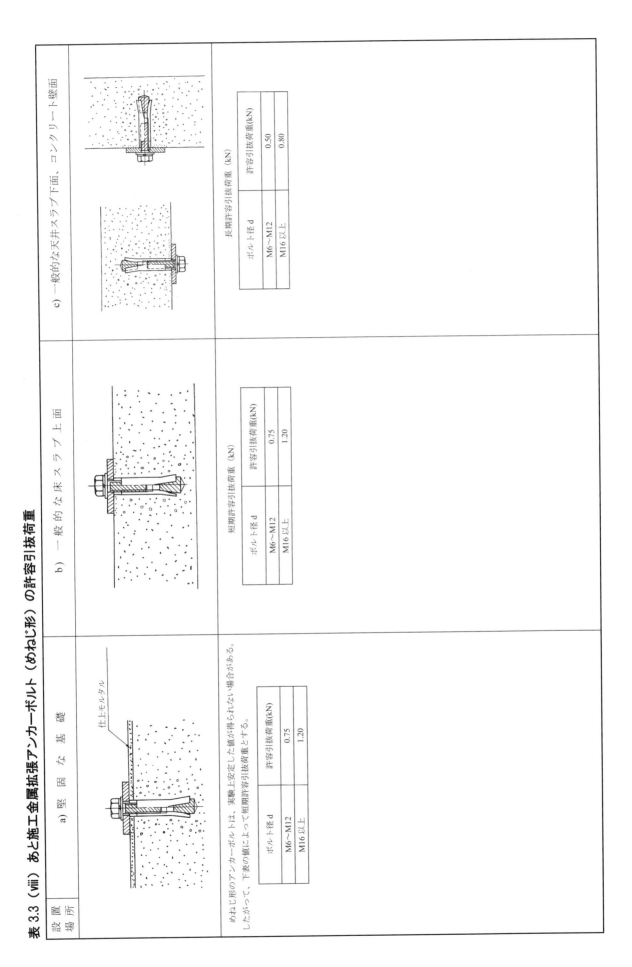

設置場所	a) 堅固な基礎	b) 一般的な床スラブ上面	c) 一般的な天井スラブ下面、コンクリート壁面

a) 堅固な基礎

ボルト径 d	許容引抜荷重(kN)
M6～M12	0.75
M16 以上	1.20

めねじ形のアンカーボルトは、実験上安定した値が得られない場合がある。したがって、下表の値によって短期許容引抜荷重とする。

b) 一般的な床スラブ上面

短期許容引抜荷重 (kN)

ボルト径 d	許容引抜荷重(kN)
M6～M12	0.75
M16 以上	1.20

c) 一般的な天井スラブ下面、コンクリート壁面

長期許容引抜荷重 (kN)

ボルト径 d	許容引抜荷重(kN)
M6～M12	0.50
M16 以上	0.80

表 3.3 (ix) 鋼製インサートの許容引抜荷重（参考）

設置場所	a) 堅固な基礎	b) 一般的な床スラブ上面	c) 一般的な天井スラブ下面、コンクリート壁面
通常はこのような場所には用いない。	通常は用いない。	通常は、このような場所には用いない。	インサートの許容引抜荷重は、次式の値としてよい。 $T_a = 6\pi \cdot L(L+B') \cdot p$ (3.18) $T_a' = 4\pi \cdot L(L+B') \cdot p$ (3.19) ここに、T_a：アンカーボルトなどの短期許容引抜荷重 (kN) T_a'：アンカーボルトなどの長期許容引抜荷重 (kN) L：インサートの有効埋込長さ (cm) B'：インサートの底面等価径 （インサート底面積 $A_h(cm^2)$ と等しい面積を有する円の直径 すなわち $B' = 2\sqrt{\dfrac{A_h}{\pi}}$） p：コンクリートの設計基準強度による補正係数 $p = \dfrac{1}{6} \text{Min}\left(\dfrac{F_c}{30},\ 0.05 + \dfrac{F_c}{100}\right)$ とする。 F_c：コンクリートの設計基準強度 (kN/cm²) とする。 （通常は、1.8kN/cm²(18N/mm²)とする。） ただし、インサート金物自体の引張破壊強度が、短期許容引抜荷重の3倍を有すること。 注 第一種、第二種軽量コンクリートが使用される場合は、一割程度の裕度ある選定を行うこと。

短期許容引抜荷重

ボルト径 d (呼称径)	許容引抜荷重(kN)	インサート寸法 L(mm)	インサート寸法 B'(mm)
M10	3.00	28	28
M12	6.60	45	33
M16	9.80	56	37

注1. 上表は、表示の寸法のインサートの場合の短期許容引抜荷重である。
2. コンクリートの設計基準強度 Fc は、1.8kN/cm²(18N/mm²)としている。
3. 天井スラブ下面、コンクリート壁面は負担できないものとし一本当り12.0kNを超す引抜荷重は負担できないものとする。

長期許容引抜荷重

ボルト径 d (呼称径)	許容引抜荷重(kN)	インサート寸法 L(mm)	インサート寸法 B'(mm)
M10	2.00	28	28
M12	4.40	45	33
M16	6.50	56	37

注1. 上表は、表示の寸法のインサートの場合の長期許容引抜荷重である。
2. コンクリートの設計基準強度 Fc は、1.8kN/cm²(18N/mm²)としている。
3. 天井スラブ下面、コンクリート壁面は負担できないものとし一本当り8.0kNを超す引抜荷重は負担できないものとする。

表 3.3 (x) いものインサートの許容引抜荷重（参考）

設置場所	a) 堅固な基礎	b) 一般的な床スラブ上面	c) 一般的な天井スラブ下面、コンクリート壁面
通常は、このような場所には用いない。	通常は、このような場所には用いない。		インサートの許容引抜荷重は、次式の値としてよい。 $Ta = 6\pi \cdot L(L+B') \cdot p$ (3.18) $Ta' = 4\pi \cdot L(L+B') \cdot p$ (3.19) ここに、Ta ：アンカーボルトなどの短期許容引抜荷重 (kN) Ta' ：アンカーボルトなどの長期許容引抜荷重 (kN) L ：インサートの有効埋込長さ (cm) B' ：インサートの底面等価径 (cm) （インサート底面積 Ah(㎠)と等しい面積を有する円の直径）すなわち $B' = 2\sqrt{\dfrac{Ah}{\pi}}$ p ：コンクリートの設計基準強度による補正係数 $p = \dfrac{1}{6} \text{Min}\left(\dfrac{Fc}{30},\ 0.05 + \dfrac{Fc}{100}\right)$ とする。 Fc ：コンクリートの設計基準強度 (kN/㎠)（通常は、1.8kN/㎠(18N/mm²)とする。） ただし、インサート金物自体の引張破壊強度は、短期許容引抜荷重の3倍を有すること。 注 第一種、第二種軽量コンクリートが使用される場合は、一割程度の裕度ある選定を行うこと。

短期許容引抜荷重

ボルト径 d (呼称径)	許容引抜荷重 (kN)	インサート寸法 L(mm)	B'(mm)
M10	1.50	20	21
M12	2.00	22	27
M16	2.80	25	35

注1. 上表は、表示の寸法のインサートの場合の短期許容引抜荷重である。
2. コンクリートの設計基準強度 Fc は、1.8kN/㎠(18N/mm²)としている。
3. 天井スラブ下面、コンクリート壁面に設けられるインサートは本当り 12.0kN を超す引抜荷重は負担できないものとする。

長期許容引抜荷重

ボルト径 d (呼称径)	許容引抜荷重 (kN)	インサート寸法 L(mm)	B'(mm)
M10	1.00	20	21
M12	1.35	22	27
M16	1.90	25	35

注1. 上表は、表示の寸法のインサートの場合の長期許容引抜荷重である。
2. コンクリートの設計基準強度 Fc は、1.8kN/㎠(18N/mm²)としている。
3. 天井スラブ下面、コンクリート壁面に設けられるインサートは本当り 8.0kN を超す引抜荷重は負担できないものとする。

表 3.3（xi）ラフコンクリートに設けるアンカーボルトなどの許容引抜荷重

設置場所	ラフコンクリート面
1. ラフコンクリート面には、原則として機器用のアンカーボルトを設けることは避ける。 　特に、重量の大きい機器用には、設けてはならない。 （注）1．ラフコンクリートとは、機械室床の上に打設されるピット築造のために増打ちされるコンクリートで構造用としての強度を期待しないもので俗にシンダーコンクリートなどとも呼ばれる。 2. やむを得ず、軽量機器用として設ける場合は、次のとおりとする。 　ⅰ）ラフコンクリートの設計基準強度は、$1.0\mathrm{kN/cm^2}$（$10\mathrm{N/mm^2}$）を超えることは期待できないものとする。 　ⅱ）各種アンカーボルトの許容引抜荷重は、表3.3（ⅰ）～（ⅶ）において使用しているコンクリートの設計基準強度を$1.0\mathrm{kN/cm^2}$（$10\mathrm{N/mm^2}$）として計算する。	

3.3.2～3.3.3　（略）

3.3.4　アンカーボルトなどの打設間隔

（ⅰ）打設間隔の標準

スラブなどに設けるアンカーボルトなどの打設間隔は、アンカーボルトなどの種類により、表3.4によることを標準とする。

表 3.4　標準打設間隔

アンカーボルトの種類	標準打設間隔
埋込式L形、LA形アンカーボルト あと施工接着系アンカーボルト	10d 以上 　d：アンカーボルトの呼称径
埋込式J形、JA形、ヘッド付ボルト あと施工金属拡張アンカーボルト（おねじ形）	2L 以上 　L：アンカーボルト埋込長さ
箱抜きアンカーボルト	箱外間寸法（A）10cm 以上

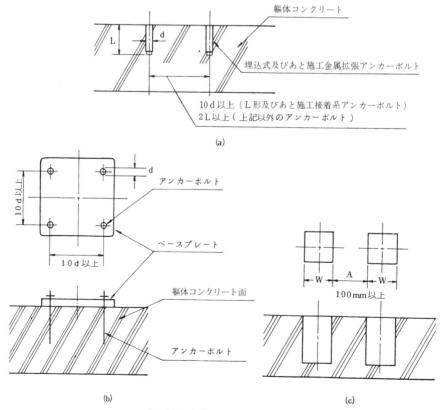

図 3.5　打設間隔の説明図

（ⅱ） 打設間隔の短縮

標準の打設間隔を下回る間隔で打設するような場合は、アンカーボルト1本当りの許容引抜荷重を低減させる。

この場合の許容引抜荷重は、ボルトの種類から得られた値に、表3.5（ⅰ）～（ⅲ）に示す低減率を乗じた値とする。（図3.6参照）

表3.5（ⅰ） 埋込式L形、LA形アンカーボルト、あと施工接着系アンカーボルトの打設間隔による許容引抜荷重の低減率

アンカーボルトの本数	低減率（η）
2本	$\dfrac{1}{100}\left(2\cdot\dfrac{P}{d}+80\right)$
3又は4本	$\dfrac{1}{100}\left(6\cdot\dfrac{P}{d}+40\right)$

（注）1．P：アンカーボルトの打設間隔
　　　　d：アンカーボルトの呼称径
　　　2．$10d \geqq P \geqq 5d$ とする。

表3.5（ⅱ） 埋込式J形、JA形アンカーボルト、ヘッド付ボルト及びあと施工金属拡張アンカーボルトの打設間隔による許容引抜荷重の低減率

アンカーボルトの本数	低減率（η）
2本	$\dfrac{1}{10}\left(2.5\cdot\dfrac{P}{L}+5\right)$
3又は4本	$\dfrac{1}{10}\left(5\cdot\dfrac{P}{L}\right)$

（注）1．P：アンカーボルトの打設間隔
　　　　L：アンカーボルトの埋込長さ
　　　2．$2L \geqq P \geqq L$ とする。

表3.5（ⅲ） 箱抜きアンカーボルトの箱外間寸法による許容引抜荷重の低減率

アンカーボルトの本数	低減率（η）
2本	$\dfrac{A}{10}$
4本	

（注）1．A：箱抜式アンカーボルトの箱外間寸法(cm)
　　　2．$10\text{cm} > A \geqq 5\text{cm}$ とする。

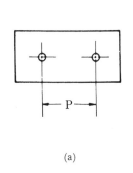
(a)

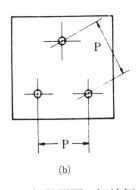
(b)

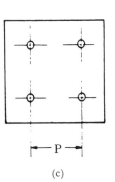
(c)

図3.6 打設間隔の短縮例

3.3.5　床上基礎の隅角部、辺部に打設されたアンカーボルトなどの許容せん断力

隅角部、辺部に打設されたアンカーボルトで、アンカーボルト中心より辺部までの距離Cが小さい場合、許容せん断力は制約を受ける。このような場合の取扱いを表 3.6 に示す。

表 3.6　基礎の隅角部、辺部に打設されたアンカーボルトなどのせん断力

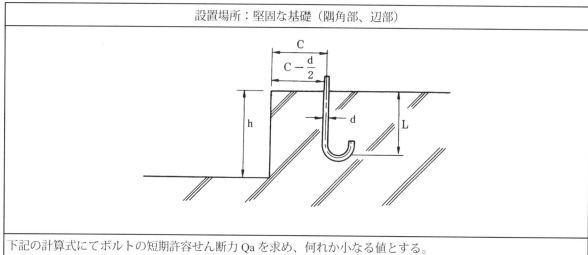

設置場所：堅固な基礎（隅角部、辺部）

下記の計算式にてボルトの短期許容せん断力 Qa を求め、何れか小なる値とする。

$$Qa = \frac{\pi}{4} \cdot d^2 \cdot fs \tag{3.20}$$

$$Qa = 3\pi \cdot C(C+d) \cdot p \tag{3.21}$$

ここに、d：アンカーボルトの呼称径（cm）

　　　　fs：せん断のみを受けるアンカーボルトの許容せん断応力（SS400 の場合、fs＝10.2kN/cm²）

　　　　C：アンカーボルト中心より基礎辺部までの距離（cm）（ただし、$C - \frac{d}{2} \geq 5cm$ とする。）

　　　　p：コンクリートの設計基準強度による補正係数

$$p = \frac{1}{6} \text{Min} \left(\frac{Fc}{30}, 0.05 + \frac{Fc}{100} \right)$$

　　　　　とする。

　　　　Fc：コンクリートの設計基準強度（kN/cm²）（通常は 1.8kN/cm²（18N/mm²）とする。）

注1.　L≧6d とする。（d：アンカーボルトの呼称径）
　2.　h≧C とする。なお、h＜C の場合は（3.20）式によってよい。
　3.　第一種、第二種軽量コンクリートが使用されている場合は、一割程度裕度ある選定を行うこと。

3.3.6　その他有効なアンカーボルトなど

アンカーボルトの種類として、表 3.3.（ⅰ）〜（ⅹ）にその具体的な例を示した。

これらの他に有効な方式として、図 3.7 に示すような例があり、これらのアンカーボルトの許容引抜荷重は、埋込式ヘッド付アンカーボルトと同等以上の許容引抜荷重が期待できる。

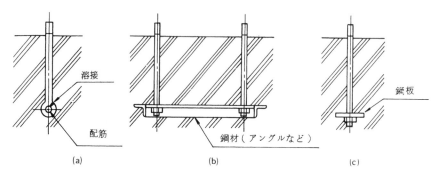

図 3.7　有効なアンカーボルトの例

3.3.7 その他の留意事項

（イ）L形ボルトについて

　L形ボルトは付着力によって強度が定まっている。常時振動が予想される場所に使用する際は付着力が長年のうちに弱まる可能性もあるので、留意してより安全な値を採用することが望ましい。

（ロ）　天井スラブ或いは壁などに重量物を吊下げて支持する場合アンカーボルトなどの強度検討のみでなく、その重量について、建築設計者と協議・確認することが望ましい。

付表2　配管用耐震支持部材選定表および組立要領図の例

付表 2.1　横引配管用 A 種耐震支持材部材選定表の例（付表 2.1-1 〜付表 2.1-8）……………… 141

付表 2.2　横引配管用 S_A 種耐震支持材部材選定表の例（付表 2.2-1 〜付表 2.2-8）……………… 152

付表 2.3　横引配管用自重支持材部材選定表の例（付表 2.3）…………………………………… 163

付表 2.4　横引配管用 S_A および A 種耐震支持材組立要領図の例（付表 2.4-1 〜付表 2.4-8）… 164

付表 2.5　横引配管用自重支持材組立要領図の例（付表 2.5）…………………………………… 177

付表 2.6　立て配管用耐震支持材部材選定表の例（付表 2.6-1 〜付表 2.6-4）………………… 178

付表 2.7　立て配管用耐震支持材組立要領図の例（付表 2.7-1 〜付表 2.7-2）………………… 182

使用鋼材は SS400 とし、アンカーボルトは付表 1 による。

付表 2.1　横引配管用 A 種耐震支持材部材選定表の例

付表 2.1-1　横引配管用 A 種耐震支持材部材選定表の例（No.1）

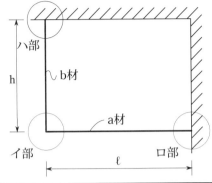

注）1）*1 の配管重量（P）は地震時に耐震支持材が受け持つ配管重量を示す。すなわち、耐震支持材にはさまれた部分の配管重量とする。
2）躯体取付けアンカーの種類と埋込深さ（下記以上とする）
(i) あと施工金属拡張アンカー　(ii) あと施工接着系アンカー
　　（おねじ形）（M）　　　　　　　（CM）
M8 ：40mm　M16：70mm　　　CM12 ：90mm
M10：45mm　M20：90mm　　　CM16 ：110mm
M12：60mm

配管重量 P*1 (kN)	サポート幅 ℓ (mm)	部材仕様 a 材	吊り長さ h (mm)	部材仕様 b 材	接合ボルトサイズ	躯体取付けアンカー a 材 柱固定	躯体取付けアンカー a 材 壁固定	躯体取付けアンカー b 材 はり固定	躯体取付けアンカー b 材 スラブ固定	部分詳細図 No.（付表 2.4-1）はり固定	部分詳細図 No.（付表 2.4-1）スラブ固定
2.5	500	L-40×40×3	500	M8 丸鋼	—	M8	M8	M8	M8		イ部：1-イ-1 ロ部：1-ロ-2 ハ部：1-ハ-3
	1000	L-40×40×5	1000								
5	500	L-40×40×5	500	M8 丸鋼	—	M8	M8	M8	M8		
	1000	L-50×50×6	1000								
10	500	L-50×50×6	500	M8 丸鋼	M10	M10	2-M12	M8	2-M8	イ部：1-イ-1 ロ部：1-ロ-1 ハ部：1-ハ-1	
	1000	L-65×65×6	1000								
	1500	L-75×75×6	1500								
	2000	L-75×75×9	2000								
	2500	[-75×40×5×7	2500								
15	500	L-60×60×5	500	M8 丸鋼	M12	M12	2-M12	M10	2-M8		
	1000	L-75×75×6	1000								
	1500	L-75×75×9	1500								
	2000	[-75×40×5×7	2000								
	2500	[-100×50×5×7.5	2500								
20	1000	L-75×75×9	1000	M8 丸鋼	M16	M16	2-M16	M10	2-M12		イ部：1-イ-1 ロ部：1-ロ-3 ハ部：1-ハ-4
	1500	[-75×40×5×7	1500								
	2000	[-100×50×5×7.5	2000								
	2500	[-100×50×5×7.5	2500								
25	1000	[-75×40×5×7	1000	M10 丸鋼	M16	M16	2-M16	M12	2-M12		
	1500	[-75×40×5×7	1500								
	2000	[-100×50×5×7.5	2000								
	2500	[-125×65×6×8	2500								
30	1500	[-100×50×5×7.5	1500	M10 丸鋼	M16	M16	2-CM12	2-M10	2-M12		
	2000	[-100×50×5×7.5	2000								
	2500	[-125×65×6×8	2500								
40	1500	[-100×50×5×7.5	1500	M12 丸鋼	M20	2-M16	2-CM16	2-M12	2-M16	イ部：1-イ-1 ロ部：1-ロ-1 ハ部：1-ハ-2	
	2000	[-125×65×6×8	2000								
	2500	[-125×65×6×8	2500								
50	2000	[-125×65×6×8	2000	M12 丸鋼	M20	2-M16	3-CM16	2-M12	2-CM16		
	2500	[-150×75×6.5×10	2500								
60	2500	[-150×75×6.5×10	2500	M16 丸鋼	M22	2-M16	3-CM16	2-M12	2-CM16		

付表 2.1-2 横引配管用 A 種耐震支持材部材選定表の例 (No.2)

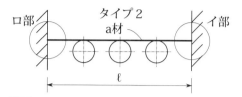

注）1）*1 の配管重量（P）は地震時に耐震支持材が受け持つ配管重量を示す。すなわち、耐震支持材にはさまれた部分の配管重量とする。
2）躯体取付けアンカーの種類と埋込深さ（下記以上とする）
（ⅰ）あと施工金属拡張アンカー (おねじ形)(M)
M8 ：40mm　M16 ：70mm
M10 ：45mm　M20 ：90mm
M12 ：60mm

配管重量 P*1 (kN)	サポート幅 ℓ (mm)	部材仕様 a材	接合ボルトサイズ タイプ1	接合ボルトサイズ タイプ2	躯体取付け アンカー 柱固定	躯体取付け アンカー 壁固定	部分詳細図 No.（付表 2.4-2） 柱―柱固定	部分詳細図 No.（付表 2.4-2） 柱―壁固定	部分詳細図 No.（付表 2.4-2） 壁―壁固定
2.5	500	L-40 × 40 × 3	M8	M8	M8	M8		イ部：2-イ-1 ロ部：2-ロ-1	タイプ1 イ部：2-イ-1 ロ部：2-ロ-2
	1000	L-40 × 40 × 5							
5	500	L-40 × 40 × 5	M8	M8	M8	M8			タイプ2 イ部：2-イ-1 ロ部：2-ロ-3
	1000	L-50 × 50 × 6							
10	500	L-50 × 50 × 6	M8	M8	M12	2-M8			
	1000	L-65 × 65 × 6							
	1500	L-75 × 75 × 6							
	2000	L-75 × 75 × 9							
	2500	[-75 × 40 × 5 × 7							
15	500	L-60 × 60 × 5	M10	M8	M16	2-M10	イ部：、ロ部： とも 2-ロ-1		
	1000	L-75 × 75 × 6							
	1500	L-75 × 75 × 9							
	2000	[-75 × 40 × 5 × 7							
	2500	[-100 × 50 × 5 × 7.5							
20	1000	L-75 × 75 × 9	M12	M10	M16	2-M12		タイプ1 イ部：2-イ-2 ロ部：2-ロ-1	タイプ1 イ部：2-イ-2 ロ部：2-ロ-2
	1500	[-75 × 40 × 5 × 7							
	2000	[-100 × 50 × 5 × 7.5							
	2500	[-100 × 50 × 5 × 7.5							
25	1000	[-75 × 40 × 5 × 7	M12	M10	M16	2-M12		タイプ2 イ部：2-イ-3 ロ部：2-ロ-1	タイプ2 イ部：2-イ-3 ロ部：2-ロ-3
	1500	[-75 × 40 × 5 × 7							
	2500	[-100 × 50 × 5 × 7.5							
	2500	[-125 × 65 × 6 × 8							
30	1500	[-100 × 50 × 5 × 7.5	M16	M12	M16	2-M16			
	2000	[-100 × 50 × 5 × 7.5							
	2500	[-125 × 65 × 6 × 8							
40	1500	[-100 × 50 × 5 × 7.5	M16	M16	2-M16	2-M16			
	2000	[-125 × 65 × 6 × 8							
	2500	[-125 × 65 × 6 × 8							
50	2000	[-125 × 65 × 6 × 8	M20	Ml6	2-M16	2-M16			
	2500	[-150 × 75 × 6.5 × 10							
60	2500	[-150 × 75 × 6.5 × 10	M20	M16	2-M16	2-M20			

付表 2.1-3 横引配管用 A 種耐震支持材部材選定表の例（No.3）

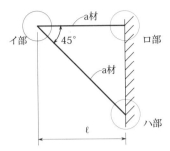

注）1）*1の配管重量（P）は地震時に耐震支持材が受け持つ配管重量を示す。すなわち、耐震支持材にはさまれた部分の配管重量とする。
2）躯体取付けアンカーの種類と埋込深さ（下記以上とする）
（ⅰ）あと施工金属拡張アンカー （ⅱ）あと施工接着系アンカー（CM）
（おねじ形）（M）　　　　　　CM12：90mm
M8 ：40mm　M12：60mm　CM16：110mm
M10：45mm　M16：70mm

配管重量 $P*1$ (kN)	サポート幅 ℓ (mm)	部材仕様 a材	躯体取付けアンカー		部分詳細図 No.（付表 2.4-3）	
			柱固定	壁固定	柱固定	壁固定
2.5	500	L-40×40×3	M8	M8		
	1000	L-40×40×5				
5	500	L-40×40×5	M8	M12		
	1000	L-50×50×6				
10	500	L-50×50×6	M12	CM12		
	1000	L-65×65×6			イ部：3-イ-1	イ部：3-イ-1
	1500	L-75×75×6			ロ部：3-ロ-1	ロ部：3-ロ-2
15	500	L-60×60×5	2-M10	2-M16	ハ部：3-ハ-1	ハ部：3-ハ-2
	1000	L-75×75×6				
	1500	L-90×90×7				
20	1000	L-75×75×9	2-M12	2-CM12		
	1500	L-90×90×7				
25	1000	L-100×100×7	2-M16	2-CM16		
	1500	L-100×100×10				

付表 2.1-4 横引配管用 A 種耐震支持材部材選定表の例（No.4）

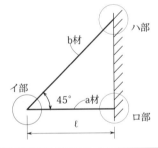

注）1）*1の配管重量（P）は地震時に耐震支持材が受け持つ配管重量を示す。すなわち、耐震支持材にはさまれた部分の配管重量とする。
2）躯体取付けアンカーの種類と埋込深さ（下記以上とする）
（ⅰ）あと施工金属拡張アンカー（おねじ形）（M）
M8 ：40mm　　M12：60mm
M10：45mm

配管重量 $P*1$ (kN)	サポート幅 ℓ (mm)	部材仕様		接合ボルトサイズ	躯体取付けアンカー		部分詳細図 No.（付表 2.4-4）	
		a材	b材		柱固定	壁固定	柱固定	壁固定
2.5	500	L-40×40×3	M8 丸鋼	―	M8	M8		
	1000	L-40×40×5					イ部：4-イ-1	イ部：4-イ-1
5	500	L-40×40×5	M8 丸鋼	―	M8	M8	ロ部：4-ロ-1	ロ部：4-ロ-2
	1000	L-50×50×6					ハ部：4-ハ-2	ハ部：4-ハ-1
10	500	L-50×50×6	M8 丸鋼	―	M10	M10		
	1000	L-65×65×6						
	1500	L-75×75×6						
15	500	L-60×60×5	M8 丸鋼	M10	2-M10	2-M10	イ部：4-イ-1	イ部：4-イ-1
	1000	L-75×75×6					ロ部：4-ロ-1	ロ部：4-ロ-3
	1500	L-90×90×7					ハ部：4-ハ-4	ハ部：4-ハ-3
20	1000	L-75×75×9	M10 丸鋼	M12	2-M10	2-M12		
	1500	L-100×100×7						
25	1000	L-90×90×7	M10 丸鋼	M12	2-M10	2-M12		
	1500	L-100×100×10						

付表 2.1-5 横引配管用 A 種耐震支持材部材選定表の例（No.5）

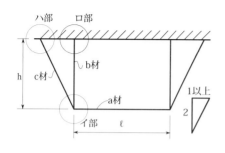

注）1）*1 の配管重量（P）は地震時に耐震支持材が受け持つ配管重量を示す。すなわち、耐震支持材にはさまれた部分の配管重量とする。

2）躯体取付けアンカーの種類と埋込深さ（下記以上とする）

（ⅰ）あと施工金属拡張アンカー（おねじ形）（M）
M8：40mm　M16：70mm
M10：45mm　M20：90mm
M12：60mm

（ⅱ）あと施工接着系アンカー（CM）
CM12：90mm
CM16：110mm

配管重量 P*1 (kN)	サポート幅 ℓ (mm)	部材仕様 a材	吊り長さ h (mm)	部材仕様 b材	部材仕様 c材	接合ボルトサイズ	躯体取付けアンカー はり固定	躯体取付けアンカー スラブ固定	部分詳細図 No.（付表 2.4-5）はり固定	部分詳細図 No.（付表 2.4-5）スラブ固定
2.5	500	L-40×40×3	500	L-40×40×3	M8丸鋼	M8	M8	M8		イ部：5-イ-2 ロ部：5-ロ-2 ハ部：5-ハ-2
	1000	L-40×40×5	1000	L-40×40×3						
	1500	−	1500	L-40×40×3						
	2000	−	2000	L-40×40×3						
	2500	−	2500	L-40×40×3						
5	500	L-40×40×5	500	L-40×40×3	M8丸鋼	M10	M10	2-M8		
	1000	L-50×50×6	1000	L-40×40×3						
	1500	−	1500	L-40×40×3						
	2000	−	2000	L-40×40×3						
	2500	−	2500	L-40×40×5						
10	500	L-50×50×6	500	L-45×45×4	M10丸鋼	M16	2-M10	2-M12	イ部：5-イ-1 ロ部：5-ロ-1 ハ部：5-ハ-1	イ部：5-イ-2 ロ部：5-ロ-3 ハ部：5-ハ-3
	1000	L-65×65×6	1000	L-45×45×4						
	1500	L-75×75×6	1500	L-45×45×4						
	2000	L-75×75×9	2000	L-45×45×4						
	2500	L-90×90×7	2500	L-50×50×6						
15	500	L-60×60×5	500	L-60×60×4	M12丸鋼	M16	M16	2-CM12		
	1000	L-75×75×6	1000	L-60×60×4						
	1500	L-75×75×9	1500	L-60×60×4						
	2000	L-90×90×10	2000	L-60×60×4						
	2500	[-100×50×5×7.5	2500	L-60×60×4						
20	500	−	500	L-60×60×4	M16丸鋼	M16	2-M16	3-CM12		イ部：5-イ-1 ロ部：5-ロ-3 ハ部：5-ハ-3
	1000	L-75×75×9	1000	L-60×60×4						
	1500	L-90×90×10	1500	L-60×60×4						
	2000	[-100×50×5×7.5	2000	L-60×60×4						
	2500	[-100×50×5×7.5	2500	L-65×65×6						

付表 2.1-5 (No.5 のつづき)

配管重量 P*1 (kN)	サポート幅 ℓ (mm)	部材仕様 a材	吊り長さ h (mm)	部材仕様 b材	部材仕様 c材	接合ボルトサイズ	躯体取付けアンカー はり固定	躯体取付けアンカー スラブ固定	部分詳細図 No.（付表 2.4-5）はり固定	部分詳細図 No.（付表 2.4-5）スラブ固定
25	500	－	500	L-65×65×6	M16 丸鋼	M20	2-M16	3-CM12	イ部：5-イ-1 ロ部：5-ロ-1 ハ部：5-ハ-4	イ部：5-イ-1 ロ部：5-ロ-3 ハ部：5-ハ-3
	1000	L-90×90×7	1000	L-65×65×6						
	1500	[-75×40×5×7	1500	L-65×65×6						
	2000	[-100×50×5×7.5	2000	L-65×65×6						
	2500	[-125×65×6×8	2500	L-65×65×6						
30	500	－	500	L-65×65×6	FB-6×65	M20	2-M16	3-CM16	イ部：5-イ-3 ロ部：5-ロ-1 ハ部：5-ハ-5	イ部：5-イ-3 ロ部：5-ロ-3 ハ部：5-ハ-7
	1000	－	1000	L-65×65×6						
	1500	[-100×50×5×7.5	1500	L-65×65×6						
	2000	[-100×50×5×7.5	2000	L-65×65×6						
	2500	[-125×65×6×8	2500	L-65×65×8						
40	500	－	500	L-60×60×4	FB-6×65	2-M16	4-M16	－		
	1000	－	1000	L-60×60×4						
	1500	[-100×50×5×7.5	1500	L-60×60×5						
	2000	[-125×65×6×8	2000	L-65×65×6						
	2500	[-125×65×6×8	2500	L-75×75×6						
50	500	－	500	L-65×65×6	L-65×65×6	2-M20	4-M16	－	イ部：5-イ-4 ロ部：5-ロ-4 ハ部：5-ハ-6	－
	1000	－	1000	L-65×65×6						
	1500	－	1500	L-65×65×6						
	2000	[-125×65×6×8	2000	L-65×65×8						
	2500	[-150×75×6.5×10	2500	L-75×75×9						
60	500	－	500	L-65×65×6	L-65×65×6	2-M20	4-M16	－		
	1000	－	1000	L-65×65×6						
	1500	－	1500	L-65×65×6						
	2000	－	2000	L-75×75×6						
	2500	[-150×75×6.5×10	2500	L-75×75×9						

付表 2.1-6 横引配管用 A 種耐震支持材部材選定表の例（No.6）

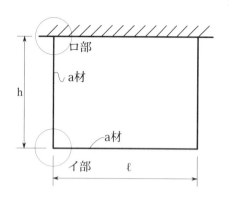

注）1）*1 の配管重量（P）は地震時に耐震支持材が受け持つ配管重量を示す。すなわち、耐震支持材にはさまれた部分の配管重量とする。

2）躯体取付けアンカーの種類と埋込深さ（下記以上とする）

（ⅰ）あと施工金属拡張アンカー　（ⅱ）あと施工接着系アンカー（CM）
　　（おねじ形）（M）

M8　：40mm　M16：70mm　　CM10：80mm
M10：45mm　M20：90mm　　CM12：90mm
M12：60mm　　　　　　　　CM16：110mm

3）部分詳細図 NO. 付表 2.4-6 は下記による。

はり固定：イ部：6-イ-1　　口部：6-ロ-1 又は 6-ロ-3
スラブ固定：イ部：6-イ-1　　口部：6-ロ-2

配管重量 P*1 (kN)	支持材寸法 (mm) ℓ	h	部材仕様 a材	躯体取付けアンカー スラブ固定	はり固定	配管重量 P*1 (kN)	支持材寸法 (mm) ℓ	h	部材仕様 a材	躯体取付けアンカー スラブ固定	はり固定
2.5	500	500	L-40×40×5	M8	M8	10	1500	2000	[-100×50×5×7.5	2-CM10	M16
		1000	L-50×50×6	M10	M8			2500	[-125×65×6×8	2-M16	M16
		1500	L-65×65×6	M12	M10		2000	500	[-75×40×5×7	2-M8	M10
		2000	L-70×70×6	M16	M10			1000	[-75×40×5×7	2-M8	M10
		2500	[-75×40×5×7	2-CM10	M12			1500	[-100×50×5×7.5	2-M10	M12
	1000	500	L-50×50×4	M8	M8			2000	[-100×50×5×7.5	2-M12	M12
		1000	L-60×60×5	M8	M8			2500	[-125×65×6×8	2-M12	M16
		1500	L-65×65×6	M8	M8		2500	500	[-75×40×5×7	M10	M10
		2000	L-70×70×6	M10	M8			1000	[-100×50×5×7.5	2-M10	M10
		2500	[-75×40×5×7	2-M8	M8			1500	[-100×50×5×7.5	2-M10	M12
5	500	500	L-60×60×5	M12	M10			2000	[-100×50×5×7.5	2-M10	M12
		1000	L-70×70×6	M16	M12			2500	[-125×65×6×8	2-M12	M12
		1500	[-75×40×5×7	2-CM10	M16	15	500	500	[-75×40×5×7	2-CM10	M16
		2000	[-75×40×5×7	2-CM12	M16			1000	[-100×50×5×7.5	3-CM12	2-M16
		2500	[-100×50×5×7.5	2-CM12	M16			1500	[-100×50×5×7.5	—	2-M16
	1000	500	L-60×60×5	M8	M8			2000	[-125×65×6×8	—	2-M16
		1000	L-75×75×6	M12	M10			2500	[-125×65×6×8	—	2-M20
		1500	[-75×40×5×7	2-M10	M10		1000	500	[-75×40×5×7	2-CM10	M16
		2000	[-75×40×5×7	2-M10	M12			1000	[-100×50×5×7.5	2-CM10	M16
		2500	[-100×50×5×7.5	2-M12	M12			1500	[-100×50×5×7.5	2-CM12	M16
10	500	500	L-65×65×8	CM12	M12			2000	[-125×65×6×8	2-CM16	2-M16
		1000	[-100×50×5×7.5	2-CM12	M16			2500	[-125×65×6×8	3-CM12	2-M16
		1500	[-100×50×5×7.5	3-CM12	2-M16		1500	500	[-75×40×5×7	2-M10	M12
		2000	[-100×50×5×7.5	3-CM12	2-M16			1000	[-100×50×5×7.5	2-M12	M12
		2500	[-125×65×6×8	—	2-M16			1500	[-100×50×5×7.5	2-CM10	M16
	1000	500	[-75×40×5×7	M12	M10			2000	[-125×65×6×8	2-M16	M16
		1000	[-75×40×5×7	2-CM10	M12			2500	[-125×65×6×8	2-CM16	M16
		1500	[-100×50×5×7.5	2-CM12	M16		2000	500	[-75×40×5×7	2-M10	M12
		2000	[-100×50×5×7.5	2-CM12	M16			1000	[-100×50×5×7.5	2-M12	M12
		2500	[-125×65×6×8	2-CM12	M16			1500	[-100×50×5×7.5	2-M12	M12
	1500	500	[-75×40×5×7	2-M8	M10			2000	[-125×65×6×8	2-M16	M16
		1000	[-75×40×5×7	2-M10	M12			2500	[-125×65×6×8	2-M16	M16
		1500	[-100×50×5×7.5	2-M12	M12		2500	500	[-100×50×5×7.5	2-M10	2-M10

第8章 付表

付表 2.1-6(No.6 のつづき)

配管重量 P*1 (kN)	支持材寸法 (mm) ℓ	h	部材仕様 a材	躯体取付けアンカー スラブ固定	躯体取付けアンカー はり固定	配管重量 P*1 (kN)	支持材寸法 (mm) ℓ	h	部材仕様 a材	躯体取付けアンカー スラブ固定	躯体取付けアンカー はり固定
15	2500	1000	[-100×50×5×7.5	2-M10	M12	25	2500	1000	[-125×65×6×8	2-M16	M16
		1500	[-125×65×6×8	2-M12	M16			1500	[-125×65×6×8	2-M16	M16
		2000	[-125×65×6×8	2-M12	M16			2000	[-150×75×6.5×10	2-CM12	2-M16
		2500	[-125×65×6×8	2-M16	M16			2500	[-150×75×6.5×10	2-CM16	2-M16
20	500	500	[-100×50×5×7.5	2-CM12	2-M12	30	1500	500	[-100×50×5×7.5	2-CM12	M16
		1000	[-100×50×5×7.5	3-CM16	2-M16			1000	[-125×65×6×8	2-CM12	2-M16
		1500	[-125×65×6×8	−	2-M20			1500	[-125×65×6×8	3-CM12	2-M16
		2000	[-125×65×6×8	−	2-M20			2000	[-150×75×6.5×10	3-CM16	2-M16
		2500	[-150×75×6.5×10	−	3-M20			2500	[-150×75×6.5×10	−	2-M16
	1000	500	[-75×40×5×7	2-CM10	2-M10		2000	500	[-100×50×5×7.5	2-CM12	M16
		1000	[-100×50×5×7.5	2-CM12	M16			1000	[-125×65×6×8	2-CM12	M16
		1500	[-125×65×6×8	2-CM16	2-M16			1500	[-150×75×6.5×10	2-CM16	2M16
		2000	[-125×65×6×8	3-CM16	2-M16			2000	[-150×75×6.5×10	3-CM12	2M16
		2500	[-150×75×6.5×10	3-CM16	2-M16			2500	[-150×75×6.5×10	3-CM16	2M16
	1500	500	[-75×40×5×7	2-CM10	2-M10		2500	500	[-125×65×6×8	2-M12	M16
		1000	[-100×50×5×7.5	2-CM12	M16			1000	[-125×65×6×8	2-M16	M16
		1500	[-125×65×6×8	2-CM12	M16			1500	[-150×75×6.5×10	2-CM12	2-M16
		2000	[-125×65×6×8	2-CM16	2-M16			2000	[-150×75×6.5×10	2-CMI6	2-M16
		2500	[-150×75×6.5×10	3-CM12	2-M16			2500	[-150×75×6.5×10	2-CM16	2-M16
	2000	500	[-100×75×5×7.5	2-CM10	M16	40	1500	500	[-125×65×6×8	2-CM12	2-M16
		1000	[-100×75×5×7.5	2-CM10	M16			1000	[-125×65×6×8	3-CM12	2-M16
		1500	[-125×65×6×8	2-M16	M16			1500	[-150×75×6.5×10	3-CM16	2-M16
		2000	[-125×65×6×8	2-CM12	M16			2000	[-180×75×7×10.5	−	2-M20
		2500	[-150×75×6.5×10	2-CM16	2-M16			2500	[-180×75×7×10.5	−	2-M20
	2500	500	[-100×50×5×7.5	2-M10	M16		2000	500	[-125×65×6×8	2-CM12	2-M16
		1000	[-125×65×6×8	2-M12	M16			1000	[-150×75×6.5×10	2-CM16	2-M16
		1500	[-125×65×6×8	2-M16	M16			1500	[-150×75×6.5×10	3-CM16	2-M16
		2000	[-125×65×6×8	2-M16	M16			2000	[-150×75×9×12.5	3-CM16	2-M16
		2500	[-150×75×6.5×10	2-CM12	M16			2500	[-180×75×7×10.5	−	2-M20
25	1000	500	[-100×50×5×7.5	2-CM12	M16		2500	500	[-125×65×6×8	2-M16	2-M16
		1000	[-125×65×6×8	3-CM12	2-M16			1000	[-150×75×6.5×10	3-CM12	2-M16
		1500	[-125×65×6×8	3-CM12	2-M16			1500	[-150×75×6.5×10	3-CM12	2-M16
		2000	[-150×75×6.5×10	4-CM12	2-M16			2000	[-150×75×9×12.5	3-CM16	2-M16
		2500	[-150×75×6.5×10	−	2-M20			2500	[-180×75×7×10.5	3-CM16	2-M16
	1500	500	[-100×50×5×7.5	2-CM10	M16	50	2000	500	[-125×65×6×8	2-CM16	2-M16
		1000	[-125×65×6×8	2-CM12	M16			1000	[-150×75×6.5×10	3-CM12	2-M16
		1500	[-125×65×6×8	2-CMI6	2-M16			1500	[-150×75×9×12.5	3-CM16	2-M20
		2000	[-150×75×6.5×10	3-CM12	2-M16			2000	[-180×75×7×10.5	−	2-M20
		2500	[-150×75×6.5×10	3-CM16	2-M16			2500	[-200×80×7.5×11	−	2-M20
	2000	500	[-100×50×5×7.5	2-M12	M16		2500	500	[-125×65×6×8	2-CM16	2-M16
		1000	[-125×65×6×8	2-M16	M16			1000	[-150×75×6.5×10	3-CM12	2-M16
		1500	[-125×65×6×8	2-CM12	M16			1500	[-150×75×9×12.5	3-CM16	2-M16
		2000	[-150×75×6.5×10	2-CM16	2-M16			2000	[-200×80×7.5×11	−	2-M20
		2500	[-150×75×6.5×10	3-CM12	2-M16			2500	[-200×80×7.5×11	−	2-M20
	2500	500	[-100×50×5×7.5	2-M12	M16						

付表 2.1-7 横引配管用 A 種耐震支持材部材選定表の例（No. 7）

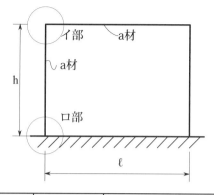

注）1）*1 の配管重量（P）は地震時に耐震支持材が受け持つ配管重量を示す。すなわち、耐震支持材にはさまれた部分の配管重量とする。

2）躯体取付けアンカーの種類と埋込深さ（下記以上とする）

（i）あと施工金属拡張アンカー　（ii）あと施工接着系アンカー（CM）
　　（おねじ形）（M）

M8 ：40mm　M12：60mm　　CM10：80mm
M10：45mm　M16：70mm　　CM12：90mm
　　　　　　　　　　　　　CM16：110mm

3）部分詳細図 NO. 付表 2.4-7 は下記による。

イ部：7-イ-1　　ロ部：7-ロ-1 又は 7-ロ-2

配管重量 P^{*1} (kN)	支持材寸法 (mm) ℓ	h	部材仕様 a材	躯体取付けアンカー	配管重量 P^{*1} (kN)	支持材寸法 (mm) ℓ	h	部材仕様 a材	躯体取付けアンカー
2.5	500	500	L-45×45×4	M8	10	1000	1500	[-100×50×5×7.5	2-M10
		1000	L-50×50×6	M8			2000	[-100×50×5×7.5	2-M12
		1500	L-65×65×6	M12			2500	[-125×65×6×8	2-CM10
		2000	[-75×40×5×7	2-M8		1500	500	[-75×40×5×7	M8
		2500	[-75×40×5×7	2-M10			1000	[-75×40×5×7	M8
	1000	500	L-50×50×4	M8			1500	[-100×50×5×7.5	M10
		1000	L-60×60×5	M8			2000	[-100×50×5×7.5	2-M8
		1500	L-65×65×6	M8			2500	[-125×65×6×8	2-M10
		2000	L-65×65×8	M8		2000	500	[-75×40×5×7	M8
		2500	[-75×40×5×7	M10			1000	[-75×40×5×7	M8
5	500	500	L-60×60×5	M8			1500	[-100×50×5×7.5	M8
		1000	L-65×65×8	M12			2000	[-100×50×5×7.5	M10
		1500	[-75×40×5×7	2-CM10			2500	[-125×65×6×8	M12
		2000	[-75×40×5×7	2-CM10		2500	500	[-75×40×5×7	M10
		2500	[-100×50×5×7.5	2-CM12			1000	[-100×50×5×7.5	M8
	1000	500	L-65×65×6	M8			1500	[-100×50×5×7.5	M8
		1000	L-65×65×8	M8			2000	[-100×50×5×7.5	M8
		1500	[-75×40×5×7	M10			2500	[-125×65×6×8	M10
		2000	[-75×40×5×7	CM10	15	500	500	[-75×40×5×7	2-M8
		2500	[-100×50×5×7.5	CM12			1000	[-100×50×5×7.5	2-CM12
10	500	500	L-65×65×8	M10			1500	[-100×50×5×7.5	3-CM12
		1000	[-75×40×5×7	2-CM10			2000	[-125×65×6×8	3-CM16
		1500	[-100×50×5×7.5	2-CM12			2500	[-150×75×6.5×10	4-CM16
		2000	[-100×50×5×7.5	3-CM12		1000	500	[-75×40×5×7	M10
		2500	[-125×65×6×8	3-CM12			1000	[-100×50×5×7.5	M12
	1000	500	[-75×40×5×7	M8			1500	[-100×50×5×7.5	2-M12
		1000	[-75×40×5×7	M10			2000	[-125×65×6×8	2-M16

付表 2.1-7(No.7 のつづき)

配管重量 P*1 (kN)	支持材寸法 ℓ (mm)	支持材寸法 h (mm)	部材仕様 a材	躯体取付けアンカー
15	1000	2500	[-125×65×6×8]	2-CM16
15	1500	500	[-75×40×5×7]	M10
15	1500	1000	[-100×50×5×7.5]	M10
15	1500	1500	[-125×65×6×8]	M12
15	1500	2000	[-125×65×6×8]	2-M12
15	1500	2500	[-125×65×6×8]	2-M12
15	2000	500	[-100×50×5×7.5]	M10
15	2000	1000	[-100×50×5×7.5]	M10
15	2000	1500	[-125×65×6×8]	M10
15	2000	2000	[-125×65×6×8]	M12
15	2000	2500	[-125×65×6×8]	2-M10
15	2500	500	[-100×50×5×7.5]	M12
15	2500	1000	[-100×50×5×7.5]	M10
15	2500	1500	[-125×65×6×8]	M10
15	2500	2000	[-125×65×6×8]	M10
15	2500	2500	[-150×75×6.5×10]	M12
20	500	500	[-75×40×5×7]	2-M10
20	500	1000	[-100×50×5×7.5]	3-CM12
20	500	1500	[-125×65×6×8]	3-CM16
20	500	2000	[-150×75×6.5×10]	4-CM16
20	500	2500	[-150×75×6.5×10]	—
20	1000	500	[-75×40×5×7]	M10
20	1000	1000	[-100×50×5×7.5]	2-M10
20	1000	1500	[-125×65×6×8]	2-M16
20	1000	2000	[-150×75×6.5×10]	2-CM16
20	1000	2500	[-150×75×6.5×10]	3-CM12
20	1500	500	[-100×50×5×7.5]	M12
20	1500	1000	[-100×50×5×7.5]	M10
20	1500	1500	[-125×65×6×8]	M16
20	1500	2000	[-125×65×6×8]	2-M12
20	1500	2500	[-150×75×6.5×10]	2-CM12
20	2000	500	[-100×50×5×7.5]	M12
20	2000	1000	[-125×65×6×8]	M12
20	2000	1500	[-125×65×6×8]	M12
20	2000	2000	[-125×65×6×8]	M16
20	2000	2500	[-150×75×6.5×10]	2-M12
20	2500	500	[-100×50×5×7.5]	M12
20	2500	1000	[-125×65×6×8]	M12
20	2500	1500	[-125×65×6×8]	M12
20	2500	2000	[-150×75×6.5×10]	M12
20	2500	2500	[-150×75×6.5×10]	M16
25	1000	500	[-100×50×5×7.5]	M12
25	1000	1000	[-125×65×6×8]	2-M12
25	1000	1500	[-125×65×6×8]	2-CM12
25	1000	2000	[-150×75×6.5×10]	2-CM16
25	1000	2500	[-150×75×6.5×10]	3-CM16
25	1500	500	[-100×50×5×7.5]	M12
25	1500	1000	[-125×65×6×8]	M16
25	1500	1500	[-125×65×6×8]	2-M12
25	1500	2000	[-150×75×6.5×10]	2-M16
25	1500	2500	[-150×75×6.5×10]	2-CM12
25	2000	500	[-125×65×6×8]	M12
25	2000	1000	[-125×65×6×8]	M12
25	2000	1500	[-125×65×6×8]	M12
25	2000	2000	[-150×75×6.5×10]	2-M12
25	2000	2500	[-150×75×6.5×10]	2-M16
25	2500	500	[-125×65×6×8]	M16
25	2500	1000	[-125×65×6×8]	2-M10
25	2500	1500	[-150×75×6.5×10]	2-M10
25	2500	2000	[-150×75×6.5×10]	2-M12
25	2500	2500	[-150×75×6.5×10]	2-M12
30	1500	500	[-125×65×6×8]	M16
30	1500	1000	[-125×65×6×8]	M12
30	1500	1500	[-150×75×6.5×10]	CM16
30	1500	2000	[-150×75×6.5×10]	2-CM12
30	1500	2500	[-150×75×9×12.5]	2-CM16
30	2000	500	[-125×65×6×8]	M16
30	2000	1000	[-125×65×6×8]	M16
30	2000	1500	[-150×75×6.5×10]	M16
30	2000	2000	[-150×75×6.5×10]	2-M12
30	2000	2500	[-150×75×9×12.5]	2-M16
30	2500	500	[-125×65×6×8]	M16
30	2500	1000	[-150×75×6.5×10]	M16
30	2500	1500	[-150×75×6.5×10]	M16
30	2500	2000	[-150×75×6.5×10]	2-M12
30	2500	2500	[-150×75×9×12.5]	2-M16

付表 2.1-8 横引配管用 A 種耐震支持材部材選定表の例（No.8）

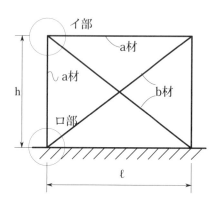

注）1）*1 の配管重量（P）は地震時に耐震支持材が受け持つ配管重量を示す。すなわち、耐震支持材にはさまれた部分の配管重量とする。

2）躯体取付けアンカーの種類と埋込深さ（下記以上とする）
（i）あと施工金属拡張アンカー　（ii）あと施工接着系アンカー（CM）
（おねじ形）（M）　　　　　　　CM12：90mm

M8 ：40mm　M16：70mm
M10：45mm　M20：90mm
M12：60mm

3）部分詳細図 NO. 付表 2.4-8 は下記による。

i）b 材が丸鋼の場合　　　　　ii）b 材が平鋼（FB）の場合
イ部：8-イ-1　　　　　　　　　イ部：8-イ-2 又は 8-イ-3
ロ部：8-ロ-1 又は 8-ロ-2　　　　ロ部：8-ロ-1 又は 8-ロ-2

配管重量 P*1 (kN)	支持材寸法 (mm)		部材仕様		接合ボルトサイズ	躯体取付けアンカー	配管重量 P*1 (kN)	支持材寸法 (mm)		部材仕様		接合ボルトサイズ	躯体取付けアンカー
	ℓ	h	a 材	b 材				ℓ	h	a 材	b 材		
2.5	500	500	L-40×40×5	M8 丸鋼	M8	M8	10	1000	1000	L-75×75×9	M8 丸鋼	M12	M10
		1000	L-40×40×5	M8 丸鋼	M8	M8			1500	L-75×75×9	M10 丸鋼	M12	M16
		1500	L-40×40×5	M8 丸鋼	M8	2-M8			2000	L-75×75×9	M10 丸鋼	M16	2-M12
		2000	L-45×45×4	M8 丸鋼	M10	2-M8			2500	L-75×75×9	FB-6×65	M16	2-M16
		2500	L-60×60×4	M8 丸鋼	M10	2-M10		1500	500	[-75×40×5×7	M8 丸鋼	M10	M10
	1000	500	L-50×50×6	M8 丸鋼	M8	M8			1000	[-75×40×5×7	M8 丸鋼	M10	M10
		1000	L-50×50×6	M8 丸鋼	M8	M8			1500	[-75×40×5×7	M8 丸鋼	M12	M10
		1500	L-50×50×6	M8 丸鋼	M8	M8			2000	[-75×40×5×7	M10 丸鋼	M12	2-M10
		2000	L-50×50×6	M8 丸鋼	M8	M8			2500	[-75×40×5×7	M10 丸鋼	M12	2-M10
		2500	L-60×60×4	M8 丸鋼	M8	M10		2000	500	[-100×50×5×7.5	M8 丸鋼	M10	M10
5	500	500	L-50×50×6	M8 丸鋼	M8	M8			1000	[-100×50×5×7.5	M8 丸鋼	M10	M10
		1000	L-50×50×6	M8 丸鋼	M10	M10			1500	[-100×50×5×7.5	M8 丸鋼	M10	M10
		1500	L-50×50×6	M10 丸鋼	M12	2-M10			2000	[-100×50×5×7.5	M8 丸鋼	M12	M10
		2000	L-50×50×6	M10 丸鋼	M16	2-M12			2500	[-100×50×5×7.5	M10 丸鋼	M12	M12
		2500	L-60×60×5	FB-6×65	M16	2-M16		2500	500	[-100×50×5×7.5	M8 丸鋼	M10	M10
	1000	500	L-65×65×6	M8 丸鋼	M8	M8			1000	[-100×50×5×7.5	M8 丸鋼	M10	M10
		1000	L-65×65×6	M8 丸鋼	M8	M8			1500	[-100×50×5×7.5	M8 丸鋼	M10	M10
		1500	L-65×65×6	M8 丸鋼	M10	M10			2000	[-100×50×5×7.5	M8 丸鋼	M10	M10
		2000	L-65×65×6	M8 丸鋼	M10	M12			2500	[-100×50×5×7.5	M8 丸鋼	M12	M10
		2500	L-65×65×6	M8 丸鋼	M10	M16	15	500	500	L-75×75×6	M10 丸鋼	Ml6	M12
10	500	500	L-65×65×6	M8 丸鋼	M12	M12			1000	L-75×75×6	FB-6×65	M16	2-M16
		1000	L-65×65×6	M10 丸鋼	M16	2-M12			1500	L-75×75×6	FB-6×65	M20	2-M20
		1500	L-65×65×6	FB-6×65	Ml6	3-M12			2000	L-75×75×6	FB-6×65	2-M16	3-M20
		2000	L-65×65×6	FB-6×65	M20	3-M16			2500	L-75×75×9	FB-6×75	2-M20	4-M20
		2500	L-70×70×6	FB-6×65	M20	3-CM12		1000	500	[-75×40×5×7	M10 丸鋼	M12	2-M10
	1000	500	L-75×75×9	M8 丸鋼	M10	M10			1000	[-75×40×5×7	M10 丸鋼	M16	2-M10

付表 2.1-8 (No.8 のつづき)

配管重量 P*1 (kN)	支持材寸法 (mm) ℓ	h	部材仕様 a材	b材	接合ボルトサイズ	躯体取付けアンカー	配管重量 P*1 (kN)	支持材寸法 (mm) ℓ	h	部材仕様 a材	b材	接合ボルトサイズ	躯体取付けアンカー
15	1000	1500	[-100×50×5×7.5	FB-6×65	M16	2-M12	20	2500	2500	[-125×65×6×8	FB-6×65	M16	M16
		2000	[-100×50×5×7.5	FB-6×65	M16	2-CM12	25	1000	500	[-100×50×5×7.5	FB-6×65	M16	2-M12
		2500	[-100×50×5×7.5	FB-6×65	M20	2-M12			1000	[-100×50×5×7.5	FB-6×65	M20	2-M12
	1500	500	[-100×50×5×7.5	M10 丸鋼	M12	M12			1500	[-100×50×5×7.5	FB-6×65	M20	2-CM12
		1000	[-100×50×5×7.5	M10 丸鋼	M12	M12			2000	[-125×65×6×8	FB-6×65	2-M16	2-M20
		1500	[-100×50×5×7.5	M10 丸鋼	M16	M12			2500	[-125×65×6×8	FB-6×65	2-M16	3-M20
		2000	[-100×50×5×7.5	FB-4.5×44	M16	2-M12		1500	500	[-125×65×6×8	FB-6×65	M16	M16
		2500	[-100×50×5×7.5	FB-6×65	M16	2-M12			1000	[-125×65×6×8	FB-6×65	M16	M16
	2000	500	[-100×50×5×7.5	M10 丸鋼	M12	M12			1500	[-125×65×6×8	FB-6×65	M20	2-M12
		1000	[-100×50×5×7.5	M10 丸鋼	M12	M12			2000	[-125×65×6×8	FB-6×65	M20	2-M16
		1500	[-100×50×5×7.5	M10 丸鋼	M12	M12			2500	[-125×65×6×8	FB-6×65	M20	2-M20
		2000	[-100×50×5×7.5	M10 丸鋼	M16	M12		2000	500	[-100×50×5×7.5	FB-6×65	M16	2-M12
		2500	[-100×50×5×7.5	FB-4.5×44	M16	2-M12			1000	[-100×50×5×7.5	FB-6×65	M16	2-M12
	2500	500	[-125×65×6×8	M10 丸鋼	M12	M12			1500	[-100×50×5×7.5	FB-6×65	M16	2-M12
		1000	[-125×65×6×8	M10 丸鋼	M12	M12			2000	[-100×50×5×7.5	FB-6×65	M20	2-M12
		1500	[-125×65×6×8	M10 丸鋼	M12	M12			2500	[-100×50×5×7.5	FB-6×65	M20	2-CM12
		2000	[-125×65×6×8	M10 丸鋼	M12	M12		2500	500	[-150×75×6.5×10	FB-6×65	M16	M16
		2500	[-125×65×6×8	M10 丸鋼	M16	M12			1000	[-150×75×6.5×10	FB-6×65	M16	M16
20	1000	500	[-100×50×5×7.5	M10 丸鋼	M16	2-M12			1500	[-150×75×6.5×10	FB-6×65	M16	M16
		1000	[-100×50×5×7.5	FB-6×65	M16	2-M12			2000	[-150×75×6.5×10	FB-6×65	M16	M16
		1500	[-100×50×5×7.5	FB-6×65	M20	2-CM12			2500	[-150×75×6.5×10	FB-6×65	M20	M20
		2000	[-100×50×5×7.5	FB-6×65	M20	2-CM12	30	1500	500	[-125×65×6×8	FB-6×65	M16	M16
		2500	[-125×65×6×8	FB-6×65	M20	3-CM12			1000	[-125×65×6×8	FB-6×65	M20	M16
	1500	500	[-100×50×5×7.5	M10 丸鋼	M16	2-M12			1500	[-125×65×6×8	FB-6×65	M20	2-M12
		1000	[-100×50×5×7.5	FB-4.5×44	M16	2-M12			2000	[-125×65×6×8	FB-6×65	M20	2-M20
		1500	[-100×50×5×7.5	FB-6×65	M16	2-M12			2500	[-125×65×6×8	FB-6×65	2-M16	2-M20
		2000	[-100×50×5×7.5	FB-6×65	M16	2-M12		2000	500	[-125×65×6×8	FB-6×65	M16	M16
		2500	[-100×50×5×7.5	FB-6×65	M20	2-CM12			1000	[-125×65×6×8	FB-6×65	M16	M16
	2000	500	[-125×65×6×8	M10 丸鋼	M16	M16			1500	[-125×65×6×8	FB-6×65	M20	M16
		1000	[-125×65×6×8	M10 丸鋼	M16	M16			2000	[-125×65×6×8	FB-6×65	M20	2-M12
		1500	[-125×65×6×8	FB-4.5×44	M16	M16			2500	[-125×65×6×8	FB-6×65	M20	2-M16
		2000	[-125×65×6×8	FB-6×65	M16	M16		2500	500	[-150×75×6.5×10	FB-6×65	M16	M16
		2500	[-125×65×6×8	FB-6×65	M16	2-M12			1000	[-150×75×6.5×10	FB-6×65	M16	M16
	2500	500	[-125×65×6×8	M10 丸鋼	M16	M16			1500	[-150×75×6.5×10	FB-6×65	M16	M16
		1000	[-125×65×6×8	M10 丸鋼	M16	M16			2000	[-150×75×6.5×10	FB-6×65	M20	M16
		1500	[-125×65×6×8	M10 丸鋼	M16	M16			2500	[-150×75×6.5×10	FB-6×65	M20	2-M12
		2000	[-125×65×6×8	FB-6×65	M16	M16				―			

付表 2.2 横引配管用 S_A 種耐震支持材部材選定表の例

付表 2.2-1 横引配管用 S_A 種耐震支持材部材選定表の例 (No.1)

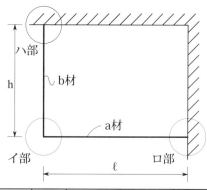

注）1）*1 の配管重量（P）は地震時に耐震支持材が受け持つ配管重量を示す。すなわち、耐震支持材にはさまれた部分の配管重量とする。
2）躯体取付けアンカーの種類と埋込深さ（下記以上とする）

（ⅰ）あと施工金属拡張アンカー　　（ⅱ）あと施工接着系アンカー（CM）
　　（おねじ形）（M）　　　　　　　CM12：90mm
　M8 ：40mm　M16：70mm　　　　　CM16：110mm
　M10：45mm　M20：90mm
　M12：60mm

配管重量 P*1 [kN]	サポート幅 ℓ [mm]	部材仕様 a材	吊り長さ h [mm]	部材仕様 b材	接合ボルトサイズ	躯体取付アンカー a材 柱固定	躯体取付アンカー a材 壁固定	躯体取付アンカー b材 はり固定	躯体取付アンカー b材 スラブ固定	部分詳細図 No.（付表 2.4-1）はり固定	部分詳細図 No.（付表 2.4-1）スラブ固定
2.5	500	L-40×40×3	500	M8 丸鋼	1-M8	1-M8	1-M8	1-M8	1-M8		イ部：1-イ-1 ロ部：1-ロ-1 1-ロ-3 ハ部：1-ハ-3
	1000	L-40×40×5	1000								
5	500	L-40×40×5	500	M8 丸鋼	1-M8	1-M10	2-M8	1-M8	1-M8		
	1000	L-50×50×6	1000								
10	500	L-50×50×6	500	M8 丸鋼	1-M12	1-M12	2-M12	1-M8	2-M8	イ部：1-イ-1 ロ部：1-ロ-1 ハ部：1-ハ-1	
	1000	L-65×65×6	1000								
	1500	L-75×75×6	1500								
	2000	L-75×75×9	2000								
	2500	[-75×40×5×7	2500								
15	500	L-60×60×5	500	M8 丸鋼	1-M16	1-M16	2-M16	1-M10	2-M8		
	1000	L-75×75×6	1000								
	1500	L-75×75×9	1500								
	2000	[-75×40×5×7	2000								
	2500	[-100×50×5×7.5	2500								
20	1000	L-75×75×9	1000	M8 丸鋼	1-M16	2-M12	2-CM16	1-M10	2-M12		イ部：1-イ-1 ロ部：1-ロ-3 ハ部：1-ハ-4
	1500	[-75×40×5×7	1500								
	2000	[-100×50×5×7.5	2000								
	2500	[-100×50×5×7.5	2500								
25	1000	[-75×40×5×7	1000	M10 丸鋼	1-M20	2-M16	3-CM12	1-M12	2-M12		
	1500	[-75×40×5×7	1500								
	2000	[-100×50×5×7.5	2000								
	2500	[-125×65×6×8	2500								
30	1500	[-100×50×5×7.5	1500	M10 丸鋼	1-M20	2-M16	3-CM16	2-M10	2-M12		
	2000	[-100×50×5×7.5	2000								
	2500	[-125×65×6×8	2500								
40	1500	[-100×50×5×7.5	1500	M12 丸鋼	2-M20	3-M16	4-CM16	2-M12	2-M16	イ部：1-イ-1 ロ部：1-ロ-1 ハ部：1-ハ-2	
	2000	[-125×65×6×8	2000								
	2500	[-125×65×6×8	2500								
50	2000	[-125×65×6×8	2000	M12 丸鋼	2-M20	3-M16	5-CM16	2-M12	2-CM16		イ部：1-イ-1 ロ部：1-ロ-4 ハ部：1-ハ-4
	2500	[-150×75×6.5×10	2500								
60	2500	[-150×75×6.5×10	2500	M16 丸鋼	2-M20	3-M20	5-CM16	2-M12	2-CM16		

付表 2.2-2　横引配管用 S_A 種耐震支持材部材選定表の例（No.2）

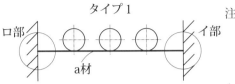
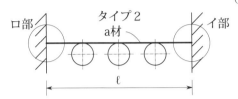

注）1）*1 の配管重量（P）は地震時に耐震支持材が受け持つ配管重量を示す。すなわち、耐震支持材にはさまれた部分の配管重量とする。

2）躯体取付けアンカーの種類と埋込深さ（下記以上とする）

（ⅰ）あと施工金属拡張アンカー　　　（ⅱ）あと施工接着系アンカー（CM）
　　（おねじ形）（M）　　　　　　　　CM12：90mm
　M8 ：40mm　M16：70mm
　M10：45mm　M20：90mm
　M12：60mm

配管重量 $P*1$ [kN]	サポート幅 ℓ	部材仕様 a材	接合ボルトサイズ タイプ1	接合ボルトサイズ タイプ2	躯体取付アンカー 柱固定	躯体取付アンカー 壁固定	部分詳細図 No.（付表 2.4-2）柱-柱固定	部分詳細図 No. 柱-壁固定	部分詳細図 No. 壁-壁固定
2.5	500	L-40×40×3	1-M8	1-M8	1-M8	1-M8		イ部：2-イ-1 ロ部：2-ロ-1	タイプ1 イ部：2-イ-1 ロ部：2-ロ-2
2.5	1000	L-40×40×5							
5	500	L-40×40×5	1-M8	1-M8	1-M8	1-M8			タイプ2 イ部：2-イ-1 ロ部：2-ロ-3
5	1000	L-50×50×6							
10	500	L-50×50×6	1-M10	1-M8	1-M12	2-M8			
10	1000	L-65×65×6							
10	1500	L-75×75×6							
10	2000	L-75×75×9							
10	2500	[-75×40×5×7							
15	500	L-60×60×5	1-M12	1-M10	1-M16	2-M10			
15	1000	L-75×75×6							
15	1500	L-75×75×9							
15	2000	[-75×40×5×7							
15	2500	[-100×50×5×7.5							
20	1000	L-75×75×9	1-M12	1-M12	1-M16	2-M12	イ部、ロ部とも 2-ロ-1	タイプ1 イ部：2-イ-2 ロ部：2-ロ-1	タイプ1 イ部：2-イ-2 ロ部：2-ロ-2
20	1500	[-75×40×5×7							
20	2000	[-100×50×5×7.5							
20	2500	[-100×50×5×7.5							
25	1000	[-75×40×5×7	1-M16	1-M16	1-M16	2-M16		タイプ2 イ部：2-イ-3 ロ部：2-ロ-1	タイプ2 イ部：2-イ-3 ロ部：2-ロ-3
25	1500	[-75×40×5×7							
25	2000	[-100×50×5×7.5							
25	2500	[-125×65×6×8							
30	1500	[-100×50×5×7.5	1-M16	1-M16	1-M16	2-M16			
30	2000	[-100×50×5×7.5							
30	2500	[-125×65×6×8							
40	1500	[-100×50×5×7.5	1-M20	1-M16	2-M16	2-M20			
40	2000	[-125×65×6×8							
40	2500	[-125×65×6×8							
50	2000	[-125×65×6×8	1-M20	1-M20	2-M16	3-CM12			
50	2500	[-150×75×6.5×10							
60	2500	[-150×75×6.5×10	1-M22	1-M20	2-M16	3-CM16			

付表 2.2-3　横引配管用 S_A 種耐震支持材部材選定表の例（No.3）

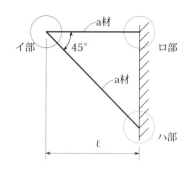

注）1）*1の配管重量（P）は地震時に耐震支持材が受け持つ配管重量を示す。すなわち、耐震支持材にはさまれた部分の配管重量とする。
2）躯体取付けアンカーの種類と埋込深さ（下記以上とする）
（i）あと施工金属拡張アンカー　（ii）あと施工接着系アンカー（CM）
　　（おねじ形）（M）　　　　　　　CM10：80mm
　　M8 ：40mm　M12 ：60mm　　CM12：90mm
　　M10：45mm　M16 ：70mm　　CM16：110mm

配管重量 P*1 (kN)	サポート幅 ℓ (mm)	部材仕様 a材	躯体取付けアンカー 柱固定	躯体取付けアンカー 壁固定	部分詳細図（付表 2.4-3） 柱固定	部分詳細図（付表 2.4-3） 壁固定
2.5	500	L-40×40×3	1-M8	1-M10		
	1000	L-40×40×5				
5	500	L-40×40×5	1-M10	2-M10		
	1000	L-50×50×6				
10	500	L-50×50×6	2-M10	2-CM10	イ部：3-イ-1 ロ部：3-ロ-1 ハ部：3-ハ-1	イ部：3-イ-1 ロ部：3-ロ-2 ハ部：3-ハ-2
	1000	L-65×65×6				
	1500	L-75×75×6				
15	500	L-60×60×5	2-M12	2-CM16		
	1000	L-75×75×6				
	1500	L-90×90×7				
20	1000	L-75×75×9	2-M16	3-CM12		
	1500	L-100×100×7				
25	1000	L-90×90×7	2-M16	3-CM16		
	1500	L-100×100×10				

付表 2.2-4　横引配管用 S_A 種耐震支持材部材選定表の例（No.4）

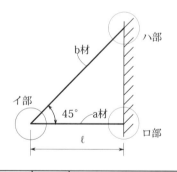

注）1）*1の配管重量（P）は地震時に耐震支持材が受け持つ配管重量を示す。すなわち、耐震支持材にはさまれた部分の配管重量とする。
2）躯体取付けアンカーの種類と埋込深さ（下記以上とする）
（i）あと施工金属拡張アンカー　（ii）あと施工接着系アンカー（CM）
　　（おねじ形）（M）　　　　　　　CM12：90mm
　　M8 ：40mm　M12 ：60mm
　　M10：45mm　M16 ：70mm

配管重量 P*1 (kN)	サポート幅 ℓ (mm)	部材仕様 a材	部材仕様 b材	接合ボルトサイズ	躯体取付けアンカー 柱固定	躯体取付けアンカー 壁固定	部分詳細図 No.（付表 2.4-4）柱固定	部分詳細図 No.（付表 2.4-4）壁固定
2.5	500	L-40×40×3	M8 丸鋼	—	1-M8	1-M8	イ部：4-イ-1 ロ部：4-ロ-1 ハ部：4-ハ-2	イ部：4-イ-1 ロ部：4-ロ-2 ハ部：4-ハ-1
	1000	L-40×40×5						
5	500	L-40×40×5	M8 丸鋼	—	1-M8	1-M10		
	1000	L-50×50×6						
10	500	L-50×50×6	M8 丸鋼	1-M10	1-M10	2-M10		
	1000	L-65×65×6						
	1500	L-75×75×6						
15	500	L-60×60×5	M8 丸鋼	1-M12	2-M10	2-M12	イ部：4-イ-1 ロ部：4-ロ-1 ハ部：4-ハ-4	イ部：4-イ-1 ロ部：4-ロ-3 ハ部：4-ハ-3
	1000	L-75×75×6						
	1500	L-90×90×7						
20	1000	L-75×75×9	M10 丸鋼	1-M16	2-M10	2-M16		
	1500	L-100×100×7						
25	1000	L-90×90×7	M10 丸鋼	1-M16	2-M12	2-CM16		
	1500	L-100×100×10						

付表 2.2-5 横引配管用 S_A 種耐震支持材部材選定表の例（No.5）

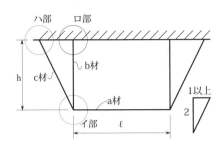

注）1）*1の配管重量（P）は地震時に耐震支持材が受け持つ配管重量を示す。すなわち、耐震支持材にはさまれた部分の配管重量とする。

2）躯体取付けアンカーの種類と埋込深さ（下記以上とする）
（ i ）あと施工金属拡張アンカー（ii）あと施工接着系アンカー（CM）
（おねじ形）（M）　　　　　　　CM12：90mm
M10：45mm　M16：70mm　　　CM16：110mm
M12：60mm　M20：90mm

配管重量 P*1 (kN)	サポート幅 ℓ (mm)	部材仕様 a材	吊り長さ h (mm)	部材仕様 b材	c材	接合ボルトサイズ	躯体取付アンカー はり固定	躯体取付アンカー スラブ固定	部分詳細図 No.(付表2.4-5) はり固定	部分詳細図 No.(付表2.4-5) スラブ固定
2.5	500	L-40×40×3	500	L-40×40×3	M8 丸鋼	1-M10	1-M10	2-M10		イ部：5-イ-2 ロ部：5-ロ-2 ハ部：5-ハ-2
	1000	L-40×40×5	1000	L-40×40×3						
	1500	—	1500	L-40×40×3						
	2000	—	2000	L-40×40×3						
	2500	—	2500	L-40×40×5						
5	500	L-40×40×5	500	L-45×45×4	M10 丸鋼	1-M12	2-M10	2-M12	イ部：5-イ-1 ロ部：5-ロ-1 ハ部：5-ハ-1	イ部：5-イ-2 ロ部：5-ロ-3 ハ部：5-ハ-3
	1000	L-50×50×6	1000	L-45×45×4						
	1500	—	1500	L-45×45×4						
	2000	—	2000	L-45×45×4						
	2500	—	2500	L-50×50×5						
10	500	L-60×60×4	500	L-60×60×4	M16 丸鋼	2-M12	2-M12	2-CM16		
	1000	L-65×65×6	1000	L-60×60×4						
	1500	L-75×75×6	1500	L-60×60×4						
	2000	L-75×75×9	2000	L-60×60×4						
	2500	L-90×90×7	2500	L-60×60×5						
15	500	L-60×60×5	500	L-60×60×4	FB-6×65	2-M16	2-M16	3-CM16	イ部：5-イ-4 ロ部：5-ロ-1 ハ部：5-ハ-5	イ部：5-イ-4 ロ部：5-ロ-5 ハ部：5-ハ-8
	1000	L-75×75×6	1000	L-60×60×4						
	1500	L-75×75×9	1500	L-60×60×4						
	2000	L-90×90×10	2000	L-60×60×5						
	2500	[-100×50×5×7.5	2500	L-60×65×6						
20	500	—	500	L-65×65×6	FB-6×65	2-M20	2-M20	4-CM16		
	1000	L-75×75×9	1000	L-65×65×6						
	1500	L-90×90×10	1500	L-65×65×6						
	2000	[-100×50×5×7.5	2000	L-65×65×6						
	2500	[-100×50×5×7.5	2500	L-75×75×6						

付表 2.2-5(No.5 のつづき)

配管重量 P*1 (kN)	サポート幅 ℓ (mm)	部材仕様 a材	吊り長さ h (mm)	部材仕様 b材	部材仕様 c材	接合ボルトサイズ	躯体取付アンカー はり固定	躯体取付アンカー スラブ固定	部分詳細図 No.(付表 2.4-5) はり固定	部分詳細図 No.(付表 2.4-5) スラブ固定
25	500	—	500	L-65×65×6	FB-6×65	2-M20	2-M20	5-CM16	イ部：5-イ-4 ロ部：5-ロ-1 ハ部：5-ハ-5	イ部：5-イ-4 ロ部：5-ロ-5 ハ部：5-ハ-8
25	1000	L-90×90×7	1000	L-65×65×6	FB-6×65	2-M20	2-M20	5-CM16		
25	1500	[-75×40×5×7	1500	L-65×65×6	FB-6×65	2-M20	2-M20	5-CM16		
25	2000	[-100×50×5×7.5	2000	L-65×65×8	FB-6×65	2-M20	2-M20	5-CM16		
25	2500	[-125×65×6×8	2500	L-75×75×9	FB-6×65	2-M20	2-M20	5-CM16		
30	500	—	500	L-65×65×6	L-65×65×5	3-M20	4-M16	5-CM16		
30	1000	—	1000	L-65×65×6	L-65×65×5	3-M20	4-M16	5-CM16		
30	1500	[-100×50×5×7.5	1500	L-65×65×6	L-65×65×5	3-M20	4-M16	5-CM16		
30	2000	[-100×50×5×7.5	2000	L-65×65×8	L-65×65×5	3-M20	4-M16	5-CM16		
30	2500	[-125×65×6×8	2500	L-75×75×9	L-65×65×5	3-M20	4-M16	5-CM16		
40	500	—	500	L-75×75×6	L-75×75×6	3-M20	4-M20	—	イ部：5-イ-4 ロ部：5-ロ-4 ハ部：5-ハ-6	—
40	1000	—	1000	L-75×75×6	L-75×75×6	3-M20	4-M20	—		
40	1500	[-100×50×5×7.5	1500	L-75×75×6	L-75×75×6	3-M20	4-M20	—		
40	2000	[-125×65×6×8	2000	L-75×75×9	L-75×75×6	3-M20	4-M20	—		
40	2500	[-125×65×6×8	2500	L-90×90×6	L-75×75×6	3-M20	4-M20	—		
50	500	—	500	L-75×75×6	L-75×75×6	3-M22	4-M20	—		
50	1000	—	1000	L-75×75×6	L-75×75×6	3-M22	4-M20	—		
50	1500	—	1500	L-75×75×6	L-75×75×6	3-M22	4-M20	—		
50	2000	[-125×65×6×8	2000	L-75×75×9	L-75×75×6	3-M22	4-M20	—		
50	2500	[-150×75×6.5×10	2500	L-90×90×10	L-75×75×6	3-M22	4-M20	—		
60	500	—	500	L-75×75×6	L-75×75×9	4-M22	5-M20	—		
60	1000	—	1000	L-75×75×6	L-75×75×9	4-M22	5-M20	—		
60	1500	—	1500	L-75×75×6	L-75×75×9	4-M22	5-M20	—		
60	2000	—	2000	L-90×90×7	L-75×75×9	4-M22	5-M20	—		
60	2500	[-150×75×6.5×10	2500	L-90×90×10	L-75×75×9	4-M22	5-M20	—		

付表 2.2-6 横引配管用 S_A 種耐震支持材部材選定表の例（No.6）

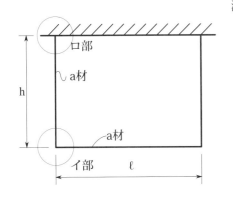

注）1）*1 の配管重量（P）は地震時に耐震支持材が受け持つ配管重量を示す。すなわち、耐震支持材にはさまれた部分の配管重量とする。

2）躯体取付けアンカーの種類と埋込深さ（下記以上とする）
 (ⅰ) あと施工金属拡張アンカー　(ⅱ) あと施工接着系アンカー（CM）
 （おねじ形）(M)　　　　　　　　CM10：80mm
 M8 ：40mm　M16：70mm　　CM12：90mm
 M10：45mm　M20：90mm　　CM16：110mm
 M12：60mm

3）部分詳細図 NO. 付表 2.4-6 は下記による。
 スラブ固定：イ部：6-イ-1　　口部：6-口-2
 はり固定　：イ部：6-イ-1　　口部：6-口-1 又は 6-口-3

配管重量 P*1 (kN)	支持材寸法 (mm) ℓ	支持材寸法 (mm) h	部材仕様 a 材	躯体取付アンカー スラブ固定	躯体取付アンカー はり固定	配管重量 P*1 (kN)	支持材寸法 (mm) ℓ	支持材寸法 (mm) h	部材仕様 a 材	躯体取付アンカー スラブ固定	躯体取付アンカー はり固定
2.5	500	500	L-50×50×6	1-M10	1-M8	10	1500	2000	[-125×65×6×8	2-CM12	1-M16
	500	1000	L-65×65×6	1-M12	1-M10		1500	2500	[-125×65×6×8	2-CM16	1-M16
	500	1500	L-75×75×9	1-M20	1-M12		2000	500	[-75×40×5×7	2-M8	1-M12
	500	2000	L-75×75×9	2-M12	1-M12		2000	1000	[-100×50×5×7.5	2-M10	1-M12
	500	2500	[-100×50×5×7.5	2-CM16	1-M16		2000	1500	[-100×50×5×7.5	2-M12	1-M12
	1000	500	L-50×50×6	1-M8	1-M8		2000	2000	[-125×65×6×8	2-M16	1-M16
	1000	1000	L-65×65×6	1-M10	1-M8		2000	2500	[-125×65×6×8	2-M16	1-M16
	1000	1500	L-75×75×9	1-M12	1-M8		2500	500	[-75×40×5×7	1-M12	1-M12
	1000	2000	L-75×75×9	1-M12	1-M10		2500	1000	[-100×50×5×7.5	2-M10	1-M12
	1000	2500	[-75×40×5×7	2-M10	1-M10		2500	1500	[-125×65×6×8	2-M12	1-M12
5	500	500	L-65×65×6	1-M16	1-M10		2500	2000	[-125×65×6×8	2-M12	1-M16
	500	1000	L-75×75×9	1-M20	1-M16		2500	2500	[-125×65×6×8	2-M16	1-M16
	500	1500	[-75×40×5×7	2-CM12	1-M16	15	500	500	[-75×40×5×7	2-CM16	2-M12
	500	2000	[-100×50×5×7.5	2-CM16	1-M20		500	1000	[-100×50×5×7.5	3-CM16	2-M16
	500	2500	[-125×65×6×8	3-CM12	1-M20		500	1500	[-125×65×6×8	—	2-M20
	1000	500	L-65×65×8	1-M10	1-M8		500	2000	[-150×75×6.5×10	—	3-M20
	1000	1000	L-75×75×9	1-M16	1-M10		500	2500	[-150×75×6.5×10	—	3-M20
	1000	1500	[-75×40×5×7	2-M12	1-M12		1000	500	[-75×40×5×7	2-CM10	1-M16
	1000	2000	[-100×50×5×7.5	2-M12	1-M16		1000	1000	[-100×50×5×7.5	2-CM16	1-M20
	1000	2500	[-100×50×5×7.5	2-M16	1-M16		1000	1500	[-125×65×6×8	3-CM12	1-M20
10	500	500	L-75×75×12	2-CM10	1-M16		1000	2000	[-150×75×6.5×10	3-CM16	2-M16
	500	1000	[-100×50×5×7.5	2-CM16	1-M20		1000	2500	[-150×75×6.5×10	4-CM16	2-M20
	500	1500	[-125×65×6×8	3-CM16	2-M16		1500	500	[-100×50×5×7.5	2-M12	1-M16
	500	2000	[-125×65×6×8	4-CM16	2-M20		1500	1000	[-100×50×5×7.5	2-M16	1-M16
	500	2500	[-150×75×6.5×10	—	2-M20		1500	1500	[-125×65×6×8	2-CM16	1-M20
	1000	500	[-75×40×5×7	1-M16	1-M12		1500	2000	[-150×75×6.5×10	2-CM16	1-M20
	1000	1000	[-100×50×5×7.5	2-CM10	1-M16		1500	2500	[-150×75×6.5×10	2-CM16	1-M20
	1000	1500	[-100×50×5×7.5	2-CM12	1-M16		2000	500	[-100×50×5×7.5	2-M10	1-M16
	1000	2000	[-125×65×6×8	2-CM16	1-M20		2000	1000	[-125×65×6×8	2-M12	1-M16
	1000	2500	[-125×65×6×8	3-CM12	1-M20		2000	1500	[-125×65×6×8	2-M16	1-M16
	1500	500	[-75×40×5×7	2-M8	1-M12		2000	2000	[-150×75×6.5×10	2-CM16	1-M20
	1500	1000	[-100×50×5×7.5	2-M12	1-M12		2000	2500	[-150×75×6.5×10	2-CM16	1-M20
	1500	1500	[-100×50×5×7.5	2-M16	1-M16		2500	500	[-100×50×5×7.5	2-M10	1-M16

付表 2.2-6(No.6 のつづき)

配管重量 P*1 (kN)	支持材寸法 (mm) ℓ	h	部材仕様 a 材	躯体取付アンカー スラブ固定	はり固定	配管重量 P*1 (kN)	支持材寸法 (mm) ℓ	h	部材仕様 a 材	躯体取付アンカー スラブ固定	はり固定
15	2500	1000	[-125×65×6×8	2-M12	1-M16	25	2500	1000	[-150×75×6.5×10	2-CM12	1-M20
		1500	[-125×65×6×8	2-M16	1-M16			1500	[-150×75×6.5×10	2-CM16	1-M20
		2000	[-150×75×6.5×10	2-M16	1-M16			2000	[-150×75×9×12.5	3-CM12	2-M16
		2500	[-150×75×6.5×10	2-CM16	1-M20			2500	[-180×75×7×10.5	3-CM16	2-M16
20	500	500	[-100×50×5×7.5	3-CM12	2-M16	30	1500	500	[-125×65×6×8	2-CM12	1-M20
		1000	[-125×65×6×8	4-CM16	2-M20			1000	[-150×75×6.5×10	3-CM12	2-M16
		1500	[-150×75×6.5×10	－	3-M20			1500	[-150×75×6.5×10	4-CM16	2-M20
		2000	[-150×75×6.5×10	－	3-M20			2000	[-180×75×7×10.5	4-CM16	2-M20
		2500	[-200×80×7.5×11	－	4-M20			2500	[-200×80×7.5×11	－	2-M20
	1000	500	[-100×50×5×7.5	2-CM12	1-M16		2000	500	[-125×65×6×8	2-CM12	1-M20
		1000	[-125×65×6×8	3-CMl2	1-M20			1000	[-150×75×6.5×10	2-CM16	1-M20
		1500	[-150×75×6.5×10	3-CMl6	2-M16			1500	[-150×75×6.5×10	3-CM16	2-M16
		2000	[-150×75×6.5×10	4-CM16	2-M20			2000	[-180×75×7×10.5	4-CM16	2-M20
		2500	[-150×75×9×12.5	5-CM16	2-M20			2500	[-200×80×7.5×11	4-CM16	2-M20
	1500	500	[-100×50×5×7.5	2-CM10	1-M16		2500	500	[-125×65×6×8	2-M16	1-M20
		1000	[-125×65×6×8	2-CM12	1-M20			1000	[-150×75×6.5×10	2-CM16	1-M20
		1500	[-150×75×6.5×10	3-CM12	1-M20			1500	[-150×75×6.5×10	2-CM12	2-M16
		2000	[-150×75×6.5×10	3-CM16	2-M16			2000	[-180×75×7×10.5	3-CM16	2-M16
		2500	[-150×75×9×12.5	4-CM16	2-M16			2500	[-200×80×7.5×11	4-CM16	2-M20
	2000	500	[-100×50×5×7.5	2-CM10	1-M16	40	1500	500	[-125×65×6×8	2-CM16	2-M16
		1000	[-125×65×6×8	2-CMl2	1-M16			1000	[-150×75×6.5×10	4-CM12	2-M20
		1500	[-150×75×6.5×10	2-CM16	1-M20			1500	[-180×75×7×10.5	5-CM16	2-M20
		2000	[-150×75×6.5×10	3-CM12	1-M20			2000	[-200×80×7.5×11	－	3-M20
		2500	[-150×75×9×12.5	3-CM16	2-M16			2500	[-200×90×8×13.5	－	3-M20
	2500	500	[-125×65×6×8	2-M12	1-M16		2000	500	[-125×65×6×8	2-CM16	2-M16
		1000	[-125×65×6×8	2-M16	1-M16			1000	[-150×75×6.5×10	3-CM16	2-M16
		1500	[-150×75×6.5×10	2-CM12	1-M20			1500	[-180×75×7×10.5	4-CM16	2-M20
		2000	[-150×75×6.5×10	2-CM16	1-M20			2000	[-200×80×7.5×11	5-CM16	2-M20
		2500	[-150×75×9×12.5	3-CM12	1-M20			2500	[-200×90×8×13.5	－	2-M20
25	1000	500	[-100×50×5×7.5	2-CM16	2-M16		2500	500	[-150×75×6.5×10	2-CM16	2-M16
		1000	[-125×65×6×8	3-CM16	2-M16			1000	[-150×75×6.5×10	3-CM12	2-M16
		1500	[-150×75×6.5×10	4-CM16	2-M20			1500	[-200×80×7.5×11	3-CM16	2-M20
		2000	[-150×75×9×12.5	5-CM16	2-M20			2000	[-200×90×8×13.5	4-CM16	2-M20
		2500	[-200×80×7.5×11	－	3-M20			2500	[-200×90×8×13.5	5-CM16	2-M20
	1500	500	[-100×50×5×7.5	2-CM12	1-M20	50	2000	500	[-150×75×6.5×10	3-CM12	2-M20
		1000	[-125×65×6×8	2-CM16	1-M20			1000	[-150×75×9×12.5	4-CM16	2-M20
		1500	[-150×75×6.5×10	3-CM16	2-M16			1500	[-200×80×7.5×11	5-CM16	2-M20
		2000	[-150×75×9×12.5	4-CM16	2-M20			2000	[-200×90×8×13.5	－	3-M20
		2500	[-180×75×7×10.5	4-CM16	2-M20			2500	[-250×90×9×13	－	3-M20
	2000	500	[-125×65×6×8	2-M16	1-M20		2500	500	[-150×75×6.5×10	2-CM16	2-M16
		1000	[-125×65×6×8	3-CM12	1-M20			1000	[-150×75×9×12.5	3-CM16	2-M16
		1500	[-150×75×6.5×10	3-CM12	1-M20			1500	[-200×80×7.5×11	4-CM16	2-M20
		2000	[-150×75×9×12.5	3-CM16	2-M16			2000	[-200×90×8×13.5	－	2-M20
		2500	[-180×75×7×10.5	4-CM16	2-M16			2500	[-250×90×9×13	－	3-M20
	2500	500	[-125×65×6×8	2-M12	1-M20				－		

付表 2.2-7 横引配管用 S_A 種耐震支持材部材選定表の例（No.7）

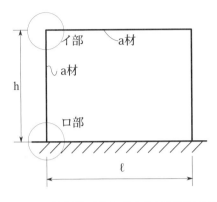

注）1）*1 の配管重量（P）は地震時に耐震支持材が受け持つ配管重量を示す。すなわち、耐震支持材にはさまれた部分の配管重量とする。
2）躯体取付けアンカーの種類と埋込深さ（下記以上とする）
　（i）あと施工金属拡張アンカー　（ii）あと施工接着系アンカー（CM）
　　（おねじ形）（M）　　　　　　　CM10：80mm
　　M8　：40mm　M16：70mm　　CM12：90mm
　　M10：45mm　M20：90mm　　CM16：110mm
　　M12：60mm
3）部分詳細図 NO. 付表 2.4-7 は下記による。
　イ部：7-イ-1　　口部：7-口-1 又は 7-口-2

配管重量 P*1 (kN)	支持材寸法 (mm) ℓ	支持材寸法 (mm) h	部材仕様 a材	躯体取付アンカー	配管重量 P*1 (kN)	支持材寸法 (mm) ℓ	支持材寸法 (mm) h	部材仕様 a材	躯体取付アンカー
2.5	500	500	L-50×50×5	1-M10	10	1000	1500	[-100×50×5×7.5	2-CM10
		1000	L-65×65×6	1-M12			2000	[-125×65×6×8	2-CM12
		1500	[-75×40×5×7	2-M10			2500	[-125×65×6×8	2-CM16
		2000	[-75×40×5×7	2-CM10		1500	500	[-75×40×5×7	1-M10
		2500	[-100×50×5×7.5	2-CM10			1000	[-100×50×5×7.5	1-M12
	1000	500	L-50×50×6	1-M8			1500	[-100×50×5×7.5	2-M12
		1000	L-65×65×6	1-M8			2000	[-125×65×6×8	2-M12
		1500	[-75×40×5×7	1-M10			2500	[-125×65×6×8	2-M16
		2000	[-75×40×5×7	1-CM10		2000	500	[-75×40×5×7	1-M10
		2500	[-75×40×5×7	1-CM10			1000	[-100×50×5×7.5	1-M10
5	500	500	L-65×65×6	1-M10			1500	[-100×50×5×7.5	1-M12
		1000	[-75×40×5×7	2-CM10			2000	[-125×65×6×8	1-M16
		1500	[-100×50×5×7.5	3-CM10			2500	[-125×65×6×8	1-CM16
		2000	[-100×50×5×7.5	2-CM12		2500	500	[-75×40×5×7	1-M10
		2500	[-125×65×6×8	2-CM16			1000	[-100×50×5×7.5	1-M10
	1000	500	L-70×70×6	1-M8			1500	[-125×65×6×8	1-M10
		1000	[-75×40×5×7	1-M10			2000	[-125×65×6×8	1-M12
		1500	[-75×40×5×7	2-M10			2500	[-125×65×6×8	1-M16
		2000	[-100×50×5×7.5	2-CM10	15	500	500	[-75×40×5×7	2-CM12
		2500	[-100×50×5×7.5	2-CM12			1000	[-125×65×6×8	3-CM12
10	500	500	[-75×40×5×7	2-M10			1500	[-125×65×6×8	4-CM16
		1000	[-100×50×5×7.5	2-CM12			2000	[-150×75×6.5×10	5-CM16
		1500	[-125×65×6×8	3-CM12			2500	[-150×75×6.5×10	6-CM16
		2000	[-125×65×6×8	4-CM16		1000	500	[-75×40×5×7	2-M10
		2500	[-150×75×6.5×10	4-CM16			1000	[-100×50×5×7.5	2-M12
	1000	500	[-75×40×5×7	1-M10			1500	[-125×65×6×8	2-CM16
		1000	[-100×50×5×7.5	2-M12			2000	[-150×75×6.5×10	3-CM12

付表 2.2-7(No.7 のつづき)

配管重量 P*1 (kN)	支持材寸法 (mm) ℓ	h	部材仕様 a材	躯体取付アンカー	配管重量 P*1 (kN)	支持材寸法 (mm) ℓ	h	部材仕様 a材	躯体取付アンカー
15	1000	2500	[-150 × 75 × 6.5 × 10	3-CM16	20	2500	1500	[-150 × 75 × 6.5 × 10	1-M16
	1500	500	[-100 × 50 × 5 × 7.5	1-Ml2			2000	[-150 × 75 × 6.5 × 10	1-CM16
		1000	[-100 × 50 × 5 × 7.5	2-M12			2500	[-150 × 75 × 9 × 12.5	2-CM12
		1500	[-125 × 65 × 6 × 8	2-M16	25	1000	500	[-100 × 50 × 5 × 7.5	2-M10
		2000	[-150 × 75 × 6.5 × 10	2-CM12			1000	[-125 × 65 × 6 × 8	2-CM16
		2500	[-150 × 75 × 6.5 × 10	2-CM16			1500	[-150 × 75 × 6.5 × 10	3-CM16
	2000	500	[-100 × 50 × 5 × 7.5	1-M12			2000	[-150 × 75 × 9 × 12.5	4-CM16
		1000	[-125 × 65 × 6 × 8	1-M12			2500	[-200 × 80 × 7.5 × 11	5-CM16
		1500	[-125 × 65 × 6 × 8	1-M16		1500	500	[-100 × 50 × 5 × 7.5	2-M10
		2000	[-150 × 75 × 6.5 × 10	2-M16			1000	[-125 × 65 × 6 × 8	2-M12
		2500	[-150 × 75 × 6.5 × 10	2-M16			1500	[-150 × 75 × 6.5 × 10	3-CM12
	2500	500	[-100 × 50 × 5 × 7.5	1-M12			2000	[-150 × 75 × 9 × 12.5	3-CM12
		1000	[-125 × 65 × 6 × 8	1-M12			2500	[-200 × 80 × 7.5 × 11	4-CM12
		1500	[-125 × 65 × 6 × 8	1-M12		2000	500	[-125 × 65 × 6 × 8	1-M16
		2000	[-150 × 75 × 6.5 × 10	1-CM12			1000	[-125 × 65 × 6 × 8	1-M16
		2500	[-150 × 75 × 6.5 × 10	1-CM16			1500	[-150 × 75 × 6.5 × 10	2-M16
20	500	500	[-100 × 50 × 5 × 7.5	2-CM12			2000	[-150 × 75 × 9 × 12.5	3-CM12
		1000	[-125 × 65 × 6 × 8	3-CM16			2500	[-200 × 80 × 7.5 × 11	3-CM12
		1500	[-150 × 75 × 6.5 × 10	5-CM16		2500	500	[-125 × 65 × 6 × 8	1-M16
		2000	[-150 × 75 × 6.5 × 10	7-CM16			1000	[-150 × 75 × 6.5 × 10	1-M16
		2500	[-200 × 80 × 7.5 × 11	—			1500	[-150 × 75 × 6.5 × 10	2-M12
	1000	500	[-100 × 50 × 5 × 7.5	2-M10			2000	[-150 × 75 × 9 × 12.5	2-M16
		1000	[-125 × 65 × 6 × 8	2-M16			2500	[-200 × 80 × 7.5 × 11	2-CM16
		1500	[-150 × 75 × 6.5 × 10	3-CM12	30	1500	500	[-125 × 65 × 6 × 8	1-M16
		2000	[-150 × 75 × 6.5 × 10	3-CM16			1000	[-150 × 75 × 6.5 × 10	2-M16
		2500	[-150 × 75 × 9 × 12.5	4-CM16			1500	[-150 × 75 × 6.5 × 10	2-CM16
	1500	500	[-100 × 50 × 5 × 7.5	2-M10			2000	[-180 × 75 × 7 × 10.5	3-CM16
		1000	[-125 × 65 × 6 × 8	2-M12			2500	[-200 × 80 × 7.5 × 11	4-CM16
		1500	[-150 × 75 × 6.5 × 10	2-M16		2000	500	[-125 × 65 × 6 × 8	1-M20
		2000	[-150 × 75 × 6.5 × 10	2-CM16			1000	[-150 × 75 × 6.5 × 10	1-M20
		2500	[-150 × 75 × 9 × 12.5	3-CM16			1500	[-150 × 75 × 6.5 × 10	2-M16
	2000	500	[-100 × 50 × 5 × 7.5	2-M10			2000	[-180 × 75 × 7 × 10.5	CM16
		1000	[-125 × 65 × 6 × 8	2-M10			2500	[-200 × 80 × 7.5 × 11	3-CM16
		1500	[-150 × 75 × 6.5 × 10	2-Ml2		2500	500	[-125 × 65 × 6 × 8	1-M20
		2000	[-150 × 75 × 6.5 × 10	2-M16			1000	[-150 × 75 × 6.5 × 10	1-M16
		2500	[-150 × 75 × 9 × 12.5	2-CM16			1500	[-150 × 75 × 6.5 × 10	1-M20
	2500	500	[-125 × 65 × 6 × 8	1-M16			2000	[-180 × 75 × 7 × 10.5	2-CM12
		1000	[-125 × 65 × 6 × 8	1-M16			2500	[-200 × 80 × 7.5 × 11	2-CM16

付表 2.2-8 横引配管用 S_A 種耐震支持材部材選定表の例（No.8）

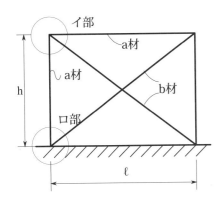

注）1）*1 の配管重量（P）は地震時に耐震支持材が受け持つ配管重量を示す。すなわち、耐震支持材にはさまれた部分の配管重量とする。

2）躯体取付けアンカーの種類と埋込深さ（下記以上とする）

(ⅰ) あと施工金属拡張アンカー　(ⅱ) あと施工接着系アンカー（CM）
　　（おねじ形）（M）　　　　　　CM12：90mm
　　M8　：40mm　M16：70mm　　CM16：110mm
　　M10：45mm　M20：90mm
　　M12：60mm

3）部分詳細図 NO. 付表 2.4-8 は下記による。

(ⅰ) b 材が丸鋼の場合　　(ⅱ) b 材が平鋼、山形鋼の場合
　イ部：8-イ-1　　　　　　イ部：8-イ-2 又は 8-イ-3
　ロ部：8-ロ-1 又は 8-ロ-2　ロ部：8-ロ-1 又は 8-ロ-2

配管重量 P*1 〔kN〕	支持材寸法 (mm) ℓ	h	部材仕様 a材	b材	接合ボルトサイズ	躯体取付アンカー	配管重量 P*1 〔kN〕	支持材寸法 (mm) ℓ	h	部材仕様 a材	b材	接合ボルトサイズ	躯体取付アンカー
2.5	500	500	L-40×40×5	M8 丸鋼	1-M8	1-M8	10	1000	1000	L-75×75×9	M10 丸鋼	1-M16	1-M16
		1000	L-40×40×5	M8 丸鋼	1-M10	2-M8			1500	L-75×75×9	M12 丸鋼	1-M16	2-M16
		1500	L-40×40×5	M8 丸鋼	1-M10	2-M10			2000	L-75×75×9	FB-6×65	1-M20	2-CM12
		2000	L-45×45×5	M10 丸鋼	1-M12	2-M12			2500	L-75×75×9	FB-6×65	1-M20	2-CM16
		2500	L-60×60×4	M10 丸鋼	1-M16	2-M16		1500	500	[-75×40×5×7	M10 丸鋼	1-M12	2-M10
	1000	500	L-50×50×6	M8 丸鋼	1-M8	1-M8			1000	[-75×40×5×7	M10 丸鋼	1-M16	2-M10
		1000	L-50×50×6	M8 丸鋼	1-M8	1-M8			1500	[-75×40×5×7	M10 丸鋼	1-M16	2-M10
		1500	L-50×50×6	M8 丸鋼	1-M8	1-M10			2000	[-100×50×5×7.5	M12 丸鋼	1-M16	2-CM12
		2000	L-50×50×6	M8 丸鋼	1-M10	1-M12			2500	[-100×50×5×7.5	M12 丸鋼	1-M16	2-CM12
		2500	L-60×60×4	M8 丸鋼	1-M10	1-M12		2000	500	[-100×50×5×7.5	M10 丸鋼	1-M12	1-M12
5	500	500	L-50×50×6	M8 丸鋼	1-M10	1-M10			1000	[-100×50×5×7.5	M10 丸鋼	1-M12	1-M12
		1000	L-50×50×6	M10 丸鋼	1-M12	2-M12			1500	[-100×50×5×7.5	M10 丸鋼	1-M16	1-M12
		1500	L-60×60×4	M12 丸鋼	1-M16	2-M16			2000	[-100×50×5×7.5	M10 丸鋼	1-M16	2-M10
		2000	L-60×60×4	FB-6×65	1-M16	2-CM16			2500	[-100×50×5×7.5	M12 丸鋼	1-M16	2-M12
		2500	L-65×65×6	FB-6×65	1-M20	2-CM16		2500	500	[-100×50×5×7.5	M10 丸鋼	1-M12	1-M12
	1000	500	L-65×65×6	M8 丸鋼	1-M10	1-M8			1000	[-100×50×5×7.5	M10 丸鋼	1-M12	1-M12
		1000	L-65×65×6	M8 丸鋼	1-M10	1-M10			1500	[-100×50×5×7.5	M10 丸鋼	1-M12	1-M12
		1500	L-65×65×6	M10 丸鋼	1-M12	1-M16			2000	[-100×50×5×7.5	M10 丸鋼	1-M16	1-M12
		2000	L-65×65×6	M10 丸鋼	1-M12	1-CM12			2500	[-100×50×5×7.5	M10 丸鋼	1-M16	2-M10
		2500	L-65×65×6	M10 丸鋼	1-M16	1-CM16	15	500	500	L-75×75×6	FB-6×65	1-M20	1-CM16
10	500	500	L-65×65×6	M10 丸鋼	1-M16	1-M16			1000	L-75×75×6	FB-6×65	2-M20	3-CM12
		1000	L-65×65×6	FB-6×65	1-M20	2-CM12			1500	L-75×75×6	FB-6×65	2-M20	4-CM16
		1500	L-65×65×6	FB-6×65	1-M20	3-CMI6			2000	L-75×75×6	FB-6×65	2-M20	5-CM16
		2000	L-65×65×6	FB-6×65	2-M20	4-CM16			2500	L-90×90×7	L-65×65×6	3-M20	6-CM16
		2500	L-75×75×9	FB-6×65	2-M20	4-CM16		1000	500	[-75×40×5×7	M12 丸鋼	1-M16	2-M10
	1000	500	L-75×75×9	M10 丸鋼	1-M12	1-Ml2			1000	[-75×40×5×7	FB-6×65	1-M20	2-C M10

付表 2.2-8(No.8 のつづき)

配管重量 P*1 [kN]	支持材寸法 (mm) ℓ	支持材寸法 (mm) h	部材仕様 a材	部材仕様 b材	接合ボルトサイズ	躯体取付アンカー	配管重量 P*1 [kN]	支持材寸法 (mm) ℓ	支持材寸法 (mm) h	部材仕様 a材	部材仕様 b材	接合ボルトサイズ	躯体取付アンカー
15	1000	1500	[-100×50×5×7.5	FB-6×65	1-M20	2-CM16	20	2500	2500	[-125×65×6×8	FB-6×65	1-M20	2-M16
	1000	2000	[-100×50×5×7.5	FB-6×65	2-M20	3-CM12	25	1000	500	[-100×50×5×7.5	FB-6×65	1-M20	3-CM12
	1000	2500	[-100×50×5×7.5	FB-6×65	2-M20	4-CM12		1000	1000	[-100×50×5×7.5	FB-6×65	2-M20	3-CM12
	1500	500	[-100×50×5×7.5	M12 丸鋼	1-M16	2-M10		1000	1500	[-100×50×5×7.5	FB-6×65	2-M20	4-CM12
	1500	1000	[-100×50×5×7.5	M12 丸鋼	1-M16	2-M10		1000	2000	[-125×65×6×8	FB-6×65	2-M20	4-CM16
	1500	1500	[-100×50×5×7.5	FB-6×65	1-M20	2-M12		1000	2500	[-125×65×6×8	FB-6×75	2-M20	5-CM16
	1500	2000	[-100×50×5×7.5	FB-6×65	1-M20	2-CM12		1500	500	[-125×65×6×8	FB-6×65	1-M20	1-M20
	1500	2500	[-100×50×5×7.5	FB-6×65	1-M20	3-CM12		1500	1000	[-125×65×6×8	FB-6×65	1-M20	1-M20
	2000	500	[-100×50×5×7.5	M12 丸鋼	1-M16	2-M10		1500	1500	[-125×65×6×8	FB-6×65	2-M16	2-CM16
	2000	1000	[-100×50×5×7.5	M12 丸鋼	1-M16	2-M10		1500	2000	[-125×65×6×8	FB-6×65	2-M16	3-CM12
	2000	1500	[-100×50×5×7.5	M12 丸鋼	1-M16	2-M10		1500	2500	[-125×65×6×8	FB-6×65	2-M20	3-CM16
	2000	2000	[-100×50×5×7.5	FB-6×65	1-M20	2-M12		2000	500	[-100×50×5×7.5	FB-6×65	1-M20	3-M12
	2000	2500	[-100×50×5×7.5	FB-6×65	1-M20	2-CM12		2000	1000	[-100×50×5×7.5	FB-6×65	1-M20	3-M12
	2500	500	[-125×65×6×8	M12 丸鋼	1-M16	1-M16		2000	1500	[-100×50×5×7.5	FB-6×65	1-M20	3-M12
	2500	1000	[-125×65×6×8	M12 丸鋼	1-M16	1-M16		2000	2000	[-100×50×5×7.5	FB-6×65	2-M16	3-CM12
	2500	1500	[-125×65×6×8	M12 丸鋼	1-M16	1-M16		2000	2500	[-100×50×5×7.5	FB-6×65	2-M16	3-CM12
	2500	2000	[-125×65×6×8	M12 丸鋼	1-M16	1-M20		2500	500	[-150×75×6.5×10	FB-6×65	1-M20	1-M20
	2500	2500	[-125×65×6×8	FB-6×65	1-M20	1-M20		2500	1000	[-150×75×6.5×10	FB-6×65	1-M20	1-M20
20	1000	500	[-100×50×5×7.5	FB-6×65	1-M20	2-M12		2500	1500	[-150×75×6.5×10	FB-6×65	1-M20	1-M20
	1000	1000	[-100×50×5×7.5	FB-6×65	1-M20	2-CM12		2500	2000	[-150×75×6.5×10	FB-6×65	1-M20	2-M16
	1000	1500	[-100×50×5×7.5	FB-6×65	2-M20	3-CM12		2500	2500	[-150×75×6.5×10	FB-6×65	2-M16	2-M16
	1000	2000	[-100×50×5×7.5	FB-6×65	2-M20	4-CM12	30	1500	500	[-125×65×6×8	FB-6×65	1-M20	1-M20
	1000	2500	[-125×65×6×8	FB-6×65	2-M20	4-CM16		1500	1000	[-125×65×6×8	FB-6×65	2-M16	2-M16
	1500	500	[-100×50×5×7.5	FB-6×65	1-M16	2-M12		1500	1500	[-125×65×6×8	FB-6×65	2-M20	2-CM16
	1500	1000	[-100×50×5×7.5	FB-6×65	1-M20	2-M12		1500	2000	[-125×65×6×8	FB-6×65	2-M20	3-CM16
	1500	1500	[-100×50×5×7.5	FB-6×65	1-M20	2-CM12		1500	2500	[-125×65×6×8	FB-6×65	2-M20	4-CM16
	1500	2000	[-100×50×5×7.5	FB-6×65	2-M20	3-CM12		2000	500	[-125×65×6×8	FB-6×65	1-M20	1-M20
	1500	2500	[-100×50×5×7.5	FB-6×65	2-M20	3-CM16		2000	1000	[-125×65×6×8	FB-6×65	2-M16	1-M20
	2000	500	[-125×65×6×8	FB-6×65	1-M16	1-M16		2000	1500	[-125×65×6×8	FB-6×65	2-M16	2-M16
	2000	1000	[-125×65×6×8	FB-6×65	1-M20	1-M16		2000	2000	[-125×65×6×8	FB-6×65	2-M20	2-CM16
	2000	1500	[-125×65×6×8	FB-6×65	1-M20	1-M20		2000	2500	[-125×65×6×8	FB-6×65	2-M20	3-CM16
	2000	2000	[-125×65×6×8	FB-6×65	1-M20	2-CM12		2500	500	[-150×75×6.5×10	FB-6×65	1-M20	1-M20
	2000	2500	[-125×65×6×8	FB-6×65	1-M20	2-CM16		2500	1000	[-150×75×6.5×10	FB-6×65	1-M20	1-M20
	2500	500	[-125×65×6×8	FB-6×65	1-M16	1-M16		2500	1500	[-150×75×6.5×10	FB-6×65	2-M16	1-M20
	2500	1000	[-125×65×6×8	FB-6×65	1-M20	1-M16		2500	2000	[-150×75×6.5×10	FB-6×65	2-M16	2-M16
	2500	1500	[-125×65×6×8	FB-6×65	1-M20	1-Ml6		2500	2500	[-150×75×6.5×10	FB-6×65	2-M20	2-CM16
	2500	2000	[-125×65×6×8	FB-6×65	1-M20	1-M20							—

付表 2.3 横引配管用自重支持材部材選定表の例

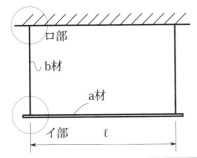

注）1）*1 の配管重量（P）は自重支持材にかかる配管重量を示す。
2）躯体取付けアンカーの種類と埋込深さは下記以上とする。
あと施工金属拡張アンカー（M）
M8 ：40mm　M12：60mm
M10 ：45mm　M16：70mm

配管重量 P*1 (kN)	サポート幅 ℓ (mm)	部材仕様 a材	b材	躯体取付アンカー はり固定	スラブ固定	部分詳細図 No.(付表2.5) はり固定	スラブ固定
2.5	500	L-40×40×5	M8 丸鋼	M8	M8		イ部：イ-1 ロ部：ロ-2
	1000	L-50×50×6					
	1500	L-60×60×5					
	2000	L-65×65×6					
5	500	L-50×50×6	M8 丸鋼	M8	2-M8		
	1000	L-65×65×6					
	1500	L-75×75×6					
	2000	L-75×75×9					
10	500	L-65×65×6	M8 丸鋼	M10	2-M12	イ部：イ-1 ロ部：ロ-1	イ部：イ-1 ロ部：ロ-3
	1000	L-75×75×9					
	1500	[-75×40×5×7					
	2000	[-100×50×5×7.5					
	2500	[-100×50×5×7.5					
15	500	L-75×75×6	M10 丸鋼	M12	2-M12		
	1000	[-75×40×5×7					
	1500	[-100×50×5×7.5					
	2000	[-100×50×5×7.5					
	2500	[-125×65×6×8					
20	1000	[-100×50×5×7.5	M12 丸鋼	M16	2-M16		
	1500	[-100×50×5×7.5					
	2000	[-125×65×6×8					
	2500	[-125×65×6×8					

付表 2.4 横引配管用 S_A および A 種耐震支持材組立要領図の例

付表 2.4-1 横引配管用 S_A および A 種耐震支持材組立要領図の例（No.1）

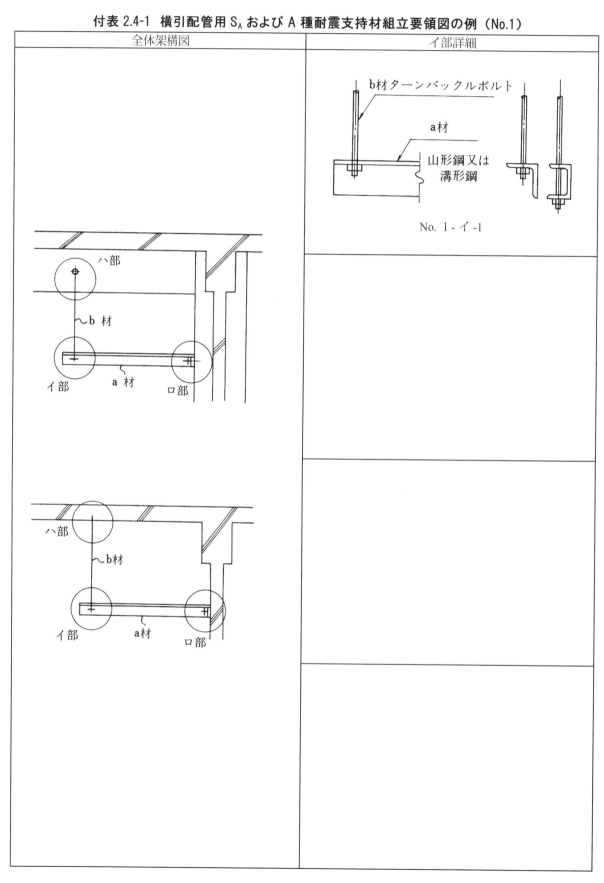

付表 2.4-1 つづき

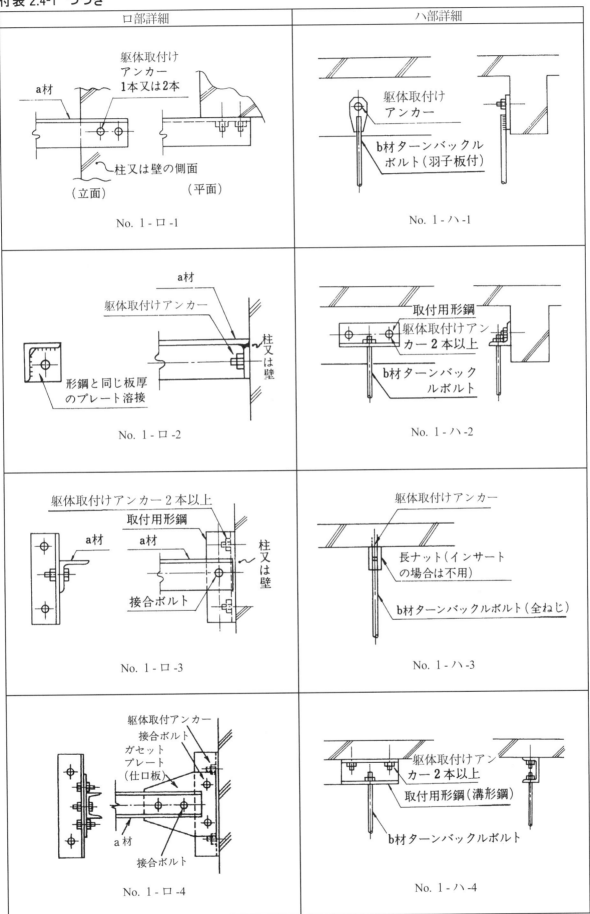

付表 2.4-2 横引配管用 S_A および A 種耐震支持材組立要領図の例（No.2）

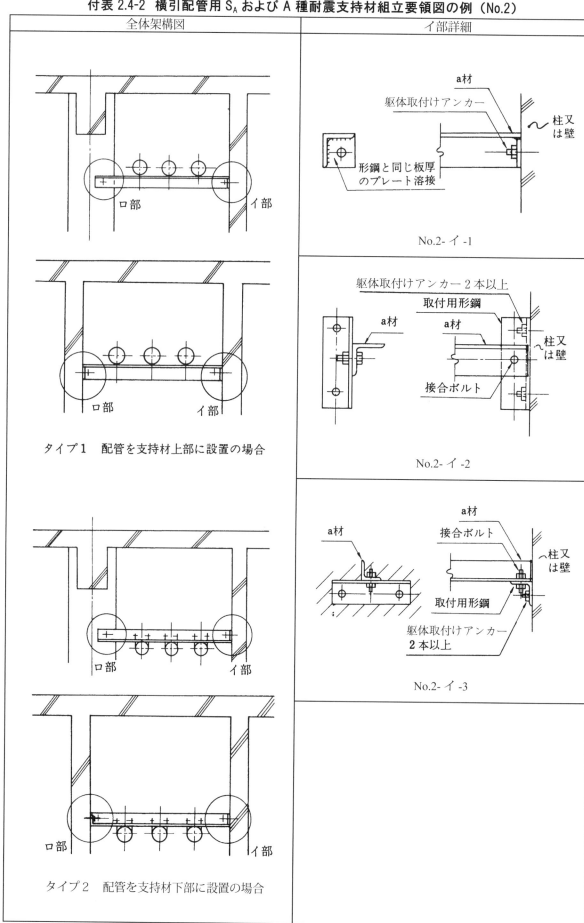

付表 2.4-2 つづき

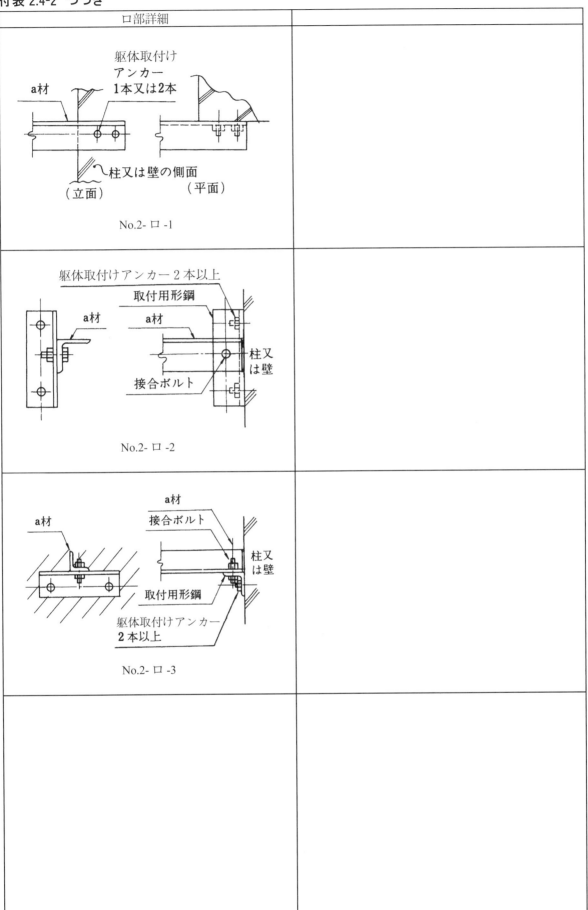

付表 2.4-3 横引配管用 S_A および A 種耐震支持材組立要領図の例 (No.3)

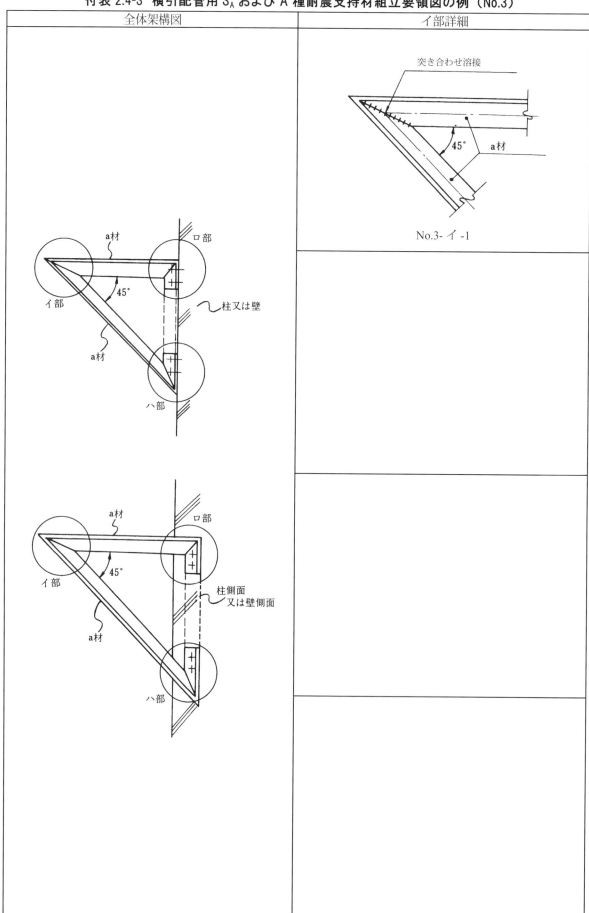

付表 2.4-3 つづき

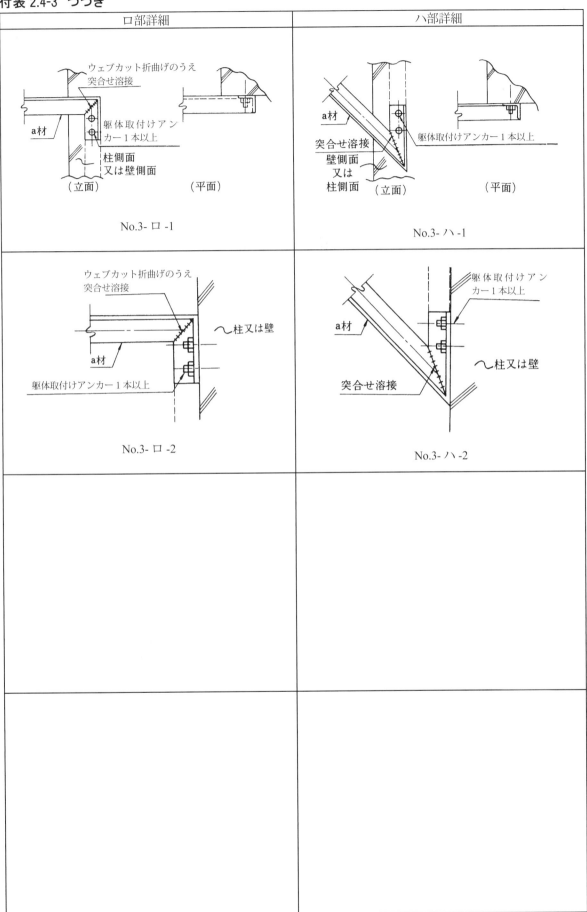

付表 2.4-4 横引配管用 S_A および A 種耐震支持材組立要領図の例 (No.4)

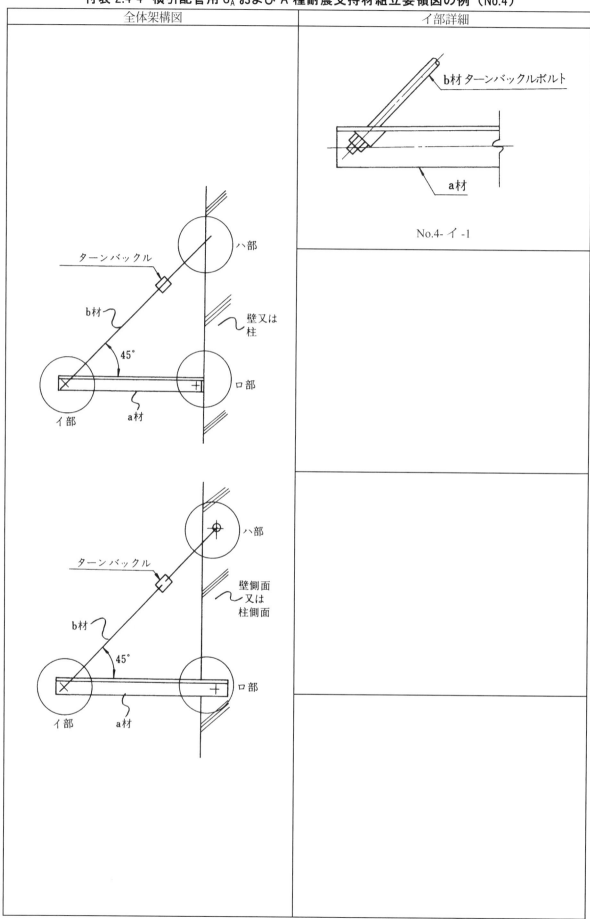

付表 2.4-4 つづき

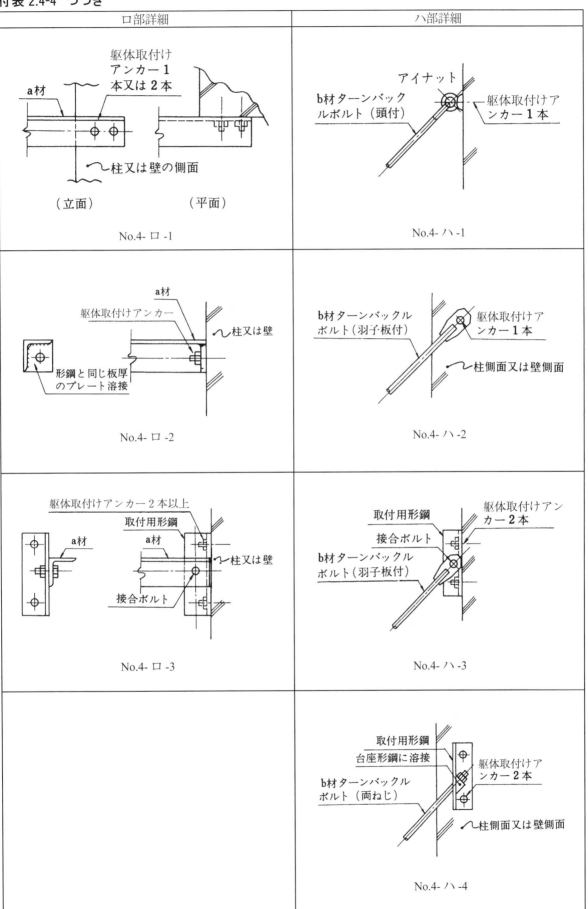

付表 2.4-5 横引配管用 S_A および A 種耐震支持材組立要領図の例（No.5）(a)

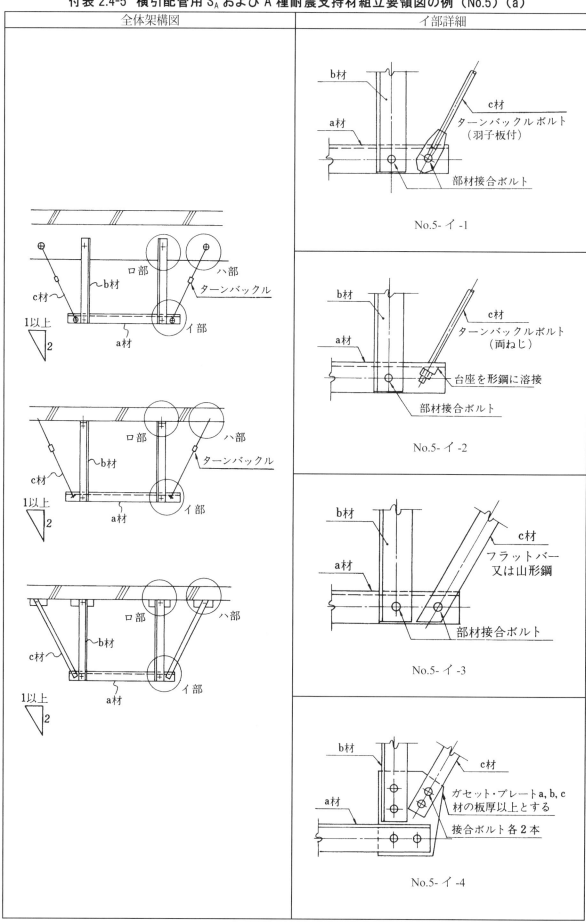

付表 2.4-5 つづき

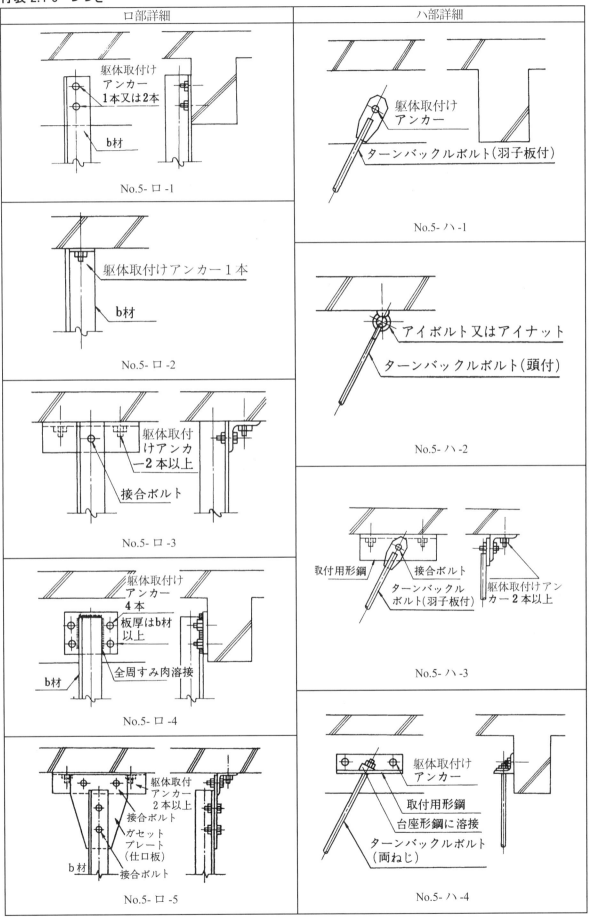

付表 2.4-5 横引配管用 S_A および A 種耐震支持材組立要領図の例（No.5）(b)

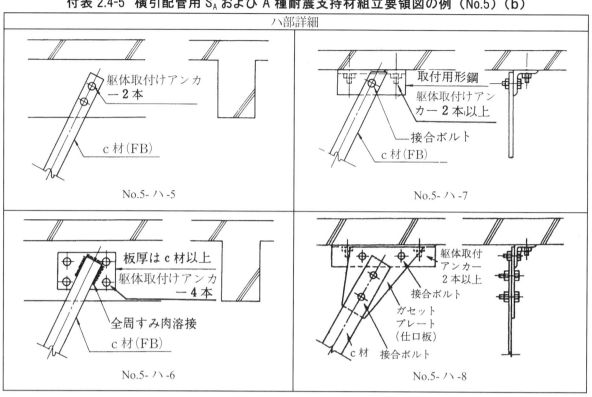

付表 2.4-6 横引配管用 S_A および A 種耐震支持材組立要領図の例（No.6）

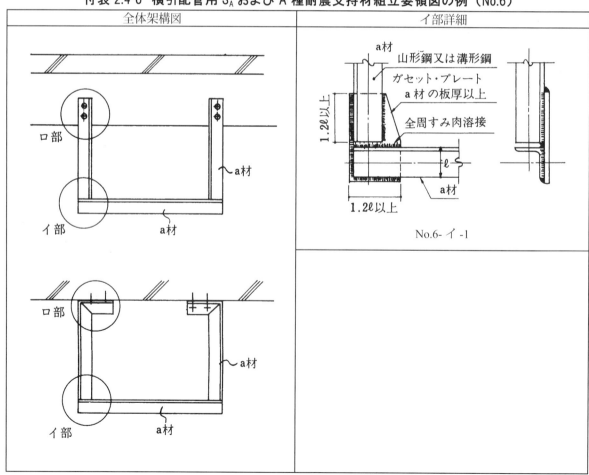

付表 2.4-6 つづき

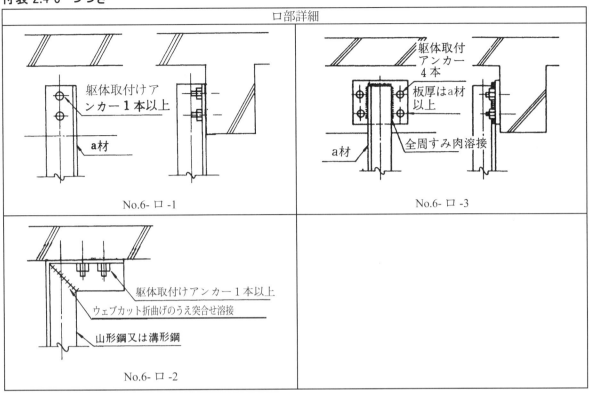

付表 2.4-7　横引配管用 S_A および A 種耐震支持材組立要領図の例（No.7）

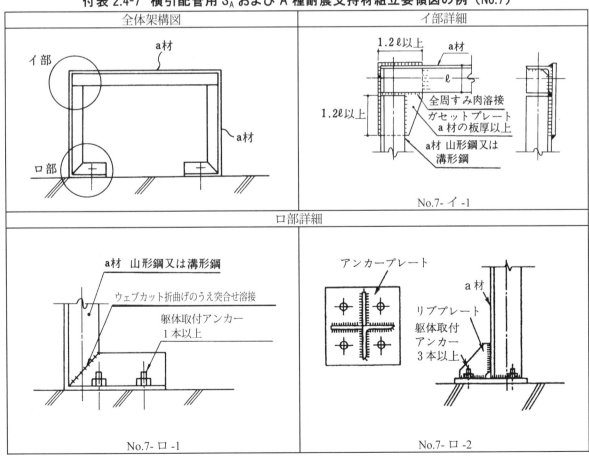

付表 2.4-8 横引配管用 S_A および A 種耐震支持材組立要領図の例（No.8）

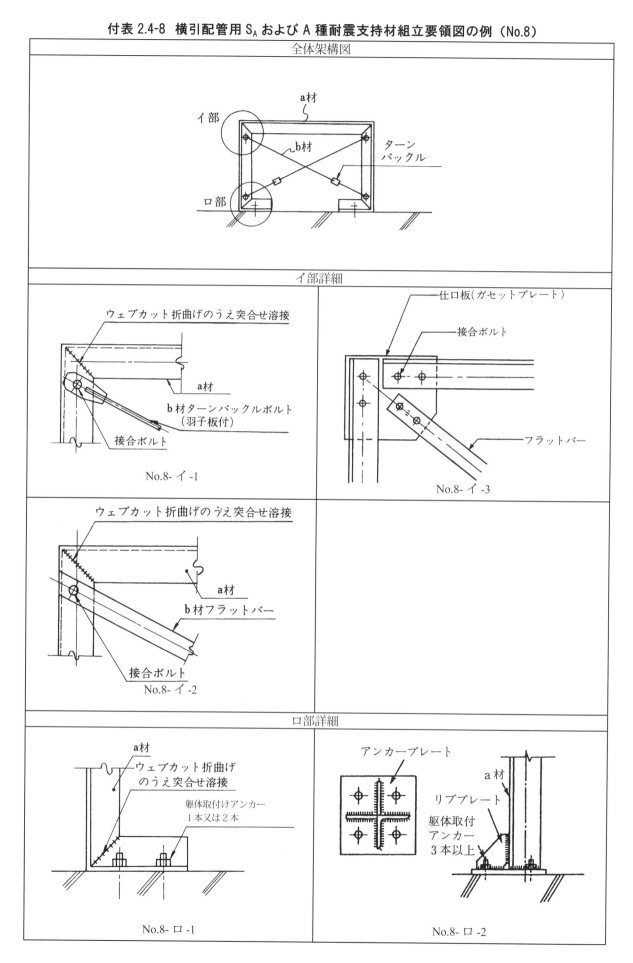

第8章 付表

付表 2.5 横引配管用自重支持材組立要領図の例

付表 2.5 横引配管用自重支持材組立要領図の例

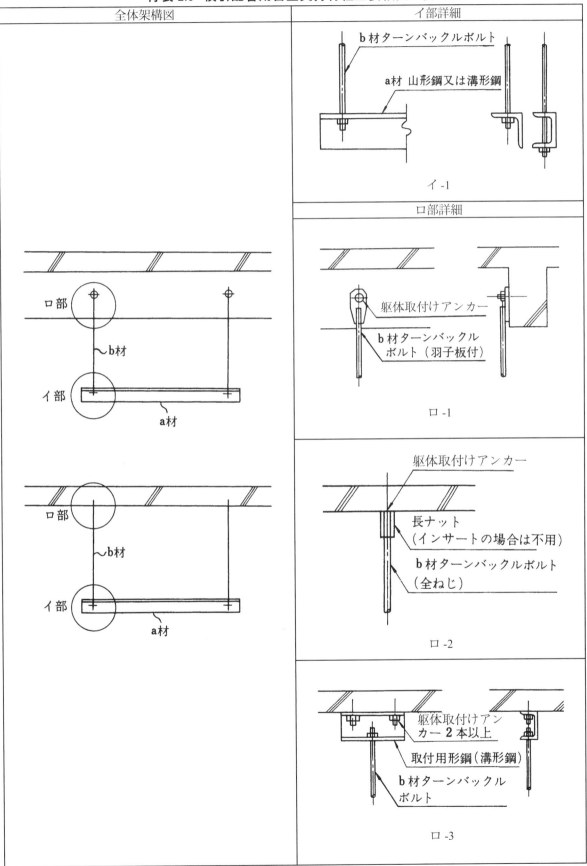

付表 2.6 立て配管用耐震支持材部材選定表の例

付表 2.6-1 立て配管用 A 種耐震支持材部材選定表の例（耐震支持（振止め）のみの場合）

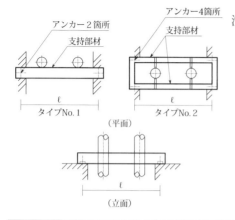

注）1）*1 の配管重量（P）は地震時に支持材が受け持つ配管重量を示す。すなわち、耐震支持材にはさまれた部分の配管重量を示す。また、本表に示す耐震支持材は配管の自重（P に同じ）は支持させない場合である。
2）躯体取付けアンカーの種類と埋込深さ（下記以上とする）
　あと施工金属拡張アンカー（M）
　M8 ：40mm　　M12：60mm
　M10：45mm　　M16：70mm
3）タイプ No.2 の支持材とは、地震力を 2 本の支持部材で負担するものをいう。
4）部分詳細図 No. 付表 2.7-1 を参照のこと。

配管重量 P*1 (kN)	支持材寸法 ℓ (mm)	タイプ No.1 部材仕様	躯体取付けアンカー	タイプ No.2 部材仕様	躯体取付けアンカー	配管重量 P*1 (kN)	支持材寸法 ℓ (mm)	タイプ No.1 部材仕様	躯体取付けアンカー	タイプ No.2 部材仕様	躯体取付けアンカー
2.5	500	L-40×40×3	M8	[-75×40×5×7	M8	25	500	L-65×65×6	M12	[-75×40×5×7	M10
	1000	L-40×40×3	M8	[-75×40×5×7	M8		1000	L-75×75×9	M12	[-100×50×5×7.5	M10
	1500	L-40×40×5	M8	[-75×40×5×7	M8		1500	L-90×90×10	M12	[-125×65×6×8	M10
	2000	L-50×50×4	M8	[-75×40×5×7	M8		2000	L-90×90×13	M12	[-125×65×6×8	M10
	2500	L-50×50×6	M8	[-75×40×5×7	M8		2500	L-100×100×13	M12	[-125×65×6×8	M10
5	500	L-40×40×3	M8	[-75×40×5×7	M8	30	500	L-65×65×8	M16	[-75×40×5×7	M10
	1000	L-50×50×4	M8	[-75×40×5×7	M8		1000	L-75×75×12	M16	[-100×50×5×7.5	M10
	1500	L-50×50×6	M8	[-75×40×5×7	M8		1500	L-90×90×10	M16	[-125×65×6×8	M10
	2000	L-60×60×5	M8	[-75×40×5×7	M8		2000	L-100×100×13	M16	[-125×65×6×8	M10
	2500	L-65×65×6	M8	[-75×40×5×7	M8		2500	L-130×130×9	M16	[-150×75×6.5×10	M10
10	500	L-50×50×4	M8	[-75×40×5×7	M8	40	500	L-75×75×9	M16	[-75×40×5×7	M12
	1000	L-60×60×5	M8	[-75×40×5×7	M8		1000	L-90×90×10	M16	[-125×65×6×8	M12
	1500	L-70×70×6	M8	[-75×40×5×7	M8		1500	L-100×100×13	M16	[-125×65×6×8	M12
	2000	L-75×75×9	M8	[-75×40×5×7	M8		2000	L-130×130×9	M16	[-150×75×6.5×10	M12
	2500	L-75×75×9	M8	[-100×50×5×7.5	M8		2500	L-130×130×12	M16	[-150×75×6.5×10	M12
15	500	L-50×50×6	M10	[-75×40×5×7	M8	50	500	L-75×75×9	2-M16	[-100×50×5×7.5	M12
	1000	L-70×70×6	M10	[-75×40×5×7	M8		1000	L-90×90×13	2-M16	[-125×65×6×8	M12
	1500	L-80×80×6	M10	[-100×50×5×7.5	M8		1500	L-130×130×9	2-M16	[-150×75×6.5×10	M12
	2000	L-90×90×7	M10	[-100×50×5×7.5	M8		2000	L-130×130×12	2-M16	[-150×75×6.5×10	M12
	2500	L-90×90×10	M10	[-125×65×6×8	M8		2500	L-150×150×12	2-M16	[-150×75×9×12.5	M12
20	500	L-60×60×5	M12	[-75×40×5×7	M10	60	500	L-75×75×12	2-M16	[-100×50×5×7.5	M16
	1000	L-75×75×9	M12	[-75×40×5×7	M10		1000	L-100×100×13	2-M16	[-125×65×6×8	M16
	1500	L-90×90×7	M12	[-100×50×5×7.5	M10		1500	L-130×130×9	2-M16	[-150×75×6.5×10	M16
	2000	L-90×90×10	M12	[-125×65×6×8	M10		2000	L-130×130×15	2-M16	[-150×75×9×12.5	M16
	2500	L-90×90×13	M12	[-125×65×6×8	M10		2500	L-150×150×12	2-M16	[-200×90×8×13.5	M16

付表 2.6-2　立て配管用 A 種耐震支持材部材選定表の例（耐震支持と自重支持を兼用する場合）

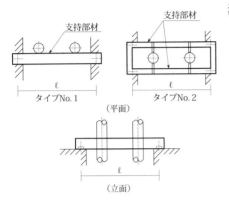

注）1）*1 の配管重量（P）は地震時に支持材が受け持つ配管重量を示す。すなわち、耐震支持材にはさまれた部分の配管重量を示す。また、本表に示す耐震支持材は配管の自重（P に同じ）も支持する場合である。

2）躯体取付けアンカーの種類と埋込深さ（下記以上とする）
　あと施工金属拡張アンカー（M）
　　M8 ：40mm　M12：60mm
　　M10：45mm　M16：70mm

3）タイプ No.2 の支持材とは、自重および地震力を 2 本の支持部材で負担するものをいう。

4）部分詳細図 No. 付表 2.7-2 を参照のこと。

配管重量 P*1 (kN)	支持材寸法 ℓ (mm)	タイプ No.1 部材仕様	躯体取付けアンカー	タイプ No.2 部材仕様	躯体取付けアンカー	配管重量 P*1 (kN)	支持材寸法 ℓ (mm)	タイプ No.1 部材仕様	躯体取付けアンカー	タイプ No.2 部材仕様	躯体取付けアンカー
2.5	500	L-40×40×5	M8	[-75×40×5×7	M8	25	500	L-90×90×7	M12	[-75×40×5×7	M10
	1000	L-50×50×6	M8	[-75×40×5×7	M8		1000	L-120×120×8	M12	[-100×50×5×7.5	M10
	1500	L-60×60×5	M8	[-75×40×5×7	M8		1500	L-130×130×12	M12	[-125×65×6×8	M10
	2000	L-65×65×6	M8	[-75×40×5×7	M8		2000	L-130×130×15	M12	H-100×100×6×8	M10
	2500	L-65×65×8	M8	[-75×40×5×7	M8		2500	H-125×125×6.5×9	M12	H-100×100×6×8	M10
5	500	L-50×50×6	M8	[-75×40×5×7	M8	30	500	L-90×90×10	M16	[-75×40×40×5×7	M10
	1000	L-65×65×6	M8	[-75×40×5×7	M8		1000	L-130×130×9	M16	[-125×65×6×8	M10
	1500	L-75×75×6	M8	[-75×40×5×7	M8		1500	L-130×130×15	M16	[-125×65×6×8	M10
	2000	L-75×75×9	M8	[-75×40×5×7	M8		2000	H-125×125×6.5×9	2-M12	H-100×100×6×8	M10
	2500	L-90×90×7	M8	[-75×40×5×7	M8		2500	H-150×150×7×10	2-M12	H-100×100×6×8	M10
10	500	L-65×65×6	M8	[-75×40×5×7	M8	40	500	L-100×100×10	M16	[-100×50×5×7.5	M12
	1000	L-75×75×9	M8	[-75×40×5×7	M8		1000	L-130×130×12	M16	[-125×65×6×8	M12
	1500	L-90×90×10	M8	[-75×40×5×7	M8		1500	H-125×125×6.5×9	2-M12	H-100×100×6×8	M12
	2000	L-100×100×10	M8	[-100×50×5×7.5	M8		2000	H-150×150×7×10	2-M12	H-125×125×6.5×9	M12
	2500	L-120×120×8	M8	[-100×50×5×7.5	M8		2500	H-150×150×7×10	2-M12	H-125×125×6.5×9	M12
15	500	L-75×75×9	M10	[-75×40×5×7	M8	50	500	L-120×120×8	2-M16	[-100×50×5×7.5	M12
	1000	L-90×90×10	M10	[-75×40×5×7	M8		1000	L-130×130×15	2-M16	H-100×100×6×8	M12
	1500	L-120×120×8	M10	[-100×50×5×7.5	M8		1500	H-150×150×7×10	2-M16	H-100×100×6×8	M12
	2000	L-130×130×9	M10	[-125×65×6×8	M8		2000	H-150×150×7×10	2-M16	H-125×125×6.5×9	M12
	2500	L-130×130×12	M10	[-125×65×6×8	M8		2500	H-175×175×7.5×11	2-M16	H-125×125×6.5×9	M12
20	500	L-90×90×6	M12	[-70×40×5×7	M10	60	500	L-130×130×9	2-M16	[-125×65×6×8	M16
	1000	L-100×100×10	M12	[-100×50×5×7.5	M10		1000	H-125×125×6.5×9	2-M16	H-100×100×6×8	M16
	1500	L-130×130×9	M12	[-125×65×6×8	M10		1500	H-150×150×7×10	2-M16	H-125×125×6.5×9	M16
	2000	L-130×130×12	M12	[-125×65×6×8	M10		2000	H-175×175×7.5×11	2-M16	H-125×125×6.5×9	M16
	2500	L-130×130×15	M12	H-100×100×6×8	M10		2500	H-175×175×7.5×11	2-M16	H-150×150×7×10	M16

付表 2.6-3 立て配管用 S_A 種耐震支持材部材選定表の例（耐震支持（振止め）のみの場合）

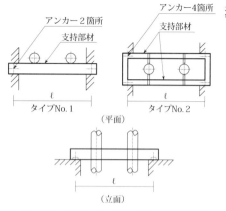

注）1）*1 の配管重量（P）は地震時に支持材が受け持つ配管重量を示す。すなわち、耐震支持材にはさまれた部分の配管重量を示す。また、本表に示す耐震支持材は配管の自重（Pに同じ）は支持させない場合である。
2）躯体取付けアンカーの種類と埋込深さ（下記以上とする）
　あと施工金属拡張アンカー（M）
　　M8 ：40mm　M12：60mm
　　M10：45mm　M16：70mm
3）タイプ No.2 の支持材とは、地震力を2本の支持部材で負担するものをいう。
4）部分詳細図 No. 付表 2.7-1 を参照のこと。

配管重量 P*1 (kN)	支持材寸法 ℓ (mm)	タイプNo1 部材仕様	躯体取付けアンカー	タイプNo.2 部材仕様	躯体取付けアンカー	配管重量 P*1 (kN)	支持材寸法 ℓ (mm)	タイプNo.1 部材仕様	躯体取付けアンカー	タイプNo.2 部材仕様	躯体取付けアンカー
2.5	500	L-40 × 40 × 3	M8	[-75 × 40 × 5 × 7	M8	25	500	L-75 × 75 × 9	M16	[-75 × 40 × 5 × 7	M12
	1000	L-40 × 40 × 5	M8	[-75 × 40 × 5 × 7	M8		1000	L-90 × 90 × 10	M16	[-125 × 65 × 6 × 8	M12
	1500	L-50 × 50 × 6	M8	[-75 × 40 × 5 × 7	M8		1500	L-100 × 100 × 13	M16	[-125 × 65 × 6 × 8	M12
	2000	L-50 × 50 × 6	M8	[-75 × 40 × 5 × 7	M8		2000	L-130 × 130 × 9	M16	H-100 × 100 × 6 × 8	M12
	2500	L-60 × 60 × 5	M8	[-75 × 40 × 5 × 7	M8		2500	L-130 × 130 × 12	M16	H-100 × 100 × 6 × 8	M12
5	500	L-40 × 40 × 5	M8	[-75 × 40 × 5 × 7	M8	30	500	L-75 × 75 × 9	2-M12	[-100 × 50 × 5 × 7.5	M12
	1000	L-50 × 50 × 6	M8	[-75 × 40 × 5 × 7	M8		1000	L-90 × 90 × 13	2-M12	[-125 × 65 × 6 × 8	M12
	1500	L-65 × 65 × 5	M8	[-75 × 40 × 5 × 7	M8		1500	L-130 × 130 × 9	2-M12	H-100 × 100 × 6 × 8	M12
	2000	L-65 × 65 × 8	M8	[-75 × 40 × 5 × 7	M8		2000	L-130 × 130 × 12	2-M12	H-100 × 100 × 6 × 8	M12
	2500	L-75 × 75 × 9	M8	[-75 × 40 × 5 × 7	M8		2500	L-130 × 130 × 15	2-M12	H-100 × 100 × 6 × 8	M12
10	500	L-50 × 50 × 6	M10	[-75 × 40 × 5 × 7	M8	40	500	L-90 × 90 × 7	2-M16	[-100 × 50 × 5 × 7.5	M16
	1000	L-65 × 65 × 8	M10	[-75 × 40 × 5 × 7	M8		1000	L-100 × 100 × 13	2-M16	H-100 × 100 × 6 × 8	M16
	1500	L-75 × 75 × 9	M10	[-100 × 50 × 5 × 7.5	M8		1500	L-130 × 130 × 12	2-M16	H-100 × 100 × 6 × 8	M16
	2000	L-90 × 90 × 7	M10	[-100 × 50 × 5 × 7.5	M8		2000	L-130 × 130 × 15	2-M16	H-125 × 125 × 6.5 × 9	Ml6
	2500	L-90 × 90 × 10	M10	[-125 × 65 × 6 × 8	M8		2500	H-150 × 150 × 7 × 10	2-M16	H-125 × 125 × 6.5 × 9	M16
15	500	L-65 × 65 × 5	M12	[-75 × 40 × 5 × 7	M10	50	500	L-90 × 90 × 10	2-M16	[-125 × 65 × 6 × 8	M16
	1000	L-75 × 75 × 9	M12	[-100 × 50 × 5 × 7.5	M10		1000	L-130 × 130 × 9	2-M16	H-100 × 100 × 6 × 8	M16
	1500	L-90 × 90 × 10	M12	[-125 × 65 × 6 × 8	M10		1500	L-130 × 130 × 15	2-M16	H-100 × 100 × 6 × 8	M16
	2000	L-90 × 90 × 13	M12	[-125 × 65 × 6 × 8	M10		2000	L-150 × 150 × 7 × 10	2-M16	H-125 × 125 × 6.5 × 9	M16
	2500	L-100 × 100 × 13	M12	[-125 × 65 × 6 × 8	M10		2500	H-175 × 175 × 7.5 × 11	2-M16	H-125 × 125 × 6.5 × 9	M16
20	500	L-65 × 65 × 8	M16	[-75 × 40 × 5 × 7	M10	60	500	L-90 × 90 × 13	3-M16	[-125 × 65 × 6 × 8	2-M16
	1000	L-90 × 90 × 7	M16	[-100 × 50 × 5 × 7.5	M10		1000	L-130 × 130 × 12	3-M16	H-100 × 100 × 6 × 8	2-M16
	1500	L-90 × 90 × 13	M16	[-125 × 65 × 6 × 8	M10		1500	L-150 × 150 × 12	3-M16	H-125 × 125 × 6.5 × 9	2-M16
	2000	L-100 × 100 × 13	M16	H-100 × 100 × 6 × 8	M10		2000	H-175 × 175 × 7.5 × 11	3-M16	H-125 × 125 × 6.5 × 9	2-M16
	2500	L-130 × 130 × 9	M16	H-100 × 100 × 6 × 8	M10		2500	H-175 × 175 × 7.5 × 11	3-M16	H-150 × 150 × 7 × 10	2-M16

付表 2.6-4　立て配管用 S_A 種耐震支持材部材選定表の例（耐震支持と自重支持を兼用する場合）

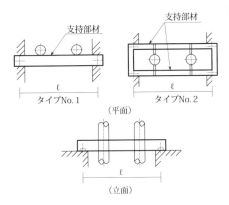

注）1）*1 の配管重量（P）は地震時に支持材が受け持つ配管重量を示す。すなわち、耐震支持材にはさまれた部分の配管重量を示す。また、本表に示す耐震支持材は配管の自重（Pに同じ）も支持する場合である。

2）躯体取付けアンカーの種類と埋込深さ（下記以上とする）
　あと施工金属拡張アンカー（M）
　M8 ：40mm　　M12：60mm
　M10：45mm　　M16：70mm

3）タイプ No.2 の支持材とは、自重および地震力を 2 本の支持部材で負担するものをいう。

4）部分詳細図 No. 付表 2.7-2 を参照のこと。

配管重量 P^{*1} (kN)	支持材寸法 ℓ (mm)	タイプ No.1 部材仕様	躯体取付アンカー	タイプ No.2 部材仕様	躯体取付アンカー	配管重量 P^{*1} (kN)	支持材寸法 ℓ (mm)	タイプ No.1 部材仕様	躯体取付アンカー	タイプ No.2 部材仕様	躯体取付アンカー
2.5	500	L-40×40×5	M8	[-75×40×5×7	M8	25	500	L-90×90×10	M16	[-100×50×5×7.5	M12
	1000	L-50×50×6	M8	[-75×40×5×7	M8		1000	L-130×130×9	M16	[-125×65×6×8	M12
	1500	L-65×65×6	M8	[-75×40×5×7	M8		1500	L-130×130×15	M16	H-100×100×6×8	M12
	2000	L-65×65×8	M8	[-75×40×5×7	M8		2000	H-150×150×7×10	M16	H-100×100×6×8	M12
	2500	L-75×75×9	M8	[-75×40×5×7	M8		2500	H-150×150×7×10	M16	H-125×125×6.5×9	M12
5	500	L-50×50×6	M8	[-75×40×5×7	M8	30	500	L-90×90×13	2-M12	[-100×50×5×7.5	M12
	1000	L-65×65×8	M8	[-75×40×5×7	M8		1000	L-130×130×12	2-M12	[-125×65×6×8	M12
	1500	L-75×75×9	M8	[-75×40×5×7	M8		1500	H-125×125×6.5×9	2-M12	H-100×100×6×8	M12
	2000	L-75×75×12	M8	[-75×40×5×7	M8		2000	H-150×150×7×10	2-M12	H-125×125×6.5×9	M12
	2500	L-90×90×10	M8	[-100×50×5×7.5	M8		2500	H-150×150×7×10	2-M12	H-125×125×6.5×9	M12
10	500	L-65×65×8	M10	[-75×40×5×7	M8	40	500	L-120×120×8	2-M16	[-125×65×6×8	M16
	1000	L-90×90×10	M10	[-75×40×5×7	M8		1000	L-130×130×15	2-M16	H-100×100×6×8	M16
	1500	L-90×90×13	M10	[-100×50×5×7.5	M8		1500	H-150×150×7×10	2-M16	H-125×125×6.5×9	M16
	2000	L-100×100×13	M10	[-125×65×6×8	M8		2000	H-175×175×7.5×11	2-M16	H-125×125×6.5×9	M16
	2500	L-130×130×9	M10	[-125×65×6×8	M8		2500	H-175×175×7.5×11	2-M16	H-150×150×7×10	Ml6
15	500	L-75×75×9	M12	[-75×40×5×7	M10	50	500	L-130×130×9	2-M16	[-125×65×6×8	M16
	1000	L-90×90×13	M12	[-100×50×5×7.5	M10		1000	H-150×150×7×10	2-M16	H-100×100×6×8	M16
	1500	L-130×130×9	M12	[-125×65×6×8	M10		1500	H-150×150×7×10	2-M16	H-125×125×6.5×9	M16
	2000	L-130×130×12	M12	[-125×65×6×8	M10		2000	H-175×175×7.5×11	2-M16	H-150×150×7×10	M16
	2500	L-130×130×15	M12	H-100×100×6×8	M10		2500	H-200×200×8×12	2-M16	H-150×150×7×10	M16
20	500	L-90×90×7	M16	[-75×40×5×7	M10	60	500	L-130×130×12	3-M16	[-125×65×6×8	2-M16
	1000	L-100×100×13	M16	[-125×65×6×8	Ml0		1000	H-150×150×7×10	3-M16	H-125×125×6.5×9	2-M16
	1500	L-130×130×12	M16	[-125×65×6×8	M10		1500	H-175×175×7.5×11	3-M16	H-125×125×6.5×9	2-M16
	2000	L-130×130×15	M16	H-100×100×6×8	M10		2000	H-200×200×8×12	3-M16	H-150×150×7×10	2-M16
	2500	H-150×150×7×10	M16	H-100×100×6×8	M10		2500	H-200×200×8×12	3-M16	H-150×150×7×10	2-M16

付表 2.7 立て配管用耐震支持材組立要領図の例

付表 2.7-1 立て配管用耐震支持材組立要領図の例（耐震支持（振止め）のみの場合）

付表 2.7-2 立て配管用耐震支持材組立要領図の例（耐震支持と自重支持を兼用する場合）

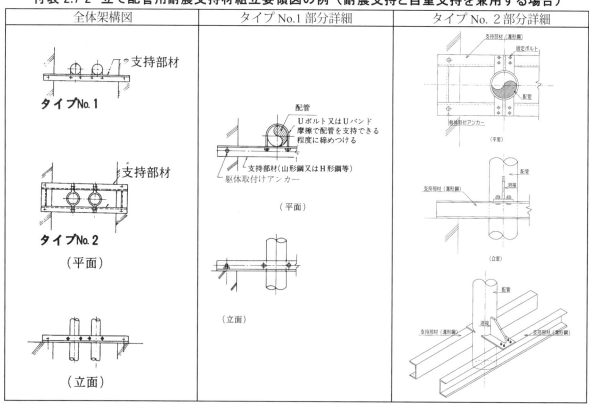

付表3　電気配線用耐震支持部材選定表および組立要領図の例

付表 3.1　横引電気配線用支持材部材選定表の例 …………………………………………… 184

付表 3.2　横引電気配線用支持材組立要領図の例 …………………………………………… 184

付表 3.3　立て電気配線用耐震支持材部材選定表の例 ……………………………………… 185

付表 3.4　横引電気配線用軸方向支持材部材選定表の例 …………………………………… 186

付表 3.1 横引電気配線用支持材部材選定表の例

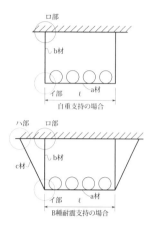

注）1）*1の配管重量（P）は自重支持材にかかる配線重量を示す。
  2）躯体取付けアンカーの種類と埋込深さ（下記以上とする）
    あと施工金属拡張アンカー（M）
      M8 ：40mm M12：60mm
      M10：45mm M16：70mm
  3）本表は自重支持材の部材を示しているが、耐震支持材は自重支持材と同部材の架構に本表に示す斜材を取付けることとする。
  4）部分詳細図は付表 3.2 を参照のこと。
  5）ケーブルラックも本表に準ずる。
  6）ここでは、B種の例を示し、S_A およびA種耐震支持材の部材選定は付表2の配管の場合に準じる。

標準支持点間当りの電気配線重量 $P*1$ (kN)	支持材寸法 ℓ (mm)	a材 等辺山形鋼 A×B×t (mm)	a材 溝形鋼 H×B×t₁×t₂ (mm)	a材 リップ溝形鋼 H×A×C×t (mm)	b材	c材	接合ボルト
1.0	500	40 × 40 × 3	75 × 40 × 5 × 7	60 × 30 × 10 × 1.6	M8 丸鋼	M8 丸鋼 又は FB-4.5 × 25	M8
1.0	1000	40 × 40 × 3	75 × 40 × 5 × 7	60 × 30 × 10 × 1.6			
1.0	1500	40 × 40 × 5	75 × 40 × 5 × 7	60 × 30 × 10 × 2.3			
3.0	500	40 × 40 × 5	75 × 40 × 5 × 7	60 × 30 × 10 × 2.3	M8 丸鋼		
3.0	1000	50 × 50 × 6	75 × 40 × 5 × 7	100 × 50 × 20 × 2.3			
3.0	1500	65 × 65 × 6	100 × 50 × 5 × 7.5	100 × 50 × 20 × 2.3			
5.0	500	50 × 50 × 6	75 × 40 × 5 × 7	100 × 50 × 20 × 2.3	M10 丸鋼	M10 丸鋼 又は FB-4.5 × 25	
5.0	1000	65 × 65 × 6	100 × 50 × 5 × 7.5	100 × 50 × 20 × 2.3			
5.0	1500	75 × 75 × 6	100 × 50 × 5 × 7.5	100 × 50 × 20 × 3.2			

付表 3.2 横引電気配線用支持材組立要領図の例

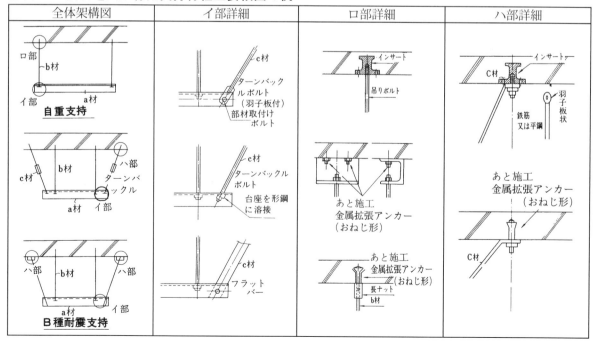

付表 3.3 立て電気配線用耐震支持材部材選定表の例

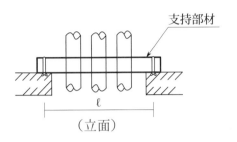
（立面）

注）1）*1 の配管重量（P）は地震時に支持材が受け持つ配線重量を示す。すなわち、耐震支持材にはさまれた部分の配線重量を示す。また、本表に示す耐震支持は配線の自重（P に同じ）も支持する場合である。
2）躯体取付けアンカーの種類と埋込深さ（下記以上とする）
あと施工アンカー（おねじ形）（M）
M8：40mm
3）ケーブルラックも本表に準ずる。

	電気配線重量 $P*1$ 〔kN〕	支持材寸法 ℓ 〔mm〕	部材仕様			躯体取付けアンカー
			等辺山形鋼 $A\times B\times t$ 〔mm〕	溝形鋼 $H\times B\times t_1\times t$ 〔mm〕	リップ溝形鋼 $H\times A\times C\times t$ 〔mm〕	
A種耐震支持	1.0	500	40 × 40 × 3	75 × 40 × 5 × 7	60 × 30 × 10 × 1.6	M8
		1000	40 × 40 × 3	75 × 40 × 5 × 7	60 × 30 × 10 × 1.6	
		1500	40 × 40 × 5	75 × 40 × 5 × 7	60 × 30 × 10 × 1.6	
	3.0	500	40 × 40 × 5	75 × 40 × 5 × 7	60 × 30 × 10 × 1.6	M8
		1000	50 × 50 × 6	75 × 40 × 5 × 7	75 × 45 × 15 × 1.6	
		1500	65 × 65 × 6	75 × 40 × 5 × 7	75 × 45 × 15 × 2.3	
	5.0	500	50 × 50 × 6	75 × 40 × 5 × 7	60 × 30 × 10 × 2.3	M8
		1000	65 × 65 × 6	75 × 40 × 5 × 7	75 × 45 × 15 × 2.3	
		1500	75 × 75 × 9	75 × 40 × 5 × 7	100 × 50 × 20 × 2.3	
	7.0	500	60 × 60 × 5	75 × 40 × 5 × 7	75 × 45 × 15 × 1.6	M8
		1000	65 × 65 × 8	75 × 40 × 5 × 7	100 × 50 × 20 × 2.3	
		1500	75 × 75 × 9	100 × 50 × 5 × 7.5	100 × 50 × 20 × 3.2	
S_A種耐震支持	1.0	500	40 × 40 × 3	75 × 40 × 5 × 7	60 × 30 × 10 × 1.6	M8
		1000	40 × 40 × 5	75 × 40 × 5 × 7	60 × 30 × 10 × 1.6	
		1500	50 × 50 × 4	75 × 40 × 5 × 7	60 × 30 × 10 × 2.3	
	3.0	500	50 × 50 × 4	75 × 40 × 5 × 7	60 × 30 × 10 × 2.3	M8
		1000	60 × 60 × 5	75 × 40 × 5 × 7	75 × 45 × 15 × 1.6	
		1500	65 × 65 × 8	75 × 40 × 5 × 7	100 × 50 × 20 × 1.6	
	5.0	500	50 × 50 × 6	75 × 40 × 5 × 7	75 × 45 × 15 × 1.6	M8
		1000	65 × 65 × 8	75 × 40 × 5 × 7	100 × 50 × 20 × 2.3	
		1500	75 × 75 × 9	100 × 50 × 5 × 7.5	100 × 50 × 20 × 3.2	
	7.0	500	65 × 65 × 6	75 × 40 × 5 × 7	75 × 45 × 15 × 2.3	M8
		1000	75 × 75 × 9	100 × 50 × 5 × 7.5	100 × 50 × 20 × 3.2	
		1500	75 × 75 × 12	125 × 65 × 6 × 8	120 × 60 × 20 × 3.2	

付表 3.4　横引電気配線用軸方向支持材部材選定表の例

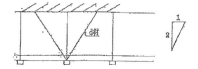

注）1）*1 の配管重量（P）は地震時に耐震支持材が受け持つ配線重量を示す。すなわち、耐震支持材にはさまれた部分の配線重量を示す。
2）*2 の配線重量（W）は自重支持材にかかる配線重量を示す。
3）あと施工金属拡張アンカー（M）
　　M 8：40mm、M12：60mm
　　M10：45mm、M16：60mm

付表 3.4－1　軸方向 S_A 種支持材部材選定表の例

電気配線重量 P^{*1} 〔kN〕	部材仕様 d 材
2.5	M8 丸鋼
5	M8 丸鋼
10	M10 丸鋼
15	M12 丸鋼
20	M12 丸鋼
25	FB－4.5x38
30	FB－4.5x38

付表 3.4－2　軸方向 A 種支持材部材選定表の例

電気配線重量 P^{*1} 〔kN〕	部材仕様 d 材
2.5	M8 丸鋼
5	M8 丸鋼
10	M8 丸鋼
15	M8 丸鋼
20	M10 丸鋼
25	M12 丸鋼
30	M12 丸鋼

付表 3.4－3　軸方向 B 種支持材部材選定表の例

標準支持点間当りの電気配線重量 W^{*2} 〔kN〕	部材仕様 d 材
1	M8 丸鋼又は FB－4.5x25
3	M8 丸鋼又は FB－4.5x25
5	M8 丸鋼又は FB－4.5x25

第 9 章　機器の耐震支持の計算例

9.1　基本事項

　設備機器の支持についての設計例を以下に示す。ここで取り上げたものは支持方法の一例による計算とその結果に基づくボルト選定等の設計の例であり、実際においては各機器の実状に応じた支持方法やアンカーボルトの配置・工法を設定して、耐震支持方法の検討を行われたい。

【設計の手順】

　設計の手順の概略は下記の枠内①～④である。詳細は第 4 章「アンカーボルトの許容耐力と選定」を参照のこと。

① 機器の設置階により「第 2 章　地震力」の表を用いて設計用標準震度を定める

② 機器製造者から機器の寸法・重量と、重心の位置の情報を得る

③ 部材の選定方法は、まず「第 3 章　設備機器の耐震支持」に示されている諸式による計算を行って加わる力を算出する

④ 「第 4 章　アンカーボルトの許容耐力と選定」あるいは「付録 4　許容応力度等」に示された部材許容応力度・許容応力と照合し、部材の耐力を確認し、選定を完了する

　なおこの章で示した設計例では、アンカーボルト選定として第 4 章の解図 4.2－3、解図 4.2－4 を利用する方法を用いている。

【前提とする事項】

1）ボルトの呼び名の定義

　　アンカーボルトは、設備機器あるいはそのチャンネルベースや架台等をコンクリート基礎に固定するためのボルトであり、各種の施工法による。

　　取付けボルトは、設備機器を架台等に固定するためのボルトとし、原則として JIS の中ボルトが使われるものとする。また、架台などで鋼材製の機材を支持鋼材に取付けるものは JIS の中ボルトを使用する。

2）使用した単位系

　　図中では寸法 mm、計算用は長さ cm、力 kN を用いている。JIS などでは mm と N が使用されているが、実務的に常用できる単位が便利と考えて、cm と kN を用いている。寸法等の数値は、まるめた値を計算上使用している場合がある。

3）コンクリートの強度

　　基礎などのコンクリート強度の設計基準は $1.8 kN/cm^2$（$18 N/mm^2$）とする。

4）鋼材の種別

　　鋼材は SS400 とする。

5）架台本体の接合部

架台については主として許容応力を使う方法で部材を選定する例を示した。架台本体の接合部(仕口部)については「付録5」に示した接合部基準図例を参考にして、詳細を決定する。

(注) アンカーボルトと取付けボルトについて

盤等の計算においては、実際には盤等を取付けるチャンネルベースと、建築構造体や基礎とを緊結するアンカーボルトの計算・設計を行っていることになる。チャンネルベースと盤等の機器本体は、取付けボルトにより耐震支持されるものである。チャンネルベースと取付けボルトの耐震強度は製造者に委ねられるものとなるので、事前に設計用標準震度の整合性確認を行う必要がある。

アンカーボルトの計算に用いた設計用標準震度と取付けボルトの計算に用いた数値が異なっていたため、取付けボルトに損傷が生じ、チャンネルベース上の盤がはずれて移動し、破損した事例がある。

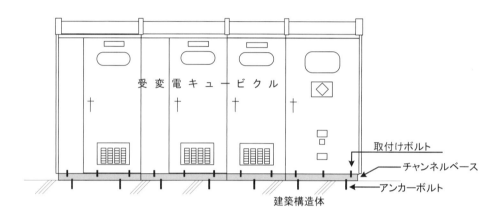

図 9.1－1 アンカーボルトと取付けボルト

なお、盤等とチャンネルベースの支持あるいは盤内の重量機器と盤フレーム等の支持に用いる取付けボルトは、支持部の板厚やナットによって引っ掛かる"ねじ山数"を確保し、ナットは所定の締付を行う、穴の座面が水平でない型鋼などではテーパーワッシャーを使用しナットの締付面に均一に荷重がかかるようにするなど、機器側で十分な強度が出るようにされていることを製造者に確認する。

9.2 盤類
9.2.1 一般的な自立形盤類

自立形制御盤の底面アンカーボルトの選定について以下に例を示す。屋内の配電盤や、電話交換機やLAN19"ラック、非常放送架などでも同様の計算・アンカーボルト選定方法が使える。

計算例：自立形制御盤
検討部位：□取付けボルト　■アンカーボルト　□ストッパボルト　□架台　□基礎

(1) 設備機器諸元：

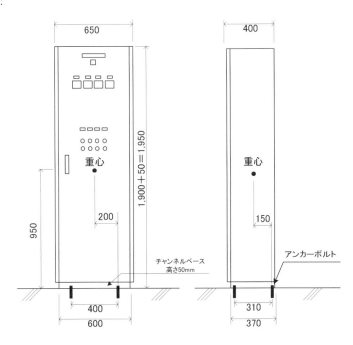

(2) アンカーボルト　　　　（$K_H=2.0$ の場合）

設備機器の重量　　　　　$W=1.9$kN

設計用水平地震力　　　　$F_H=K_H \cdot W=3.8$kN

設計用鉛直地震力　　　　$F_V = \dfrac{1}{2}F_H=1.90$kN

アンカーボルト支持面からの重心高さ　　$h_G=95$cm

アンカーボルトからの重心位置　　$\ell_G=20$cm（長辺）、$\ell_G=15$cm（短辺）

アンカーボルト　　総本数 $n=4$ 本

		長辺方向	短辺方向
片側本数	(n_t)	2本	2本
ボルトスパン	(ℓ)	40cm	31cm
引抜き力	(R_b)	4.51kN/本	5.82kN/本
せん断力	(Q)	0.95kN/本	0.95kN/本

ただし、$R_b = \dfrac{F_H \cdot h_G - (W - F_V) \cdot \ell_G}{\ell \cdot n_t}$ (3.2-1a) 式、$Q = \dfrac{F_H}{n}$ (3.2-1b) 式

アンカーボルトの選定

① 「付表1」より

　　　　設置工法……あと施工金属拡張アンカー（おねじ形、M12）
　　　　　　　　コンクリート厚さ 12cm、埋込長さ L=6cm
　　　許容引抜き力　T_a=6.70kN/本＞R_b

② 解図 4.2－3 より M12 で OK。総本数、径は 4本－M12　とする。

9.2.2 転倒しやすい縦横比の形状の自立形盤

奥行きが薄く、重心の高い（据付け面積に比較して高さの高い）自立形盤の場合は転倒しやすくなる。その例を示す。

計算例：自立形盤
検討部位：□取付けボルト　■アンカーボルト　□ストッパボルト　□架台　□基礎

(1) 設備機器諸元：

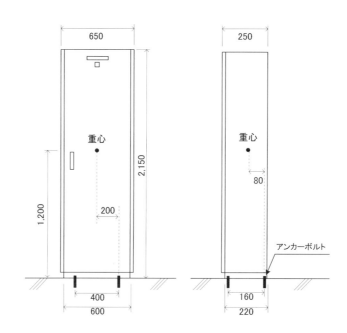

(2) アンカーボルト　　　　　　　（K_H＝2.0 の場合）

　　設備機器の重量　　　　　W＝1.5kN

　　設計用水平地震力　　　　$F_H = K_H \cdot W = 3.0$kN

　　設計用鉛直地震力　　　　$F_V = \dfrac{1}{2} F_H = 1.5$kN

　　アンカーボルト支持面からの重心高さ　　h_G＝120cm

　　アンカーボルトからの重心位置　　　　　ℓ_G＝20cm（長辺）、ℓ_G＝8cm（短辺）

　　アンカーボルト　　総本数 n=4本

		長辺方向	短辺方向
片側本数	(n_t)	2本	2本
ボルトスパン	(l)	40cm	16cm
引抜き力	(R_b)	4.13kN/本	10.9kN/本
せん断力	(Q)	0.75kN/本	0.75kN/本

ただし、$R_b = \dfrac{F_H \cdot h_G - (W - F_V) \cdot \ell_G}{\ell \cdot n_t}$ （3.2－1a）式、$Q = \dfrac{F_H}{n}$ （3.2－1b）式

アンカーボルトの選定

① 「付表1」より

　　設置工法……あと施工金属拡張アンカー（おねじ形、M12）

　　　　　　　コンクリート厚さ12cm、埋込長さL＝6cm　とすると

　　許容引抜き力　T_a＝6.70kN/本＜短辺方向R_b　となり不可。

　　そこで、M12・L＝6cmを、M20・L＝9cmにすると

　　許容引抜き力　T_a＝12.0kN/本＞R_b　とできる

② 解図4.2－3よりM20でOK。よって総本数と径は4本－M20　とする。

なお、このような縦横比の自立盤の場合は、安全増しのため、頂部に振止めを行うことも有効である。たとえば公共建築協会「電気設備工事監理指針」では、据付け面積に比較して高さの高い機器（据付け面の短辺の3倍を超える高さのもの）は、壁、柱等から頂部振止め（背面支持）が容易な場所に設置する、と記されている。

9.2.3　頂部支持の盤類

機器の縦横比（機器高さh/検討方向の底辺長ℓ）と重心の高さによって、機器下部のボルトでは対応ができなくなる場合には、頂部支持とする方法がある。（なおここで言う頂部支持は、既述の頂部振止めの考え方とは別の、耐震支持の一手法であるので注意する）

以下に、壁つなぎ材を用いた頂部支持の検討例を示す。

計算例：壁つなぎ材付き制御盤
検討部位：□取付けボルト　■アンカーボルト　□ストッパボルト　□架台　□基礎

床アンカーボルトのみで施工した場合は、短辺方向のアンカーボルトにかかる引抜き力がボルトの許容引抜き力を上まわり、アンカーボルトの強度不足となることがある。従って床アンカーボルトの強度不足を補うために頂部補強用の壁つなぎ材により対応する。

(1) 設備機器諸元：

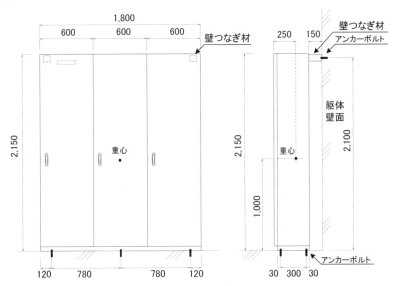

(2) 壁つなぎ材とアンカーボルト　　（$K_H=1.5$ の場合）

設計用水平震度　　　　　$K_H=1.5$

設備機器の重量　　　　　$W=6.00\text{kN}$

設計用水平地震力　　　　$F_H=K_H\cdot W=9.00\text{kN}$

設計用鉛直地震力　　　　$F_V=\dfrac{1}{2}F_H=4.50\text{kN}$

設備機器の高さ　　　　　$h=215\text{cm}$

壁つなぎ材の高さ　　　　$h_O=210\text{cm}$

重心高さ　　　　　　　　$h_G=100\text{cm}$

壁つなぎ材の本数　　　　$m=2$ 本

下部のアンカーボルトの総本数　　　　　　　$n=6$ 本

壁つなぎ材1本当りアンカーボルトの本数　　$n_O=2$ 本

壁つなぎ材に働く軸方向力　　$N=\dfrac{F_H\cdot h_G}{m\cdot h_O}$　　　　　　　　（3.3.1a）式

$\qquad\qquad\qquad\qquad\qquad =(9\times100)/(2\times210)=2.14\text{kN/本}$

壁つなぎ材のアンカーボルトの引抜き力　　$R_b=\dfrac{N}{n_O}$　　　　　　（3.3.1d）式

$\qquad\qquad\qquad\qquad\qquad =2.14/2=1.07\text{kN/本}$

下部のアンカーボルトに作用するせん断力　　$Q=\dfrac{F_H\cdot(h_O-h_G)}{n\cdot h_O}$　　（3.3.1b）式

$\qquad\qquad\qquad\qquad\qquad =9\times(210-100)/(6\times210)=0.79\text{kN/本}$

壁つなぎ材のアンカーボルトの選定

① 「付表1」より

　設置工法……あと施工金属拡張アンカー（おねじ形、M8）

　　　　コンクリート厚さ 12cm、埋込長さ $L=4\text{cm}$　とすると、

　壁つなぎ材のアンカーボルト：許容引抜き力　$T_a=3.00\text{kN}$本＞R_b

② 解図 4.2-3 より M8 で OK。

　下部のアンカーボルト：せん断力 0.79kN/本。総本数、径は 4 本－M8　とする。

　壁つなぎ材の許容圧縮力については、壁つなぎ材を L－40×40×5（材質 SS400）とすると付録表 4.8-1 より長さ 15cm の場合の許容圧縮力は 9.23kN。よって短期許容圧縮力は $9.23\times1.5=13.8\text{kN}$

　13.8kN＞2.14kN なので OK。

（注）壁つなぎ材を設けずに、堅固な壁面に直接、アンカーボルトで頂部支持する場合

設置場所の状態から壁つなぎ材を設けず、盤を建築構造体の壁面に直接アンカーボルトで支持して転倒防止をする場合は、前述の壁つなぎ材に働く軸方向力 N が頂部支持アンカーボルトの引抜き力 Rb となる。

（以下、計算条件はつなぎ材付の場合と同じ）

設計用水平震度　　　　　$K_H=1.5$

設備機器の重量　　　　　　　　W＝6.00kN

設計用水平地震力　　　　　　　$F_H = K_H \cdot W = 9.00$ kN

設計用鉛直地震力　　　　　　　$F_V = \frac{1}{2} F_H = 4.50$ kN

設備機器の高さ　　　　　　　　h＝215cm

重心高さ　　　　　　　　　　　h_G＝100cm

頂部支持アンカーボルトの高さ　　　　　　h_O＝210cm

頂部支持アンカーボルトの本数　　　　　　m＝2本

下部のアンカーボルトの総本数　　　　　　n＝6本

頂部支持アンカーボルトに働く引抜き力　　$N = \dfrac{F_H \cdot h_G}{m \cdot h_O}$　　　　（3.3.1a）式

　　　　　　　　　　　　　　　　　　　＝（9×100）／（2×210）＝2.14kN/本＝Rb

下部のアンカーボルトに作用するせん断力　$Q = \dfrac{F_H \cdot (h_O - h_G)}{n \cdot h_O}$　（3.3.1b）式

　　　　　　　　　　　　　　　　　　　＝9×（210－100）／（6×210）＝0.79kN/本

頂部支持アンカーボルトの選定

　① 「付表1」より

　　　設置工法……あと施工金属拡張アンカー（おねじ形、M8）

　　　　　　　コンクリート厚さ12cm、埋込長さL＝4cm　とすると、

　　頂部支持アンカーボルト：許容引抜き力　T_a＝3.00kN本＞R_b

　② 解図4.2－3よりM8でOK。

　　下部のアンカーボルト：せん断力0.79kN/本。総本数、径は4本－M8　とする。

9.2.4　背面支持の盤類

屋上などで、機器下部のアンカーボルトだけでは不足し、かつ最寄りに堅固な壁面がない場合は、背面支持を用いて対応する。

計算例：背面支持形制御盤
検討部位：□取付けボルト　■アンカーボルト　□ストッパボルト　■架台　□基礎

(1) 設備機器諸元：

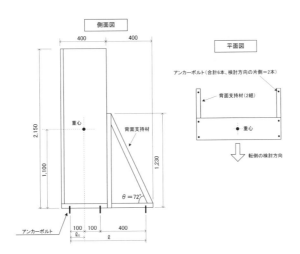

(2) アンカーボルト　　　　　　（K_H＝2.0 の場合）

　背面支持材と盤は取付ボルトで一体化されており、剛体としてアンカーボルトに力を伝達できるものとし、全体としては箱形（奥行 400＋400＝800 の箱形）と見なせるものとする。以下では側面図の左右方向（平面図の矢印方向）を検討する（側面図と直角方向の検討は幅 400 の盤として行うものとなるのでここでは省略する）。アンカーボルトは盤の底部のものと背面支持材のものを同一とする。

設計用水平震度	K_H＝2.0	
設備機器の重量	W＝3.00kN	
設計用水平地震力	F_H＝K_H・W＝6.00kN	
設計用鉛直地震力	F_V＝$\frac{1}{2}F_H$＝3.00kN	
重心高さ	h_G＝110cm	
アンカーボルトと重心の距離	ℓ_G＝10cm	（不利な側の距離）
盤と背面支持材とのボルトスパン	ℓ＝60cm	（一体の箱形と見なす）
アンカーボルトの片側本数	n_t＝2	（2 組の支持架台）
アンカーボルト総本数	n＝6	

引抜き力　$R_b = \dfrac{F_H \cdot h_G - (W - F_V) \cdot \ell_G}{\ell \cdot n_t}$　　　　　　　　　　　　　　（3.2－1a）式

$\qquad\qquad\quad = \dfrac{6.00 \times 110 - (3.00 - 3.00) \times 10}{60 \times 2} = 5.50\text{kN}$

せん断力　$Q = \dfrac{F_H}{n} = \dfrac{6.00}{6} = 1.00\text{kN}$　　　　　　　　　　　　　　　　　　（3.2.1b）式

盤および架台のアンカーボルトの選定

① 「付表 1」より

　設置工法……あと施工金属拡張アンカー（おねじ形、M12）

　　　　　　コンクリート厚さ 12cm、埋込長さ L＝6cm

　許容引抜き力　T_a＝6.70kN/本＞R_b

② 解図 4.2－3 より

　総本数、径は 6 本－M12　とする。

(3) 架台（背面支持材）　　　　　　（K_H＝2.0 の場合）

背面支持材の高さ	h_B＝123cm
背面支持材（傾斜部の角度）	θ＝72°
背面支持材の材料	L－40×40×5 とすると付録 4.8　付録表 4.8－1 より
	断面積＝3.76cm^2
	最小断面 2 次半径　　i＝0.774cm
斜材の長さ	$\ell_b = \dfrac{h_B}{\sin\theta}$＝129cm
細長比（付録 4.8 参照）	λ＝129/0.774＝167cm
許容圧縮力度（付録 4.8 参照）	f_C＝(0.277×23.5)/(167/119.7)²＝3.34kN/cm^2
短期許容圧縮力度	$f_C{}'$＝3.34×1.5＝5.01kN/cm^2

短期許容圧縮力　　　　　　　$N_a = 5.01 (kN/cm^2) \times 3.76 cm^2 = 18.8 kN$

圧縮力 Nc は、アンカーボルト 1 本分の力（R_b）を斜材が伝達するとして、

$$N_C = \frac{R_b}{\sin\theta} = \frac{5.50}{0.951} = 5.78 \text{ kN}$$

よって許容応力　　　　　　　$N_a = 18.8 kN > N_c$ となり OK。

9.2.5　壁掛形の盤類

堅固な（建築構造体の）壁面に支持する壁掛形の盤の場合を示す。

計算例：壁掛形制御盤
検討部位：□取付けボルト　■アンカーボルト　□ストッパボルト　□架台　□基礎

(1) 設備機器諸元：

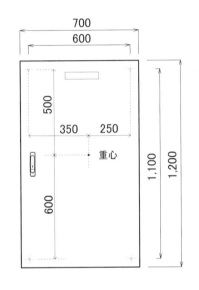
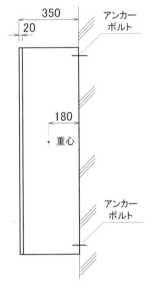

(2) アンカーボルト　　　　（KH ＝ 1.0 の場合）

設計用水平震度　　　　　$K_H = 1.0$

設備機器の重量　　　　　$W = 1.40 kN$

設計用水平地震力　　　　$F_H = K_H \cdot W = 1.40 kN$

設計用鉛直地震力　　　　$F_V = \frac{1}{2} F_H = 0.70 kN$

上部ボルトから設備機器重心までの鉛直距離　　$\ell_{2G} = 50 cm$

壁面から設備機器重心までの距離　　　　　　　$\ell_{3G} = 18 cm$

アンカーボルト　　総本数 n＝4 本

		壁直角方向	壁平行方向
片側本数	(n_t)	$n_{t2} = 2$ 本	$n_{t1} = 2$ 本
ボルトスパン	(ℓ)	$\ell_2 = 110 cm$	$\ell_1 = 60 cm$
引抜き力	(R_b)	0.55 kN/本	0.38 kN/本
せん断力	(Q)	0.63 kN/本	0.63 kN/本

壁平行方向　$R_b = \dfrac{F_H \cdot \ell_{3G}}{\ell_1 \cdot n_{t2}} + \dfrac{(W + F_V) \cdot \ell_{3G}}{\ell_2 \cdot n_{t1}}$ 　　　　　　　　　　　　　　（3.2.3a）式

$\qquad\qquad\qquad = (1.4 \times 18)/(60 \times 2) + (1.4 + 0.7) \times 18/(110 \times 2) = 0.38 \text{kN/本}$

壁直角方向　$R_b = \dfrac{F_H \cdot (\ell_2 - \ell_{2G})}{\ell_2 \cdot n_{t1}} + \dfrac{(W + F_V) \cdot \ell_{3G}}{\ell_2 \cdot n_{t1}}$ 　　　　　　　　　　　　（3.2.3b）式

$\qquad\qquad\qquad = 1.4 \times (110-50)/(110 \times 2) + (1.4 + 0.7) \times 18/(110 \times 2) = 0.55 \text{kN/本}$

引抜き力 R_b は、上記2つの計算式のうち大きい方の値で与えられるので、0.55kN/本となる。

$$Q = \dfrac{\sqrt{F_H^2 + (W + F_V)^2}}{n} \qquad\qquad\qquad\qquad\qquad\qquad (3.2.3c)\text{式}$$

$\qquad\qquad = \{1.4^2 + (1.4 + 0.7)^2\}^{1/2}/4 = 0.63 \text{kN/本}$

(3) アンカーボルトの選定

　① 「付表1」より

　　　設置工法……あと施工金属拡張アンカー（おねじ形、M8）

　　　　　　　コンクリート厚さ12cm、埋込長さL＝4cm　とすると、

　　　許容引抜き力　$T_a = 3.00 \text{kN/本} > R_b$（一般的なコンクリート壁面の場合）

　② 解図4.2-3よりM8でOK。総本数、径は4本-M8　とする。

9.2.6　基礎に設けるアンカーボルト

基礎にアンカーボルトを設置する場合は、床支持の時のように短期許容引抜き力が「付表1」中の表の値をそのまま用いることができないため、以下にその選定例を示す。

計算例：自立形配電盤
検討部位：□取付けボルト　■アンカーボルト　□ストッパボルト　□架台　□基礎

(1) 設備機器諸元：

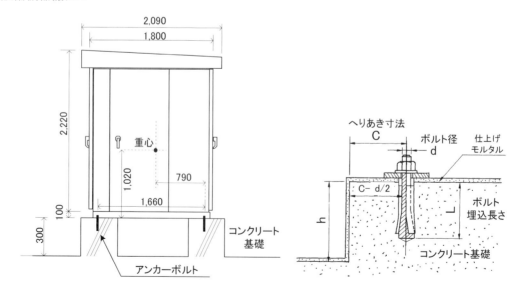

第9章 機器の耐震支持の計算例

(2) アンカーボルト　　　　　　　　($K_H=1.5$ の場合)

　　設備機器の重量　　　　　　W＝28kN

　　設計用水平地震力　　　　　$F_H=K_H \cdot W=42$kN

　　設計用鉛直地震力　　　　　$F_V=\frac{1}{2}F_H=21$kN

　　アンカーボルト支持面からの重心高さ　　$h_G=102$cm

　　アンカーボルトからの重心位置　　　　　$\ell_G=79$cm（検討方向）

　　アンカーボルトスパン　　　　　　　　　$\ell=166$cm

　　片側アンカーボルト本数　　　　　　　　$n_t=2$本

　　アンカーボルト総本数　　　　　　　　　$n=6$本

　　引抜き力　　$R_b=\dfrac{F_H \cdot h_G-(W-F_V) \cdot \ell_G}{\ell \cdot n_t}$　　　　　　　　　　　　　　　　　　　　（3.2－1a）式

　　　　　　　　　$=\{42 \times 102-(28-21) \times 79\}/(166 \times 2)=11.2$kN/本

　　せん断力　　$Q=\dfrac{F_H}{n}$　　　　　　　　　　　　　　　　　　　　　　　　　　　　　　（3.2.1b）式

　　　　　　　　　$=42/6=7$kN/本

(3) アンカーボルトの選定

　　① 設置工法……あと施工金属拡張アンカー（おねじ形、M20）L＝9cmとする

　　「付表1」の表3.3（vii）a）堅固な基礎より

　　$Ta=6\pi \cdot L^2 \cdot p$

　　ここに、

　　　Ta：アンカーボルトの短期許容引抜き荷重

　　　L：アンカーボルトの埋込み長さ

　　　p：コンクリートの設計基準強度による補正係数

$$p=\frac{1}{6} \text{Min}(\frac{Fc}{30}, 0.05+\frac{Fc}{100})$$

　　Fcはコンクリートの設計基準強度（1.8kN/cm²）で、Fc/30＝0.06の方が小さいので

　　　p＝0.01

　　これらから計算すると　　$Ta=6 \times 3.14 \times 9^2 \times 0.01=15.3$kN

　　Ta＞Rb でありOK。

　　② 解図4.2－3より、せん断力7kNも加味しM20でOK。総本数、径は6本－M20とする。

(注意：へりあき寸法)

　基礎隅角部、辺部に打設されたアンカーボルトについては、ボルトの中心より基礎辺部までの距離C（へりあき寸法と呼ぶ。はしあき寸法とも呼ばれる）が、C≦Lの場合（たとえば本例ではL＝9cmなのでC＝7cmとした場合）は付表1の表3.3（vii）a）堅固な基礎に記された式により短期許容引抜き荷重を求める必要がある。

　　$Ta=6\pi \cdot C^2 \cdot p$

$$=6\times3.14\times7^2\times0.01=9.2\text{kN}$$

本例では Rb＝11.2kN なので Ta＞Rb を満足できず、かつ条件となる

　　L≧C≧4d、かつ C－d/2≧5cm

については、4d＝8cm なので C≧4d を満たせない。へりあき寸法は、基礎のコンクリート隅部に破損を生じる恐れがあるので、一般には C＝15cm 程度を確保する。

9.2.7　嵩上げラフコンクリートに設けるアンカーボルト

　機械室など、ラフコンクリートで嵩上げされた場合、原則としてその床をアンカーボルトの支持部としてはいけない。しかしやむを得ない場合で軽量な機器を設置するときの選定例を示す。

計算例：自立形制御盤
検討部位：□取付けボルト　■アンカーボルト　□ストッパボルト　□架台　□基礎

(1) 設備機器諸元：

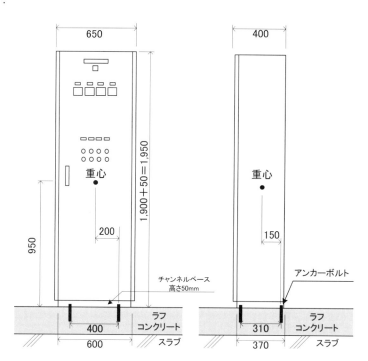

(2) アンカーボルト　　　　　　（K_H＝0.6 の場合）

　　設備機器の重量　　　　　　$W=1.0\text{kN}$

　　設計用水平地震力　　　　　$F_H=K_H\cdot W=0.6\text{kN}$

　　設計用鉛直地震力　　　　　$F_V=\dfrac{1}{2}F_H=0.3\text{kN}$

　　アンカーボルト支持面からの重心高さ　　　$h_G=95\text{cm}$

　　アンカーボルトからの重心位置　　　　　　$\ell_G=15\text{cm}$（検討方向：短辺）

　　アンカーボルトスパン　　　　　　　　　　$\ell=31\text{cm}$（検討方向：短辺）

　　アンカーボルトの片側本数　　　　　　　　$n_t=2$ 本（検討方向：短辺）

　　アンカーボルトの総本数　　　　　　　　　$n=4$ 本

　　アンカーボルト 1 本に作用する引抜き力 Rb

$$R_b = \frac{F_H \cdot h_G - (W - F_V) \cdot \ell_G}{\ell \cdot n_t} = \{0.6 \times 95 - (1.0 - 0.3) \times 15\}/(31 \times 2) = 0.75\text{kN} \quad (3.2-1a)\text{式}$$

アンカーボルト1本に作用するせん断力 Q

$$Q = \frac{F_H}{n} = 0.6/4 = 0.15\text{kN} \quad (3.2-1b)\text{式}$$

(3) アンカーボルトの選定

① アンカーボルトの設置工法は、あと施工金属拡張アンカー（おねじ形、M12）、アンカーボルトの埋込長さ L＝6cm とすると、「付表1」の表 3.3（vii）a）の記載により

$Ta = 6\pi \cdot L^2 \cdot p$

ここに、

　Ta：アンカーボルトの短期許容引抜き荷重

　p ：コンクリートの設計基準強度による補正係数

$$p = \frac{1}{6}\ \text{Min}(\frac{Fc}{30}, 0.05 + \frac{Fc}{100})$$

Fc は表 3.3（xi）より、コンクリートの設計基準強度が 1.0kN/cm^2 となるので

p＝0.0056

よって、$Ta = 6 \times 3.14 \times 6^2 \times 0.0056 = 3.8\text{kN}$

引抜き力は、Ta＞Rb であるので OK。

② 解図 4.2-3 より、せん断力 3.8kN も加味し M12 で OK。総本数、径は 4本－M12 とする。

9.2.8　既存屋上に設ける基礎

小型で比較的軽量な屋外キュービクルを設けるため、既存屋上に基礎を設置する場合の検討例を示す。

計算例：屋上キュービクルの基礎
検討部位：□取付けボルト　□アンカーボルト　□ストッパボルト　□架台　■基礎

(1) 設備機器諸元：

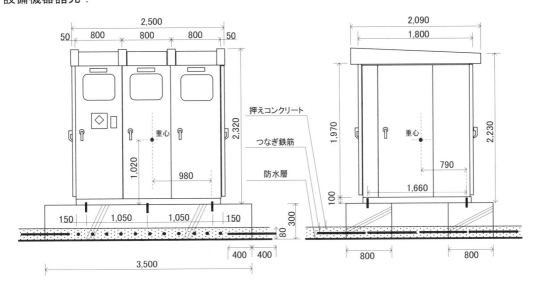

(2) 基礎の検討例　　　　　　　　(K_H=1.5 の場合)

　基礎のタイプは B-c タイプ（梁形基礎・つなぎ鉄筋入り）とし、ラフコンクリート（防水押えコンクリート）に普通コンクリートを使用した場合

設計用震度	K_H=1.5　K_V=0.75
設備機器の重量	W=28kN
設計用水平地震力	$F_H = K_H \cdot W$ =42kN
設計用鉛直地震力	$F_V = \frac{1}{2} F_H$ =21kN
設備機器の幅	ℓ=209cm
機器の重心位置	ℓ_G=79cm
機器の重心高さ	h_G=102cm
基礎の梁形方向長	ℓ_F=350cm
基礎の梁形直角方向長	B_F=80cm
基礎の高さ	h_F=30cm
つなぎ鉄筋のラフコンクリート内の長さ	ℓa=40cm
ラフコンクリートの高さ	h_R=8cm
つなぎ鉄筋入りラフコンクリートの梁形方向長さ	ℓ_R=430cm
同上の梁形直角方向の長さ	B_R=160cm
つなぎ鉄筋入りラフコンクリートの重量	$W_R = 8 \times (430 \times 160 - 350 \times 80) \times 2 \times 23 \times 10^{-6}$ =15.0kN
基礎の重量	$W_F = 30 \times 350 \times 80 \times 2 \times 23 \times 10^{-6}$ =38.6kN
浮上りに関わる重量	$W_F' = W_F + W_R$ =53.6kN

$$(1-K_V) \cdot \left\{ \left(l_G + \frac{l_F - l}{2} \right) \cdot W + \frac{l_F}{2} \cdot W_F' \right\} \geq K_H \left\{ (h_F + h_G) \cdot W + \frac{1}{2} \cdot h_F \cdot W_F' \right\}$$

左辺は、(1－0.75)×{(79+141/2)×28+350/2×53.6} ＝33,915kN・cm

右辺は、1.5×{(30+102)×28+1/2×30×53.6} ＝6,750kN・cm

よって左辺≧右辺が成り立つので、基礎に浮上りを生じないので OK。

9.2.9　オープン式配電盤の例

　既存物件の改修工事などで用いられる屋内のオープン式（開放形）配電盤の例を以下に示す。

計算例：オープン式配電盤
検討部位：□取付けボルト　■アンカーボルト　□ストッパボルト　□架台　□基礎

(1) 設備機器諸元：

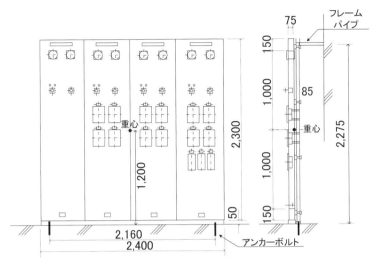

(2) アンカーボルトとフレームパイプ　（$K_H=0.6$ の場合）

　　設計用水平震度　　　　　$K_H=0.6$

　　設備機器の重量　　　　　$W=3.5kN$

　　設計用水平地震力　　　　$F_H=K_H \cdot W=2.1kN$

　　設計用鉛直地震力　　　　$F_V=\frac{1}{2}F_H=1.05kN$

　　重心高さ　　　　　　　　$h_G=120cm$

　　重心位置　　　　　　　　$\ell_G=216/2=108cm$　（長辺方向）

　　アンカーボルト片側本数　$n_t=1$本

　　アンカーボルト総本数　　$n=2$本

　　アンカーボルトスパン　　$\ell=216cm$

$$R_b=\frac{F_H \cdot h_G-(W-F_V) \cdot \ell_G}{\ell \cdot n_t}\ (3.2-1a)\ 式、\ Q=\frac{F_H}{n}\ (3.2-1b)\ 式$$

　　引抜き力 $R_b=\{2.1\times120-(3.5-1.05)\times108\}/(216\times1)=-0.06<0kN$

　　せん断力 $Q=2.1/2=1.05kN/$本

　　よって解図 4.2-3 より M8 で OK。2本－M8　とする。

　　頂部のフレームパイプ（つなぎ材）について

　　つなぎ材の高さ　　　　　　　　$h_O=227.5cm$

　　つなぎ材の本数　　　　　　　　$m=2$本

　　つなぎ材支持のアンカーボルト本数　$n_o=2$本

　　つなぎ材に働く軸方向力　　　　$N=\frac{F_H \cdot h_G}{m \cdot h_O}$　　　　　　　　　（3.3-1a）式

　　　　　　　　　　　　　　　　　　$=(2.1\times120)/(2\times227.5)=0.54kN$

よってフレームパイプの短期許容圧縮力は 0.54kN を超えるものを選定する。

9.3　変圧器

変圧器に防振装置（防振ゴム、防振スプリング、防振架台等）を設けた場合で、通しボルト形の耐

震ストッパを用いた例と、移動転倒防止型の耐震ストッパを設けた例を以下に示す。

なお、防振装置付の変圧器を収容する場合で耐震ストッパの力がキュービクルに伝わる構造の場合は、そのキュービクル全体を防振装置付の機器として設計用標準震度を選定する。

9.3.1 通しボルト型ストッパ（ストッパボルトの計算）の例

計算例：モールド変圧器500kVA（防振架台設置）
検討部位：□取付けボルト　□アンカーボルト　■ストッパボルト　□架台　□基礎

(1) 設備機器諸元：

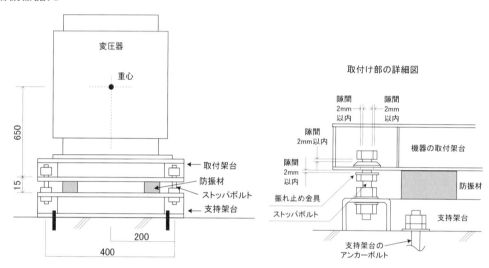

(2) 通しボルト形ストッパのストッパボルト　　（$K_H=0.6$）

機器重量	$W=1.2\mathrm{kN}$
設計用震度	$K_H=0.6$　$K_V=0.3$
設計用水平地震力	$F_H=K_H\cdot W=0.72\mathrm{kN}$
設計用鉛直地震力	$F_V=K_V\cdot W=0.36\mathrm{kN}$
重心高さ	$h_G=65\mathrm{cm}$　（ストッパの架台との接触面までの鉛直距離）
重心までの距離	$\ell_G=20\mathrm{cm}$　（ストッパからの水平距離）
ストッパボルト総本数	$n=4$本
ストッパの片側本数	$n_t=2$本
ストッパボルト・スパン	$\ell=40\mathrm{cm}$
防振材の高さ	$hs=1.5\mathrm{cm}$（ストッパボルトの支持点から上部架台までの距離）
ボルトの軸径	$d=1.6\mathrm{cm}$　（M16で検討）
鋼材の短期許容曲げ応力度	$23.5\mathrm{kN/cm^2}$（引張り応力度と同じ）
ボルトの短期許容曲げ応力度	$f_b=23.5\times0.75=17.6\mathrm{kN/cm^2}$（表4.1-1参照）
鋼材の短期許容せん断応力度	$13.5\mathrm{kN/cm^2}$
ボルトの短期許容せん断応力度	$f_s=13.5\times0.75=10.1\mathrm{kN/cm^2}$（表4.1-1参照）

判定基準の基となるストッパボルトの曲げ応力度 σ_{tb} とせん断応力度 τ を求める。

$$\sigma_{tb}=\frac{W\{K_H\cdot h_G-(1-K_V)\cdot \ell_G\}}{\ell\cdot n_t\cdot Ae}+\frac{K_H\cdot W\cdot h_S}{n\cdot Z} \qquad (3.4-3\mathrm{a})\text{式}$$

$$\tau = \frac{F_H}{n \cdot Ae} \qquad (3.4-3b)式$$

ここで、

Ae（有効面積）、Z（断面係数）は次式で求められる。

$$Ae = 0.75 \times \frac{\pi d^2}{4}$$

$$= 0.75 \times (3.14 \times 1.6^2/4) = 1.51 cm^2$$

$$Z = \frac{\pi \cdot (0.85d)^3}{32}$$

$$= 3.14 \times (0.85 \times 1.6)^3/32 = 0.25 cm^3$$

よって

$\sigma_{tb} = 1.2 \times \{0.6 \times 65 - (1-0.3) \times 20\}/(40 \times 2 \times 1.51) + (0.6 \times 1.2 \times 1.5)/(4 \times 0.25) = 1.33 kN/cm^2$

$f_b = 17.6 > \sigma_{tb} = 1.33$ で OK。

$\tau = 0.72/(4 \times 1.51) = 0.12 kN/cm^2$

$f_s = 10.1 > \tau = 0.12$ で OK。

ストッパボルトは4本—M16とする。

9.3.2 移動転倒防止型ストッパ

オープン電気室等で床に防振装置を介して取り付けられた場合の移動転倒防止型ストッパの例を示す。

計算例：油入変圧器（300kVA）
検討部位：□取付けボルト　□アンカーボルト　■ストッパボルト　□架台　□基礎

(1) 設備機器諸元：

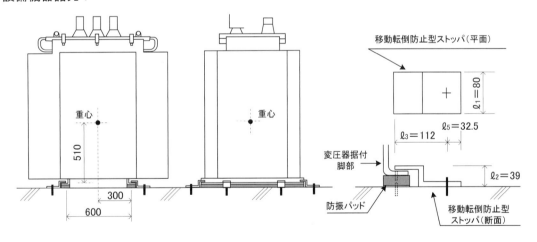

（変圧器脚部に防振ゴムが敷かれたものに対し、耐震ストッパを1辺に2個、合計8個設けた例）

(2) **移動転倒防止型ストッパの板厚計算の例**　（KH＝0.6の場合）

　　設計用震度　　　　　$K_H = 0.6$　$K_V = 0.3$

　　機器の重量　　　　　$W = 10 kN$

　　ボルト数　　　　　　$m = 1$本（一つのストッパに使用するアンカーボルトの数）

　　ボルト孔径　　　　　$do = 1.4 cm$（ストッパ板の孔の直径）

機器片側のストッパ数　　　　$N_S = 2$（検討方向の機器一辺におけるストッパの数）
重心までの距離　　　　　　　$\ell_G = 30\text{cm}$（検討方向から見た防振材の中心から機器重心までの距離）
ストッパまでの距離　　　　　$\ell = 60\text{cm}$（検討方向から見た防振材の中心からストッパ先端までの距離）
重心までの高さ　　　　　　　$h_G = 51\text{cm}$（ストッパから機器重心までの距離）
ストッパ寸法　　　　　　　　$\ell_1 = 8\text{cm},\ \ell_2 = 3.9\text{cm},\ \ell_3 = 11.2\text{cm},\ \ell_5 = 3.25\text{cm}$
鋼材の短期許容曲げ応力度　　$f_b = 23.5/1.5 \times 1.5 = 23.5\text{kN/cm}^2$

ストッパの板厚 t は、下式のうち大きい値とする。

引抜き力 T_0 に対して、

$$t \geq \sqrt{\frac{6\{K_H \cdot h_G - \ell_G \cdot (1-K_V)\} \cdot W \cdot \ell_3}{f_b \cdot \ell \cdot (\ell_1 - m \cdot d_0) \cdot N_S}} \tag{3.4-2a}$$

$$\text{右辺} = \sqrt{\frac{6 \times \{0.6 \times 51 - 30 \times (1-0.3)\} \times 10 \times 11.2}{23.5 \times 60 \times (8 - 1 \times 1.4) \times 2}} = 0.59\text{mm}$$

水平力 Q_0 に対して、

$$t \geq \sqrt{\frac{6 K_H \cdot W \cdot \ell_2}{f_b \cdot (\ell_1 - m \cdot d_0) \cdot N_S}} \tag{3.4-2b}$$

$$\text{右辺} = \sqrt{\frac{6 \times 0.6 \times 10 \times 3.9}{23.5 \times (8 - 1 \times 1.4) \times 2}} = 0.68\text{mm}$$

よって、0.68mm 以上の板厚のストッパとする。

(3) **ストッパに使用するアンカーボルト**　　　（$K_H = 0.6$ の場合）

アンカーボルト1本に作用する引抜き力 R_b は、

$$R_b = \frac{\{K_H \cdot h_G - \ell_G (1-K_V)\} \cdot W}{\ell \cdot m \cdot N_S} \cdot \frac{\ell_3 + \ell_5}{\ell_5} \tag{3.4-2c}$$

よって

$$R_b = \frac{\{0.6 \times 51 - 30 \times (1-0.3)\} \times 10}{60 \times 1 \times 2} \times \frac{11.2 + 3.25}{3.25} = 3.6\text{kN/本}$$

アンカーボルト1本に作用するせん断力 Q は、

$$Q = \frac{K_H \cdot W}{m \cdot N_S} \tag{3.4-2d}$$

よって

$$Q = \frac{0.6 \times 10}{1 \times 2} = 3\text{kN/本}$$

　① 「付表1」より

　　　設置工法……あと施工金属拡張アンカー（おねじ形、M12）

　　　　コンクリート厚さ 12cm、埋込長さ L = 6cm とすると、

　　　許容引抜き力　$T_a = 6.7\text{kN/本} > R_b$ であり、かつ余裕もあるので OK。

　② 解図 4.2-3 より、M12 で OK。

9.3.3 変圧器の頂部揺れの変位量

防振装置を設けた場合、ストッパとの隙間により変圧器頂部が揺れることに備えて配線類に余長を見込むが、その長さを確認するため変位量を算出する必要がある。その例を以下に示す。

計算例：乾式変圧器（50kVA）

検討部位：☐取付けボルト　☐アンカーボルト　☐ストッパボルト　☐架台　☐基礎
　　　　　■防振材とストッパボルトの隙間と変圧器上部の揺れ

---

(1) 設備機器諸元：

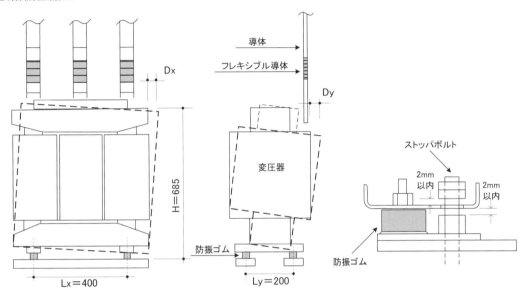

(2) 変圧器上部の変位量

ストッパの隙間 t により、ストッパの取付スパンを L とすると、機器には傾き $2 \cdot t/L$ を生じるので、高さ H 時の水平変形 D（機器上部の変位量）は $D = 2 \cdot t \cdot H/L$ となり、余裕率 α を考慮すると下式となる。

$$D = (2 \cdot \alpha \cdot t \cdot H)/L$$

図では、

　　ストッパの隙間　　　　　　t＝0.2cm（2mm 以内）
　　機器の高さ　　　　　　　　H＝68.5cm（ストッパの支持部からの高さ）
　　防振装置の取付スパン　　　L（Lx＝40cm、Ly＝20cm）
　　余裕率　　　　　　　　　　α＝2.0（施工誤差を考慮し、2.0 とする）

(3) 計算例

　　変圧器上部の変位量 D

　　$Dx = 2 \times 2 \times 0.2 \times 68.5 \div 40 = 1.37$ cm

　　$Dy = 2 \times 2 \times 0.2 \times 68.5 \div 20 = 2.74$ cm

　　よって変位量は $\sqrt{D_x^2 + D_y^2} = 3.1$ cm

(注) 変圧器に接続される電線類の余長の確保について

変圧器に接続される一次側電線・二次側フレキシブル導体・接地線等は、上記で求めた変位量を吸

収するよう余長を持たせ変圧器接続端子に引張り力を生じぬよう施工する必要がある。

ストッパの隙間は2mm以内と規定しており、施工上実用的な値として想定したものである。

この寸法を大きくすることは、上部の揺れが拡大するので行ってはならない。逆に運転時に接触するほど狭くしてしまうと防振の役割を果たさなくなるので注意する。

実用上は板厚2mm以内のゴムを挿入して隙間調整をするなどの配慮をすることが望ましい。

9.4 蓄電池設備
9.4.1 直流電源盤の設計例

屋内キュービクルタイプで整流器盤と蓄電池盤を同一盤に収納した例を示す。他の自立盤と同様に計算できる。なお、蓄電池本体同士の衝突による破損防止や飛び出し・落下防止、盤内の蓄電池引出しレールのストッパなどの耐震措置は、製造者に委ねられる。

計算例：DC100V200A（AHH形96V60AH）
検討部位：□取付けボルト　■アンカーボルト　□ストッパボルト　□架台　□基礎

(1) 設備機器諸元：

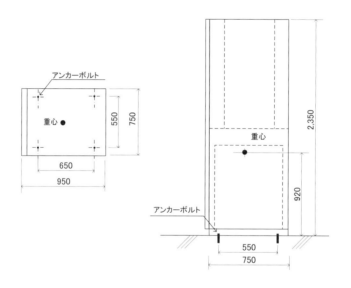

(2) アンカーボルト　　　　　　　（$K_H = 1.5$ の場合）

　　設備機器の重量　　　　　　$W = 0.88 \text{kN}$

　　設計用水平地震力　　　　　$F_H = K_H \cdot W = 1.32 \text{kN}$

　　設計用鉛直地震力　　　　　$F_V = \dfrac{1}{2} F_H = 0.66 \text{kN}$

　　アンカーボルト支持面からの重心高さ　　$h_G = 92 \text{cm}$

　　アンカーボルトからの重心位置　　　　　$\ell_G = 32.5 \text{cm}$（長辺）、$\ell_G = 27.5 \text{cm}$（短辺）

　長辺・短辺の両方向について算出してみると、

　　アンカーボルト　　　総本数 n = 4本

	長辺方向	短辺方向
片側本数 (n_t)	2本	2本
ボルトスパン (ℓ)	65cm	55cm
引抜き力 (R_b)	0.88kN/本	1.16kN/本
せん断力 (Q)	0.33kN/本	0.33kN/本

ただし、$R_b = \dfrac{F_H \cdot h_G - (W - F_V) \cdot \ell_G}{\ell \cdot n_t}$ （3.2-1a）式、$Q = \dfrac{F_H}{n}$ （3.2.1b）式

アンカーボルトの選定

① 「付表1」より

設置工法……あと施工金属拡張アンカー（おねじ形、M12）

コンクリート厚さ 12cm、埋込長さ L=6cm

許容引抜き力　T_a=6.70kN/本＞R_b

② 解図 4.2-3 より M12 で OK。総本数、径は 4 本-M12　とする。

9.4.2 蓄電池架台設置時の設計例

蓄電池室を設け、専用架台にて蓄電池を設ける場合の例を以下に示す。この場合、蓄電池架台の耐震性は製造者によって確認されるので、架台を固定するアンカーボルト計算の設計用標準震度の値を製造者に伝え、整合を図るようにする。

計算例：2 段 2 列式架台蓄電池（HS 形 108V250AH）
検討部位：□取付けボルト　■アンカーボルト　□ストッパボルト　□架台　□基礎

(1) 設備機器諸元：

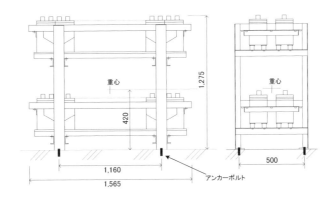

(2) アンカーボルト

（アンカーボルトの計算事例（K_H＝0.6 の場合））

設計用水平震度　　　　　K_H＝0.6

設備機器の重量　　　　　W＝9.97kN

設計用水平地震力　　　　$F_H = K_H \cdot W$＝5.98kN

設計用鉛直地震力　　　　$F_V = \dfrac{1}{2} F_H$＝2.99kN

重心高さ　　　　　　　　h_G＝42cm

重心位置　　　　　　　　ℓ_G＝116cm/2＝58cm（長辺）、ℓ_G＝50cm/2＝25cm（短辺）

アンカーボルト　　　　　総本数 n＝4本

	長辺方向	短辺方向
片側本数　　(n_t)	2本	2本
ボルトスパン　（ℓ）	116cm	50cm
引抜き力　（R_b）	－0.66kN/本	0.77kN/本
せん断力　（Q）	1.50kN/本	1.50kN/本

ただし、$R_b = \dfrac{F_H \cdot h_G - (W - F_V) \cdot \ell_G}{\ell \cdot n_t}$　（3.2－1a）式、$Q = \dfrac{F_H}{n}$　（3.2.1b）式

アンカーボルトの選定

① 「付表1」より

　　設置工法……あと施工金属拡張アンカー（おねじ形、M8）

　　　　コンクリート厚さ 12cm、埋込長さ L＝4cm

　許容引抜き力　T_a＝3.00kN/本＞R_b

② 解図 4.2－3 より M8 で OK。

　総本数、径は 4 本－M8　とする。

9.5　自家発電装置

計算例：自家発電装置（50kVA）
検討部位：□取付けボルト　■アンカーボルト　■ストッパボルト　□架台　□基礎

(1) 設備機器諸元：

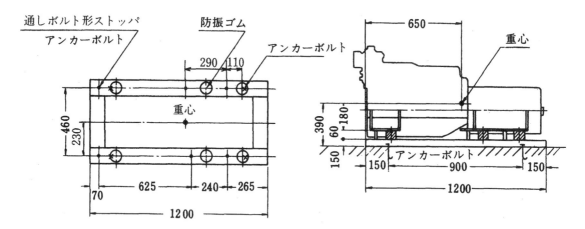

(2) ストッパボルト

（ストッパボルトの計算例（K_H＝1.5 の場合））

設計用水平震度　　　K_H＝1.5　実重量　W＝5.60kN

設計用鉛直震度　　　K_V＝0.75

設計用水平地震力　　$F_H = K_H \cdot W$＝8.40kN

設計用鉛直地震力　　$F_V = \dfrac{1}{2} F_H$＝4.2kN

重心高さ　　　　　　h_G＝18cm

重心位置 　　　　　　　　　$\ell_G=29$cm（長辺）　$\ell_G=23$cm（短辺）

ストッパ設置工法……通しボルト形ストッパ　防振ゴム高さ　$h_s=6$cm

ストッパ総本数 n－ボルト径……6本－M20、（d＝2cm、A＝3.14cm²/本）

		長辺方向	短辺方向
ストッパボルト	片側本数 (n_t)	2本	3本
	ボルトスパン (ℓ)	87cm	46cm
断面検討	せん断応力度 (τ)	0.59kN/cm²＜f_s	0.59kN/cm²＜f_s
	応力度 (σ_{tb})	17.70kN/cm²＜f_b	17.79kN/cm²＜f_b

$$\sigma_{tb}=\frac{W\{K_H\cdot h_G-(1-K_V)\cdot \ell_G\}}{\ell\cdot n_t\cdot A_e}+\frac{K_H\cdot W\cdot h_S}{n\cdot Z}\quad [\text{kN/cm}^2] \qquad (3.4-3a)式$$

$$\tau=\frac{F_H}{n\cdot A_e}\quad [\text{kN/cm}^2] \qquad (3.4-3b)式$$

$$A_e=0.75\times\frac{\pi\cdot d^2}{4}=2.36\quad [\text{cm}^2]（ボルトの場合）$$

$$Z=\frac{\pi\cdot (0.85d)^3}{32}=0.48\quad [\text{cm}^3]（ボルトの場合）$$

$f_b=23.5$kN/cm²：鋼材の短期許容曲げ応力度

$f_s=13.5$kN/cm²：鋼材の短期許容せん断応力度

(3) アンカーボルト

（アンカーボルトの計算事例（$K_H=1.5$の場合））

　　設計用水平震度　　　　　$K_H=1.5$

　　設備機器の重量　　　　　W＝5.60kN（架台重量は本体重量に比べ無視できるとした）

　　設計用水平地震力　　　　$F_H=K_H\cdot W=8.40$kN

　　設計用鉛直地震力　　　　$F_V=\frac{1}{2}F_H=4.20$kN

　　重心高さ　　　　　　　　$h_G=39$cm

　　重心位置　　　　　　　　$\ell_G=40$cm（長辺）　$\ell_G=23$cm（短辺）

　　アンカーボルト　　　　　転倒モーメントに対し不利な短辺方向について検討する。

　　　　　　片側本数　$n_t=2$本、総本数　n＝4本

　　　　　　ボルトスパン　$\ell=46$cm

　　　　　　引抜き力　$R_b=\dfrac{F_H\cdot h_G-(W-F_V)\cdot \ell_G}{\ell\cdot n_t}=3.21$kN/本　　（3.2－1a）式

　　　　　　せん断力　$Q=\dfrac{F_H}{n}=2.10$kN/本　　（3.2－1b）式

　アンカーボルトの選定

　　① 付表1より

　　　　設置工法……埋込式J形（M8）、コンクリート厚さ12cm、埋込長さ L＝10cm

　　　　　　許容引抜き力　$T_a=9.00$kN/本＞R_b

　　② 解図4.2－3よりM8でOK。総本数、径は4本－M8で良い。

計算例：制御盤
検討部位：□取付けボルト　■アンカーボルト　□ストッパボルト　□架台　□基礎

(1) 設備機器諸元：

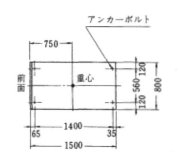
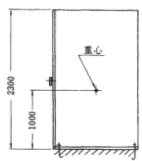

(2) アンカーボルト

（アンカーボルトの計算事例（$K_H=1.5$ の場合））

設計用水平震度　　　　$K_H=1.5$

設備機器の重量　　　　$W=8.5$kN

設計用水平地震力　　　$F_H=K_H \cdot W=12.8$kN

設計用鉛直地震力　　　$F_V=\dfrac{1}{2}F_H=6.4$kN

重心高さ　　　　　　　$h_G=100$cm

重心位置　　　　　　　$\ell_G=69$cm（長辺）　$\ell_G=28$cm（短辺）

アンカーボルト　　　　総本数 $n=4$ 本

	長辺方向	短辺方向
片側本数　　(n_t)	2本	2本
ボルトスパン　(ℓ)	69cm	28cm
引抜き力　　(R_b)	4.06kN/本	10.91kN/本
せん断力　　(Q)	3.2kN/本	3.2kN/本

$$R_b = \dfrac{F_H \cdot h_G - (W-F_V) \cdot \ell_G}{\ell \cdot n_t} \quad (3.2-1a)\text{ 式、} \quad Q = \dfrac{F_H}{n} \quad (3.2-1b)\text{ 式}$$

アンカーボルトの選定

① 「付表1」より

設置工法……あと施工金属拡張アンカー（おねじ形、M20）

コンクリート厚さ 12cm、埋込長さ $L=9$cm

許容引抜き力　$T_a=12.0$kN/本＞R_b

② 解図 4.2-3 より M20 で OK。総本数、径は 4 本－M20 とする。

| 計算例：燃料タンク (1,950ℓ) |
| 検討部位：■取付けボルト　■アンカーボルト　□ストッパボルト　■架台　□基礎 |

(1) 設備機器諸元：

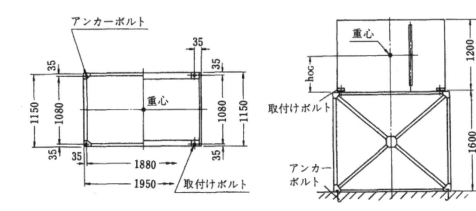

(2) 取付けボルト

（取付けボルトの計算例（$K_H=1.5$ の場合））

設計用水平震度　　$K_H=1.5$　実重量　$W=23.3kN$

有効重量は、水槽の形によって変わるため、長辺・短辺について付録3により計算する。

	長辺	短辺
設備機器の重量（有効）	$W_O=14.7kN$　$α_T=0.63$	$W_O=18.4kN$　$α_T=0.79$
設計用水平地震力	$F_H=K_H・W_O=22kN$	$F_H=27.6kN$
設計用鉛直地震力	$F_V=\frac{1}{2}K_H・W=17.5kN$	$F_V=17.5kN$
重心高さ	$h_{OG}=82cm$　$β_T=0.68$	$h_{OG}=59cm$　$β_T=0.49$
重心位置	$ℓ_G=94cm$	$ℓ_G=54cm$

取付けボルト　　転倒モーメントに対し不利な短辺方向について検討する。

片側本数　$n_t=2$本　総本数　$n=4$本

ボルトスパン　$ℓ=108cm$

引抜き力　$R_b=\dfrac{F_H・h_{OG}-(W-F_V)・ℓ_G}{ℓ・n_t}=6.09kN/本$　　　（3.2－1a）式

せん断力　$Q=\dfrac{F_H}{n}=6.90kN/本$　　　（3.2－1b）式

取付けボルトの選定

解図4.2－3よりM10でOK。総本数、径は4本－M10とする。

(3) 架台

（架台の計算例（$K_H=0.6$ の場合））

転倒モーメントに対し不利な短辺方向を検討する。

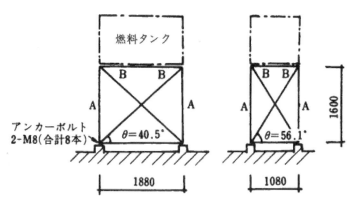

設計用水平震度　$K_H=0.6$
実重量　23.3kN
有効重量　18.4kN（短辺方向検討時）
部材
　　A…（柱材）　L－65×65×6
　　B…（ブレース材）　L－50×50×6

(i) 地震入力

　　設計用水平震度　　　$K_H=0.6$　　　設計用鉛直震度　$K_V=0.3$
　　設計用水平地震力　　$F_H=11.0$kN　設計用鉛直地震力　$F_V=5.50$kN
　　転倒モーメント　$M=F_H \cdot h_{OG}=11.0 \times 59=649$kN・cm（燃料タンク底部）（解3.5－1）式
　　　　　　　　　　$M_B=M+F_H \cdot H=649+11.0 \times 160=2,410$kN・cm（架台底部）

（解3.5－2）式

(ii) 部材算定

　イ　柱材

　　圧縮力　　$N_C = \dfrac{M_B}{n_1 \cdot \ell_y} + \dfrac{W}{n_2}(1+K_V)$　　　　　　　　　　　（解3.5－4）式

　　　　　　　　　$= \dfrac{2,410}{2 \times 108} + \dfrac{23.3}{4}(1+0.3) = 11.2 + 7.57 = 18.8$kN

　　　　　　　　　　　　　　　　　　　　　　n_1：その方向の構面数　n_2：全柱本数

　　柱　材　　L－65×65×6　　　断面積　　　　　$A=7.53$cm^2
　　　　　　　　　　　　　　　　断面二次半径　　$i_{min}=1.27$cm
　　　　　　　　　　　　　　　　柱材座屈長さ　　$\ell_k=160$cm
　　　　　　　　　　　　　　　　細長比　　　　　$\lambda=\ell_k/i_{min}=126$

　　許容圧縮力　　$N_A'=A \cdot f_C'=7.53 \times (1.5 \times 5.88)=66.4$kN＞18.8kN　　OK

　ロ　ブレース材（B材）

　　引張り力　　$T_B=\dfrac{F_H}{n_3 \cdot \cos\theta}=9.86$kN　（解3.5－5）式　　　n_3：構面内のブレース材数

　　ブレース材　　L－50×50×6　　断面積　$A=5.64$cm^2

　　　　　　　　　　　　　　　　　有効断面積　$Ae=A-\dfrac{1}{2}\ell \cdot t - d \cdot t = 3.12$cm^2
　　　　　　　　　　　　　　　　　せいの1/2とボルト孔控除
　　　　　　　　　　　　　　　　　ℓ、t：アングルのせい、板厚
　　　　　　　　　　　　　　　　　d：ボルト孔径（M16…1.7cm）

許容引張り力　$N_A' = Ae \cdot f_t' = 3.12 \times 23.5 = 73.3 \text{kN} > 9.86 \text{kN}$　OK

（ここで短期許容引抜き力 f_t' は、F/1.5 の 1.5 倍なので F となるので 23.5kN/cm²）

(4) アンカーボルト

（アンカーボルトの計算事例（$K_H = 0.6$ の場合））

アンカーボルト（柱当り）

引抜き力　　　　　　$N_c = \dfrac{M_B}{n_1 \cdot \ell_y} + \dfrac{W}{n_2}(1 + K_v) = 7.12 \text{ kN}$　　　　（解 3.5-3）式

せん断力　　　　　　$F_H' = \dfrac{F_H}{n \cdot n_3} = \dfrac{11.0}{4} = 2.75 \text{ kN}$　　　　（解 3.5-6）式

① 「付表1 付表1」より

設置工法…埋込式 J 形（柱当り 2 本-M8）

コンクリート厚さ 12cm、埋込長さ L=9cm

許容引抜き力　$T_a = 9.0 \times 2 = 18.0 \text{kN} > N_T'$

② 解図 4.2-3 より M8 で OK。

総本数、径は 8 本-M8　とする。

計算例：消音器

検討部位：■取付けボルト　■アンカーボルト　□ストッパボルト　■架台　□基礎

(1) 設備機器諸元：

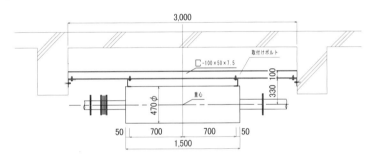

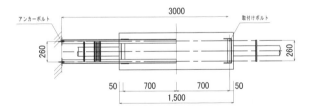

(2) 取付けボルト

（取付けボルトの計算例（$K_H = 1.5$ の場合））

設計用水平震度　　　　$K_H = 1.5$

設備機器の重量　　　　$W = 2.0 \text{kN}$

設計用水平地震力　　　$F_H = K_H \cdot W = 3.0 \text{kN}$

設計用鉛直地震力　　　$F_V = \dfrac{1}{2} F_H = 1.50 \text{kN}$

重心高さ　　　　　　　$h_G = 33cm$

重心位置　　　　　　　$\ell_G = 70cm$（長辺）　　$\ell_G = 13cm$（短辺）

取付けボルト　　　　　不利な短辺方向について検討する。

　　　　　　　　　　　片側本数　$n_t = 2$本　　総本数　$n = 4$本

　　　　　　　　　　　ボルトスパン　$\ell = 26cm$

　　　　引抜き力　　$R_b = \dfrac{F_H \cdot h_G + (W + F_V) \cdot (\ell - \ell_G)}{\ell \cdot n_t} = 2.78 \, kN/本$　　　　　（3.2.4a）式

　　　　せん断力　　$Q = \dfrac{F_H}{n} = 0.75 \, kN/本$　　　　　（3.2.4b）式

取付けボルトの選定（SS400 ボルト）

解図 4.2-3 より総本数、径は 4 本-M8 とする。

(3) 架台

（架台の計算例（$K_H = 0.6$ の場合）

　　設計用水平震度　　　　$K_H = 0.6$

　　設備機器の重量　　　　$W = 2.0 \, kN$

　　設計用水平地震力　　　$F_H = K_H \cdot W = 1.2 \, kN$

　　設計用鉛直地震力　　　$F_V = \dfrac{1}{2} F_H = 0.6 \, kN$

（ⅰ）短辺方向

　　架台の曲げモーメントは両端ピンとして、

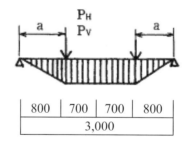

　　鉛直力　　$P_V = (W + F_V)/4 = (2.00 + 0.60)/4 = 0.65 \, kN$

　　　　　　　$M_V' = P_V \cdot a = 0.65 \times 80 = 52.0 \, kN \cdot cm$

　　水平力　　$P_H = F_H/4 = 0.30 \, kN$

　　　　　　　$M_H' = 0.30 \times 80 = 24.0 \, kN \cdot cm$

　　架台　　　[$-100 \times 50 \times 5 \times 7.5$　　　　　断面積　　$A = 11.9 \, cm^2$

　　　　　　　（$\ell_b = 140cm$ として $f_b = 23.5 \, kN/cm^2$）　　断面係数　　$Z_x = 37.6 \, cm^2$

　　　　　　　　　　　　　　　　　　　　　　　　　　　　　　　　$Z_y = 7.52 \, cm^2$

$$\dfrac{M_V'}{M_{AV}'} + \dfrac{M_H'}{M_{AH}'} = \dfrac{52.0}{37.6 \times 23.5} + \dfrac{24.0}{7.52 \times 23.5} = 0.06 + 0.13 = 0.19 \; < \; 1.0 \quad OK$$

（ⅱ）長辺方向

　　架台の軸力

$N' = F_H/2 = 0.60$kN

応力は微小ゆえに検討省略

9.6 比較的軽量な機器

屋内運動場といった大規模空間を持つ施設に取付ける直付け形照明器具の例を以下に示す。

設計：直付け形照明器具（0.1kN を越える高天井用照明器具）
検討部位：■取付けボルト　■アンカーボルト　□ストッパボルト　□架台　□基礎

(1) 設備機器諸元：（LED ユニット　3 個　器具質量　0.24kN（24.5kg））

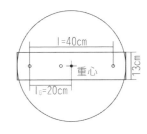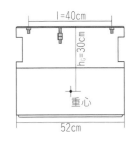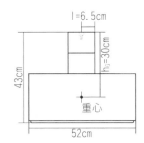

(2) 取り付けボルト

（取り付けボルトの計算例　（$K_H = 2.0$ の場合））

設計用水平震度　　　$K_H = 2.0$

設備機器の重量　　　$W = 2.4$kN

設計用水平地震力　　$F_H = K_H \times W = 0.48$kN

設計用鉛直地震力　　$F_V = \dfrac{1}{2} F_H = 0.24$kN

重心高さ　　　　　　$h_G = 30$cm

重心位置　　　　　　$\ell_G = 20$cm（長辺）

　　　　　　　　　　$\ell_G = 0$cm（短辺）

引抜モーメントに対し不利な短辺方向について検討する

片側本数　　　　　　$n_t = 2$ 本　総本数　$n = 2$ 本

ボルト〜支点距離　　$\ell = 6.5$cm

ボルト〜重心距離　　$\ell_G = 0$cm

引抜力　　　　　　　$Rb = \dfrac{F_H \times h_G + (W + F_V) \times (\ell - \ell_G)}{\ell \times n_t}$

$$= \dfrac{0.48 \times 30 + (0.24 + 0.24) \times (6.5 - 0)}{6.5 \times 2} = 1.35\text{kN}$$

せん断力　　　　　　$Q = \dfrac{F_H}{n}$

$$= \dfrac{0.48}{2} = 0.24\text{kN/本}$$

取り付けボルト……総本数 2 本、径 M8 とする。

(3) アンカーボルト（取り付けボルトと同じ荷重がかかるため値は取り付けボルトと同じとする）

引抜力　　　　　　　$Rb = \dfrac{F_H + h_G \times (W + F_V) \times (\ell - \ell_G)}{\ell \times n_t} = 1.35 \text{kN/本}$

せん断力　　　　　　$Q = \dfrac{F_H}{n} = 0.24 \text{kN/本}$

設置工法……コンクリート厚さ　120mm
　　　　　　埋込長さ　L＝40mm
　　　　　　あと施工金属拡張アンカー（おねじ形）
　　　　　　総本数 2 本、径 M8 とする。

第10章　電気配管等の耐震支持の計算例

　この項では、図10－1のような配管等の系統を持つ建物について、前述の耐震設計フローに従って、以下の設計例を示す。（1）ケーブルラックの耐震支持、（2）バスダクトの耐震支持、（3）配管の耐震支持

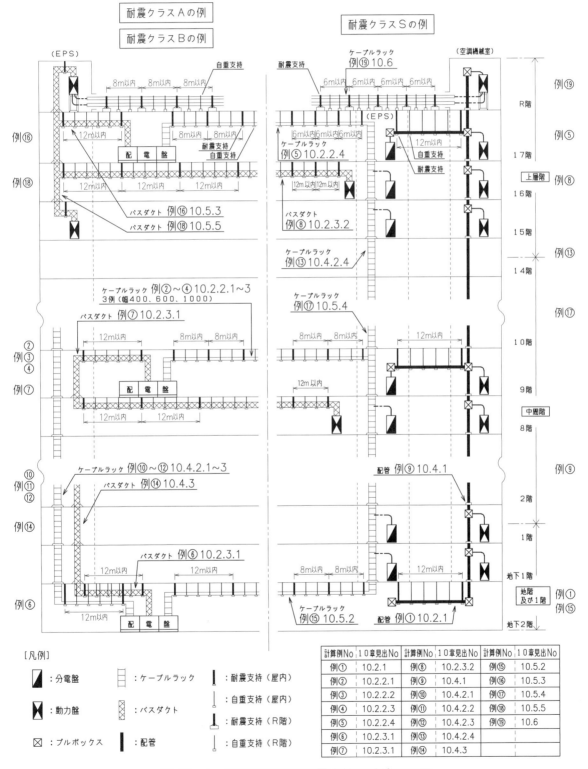

図10－1　電気配管等の耐震支持の系統断面図

10.1　横引き配管等の耐震支持方法の種類の一覧

横引き配管の耐震支持方法ならびに部材選定の詳細は次の方法例による

　付表 2.1　横引配管用 A 種耐震支持部材選定表の例（付表 2.1.1 〜付表 2.1.8）
　付表 2.2　横引配管用 SA 種耐震支持部材選定表の例（付表 2.2.1 〜付表 2.2.8）
　付表 2.3　横引配管用自由支持部材選定票の例（付表 2.3）
　付表 2.4　横引配管用 SA および A 種耐震支持材組立要領図の例（付表 2.4.1 〜 2.4.8）
　付表 2.5　横引配管自由支持材組立要領図の例（付表 2.5）
　付表 3.1　横引電気配線用支持部材選定表の例
　付表 3.2　横引電気配線用支持材組立要領図の例
　付表 3.4　横引電気配線用軸方向支持材部材選定表の例

10.2　横引き配管等の耐震支持の選定例

10.2.1　横引き配管の耐震支持の選定例　例①

配管等の耐震設計は、6.2「設計手順」に基づき表 6.1－1 を適用して行う。

配管等で耐震支持を考慮する箇所は、幹線配管等の集合配管部が主で、分岐配管は配管サイズが小さく、また、単独配管が多いことより表 6.1－1 の耐震支持適用から除外される場合が多い。

ここでは、以下の条件で配管等の耐震支持設計例を示す。

　a．設計条件
　　1）耐震クラス　　　　　　：耐震クラス S 対応
　　2）設置場所　　　　　　　：建物の地下 2 階
　　3）配管等の種類　　　　　：ねじなし電線管　E-CP（75）×5 本
　　4）電線の種類　　　　　　：IV200mm^2×3 本（電線管 1 本当たり）
　　5）電線管自重支持間隔：L_1＝2〔m〕
　　6）耐震支持間隔　　　　　：L_2＝12〔m〕
　　7）施工概要

施工概要は下図のとおりとする。

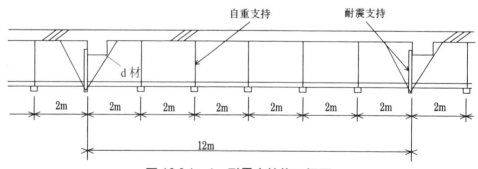

図 10.2.1－1　耐震支持施工概要

　b．設　計

　　表 6.2－1「横引配管等の耐震設計・施工フロー」に従って以下の検討を行う。

　　1）耐震クラスの適用

　　　設計条件 5）より耐震クラス S 対応。

2）設置場所の選定

設計条件 6）より地下 2 階設置であり、地階及び 1 階に該当。

3）耐震支持の種類の選定

表 6.1－1 より耐震支持の種類、A 種耐震支持を選定する。

設計条件　・耐震クラス：耐震クラス S

　　　　　・設置場所　：地下2階（地下1階のはりより支持するので表の設置階は地下1階）

であり表 6.1－1 より A 種耐震支持とする。

4）耐震支持方法の選定

A 種耐震支持方法で、斜材を設ける方法で施工するものとする。

5）耐震支持材部材の選定

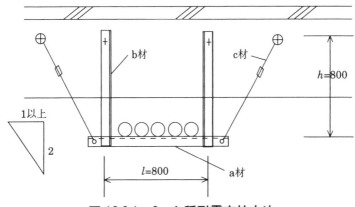

図 10.2.1－2　A 種耐震支持方法

c．管軸直角方向の耐震支持材部材の選定

先ず、管軸直角方向の耐震支持材部材の検討を行う。

1）横引配管等の重量算定

a）自重支持点間当たりの配管等重量 W（N）を求める

電線管 1m 当たり 5 本分の総重量（電線管＋電線）W_1 を次式より求める。

$W_1 = (w_P + 3w_E) \times 5$

w_P：電線管 1m 当たりの 1 本分の重量 33（N/m）

w_E：電線 1m 当たりの 1 本分の重量 20（N/m）

よって、

$W_1 = (33 + 3 \times 20) \times 5 = 465$（N/m）

したがって

$W = W_1 \times L_1 = 465 \times 2 = 930$（N）

L_1：自重支持点間隔（m）

b）耐震支持間の重量 P（kg）を次式より求める。

$P = W_1 \times L_2$

L_2：耐震支持間隔（m）

よって、

$P = W_1 \times L_2 = 465 \times 12m = 5,580$（N）

2）耐震支持材部材の選定

A種耐震支持材部材の選定

付表2.1－5「横引配管用A種耐震支持材部材選定表の例（No.5）」よりA種耐震支持材部材を選定する。部材選定に必要な設計数値は、

・P＝5.58（kN）
・ℓ＝800（mm）
・h＝800（mm）

であり、付表2.1－5「横引配管用A種耐震支持材部材選定表の例（No.5）」より

P＝10（kN）（表の直上の重量10（kN）≧設計重量5.58（kN））

ℓ＝1,000（mm）（表の直上の幅1,000（mm）≧設計サポート幅800mm）

h＝1,000（mm）（表の直上の長さ1,000（mm）≧設計吊り長さ800mm）

に該当する部材を選定する。

表より次の部材が選定できる。

　　a材　　　　　：L－65×65×6　等辺山形鋼
　　b材　　　　　：L－45×45×4　等辺山形鋼
　　c材　　　　　：M10 丸鋼
接合ボルトサイズ　：M16
躯体取付けアンカー：2－M10（梁固定）

となる。

d．配線軸方向の耐震支持材部材の選定

管軸方向の耐震支持材部材d材の選定を検討する。

1）A種耐震支持材は付表3.4－2「横引配管等の軸方向A種耐震支持材部材の選定表の例」より

P＝10（kN）

に該当する部材を選定する。

d材：M8 丸鋼

10.2.2　ケーブルラックの耐震支持

10.2.2.1　ケーブルラックの耐震支持の選定例　例②

a．設計条件

1) 耐震クラス：耐震クラスA・B対応
2) 設置場所：建物の9階（中間階）
3) ケーブルラック幅：400mm
4) 総重量（ラック自重＋ケーブル重量）W_1：48kg/m

　　　$W_1 = W_2 + W_3$

　　　　W_2：ラック自重　5kg/m

　　　　W_3：ケーブル重量（CVT200mm^2 6本）43kg/m

　　　$W_1 = 5 + 43 = 48$ kg/m

5) 自重支持間隔：2m
6) 施工概要

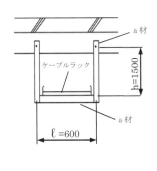
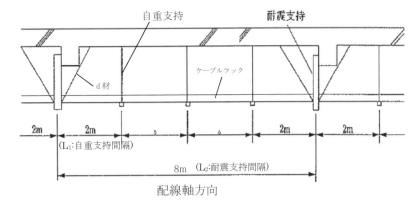

ラック幅方向　　　配線軸方向

図 10.2.2－1　概要図

b．設計

表 6.2－1「横引配管等の耐震設計・施工フロー」に従って以下の検討を行う。

1) 耐震クラスの適用

　　設計条件 1) より、耐震クラス A・B 対応。

2) 設置場所の選定

　　設計条件 2) より、建物の 9F であり中間階に該当。

3) 耐震支持種類の選定

　　表 6.1－1 より、A 種とする。

4) 耐震支持方法の選定

　　設計条件 6) より、表 6.3－1 の分類「はりや天井スラブより吊下げる方法」とする。

5) 耐震支持部材の選定

　　設計条件 6) より、ア：管軸直角方向の耐震支持部材の検討を行う。

c．管軸直角方向の耐震支持部材の選定

1) 横引配管等の重量算定

　a) 自重支持点間の重量 W

　　$W = W_1 \times L_1 \times G$

　　　W_1：総重量（ラック自重＋ケーブル重量）（kg/m）

　　　L_1：自重支持間隔　2（m）

　　　G：重力加速度　9.8（m/s²）

　　$W = 48 \times 2 \times G = 0.94$（kN）

　b) 耐震支持点間の重量 P

　　$P = W_1 \times L_2 \times G$

　　　L_2：耐震支持間隔　8（m）

　　$P = 48 \times 8 \times G = 3.76$（kN）

2) 管軸直角方向の耐震支持部材の選定

　　付表 2.1－6「横引配管用 A 種耐震支持材部材選定表の例（No.6）」より部材選定する。

　　P＝5kN（表の直上の重量　5kN≧設計重量　3.76kN）

　　ℓ＝1,000mm（表の直上の幅　1,000mm≧設計サポート幅　600mm）

　　h＝1,500mm（表の直上の長さ　1,500mm≧設計吊り長さ　1,500mm）

に該当する部材を選定することとする。
　　　　表より　P＝5kN、ℓ＝1,000mm
　　　　　　　　h＝1,500mm　a材選定する。
　　　　　　a材：[-75×40×5×7　溝形鋼
　　　　　　躯体取付アンカー：1-M10（はり固定）
　　・管軸方向の耐震支持部材の選定
　　　　付表3.4-2「軸方向A種支持材部材選定表の例」において、
　　　　前記　P＝5kN
　　　　より支持部材を選定する
　　　　　　d材：M8丸鋼
　d．耐震支持部材とケーブルラックとの固定
　　　ボルトで親桁を貫通して固定すること。

10.2.2.2　ケーブルラックの耐震支持の選定例　例③

a．設計条件
  1) 耐震クラス：耐震クラスA・B対応
  2) 設置場所：建物の9階（中間階）
  3) ケーブルラック幅：600mm
  4) 総重量（ラック自重＋ケーブル重量）W_1：78kg/m
     $W_1＝W_2＋W_3$
       W_2：ラック自重　7kg/m
       W_3：ケーブル重量（CVT200mm²10本）71kg/m
     $W_1＝7＋71＝78$kg/m
  5) 自重支持間隔：2m
  6) 施工概要

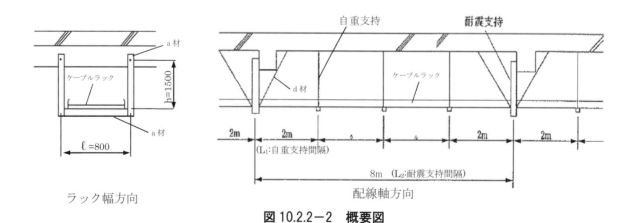

図10.2.2-2　概要図

b．設計
　　表6.2-1「横引配管等の耐震設計・施工フロー」に従って以下の検討を行う。
  1) 耐震クラスの適用

設計条件 1) より、耐震クラス A・B 対応。

2) 設置場所の選定

設計条件 2) より、建物の 9F であり中間階に該当。

3) 耐震支持種類の選定

表 6.1-1 より、A 種とする。

4) 耐震支持方法の選定

設計条件 6) より、表 6.3-1 の分類「はりや天井スラブより吊下げる方法」とする。

5) 耐震支持部材の選定

設計条件 6) より、ア：管軸直角方向の耐震支持部材の検討を行う。

c．管軸直角方向の耐震支持部材の選定

1) 横引配管等の重量算定

a) 自重支持点間の重量 W

$W = W_1 \times L_1 \times G$

W_1：総重量（ラック自重＋ケーブル重量）（kg/m）

L_1：自重支持間隔　2（m）

G：重力加速度　9.8（m/s²）

$W = 78 \times 2 \times G = 1.53$（kN）

b) 耐震支持点間の重量 P

$P = W_1 \times L_2 \times G$

L_2：耐震支持間隔　8（m）

$P = 78 \times 8 \times G = 6.12$（kN）

2) 管軸直角方向の耐震支持部材の選定

付表 2.1-6「横引配管用 A 種耐震支持材部材選定表の例（No.6）」より部材選定する。

P＝10kN（表の直上の重量　10kN≧設計重量　6.12kN）

ℓ＝1,000mm（表の直上の幅　1,000mm≧設計サポート幅　800mm）

h＝1,500mm（表の直上の長さ　1,500mm≧設計吊り長さ　1,500mm）

に該当する部材を選定することとする。

表より　P＝10kN、ℓ＝1,000mm

h＝1,500mm　a 材選定する。

a 材：[-100×50×5×7.5　溝形鋼

躯体取付アンカー：1-M16（はり固定）

・管軸方向の耐震支持部材の選定

付表 3.4-2「軸方向 A 種支持材部材選定表の例」において、

前記　P＝10kN

より支持部材を選定する

d 材：M8 丸鋼

d．耐震支持部材とケーブルラックとの固定

ボルトで親桁を貫通して固定すること。

10.2.2.3　ケーブルラックの耐震支持の選定例　例④

a．設計条件

1) 耐震クラス：耐震クラスA・B対応
2) 設置場所：建物の9階（中間階）
3) ケーブルラック幅：1,000mm
4) 総重量（ラック自重＋ケーブル重量）W_1：131kg/m

   $W_1 = W_2 + W_3$

   　W_2：ラック自重　10kg/m

   　W_3：ケーブル重量（CVT200mm²10本）121kg/m

   $W_1 = 10 + 121 = 131$kg/m

5) 自重支持間隔：2m
6) 施工概要

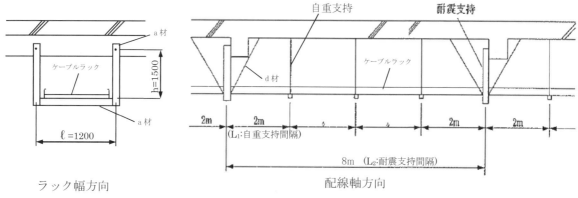

図10.2.2－3　概要図

b．設計

表6.2－1「横引配管等の耐震設計・施工フロー」に従って以下の検討を行う。

1) 耐震クラスの適用

   設計条件1)より、耐震クラスA・B対応。

2) 設置場所の選定

   設計条件2)より、建物の9Fであり中間階に該当。

3) 耐震支持種類の選定

   表6.1－1より、A種とする。

4) 耐震支持方法の選定

   設計条件6)より、表6.3－1の分類「はりや天井スラブより吊下げる方法」とする。

5) 耐震支持部材の選定

   設計条件6)より、ア：管軸直角方向の耐震支持部材の検討を行う。

c．管軸直角方向の耐震支持部材の選定

1) 横引配管等の重量算定

   a) 自重支持点間の重量W

   　$W = W_1 \times L_1 \times G$

   　　W_1：総重量（ラック自重＋ケーブル重量）（kg/m）

L_1：自重支持間隔　2（m）

G：重力加速度　9.8（m/s^2）

$W=131\times2\times G=2.57$（kN）

b）耐震支持点間の重量 P

$P=W_1\times L_2\times G$

L_2：耐震支持間隔　8（m）

$P=131\times8\times G=10.27$（kN）

2）管軸直角方向の耐震支持部材の選定

付表2.1-6「横引配管用A種耐震支持材部材選定表の例（No.6）」より部材選定する。

$P=15$kN（表の直上の重量　15kN≧設計重量　10.27kN）

$\ell=1,500$mm（表の直上の幅　1,500mm≧設計サポート幅　1,200mm）

$h=1,500$mm（表の直上の長さ　1,500mm≧設計吊り長さ　1,500mm）

に該当する部材を選定することとする。

表より　$P=15$kN、$\ell=1,500$mm

$h=1,500$mm　a材選定する。

a材：[-100×50×5×7.5　溝形鋼

躯体取付アンカー：1-M16（はり固定）

・管軸方向の耐震支持部材の選定

付表3.4-2「軸方向A種支持材部材選定表の例」において、

前記　$P=15$kN

より支持部材を選定する

d材：M8 丸鋼

d．耐震支持部材とケーブルラックとの固定

ボルトで親桁を貫通して固定すること。

10.2.2.4　ケーブルラックの耐震支持の選定例　例⑤

a．設計条件

1）耐震クラス：耐震クラス S

2）設置場所：建物の17F（上層階）

3）配管等の種類：電気配線（ケーブルラック）

4）ケーブルラックの幅：600mm

5）総重量（ラック自重＋ケーブル重量）W_1：80kg/m

$W_1=W_2+W_3$

W_2＝ラック自重 7kg/m

W_3：ケーブル重量（CVT200mm^{2}10本）71kg/m

$W_1=7+71≒80$kg/m

6）自重支持間隔：$L_1=2$m

7）耐震支持間隔：$L_2=6$m

8）施工概要

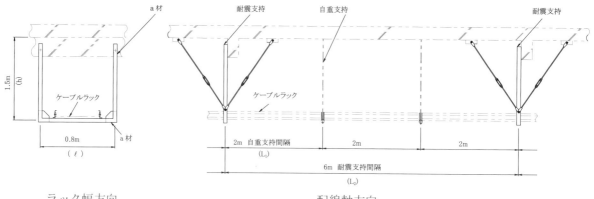

図 10.2.2－4　概要図

b．設計

表 6.2－1「横引配管等の耐震設計・施工フロー」に従って以下の検討を行う。

1) 耐震クラスの適用

設計条件 1) より、耐震クラス S 対応。

2) 設置場所の選定

設計条件 2) より、建物の 17F であり上層階に該当。

3) 耐震支持の種類の選定

表 6.1－1 より、S_A 種とする。

4) 耐震支持方法の選定

設計条件 8) より、表 6.2－3 の分類「はりや天井スラブより吊下げる方法」とする。

5) 耐震支持部材の選定

設計条件 8) より、㋐：管軸直角方向の耐震支持部材の検討を行う。

c．管軸直角方向の耐震支持部材の選定

1) 横引配管等の荷重算定

a) 自重支持点間の荷重　W

$W = W_1 \times L_1 \times G$

W_1：総質量（ラック質量＋ケーブル質量）（kg/m）

L_1：自重支持間隔（m）

G：重力加速度 9.8（m/s²）

$W = 80 \times 2 \times G = 1.57$（kN）

b) 耐震支持間の荷重　P

$P = W_1 \times L_2 \times G$

L_2：耐震支持間隔（m）

$P = 80 \times 6 \times G = 4.71$（kN）

2) 管軸直角方向の耐震支持材の選定

付表 2.2－6「横引配管用 S_A 種耐震支持部材選定表の例（No.6）」より部材選定する。

P＝5kN（表の直上の荷重 5kN≧設計荷重 4.71kN）

ℓ＝1,000mm（表の直上の幅 1,000mm≧設計サポート幅 800mm）

h＝1,500mm（表の直上の長さ 1,500mm≧設計吊帳さ 1,500mm）

に該当する部材を選定することとする。

表より　P＝5kN、ℓ＝1,000

　　　　h＝1,500　a部材選定する。

　　　a材：[-75×40×5×7　溝形鋼

　　　躯体取付けアンカー：1－M12（はり固定）

・管軸方向の耐震支持部材の選定

付表3.4－1「軸方向S_A種支持材部材選定表の例」において、

前記P＝5kNより支持材部材を選定する

　　d材：M8丸鋼

d．耐震支持部材とケーブルラックとの固定

ボルトで親桁を貫通して固定すること。

10.2.3　バスダクトの耐震支持の選定例

10.2.3.1　耐震クラスA・B　中間階及び地階の場合　例⑥⑦

a．設計条件

1) 耐震クラス　　　　　　　：耐震クラスAまたはB
2) 設置場所　　　　　　　　：例⑥　建物の地下2階（地階）
　　　　　　　　　　　　　　　例⑦　建物の9階（中間階）
3) 配管等の種類　　　　　　：電気配線（バスダクト）
4) バスダクト定格電流　　　：三相3線　2,000A
5) バスダクトの自重　　　　：W_1＝30kg/m
6) バスダクト自重支持間隔　：L_1＝2m
7) 耐震支持間隔　　　　　　：L_2＝12m
8) 施工概要

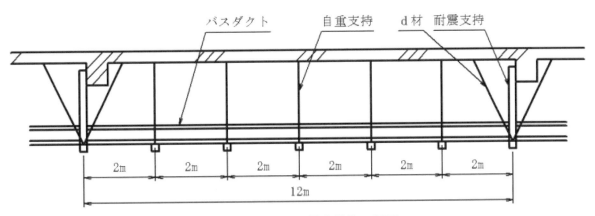

図 10.2.3.1－1　耐震支持施工概要

b．設計

表6.2－1「横引配管等の耐震設計・施工フロー」に従って以下の検討を行う。

(1) 耐震クラスの適用

設計条件1) より、耐震クラスAまたはB対応

(2) 設置場所の選定

設計条件2）より、次に該当。

例④　建物の地下2階：地階

例⑤　建物の9階　　　：中間階

(3) 耐震支持の種類の選定

例④　表6.1－1より、12m以内にA種またはB種耐震支持とする。

例⑤　表6.1－1より、12m以内にA種またはB種耐震支持とする。

(4) 耐震支持方法の選定

設計条件8）より、表6.2－3の分類「はりや天井スラブより吊下げる方法」とする。

c．耐震支持部材の検討

(1) 自重支持間の重量Wを求める。

$W = W_1 \times L_1 \times g$

　　W：自重支持間の重量（N）

　　W_1：バスダクトの単位重量　30kg/m

　　L_1：自重支持間隔　2m

　　g：重力加速度　9.8m/s^2

よって

$W = 30 \times 2 \times 9.8 = 588$ N

耐震支持間の重量Pを求める。

$P = W_1 \times L_2 \times g$

　　P：耐震支持間の重量（N）

　　W_1：バスダクトの単位重量　30kg/m

　　L_2：耐震支持間隔　12m

よって

$P = 30 \times 12 \times 9.8 = 3.53$ kN

(2) 配線軸直角方向の耐震支持部材の選定

1) A種耐震支持を選定する場合

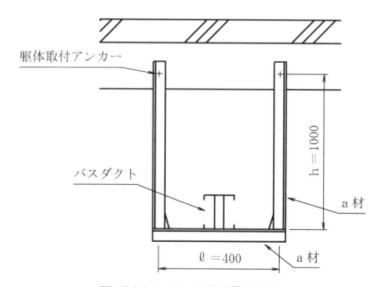

図10.2.3.1－2　A種耐震支持例

付表 2.1－6「横引配管用 A 種耐震支持材部材選定表の例（No.6）」より A 種耐震支持部材を選定する。部材選定に必要な設計数値は、

・P＝3.53kN

・ℓ＝400mm

・h＝1,000mm

であり、

・P＝5kN（表の直上の重量 5kN＞設計重量 3.53kN）

・ℓ＝500mm（表の直上のサポート幅 500mm＞設計サポート幅 400mm）

・h＝1,000mm（表の吊長さ 1,000mm＝設計吊長さ 1,000mm）

に該当する部材を選定する。

　　a 材の部材：L－70×70×6　等辺山形鋼

　　躯体取付けアンカー：M12（はり固定）

となる。

2）B 種耐震支持を選定する場合

付表 3.1「横引電気配線用支持材部材選定表の例」より B 種耐震支持部材を選定する。

部材選定表に必要な設計数値は、

・W＝0.588kN

・ℓ＝400mm

であり、

・W＝1kN（表の直上の重量 1kN＞設計重量 0.588kN）

・ℓ＝500mm（表の直上のサポート幅 500mm＞設計サポート幅 400mm）

に該当する部材を選定する。

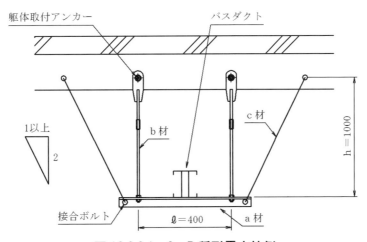

図 10.2.3.1－3　B 種耐震支持例

　　a 材：L－40×40×3　等辺山形鋼

　　b 材：M8 丸鋼（アンカーボルト）

　　c 材：M8 丸鋼

　　接合ボルト：M8

となる。

(3) 管軸方向の耐震支持材部材の選定

1) A種耐震支持を選定する場合

A種耐震支持材は付表3.4－2「軸方向A種支持材部材選定表の例」より

P＝5kN

に該当する部材を選定する。

d材：M8丸鋼

2) B種耐震支持を選定する場合

B種耐震支持材は付表3.4－3「軸方向B種支持材部材選定表の例」より

W＝1kN

に該当する部材を選定する。

d材：M8丸鋼

10.2.3.2　耐震クラスS　上層階の場合　例⑧

a．設計条件

1) 耐震クラス　　　　　　：耐震クラスS
2) 設置場所　　　　　　　：例⑥　建物の16階（上層階）
3) 配管等の種類　　　　　：電気配線（バスダクト）
4) バスダクト定格電流　　：三相3線　2,000A
5) バスダクトの自重　　　：W_1＝30kg/m
6) バスダクト自重支持間隔：L_1＝2m
7) 耐震支持間隔　　　　　：L_2＝12m
8) 施工概要

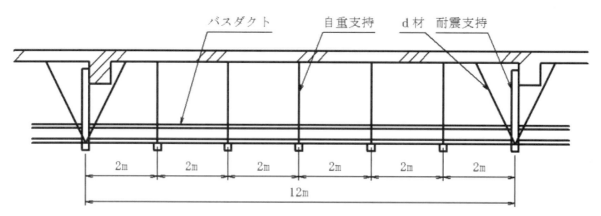

図 10.2.3.2－1　耐震支持施工概要

b．設計

表6.2－1「横引配管等の耐震設計・施工フロー」に従って以下の検討を行う。

(1) 耐震クラスの適用

設計条件1) より、耐震クラスS対応

(2) 設置場所の選定

設計条件2) より建物の16階であり、上層階に該当。

(3) 耐震支持の種類の選定

表6.1-1より、12m以内にS_A種耐震支持とする。

(4) 耐震支持方法の選定

設計条件8)より、表6.2-3の分類「はりや天井スラブより吊下げる方法」とする。

c．耐震支持部材の検討

(1) 自重支持間の重量Wを求める。

$W = W_1 \times L_1 \times g$

W：自重支持間の重量（N）

W_1：バスダクトの単位重量　30kg/m

L_1：自重支持間隔　2m

g：重力加速度　9.8m/s²

よって

$W = 30 \times 2 \times 9.8 = 588N$

耐震支持間の重量Pを求める。

$P = W_1 \times L_2 \times g$

P：耐震支持間の重量（N）

W_1：バスダクトの単位重量　30kg/m

L_2：耐震支持間隔　12m

よって

$P = 30 \times 12 \times 9.8 = 3.53kN$

(2) 配線軸直角方向の耐震支持部材の選定

S_A種耐震支持を選定する場合

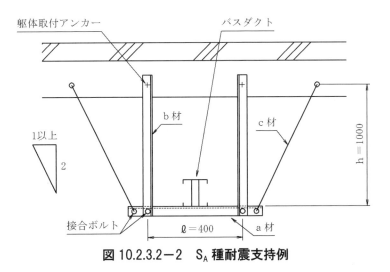

図 10.2.3.2-2　S_A種耐震支持例

付表2.2-5「横引配管用S_A種耐震支持材部材選定表の例（No.5）」よりS_A種耐震支持部材を選定する。

部材選定表に必要な設計数値は、

・P＝3.53kN

・ℓ＝400mm

・h＝1,000mm

であり、
- P＝5kN（表の直上の重量 5kN＞設計重量 3.53kN）
- ℓ＝500mm（表の直上のサポート幅 500mm＞設計サポート幅 400mm）
- h＝1,000mm（表の吊長さ 1,000mm＝設計吊長さ 1,000mm）

に該当する部材を選定する。

　　a材：L－40×40×5　等辺山形鋼
　　b材：L－45×45×4　等辺山形鋼
　　c材：M10 丸鋼
　　躯体取付けアンカー：2－M10（はり固定）
　　接合ボルト：1－M12

となる。

(3) 管軸方向の耐震支持材部材の選定

S_A 種耐震支持を選定する場合、S_A 種耐震支持材は付表 3.4－1「軸方向 S_A 種支持材部材選定表の例」より

　　P＝5kN

に該当する部材を選定する。

　　d材：M8 丸鋼

10.3　立て配管等の耐震支持方法の種類の一覧

立て配管の耐震支持方法は次の方法例による

付表 2.6　立て配管用耐震支持部材選定表の例（付表 2.6.1 ～付表 2.6.4）

付表 2.7　立て配管種耐震支持部材組立要領図の例（付表 2.7.1 ～付表 2.7.2）

付表 3.3　立て電気配線用支持部材選定表の例

10.4　立て配管等の耐震支持の選定例

10.4.1　立て配管の耐震支持の選定例　例⑨

立て配管等の耐震設計は、6.2「設計手順」に基づき表 6.2－2 を適用して行う。

一般に電気配管は、標準支持間隔ごとに自重支持することにより、過大な変形は抑制され、耐震支持がなされているとしてよい。

ここでは、以下の条件で配管等の耐震支持設計例をしめす。

a．設計条件

1) 耐震クラス　　　　：耐震クラス　S 対応
2) 設置場所　　　　　：中間階
3) 配管等の種類　　　：ねじなし電線管　E-CP（75）×5 本
4) 電線の種類　　　　：IV200mm²×3 本（電線管 1 本当たり）
5) 耐震支持間隔　　　：L_1＝4（m）（各床支持のため階高と同じ）
6) 支持材部材の長さ　：L_2＝1,000（mm）
7) 施工概要

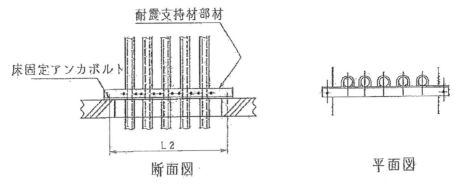

図 10.4−1　立て配管等の施工図

b．設計

表 6.2−2「立て配管等の耐震設計・施工フロー」に従って検討をおこなう。

1) 設計条件は「a 項」参照
2) 立て配管等の重量算定

電線管　5本分の重量

$W_1 = (W_P + 3 \times W_G) \times 5$ 本 $= (33 + 3 \times 20) \times 5$ 本 $= 465$ (N/m)

耐震支持間の重量

$P = W_1 \times L_1 = 465 \times 4 = 1,860$ (N)

W_P：電線管 1m あたりの 1 本分の重量（N/m）

W_G：電線 1m あたりの 1 本分の重量（N/m）

3) 床支持用の耐震支持材部材の選定

付表 2.6−3「立て配管用 S_A 種耐震支持材部材選定表の例」（耐震支持のみの場合）のタイプ No.1 より支持材部材を選定する。

部材の選定条件　　　：$P_1 = 2.5$ (kN)

$\ell = 1,000$ (mm)

部材の選定結果　　　：L40×40×5

躯体の取り付けアンカー：M8×2 本（床固定用）

10.4.2　立てケーブルラックの耐震支持の選定例
10.4.2.1　立てケーブルラックの耐震支持の選定例　例⑩

a．設計条件

1) 耐震クラス：耐震クラス A・B 対応
2) 設置場所：建物の 2 階（中間階）
3) ケーブルラック幅：400mm
4) 総重量（ラック自重＋ケーブル重量）W_1：48kg/m

$W_1 = W_2 + W_3$

W_2：ラック自重　5kg/m

W_3：ケーブル重量（CVT200mm^2 6 本）43kg/m

$W_1 = 5 + 43 = 48$ kg/m

5) 支持間隔：4.5m（耐震支持・自重支持兼用）

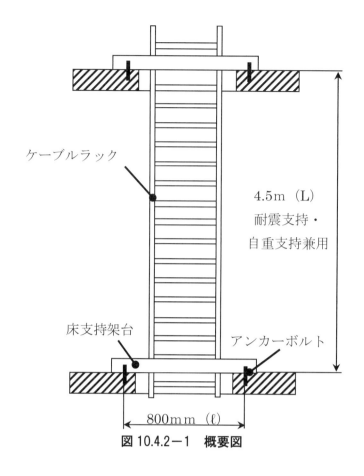

図10.4.2－1 概要図

6）施工概要
b．設計
　表6.2－2「立て配管等の耐震設計・施工フロー」に従って以下の検討を行う。
1）耐震クラスの適用
　　設計条件1）より、耐震クラスA・B対応。
2）設置場所の選定
　　設計条件2）より、建物の2Fであり中間階に該当。
3）耐震支持種類の選定
　　表6.1－1より、A種とする。
4）耐震支持部材の選定
　　設計条件6）より、耐震支持・自重支持兼用、タイプNo.1の耐震支持部材の検討を行う。
c．立て配管用耐震支持部材の選定
1）立て配管重量算定
　　a）耐震支持・自重支持点間の重量W
　　　$W = W_1 \times L_1 \times G$
　　　　W_1：総重量（ラック自重＋ケーブル重量）（kg/m）
　　　　L_1：耐震支持・自重支持間隔　4.5（m）
　　　　G：重力加速度　9.8（m/s^2）
　　　$W = 48 \times 4.5 \times G = 2.12$（kN）
2）立て配管用耐震支持部材の選定

付表2.6－2「立て配管用A種耐震支持材部材選定表の例（耐震支持と自重支持を兼用する場合）」より部材選定する。

　　P＝2.5kN（表の直上の重量　2.5kN≧設計重量　2.12kN）

　　ℓ＝1,000mm（表の直上の幅　1,000mm≧設計サポート幅　800mm）

に該当する部材を選定することとする。

　　表より　P＝5kN、ℓ＝1,000mm　タイプNo.1より支持部材を選定する。

　　　　部材仕様：L－50×50×6　等辺山形鋼

　　　　躯体取付アンカー：M8

10.4.2.2　立てケーブルラックの耐震支持の選定例　例⑪

a．設計条件

1) 耐震クラス：耐震クラスA・B対応
2) 設置場所：建物の2階（中間階）
3) ケーブルラック幅：600mm
4) 総重量（ラック自重＋ケーブル重量）W_1：78kg/m

　　　$W_1＝W_2＋W_3$

　　　　W_2：ラック自重　7kg/m

　　　　W_3：ケーブル重量（CVT200mm^{2}10本）71kg/m

　　　$W_1＝7＋71＝78$kg/m

5) 支持間隔：4.5m（耐震支持・自重支持兼用）
6) 施工概要

b．設計

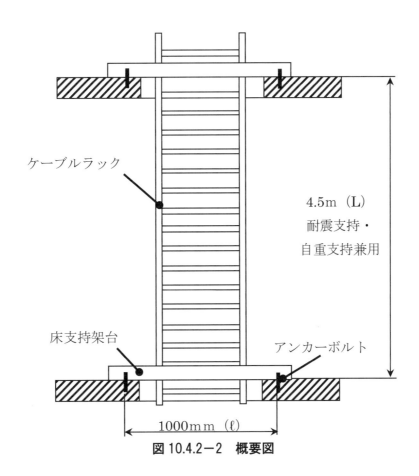

図10.4.2－2　概要図

表6.2−2「立て配管等の耐震設計・施工フロー」に従って以下の検討を行う。

1) 耐震クラスの適用

　　設計条件1)より、耐震クラスA・B対応。

2) 設置場所の選定

　　設計条件2)より、建物の2Fであり中間階に該当。

3) 耐震支持種類の選定

　　表6.1−1より、A種とする。

4) 耐震支持部材の選定

　　設計条件6)より、耐震支持・自重支持兼用、タイプNo.1の耐震支持部材の検討を行う。

c．立て配管用耐震支持部材の選定

1) 立て配管重量算定

　a) 耐震支持・自重支持点間の重量W

　　$W = W_1 \times L_1 \times G$

　　　W_1：総重量（ラック自重＋ケーブル重量）（kg/m）

　　　L_1：耐震支持・自重支持間隔　4.5（m）

　　　G：重力加速度　9.8（m/s^2）

　　$W = 78 \times 4.5 \times G = 3.44$（kN）

2) 立て配管用耐震支持部材の選定

　　付表2.6−2「立て配管用A種耐震支持材部材選定表の例（耐震支持と自重支持を兼用する場合）」より部材選定する。

　　　P＝5kN（表の直上の重量　5kN≧設計重量　3.44kN）

　　　ℓ＝1,000mm（表の直上の幅　1,000mm≧設計サポート幅　1,000mm）

　　に該当する部材を選定することとする。

　　表より　P＝5kN、ℓ＝1,000mm　タイプNo.1より支持部材を選定する。

　　　　部材仕様：L−65×65×6

　　　　躯体取付アンカー：M8

10.4.2.3　立てケーブルラックの耐震支持の選定例　例⑫

a．設計条件

1) 耐震クラス：耐震クラスA・B対応

2) 設置場所：建物の2階（中間階）

3) ケーブルラック幅：1,000mm

4) 総重量（ラック自重＋ケーブル重量）W_1：131kg/m

　　$W_1 = W_2 + W_3$

　　　W_2：ラック自重　10kg/m

　　　W_3：ケーブル重量（CVT200mm^2 17本）121kg/m

　　$W_1 = 10 + 121 = 131$kg/m

5) 支持間隔：4.5m（耐震支持・自重支持兼用）

6) 施工概要

b．設計

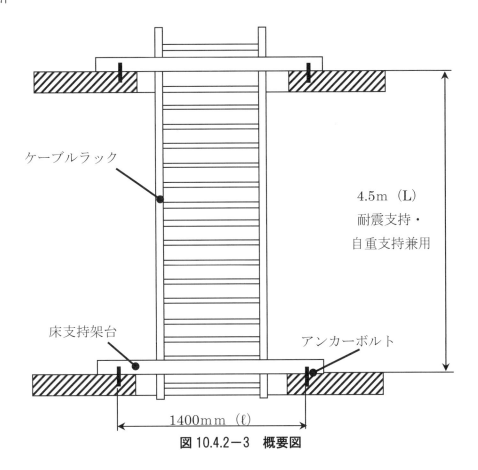

図 10.4.2－3　概要図

表6.2－2「立て配管等の耐震設計・施工フロー」に従って以下の検討を行う。

1) 耐震クラスの適用

　　設計条件1) より、耐震クラスA・B対応。

2) 設置場所の選定

　　設計条件2) より、建物の2Fであり中間階に該当。

3) 耐震支持種類の選定

　　表6.1－1より、A種とする。

4) 耐震支持部材の選定

　　設計条件6) より、耐震支持・自重支持兼用、タイプNo.1の耐震支持部材の検討を行う。

c．立て配管用耐震支持部材の選定

1) 立て配管重量算定

　a) 耐震支持・自重支持点間の重量W

　　　$W = W_1 \times L_1 \times G$

　　　　W_1：総重量（ラック自重＋ケーブル重量）（kg/m）

　　　　L_1：耐震支持・自重支持間隔　4.5（m）

　　　　G：重力加速度　9.8（m/s^2）

　　　$W = 131 \times 4.5 \times G = 5.78$（kN）

2) 立て配管用耐震支持部材の選定

付表 2.6－2「立て配管用 A 種耐震支持材部材選定表の例（耐震支持と自重支持を兼用する場合）」より部材選定する。

　　P＝10kN（表の直上の重量　10kN≧設計重量　5.78kN）

　　ℓ＝1,500mm（表の直上の幅　1,500mm≧設計サポート幅　1,400mm）

に該当する部材を選定することとする。

　　表より　P＝10kN、ℓ＝1,500mm　タイプ No.1 より支持部材を選定する。

　　　部材仕様：L－90×90×10　等辺山形鋼

　　　躯体取付アンカー：M8

10.4.2.4　立てケーブルラックの耐震支持の選定例　例⑬

a．設計条件

1) 耐震クラス：耐震クラス S
2) 設置場所：建物の 15F（上層階）
3) 配管等の種類：電気配線（ケーブルラック）
4) ケーブルラックの幅：600mm
5) 総質量（ラック質量＋ケーブル質量）W_1：110kg/m

　　$W_1＝W_2＋W_3$

　　　$W_2＝$ラック質量 10kg/m

　　　$W_3＝$ケーブル質量 100kg/m

　　　$W_1＝10＋100＝110$ kg/m

6) 支持間隔：4.5m（耐震支持・自重支持兼用）
7) 施工概要：右図参照

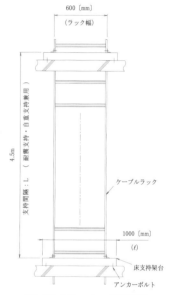

図 10.4.2－4　概要図

b．設計

表 6.2－2「立て配管等の設計・施工フロー」に従って以下の検討を行う。

1) 耐震クラスの適用

　　設計条件 1) より、耐震クラス S 対応。

2) 設置場所の選定

　　設計条件 2) より、建物の 15F であり上層階に該当。

3) 耐震支持の種類の選定

　　表 6.1－1 より、S_A 種とする。

4) 耐震支持部材の選定

　　設計条件 4)、5)、6) より耐震支持・自重支持兼用、タイプ No.1 の耐震支持部材の検討を行う。

c．立て配管用耐震支持部材の選定

1) 立上り配管等の荷重算定

　　a) 耐震支持・自重支持点間の荷重　W

　　　　$W＝W_1×L×G$

　　　　　W_1：総質量（ラック質量＋ケーブル質量）（kg/m）

L：標準支持点間距離（m）

G：重力加速度 9.8（m/s²）

W＝110×4.5×G＝4851（N）＝4.86（kN）

2）立て配管用耐震支持部材の選定

付表 2.6－4「立て配管用 S_A 種耐震支持材部材選定表の例（耐震支持と自重支持を兼用する場合）」より部材選定する。

　　P＝5kN（表の直上の荷重 5kN≧設計荷重 4.86kN）

　　ℓ＝1,000mm（表の直上の幅 1,000mm≧ケーブルラック幅 600mm）

に該当する部材を選定することとする。

　　表より　P＝5kN、ℓ＝1,000　タイプ No.1 より支持部材選定する。

　　　部材仕様：L－65×65×8　等辺山形鋼　躯体取付けアンカー：M8

10.4.3　立てバスダクトの耐震支持の選定例　例⑭

耐震クラス A・B　中間階の場合（耐震支持と自重支持を兼用する場合）

a．設計条件

1）耐震クラス　　　　　：耐震クラス A または B
2）設置場所　　　　　　：建物の 2 階
3）配管等の種類　　　　：電気配線（バスダクト）
4）バスダクト定格電流　：三相 3 線　2,000A
5）バスダクトの自重　　：W_1＝30kg/m
6）バスダクト支持間隔　：L＝4.5m（耐震支持・自重支持兼用）
7）施工概要　　　　　　：ℓ＝400mm

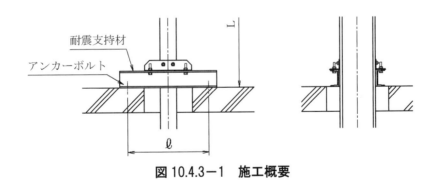

図 10.4.3－1　施工概要

b．設計

表 6.2－2「立て配管等の設計・施工フロー」に従って以下の検討を行う。

（1）耐震クラスの適用

　　設計条件 1）より、耐震クラス A または B 対応

（2）設置場所の選定

　　設計条件 2）より、建物の 2 階であり、中間階に該当。

（3）耐震支持の種類の選定

　　表 6.1－2 より、A 種耐震支持とする。

(4) タイプの選定

　　設計条件 7) より、耐震支持・自重支持兼用、タイプ No.2 とする。

c．耐震支持部材の検討

(1) 支持間の重量 P を求める。

　　$P = W_1 \times L \times g$

　　　P：支持間の重量（N）

　　　W_1：バスダクトの単位重量　30kg/m

　　　L：支持間隔　4.5m

　　　g：重力加速度　9.8m/s^2

　よって

　　　$P = 30 \times 4.5 \times 9.8 = 1.32$kN

(2) 立て配管用耐震支持部材の選定

　1) A 種耐震支持を選定する場合

　　付表 2.6－2「立て配管用 A 種耐震支持材部材選定表の例（耐震支持と自重支持を兼用する場合）」より A 種耐震支持部材を選定する。

　　部材選定に必要な設計数値は、

　　　・P＝1.32kN

　　　・ℓ＝400mm

　　であり、

　　　・P＝2.5kN（表の直上の重量 2.5kN＞設計重量 1.32kN）

　　　・ℓ＝500mm（表の直上の支持材寸法 500mm＞設計支持材寸法 400mm）

　　　・2 本の支持部材で支持するため、タイプ No.2

　　に該当する部材を選定する。

　　　支持材部材　　　　：[－75×40×5×7　溝形鋼

　　　躯体取付けアンカー：M8（あと施工金属拡張アンカー）

　　となる。

　2) 立て電気配線用耐震支持材部材を選定する場合

　　付表 3.3「立て電気配線用耐震支持材部材選定表の例」より A 種耐震支持部材を選定する。

　　部材選定に必要な設計数値は、

　　　・P＝1.32kN

　　　・ℓ＝400mm

　　であり、

　　　・P＝3.0kN（表の直上の重量 3.0kN＞設計重量 1.32kN）

　　　・ℓ＝500mm（表の直上の支持材寸法 500mm＞設計支持材寸法 400mm）

　　に該当する部材を選定する。

　　　支持材部材　　　　：[－75×40×5×7　溝形鋼

　　　躯体取付けアンカー：M8（あと施工アンカー）

　　となる。

10.5 配管等の耐震支持材の計算例

配管等の耐震支持材ごとの各部材に作用する力の計算式を示す。式 10.5−1 〜 10.5−34 には地震により各部に作用する計算式を示している。これらの計算式には第 2 章に基づいて選定した地震力 F_H、F_V、HV（あるいは K_H、K_V、）を入力として代入し部材に作用する力が部材の短期許容応力度または許容応力度の範囲かどうか部材の強度・耐力を判定するものとなる。

表 10.5−1 鋼材等の許容応力度

種類	規格	応力度	短期許容応力度、下段は長期許容応力度　kN/cm²			
			引張　ft	圧縮　fc	曲げ　fb	せん断　fs
一般用構造鋼材 （厚さ 40mm 以下）	SS400、STK400. STKR400、SSC400	短期許容応力度	23.5	23.5	23.5	13.5
		長期許容応力度	15.6	15.6	15.6	9.04

注　詳細は　付録 4.1　表 1、表 2、(2) 基準強度 (F)、第 1 鋼材等の許容応力度の表（P276〜280）による。
注　アンカーボルトの許容応力度は指針表 4.1−1（P49）による。

表 10.5-2 F＝2.4t/cm³ 鋼材の長期応力に対する許容圧縮応力度 f_c(t/cm²)（短期は長期の 1.5 倍）

(SS400、SM400、STK400、STKR400、SSC400、t≦40mm)

λ	f_c	λ	f_c	λ	f_c	λ	f_c	λ	f_c
1	1.60	51	1.37	101	0.872	151	0.420	201	0.237
2	1.60	52	1.37	102	0.861	152	0.414	202	0.235
3	1.60	53	1.36	103	0.850	153	0.409	203	0.232
4	1.60	54	1.35	104	0.839	154	0.403	204	0.230
5	1.60	55	1.34	105	0.828	155	0.398	205	0.228
6	1.60	56	1.33	106	0.817	156	0.393	206	0.225
7	1.60	57	1.32	107	0.806	157	0.388	207	0.223
8	1.59	58	1.31	108	0.795	158	0.383	208	0.221
9	1.59	59	1.30	109	0.784	159	0.378	209	0.219
10	1.59	60	1.30	110	0.773	160	0.374	210	0.217
11	1.59	61	1.29	111	0.762	161	0.369	211	0.215
12	1.59	62	1.28	112	0.751	162	0.365	212	0.213
13	1.58	63	1.27	113	0.740	163	0.360	213	0.211
14	1.58	64	1.26	114	0.729	164	0.356	214	0.209
15	1.58	65	1.25	115	0.719	165	0.351	215	0.207
16	1.58	66	1.24	116	0.708	166	0.347	216	0.205
17	1.57	67	1.23	117	0.697	167	0.343	217	0.203
18	1.57	68	1.22	118	0.686	168	0.339	218	0.201
19	1.57	69	1.21	119	0.675	169	0.335	219	0.200
20	1.56	70	1.20	120	0.664	170	0.331	220	0.198
21	1.56	71	1.19	121	0.654	171	0.327	221	0.196
22	1.56	72	1.18	122	0.643	172	0.323	222	0.194
23	1.55	73	1.17	123	0.632	173	0.320	223	0.192
24	1.55	74	1.16	124	0.622	174	0.316	224	0.191
25	1.54	75	1.15	125	0.612	175	0.312	225	0.189
26	1.54	76	1.14	126	0.603	176	0.309	226	0.187
27	1.53	77	1.13	127	0.593	177	0.305	227	0.186
28	1.53	78	1.12	128	0.584	178	0.302	228	0.184
29	1.52	79	1.11	129	0.575	179	0.299	229	0.182
30	1.52	80	1.10	130	0.566	180	0.295	230	0.181
31	1.51	81	1.09	131	0.558	181	0.292	231	0.179
32	1.51	82	1.08	132	0.549	182	0.289	232	0.178
33	1.50	83	1.07	133	0.541	183	0.286	233	0.176
34	1.50	84	1.06	134	0.533	184	0.283	234	0.175
35	1.49	85	1.05	135	0.525	185	0.280	235	0.173
36	1.48	86	1.03	136	0.517	186	0.277	236	0.172
37	1.48	87	1.02	137	0.510	187	0.274	237	0.170
38	1.47	88	1.01	138	0.502	188	0.271	238	0.169
39	1.46	89	1.00	139	0.495	189	0.268	239	0.168
40	1.46	90	0.992	140	0.488	190	0.265	240	0.166
41	1.45	91	0.981	141	0.481	191	0.262	241	0.165
42	1.44	92	0.970	142	0.475	192	0.260	242	0.163
43	1.44	93	0.959	143	0.468	193	0.257	243	0.162
44	1.43	94	0.948	144	0.461	194	0.254	244	0.161
45	1.42	95	0.937	145	0.455	195	0.252	245	0.159
46	1.41	96	0.927	146	0.449	196	0.249	246	0.158
47	1.41	97	0.916	147	0.443	197	0.247	247	0.157
48	1.40	98	0.905	148	0.437	198	0.244	248	0.156
49	1.39	99	0.894	149	0.431	199	0.242	249	0.154
50	1.38	100	0.883	150	0.425	200	0.239	250	0.153

注．圧縮力をうける鋼材部材の許容圧縮力は、本表を用いつぎの手順により求める。

（ｉ）採用部材を仮定し、鋼材表より断面積 cm³、断面 2 次半径 icm を求める。なお断面 2 次半径が方向により異なる場合は小なる方を採用する。

（ⅱ）細長比 λ を次式より求める。

$$\lambda = \frac{\ell_k}{i}$$

ℓ_k は通常設備の場合は両端ピンとし、両端接合中心間の全長とする。

また、圧縮を受ける部材では λ≦250 を限度とする。λ＞250 となった場合は中間支承材を設けるか、仮定断面を修正し、i を大きくして再計算する。

λ に対応して f_c の値を求める。

10.5.1 配管等の耐震支持部材の計算式
10.5.1.1 ケーブルラックの耐震支持の計算式

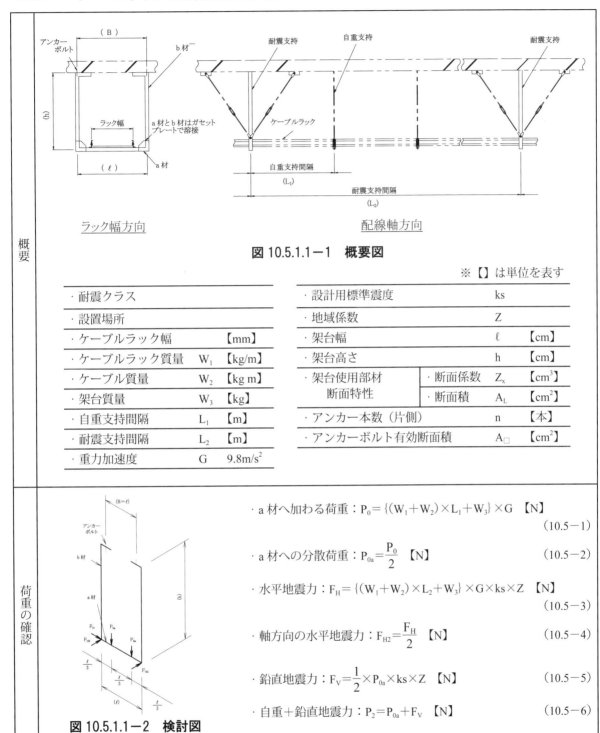

概要

図 10.5.1.1－1　概要図

※【　】は単位を表す

・耐震クラス		・設計用標準震度	ks
・設置場所		・地域係数	Z
・ケーブルラック幅	【mm】	・架台幅	ℓ 【cm】
・ケーブルラック質量　W_1	【kg/m】	・架台高さ	h 【cm】
・ケーブル質量　W_2	【kg/m】	・架台使用部材 断面特性 ・断面係数	Z_x 【cm^3】
・架台質量　W_3	【kg】	・架台使用部材 断面特性 ・断面積	A_L 【cm^2】
・自重支持間隔　L_1	【m】	・アンカー本数（片側）	n 【本】
・耐震支持間隔　L_2	【m】	・アンカーボルト有効断面積	$A_□$ 【cm^2】
・重力加速度　G	9.8m/s²		

荷重の確認

図 10.5.1.1－2　検討図

・a 材へ加わる荷重：$P_0 = \{(W_1+W_2) \times L_1 + W_3\} \times G$　【N】
　　　　　　　　　　　　　　　　　　　　　　　　　（10.5－1）

・a 材への分散荷重：$P_{0a} = \dfrac{P_0}{2}$　【N】　　　　　　（10.5－2）

・水平地震力：$F_H = \{(W_1+W_2) \times L_2 + W_3\} \times G \times ks \times Z$　【N】
　　　　　　　　　　　　　　　　　　　　　　　　　（10.5－3）

・軸方向の水平地震力：$F_{H2} = \dfrac{F_H}{2}$　【N】　　　　（10.5－4）

・鉛直地震力：$F_V = \dfrac{1}{2} \times P_{0a} \times ks \times Z$　【N】　　（10.5－5）

・自重＋鉛直地震力：$P_2 = P_{0a} + F_V$　【N】　　　（10.5－6）

自重及び鉛直地震力に対する強度確認（a材及びb材）	長期
	・曲げモーメント：$M = P_{0a} \times \dfrac{\ell}{3}$ 【N・cm】 (10.5-7)
	
	・曲げ応力度：$\sigma_b = \dfrac{M}{Z_x}$ 【N/cm²】≦長期許容曲げ応力度
	               f_b 【N/cm²】 (10.5-8)
	
	・引張応力度：$\sigma_t = \dfrac{P_{0a}}{A_L}$ 【N/cm²】≦長期許容引張応力度
	               f_t 【N/cm²】 (10.5-9)
	
	短期
	・曲げモーメント：$M_2 = P_2 \times \dfrac{\ell}{3}$ 【N・cm】 (10.5-10)
	
	・曲げ応力度：$\sigma_{b2} = \dfrac{M_2}{Z_x}$ 【N/cm²】≦短期許容曲げ応力度
	               f_b' 【N/cm²】 (10.5-11)
	
	・引張応力度：$\sigma_{t2} = \dfrac{P_2}{A_L}$ 【N/cm²】≦短期許容引張応力度
	               f_t' 【N/cm²】 (10.5-12)
	
	図 10.5.1.1-3 検討図

水平地震力に対する強度確認（a材及びb材）	・曲げモーメント：$M_3 = F_H \times \dfrac{h}{2}$ 【N・cm】 (10.5-13) ・曲げ応力度：$\sigma_{b3} = \dfrac{M_3}{Z_x}$ 【N/cm²】 (10.5-14) ・せん断応力度：$\sigma_s = \dfrac{F_H}{2 \times A_L}$ 【N/cm²】 (10.5-15) $\dfrac{\sigma_{t2}}{f_t'} + \dfrac{\sigma_{b3}}{f_b'} + \dfrac{\sigma_S}{f_S'} \leq 1.0$ (10.5-16) 図 10.5.1.1-4 検討図

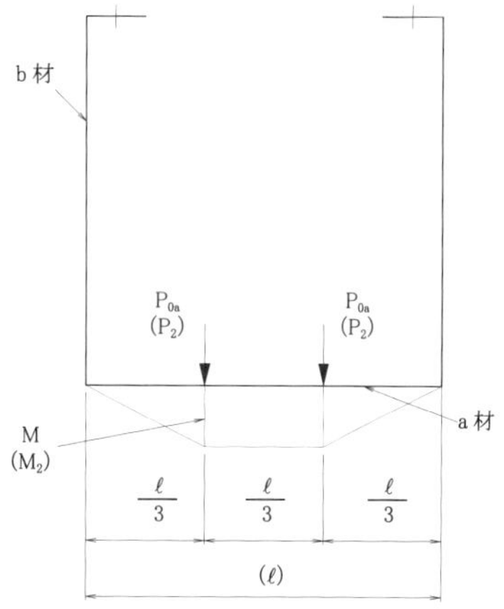

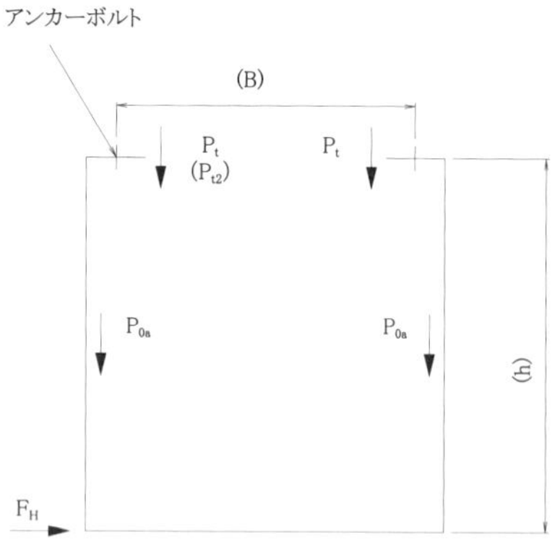

第 10 章　電気配管等の耐震支持の計算例

・長期引抜荷重：$P_t = \dfrac{P_{0a}}{n}$　【N】≦長期許容引抜荷重　【N】

(10.5－17)

・短期引抜荷重：$P_{t2} = \dfrac{P_2}{n} + F_H \times \dfrac{h}{B \times n}$　【N】

≦短期許容引抜荷重　【N】

(10.5－18)

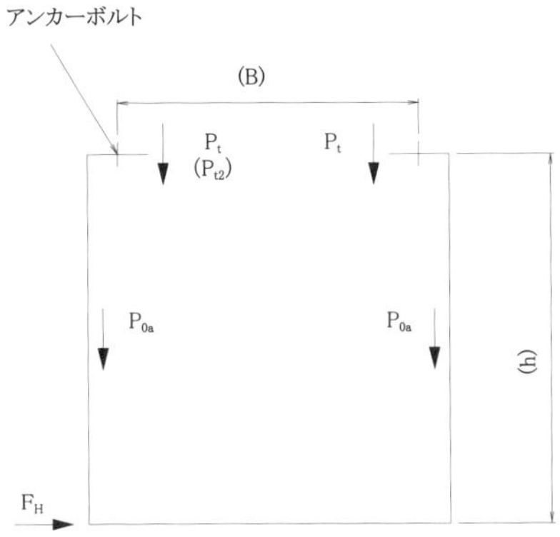

・短期せん断応力度：$\tau = \dfrac{F_H}{2 \times n \times {}_A{}_\square}$　【N/cm²】

≦短期許容せん断応力度
f'_s　【N/cm²】

(10.5－19)

・短期引張応力度：$\sigma'_t = \dfrac{P_{t2}}{A_{12}}$　【N/cm²】

≦短期許容引張応力度
$f_{ts} = 1.4f_t - 1.6\tau$

※ f_{ts} は $f_t = 23500$ N/cm² より 23500N/cm² 以下とする

(10.5－20)

図 10.5.1.1－5　検討図

（参照）
① あと施工金属拡張アンカーボルト（おねじ形）の許容引抜荷重は表 3.3（vii）（P132）による。
② 鋼材等の許容応力度（圧縮、引張り、曲げ、せん断）は付録 4.1 表 1、表 2 及び基準強度（F）（P277～281）による。

ラック支持架台取付けアンカーボルトの強度

10.5.1.2　立てケーブルラックの耐震支持部材の計算式

概要

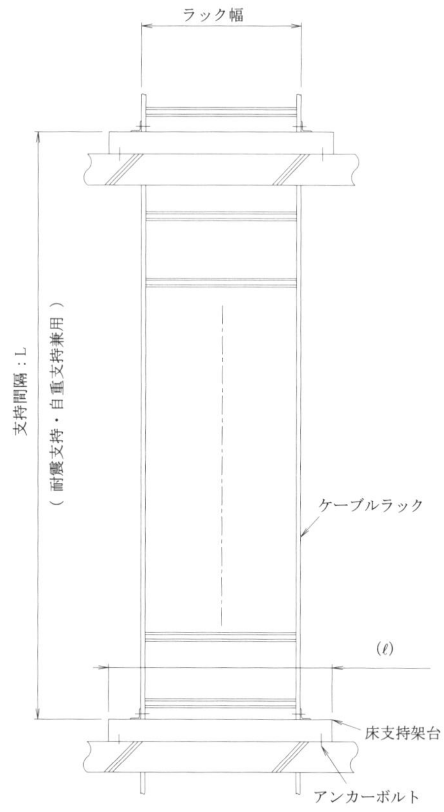

図 10.5.1.2－1　概要図

※【】は単位を表す

・耐震クラス		
・設置場所		
・ケーブルラック幅		【mm】
・ケーブルラック質量	W_1	【kg/m】
・ケーブル質量	W_2	【kgm】
・架台質量	W_3	【kg】
・自重支持間隔	L	【m】
・耐震支持間隔	L	【m】
・重力加速度	G	9.8m/s²
・設計用標準震度	ks	
・地域係数	Z	
・架台幅	ℓ	【cm】
・架台高さ	h	【cm】
・架台使用部材断面特性	Zx	【cm³】
	A_L	【cm²】
・アンカー本数（片側）	n	【本】
・アンカーボルト有効断面積	$A_□$	【cm²】

荷重の確認

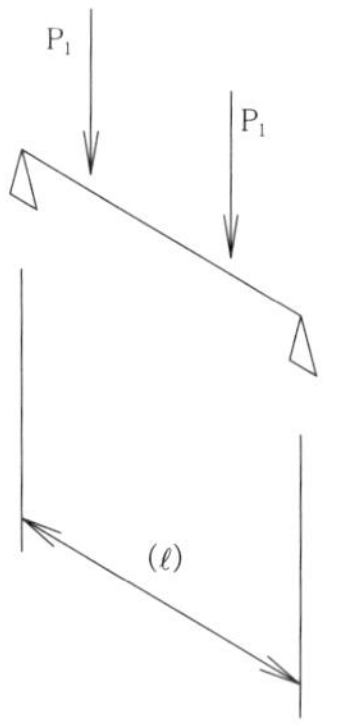

図 10.5.1.2－2　検討図

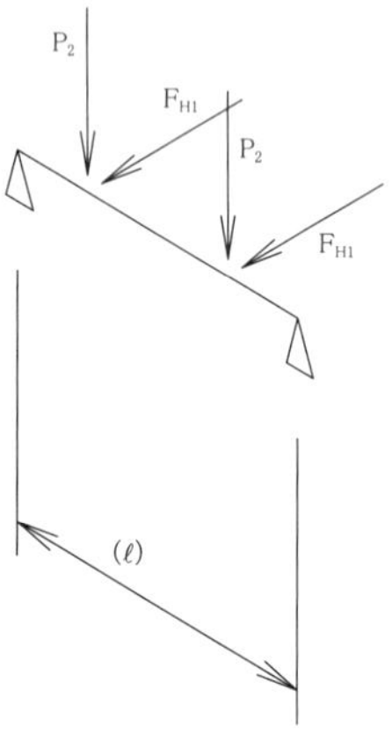

・a材へ加わる荷重：$P_0 = \{(W_1+W_2)\times L + W_3\} \times G$【N】　　　（10.5－21）

・a材への分散荷重：$P_1 = \dfrac{P_0}{2}$【N】　　　（10.5－22）

・水平地震力：$F_H = \{(W_1+W_2)\times L + W_3\} \times G \times ks \times Z$【N】　　　（10.5－23）
※層間変形による反力は考慮しないこととする。
　層間変形を考慮する場合は、水平地震力を $F_H + F_\delta$ とする。

・水平地震力の分散荷重：$F_{H1} = \dfrac{F_H}{2}$【N】　　　（10.5－24）

・鉛直地震力：$F_V = \dfrac{1}{2} \times P_{0a} \times ks \times Z$【N】　　　（10.5－25）

・自重＋鉛直地震力：$P_2 = \dfrac{P_{0a}+F_V}{2}$【N】　　　（10.5－26）

図 10.5.1.2－3　検討図

第10章　電気配管等の耐震支持の計算例

自重に対する強度確認	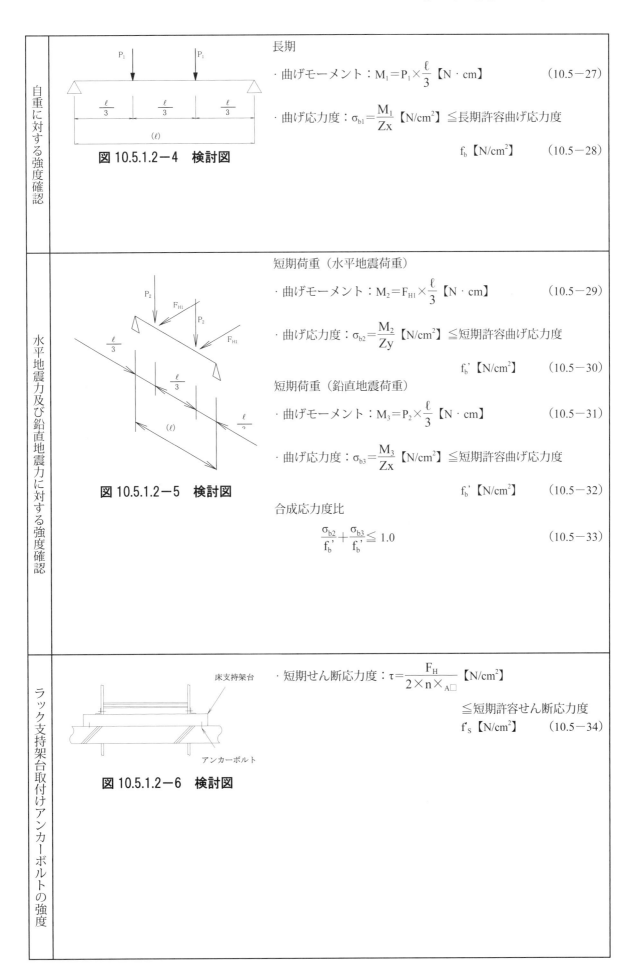図 10.5.1.2－4　検討図	長期 ・曲げモーメント：$M_1 = P_1 \times \dfrac{\ell}{3}$【N・cm】　　（10.5－27） ・曲げ応力度：$\sigma_{b1} = \dfrac{M_1}{Zx}$【N/cm²】≦長期許容曲げ応力度 　　　　　　　　　　　　　　　　f_b【N/cm²】　（10.5－28）
水平地震力及び鉛直地震力に対する強度確認	図 10.5.1.2－5　検討図	短期荷重（水平地震荷重） ・曲げモーメント：$M_2 = F_{H1} \times \dfrac{\ell}{3}$【N・cm】　（10.5－29） ・曲げ応力度：$\sigma_{b2} = \dfrac{M_2}{Zy}$【N/cm²】≦短期許容曲げ応力度 　　　　　　　　　　　　　　　　f_b'【N/cm²】　（10.5－30） 短期荷重（鉛直地震荷重） ・曲げモーメント：$M_3 = P_2 \times \dfrac{\ell}{3}$【N・cm】　（10.5－31） ・曲げ応力度：$\sigma_{b3} = \dfrac{M_3}{Zx}$【N/cm²】≦短期許容曲げ応力度 　　　　　　　　　　　　　　　　f_b'【N/cm²】　（10.5－32） 合成応力度比 　　$\dfrac{\sigma_{b2}}{f_b'} + \dfrac{\sigma_{b3}}{f_b'} \leqq 1.0$　　　　　　　　　　（10.5－33）
ラック支持架台取付けアンカーボルトの強度	図 10.5.1.2－6　検討図	・短期せん断応力度：$\tau = \dfrac{F_H}{2 \times n \times {}_A\square}$【N/cm²】 　　　　　　　　　　　　　　≦短期許容せん断応力度 　　　　　　　　　　　　　　f_S'【N/cm²】　（10.5－34）

247

10.5.1.3 バスダクトの耐震支持部材トラス架構の計算式

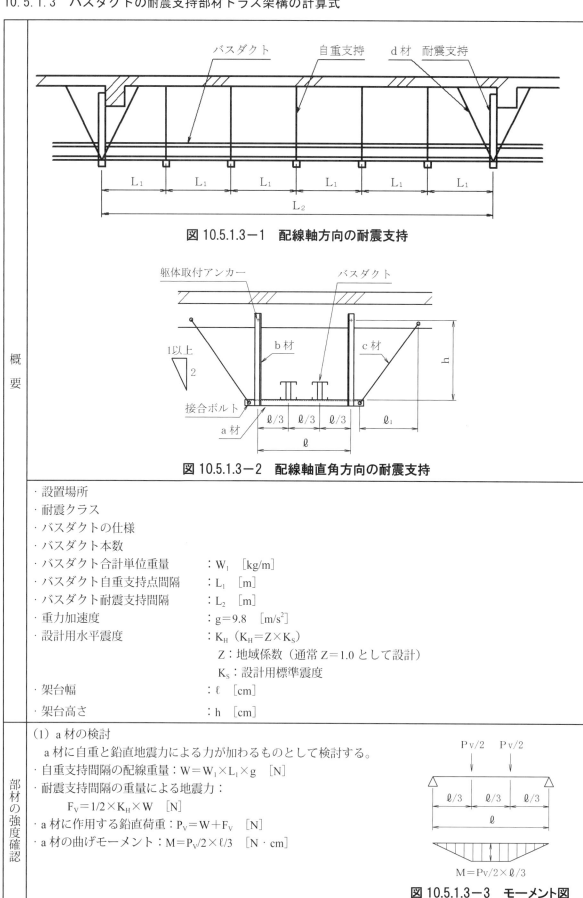

概要

図 10.5.1.3-1 配線軸方向の耐震支持

図 10.5.1.3-2 配線軸直角方向の耐震支持

- 設置場所
- 耐震クラス
- バスダクトの仕様
- バスダクト本数
- バスダクト合計単位重量　　：W_1　[kg/m]
- バスダクト自重支持点間隔　　：L_1　[m]
- バスダクト耐震支持間隔　　：L_2　[m]
- 重力加速度　　：$g=9.8$　[m/s²]
- 設計用水平震度　　：K_H　（$K_H=Z\times K_S$）
  - Z：地域係数（通常 $Z=1.0$ として設計）
  - K_S：設計用標準震度
- 架台幅　　：ℓ　[cm]
- 架台高さ　　：h　[cm]

部材の強度確認

(1) a 材の検討
　a 材に自重と鉛直地震力による力が加わるものとして検討する。
- 自重支持間隔の配線重量：$W=W_1\times L_1\times g$　[N]
- 耐震支持間隔の重量による地震力：
　　$F_V=1/2\times K_H\times W$　[N]
- a 材に作用する鉛直荷重：$P_V=W+F_V$　[N]
- a 材の曲げモーメント：$M=P_V/2\times \ell/3$　[N・cm]

図 10.5.1.3-3 モーメント図

・等辺山形鋼の短期許容曲げ応力度：$\sigma_b=f_b$ ［N/cm²］（表10.5-1より）
・断面係数：$Z=M/\sigma_b$

断面係数Zについて、これより大きな部材を付録表4.8-1「等辺山形鋼の標準断面寸法とその断面積・単位重量・断面特性・長期応力」の表より選定する。

(2) b材の検討

次の圧縮力がb材1本に加わる。
  耐震支持間の水平地震力　$F_{H1}\times h/\ell_1$
  耐震支持間の配線重量による鉛直地震力　$P_V/2$
  耐震支持間の配線重量による力　$-P/2$

1) b材1本に加わる圧縮力
・耐震支持間の配線重量：$P=W_1\times L_2\times g$　［N］
・$F_{H1}=P\times K_H$　［N］
・耐震支持間の重量による鉛直地震力：
　　$P_V=1/2\times K_H\times W_1\times L_2\times g$　［N］
・圧縮力：$C_1=-P/2+\{(F_{H1}\times h/\ell_1)+P_V/2\}$　［N］

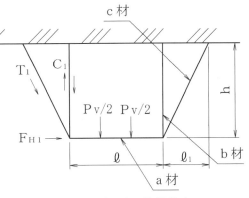

図10.5.1.3-4　荷重分布

b材の断面性能は、付録表4.8-1 から任意の部材を選択し、応力検定を行う。
・断面積　　　：A　［cm²］
・断面二次半径：i_y　［cm］
・細長比　　　：$\lambda=h/i_y$

短期許容圧縮応力度 f_c' は、表10.5-2より求める。
・短期許容圧縮応力度：$f_c'=f_c\times 1.5$　［N/cm²］
・圧縮応力度 $\sigma_C=C_1/A$　［N/cm²］　$\leqq f_c'$　［N/cm²］
となれば可である。

2) 引張力

次の引張力が加わる。
  耐震支持間の水平地震力による力　$F_{H1}\times h/\ell_1$
  耐震支持間の配線重量の鉛直地震力による力　$P_V/2$
  自重支持間の配線重量　$W/2$
・自重支持間の配線重量：$W=W_1\times L_1\times g$　［N］
・$F_{H1}=P\times K_H$　［N］
・耐震支持間の重量による鉛直地震力：$P_V=1/2\times W_1\times L_2\times g\times K_H$　［N］
・引張力：$C_1=W/2+(F_{H1}\times h/\ell_1+P_V/2)$　［N］
・単位面積当たりの短期許容引張力：f_t　［N/cm²］（表10.5-1より）
・短期許容引張力：$T_a=f_t\times A$　［N］　$\geqq C_1$　［N］
となれば可である。

(3) c材の検討

斜材は配線の両側にあるが、水平地震力に対して片側のみしか効かないので、すべての水平地震力 F_{H1} が片側に加わる。
・$F_{H1}=P\times K_H$　［N］
・c材1本に加わる引張力：$T_1=F_{H1}\times \ell_2/\ell_1$　［N］
・単位面積当たりの短期許容引張力：f_t　［N/cm²］（表10.5-1より）
・ボルトの短期許容引張力：$T_{a1}=f_t\times \pi D^2/4$　［N］
　　D：ねじ山の外径　［cm］
　T_{a1}　［N］　＞　T_1　［N］ となれば可である。

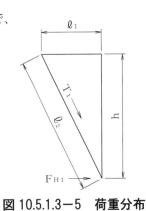

図10.5.1.3-5　荷重分布

(4) d材の検討

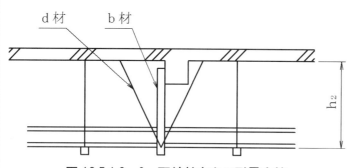

図10.5.1.3－6　配線軸方向の耐震支持　　　　図10.5.1.3－7　荷重分布

　d材はb材を中心に左右にあるが、水平地震力に対して片側のみしか効かないので、すべての水平地震力 F_{H1} が片側に作用する。これらd材は配線の両側にあるので、斜材1本には1/2の力が加わる。
・水平力：$F_{H2}=1/2 \times F_{H1}$　[N]
・d材に加わる引張力：$T_2 = F_{H2} \times \ell_4/\ell_3 = 1/2 \times F_{H1} \times \ell_4/\ell_3$　[N]
・単位面積当たりの短期許容引張力：f_t　[N/cm²]（指針表4.1－1より）
・ボルトの短期許容引張力：$T_{a2} = f_t \times \pi D^2/4 = 17.6 \times \pi D^2/4$　[N]
　　　D：ねじ山の外径　[cm]
　T_{a2} [N] ＞ T_2 [N]　となれば可である。

（参照）
① あと施工金属拡張アンカーボルト（おねじ形）の許容引抜荷重は表3.3（vii）（P132）による。
② 鋼材等の許容応力度（圧縮、引張り、曲げ、せん断）は付録4.1表1、表2及び基準強度（F）（P277～281）による。

10.5.1.4 立てバスダクトの耐震支持部材の計算式

<table>
<tr><td>概要</td><td>

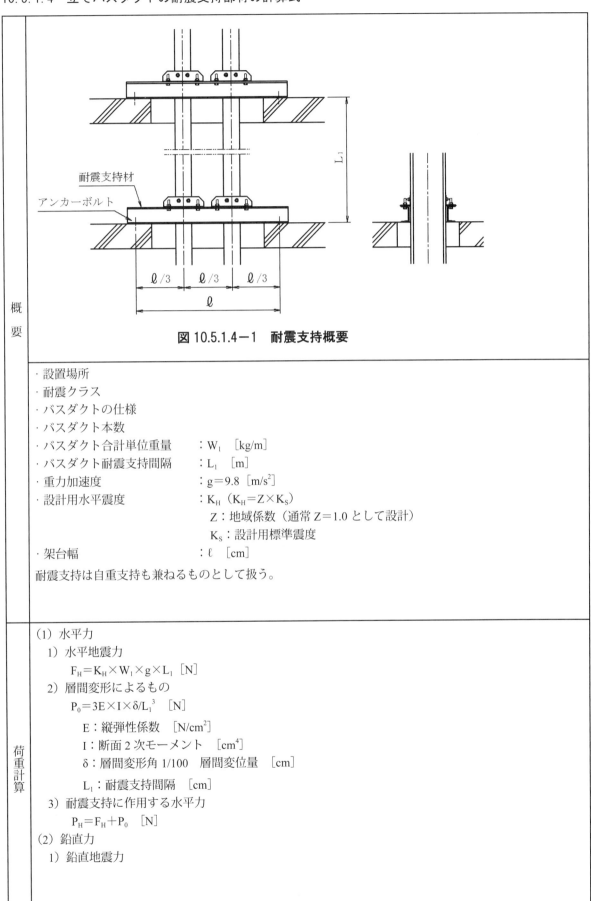

図 10.5.1.4－1　耐震支持概要

</td></tr>
<tr><td></td><td>

- 設置場所
- 耐震クラス
- バスダクトの仕様
- バスダクト本数
- バスダクト合計単位重量　　：W_1 [kg/m]
- バスダクト耐震支持間隔　　：L_1 [m]
- 重力加速度　　　　　　　　：$g=9.8$ [m/s²]
- 設計用水平震度　　　　　　：K_H ($K_H=Z \times K_S$)
  - Z：地域係数（通常 $Z=1.0$ として設計）
  - K_S：設計用標準震度
- 架台幅　　　　　　　　　　：ℓ [cm]

耐震支持は自重支持も兼ねるものとして扱う。

</td></tr>
<tr><td>荷重計算</td><td>

(1) 水平力
　1) 水平地震力
　　　$F_H = K_H \times W_1 \times g \times L_1$ [N]
　2) 層間変形によるもの
　　　$P_0 = 3E \times I \times \delta / L_1^3$ [N]
　　　　E：縦弾性係数　[N/cm²]
　　　　I：断面2次モーメント　[cm⁴]
　　　　δ：層間変形角 1/100　層間変位量 [cm]
　　　　L_1：耐震支持間隔 [cm]
　3) 耐震支持に作用する水平力
　　　$P_H = F_H + P_0$ [N]

(2) 鉛直力
　1) 鉛直地震力

</td></tr>
</table>

$F_V = 1/2 \times K_H \times W_1 \times g \times L_1$ [N]

2) 耐震支持間の重量

$W = W_1 \times g \times L_1$ [N]

3) 耐震支持に作用する鉛直力

$P_V = F_V + W$ [N]

(3) 耐震支持材の検討

任意の鋼材1本当たりにつき検討する。

1) 水平地震力

・曲げモーメント：$M = P_H/4 \times \ell/3$ [N・cm]

・曲げ応力度　　：$\sigma_H = M/Z_X$ [N/cm²]

　　Z_X：断面係数　x方向 [cm³]（付録表4.9-1より）

2) 鉛直地震力

・曲げモーメント　：$M = P_V/4 \times \ell/3$ [N・cm]

・曲げ応力度　　　：$\sigma_V = M/Z_y$ [N/cm²]

　　Z_y：断面係数　y方向 [cm³]（付録表4.9-1より）

日本建築学会編「鋼構造設計規準」から

$$\frac{\sigma_H}{f_{bx}} + \frac{\sigma_V}{f_{by}} \leq 1.0$$

　f_{bx}：x軸回り短期許容曲げ応力度 [N/cm²]（表10.5-1）

　f_{by}：y軸回り短期許容曲げ応力度 [N/cm²]（表10.5-1）

となれば、可である。

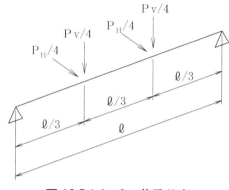

図 10.5.1.4-2　荷重分布

(4) アンカーボルトの検討

　任意の　あと施工金属拡張アンカーボルトおねじ形　を使用するとして、検討する。

・せん断力 $\tau_A = P_H/nA$ [N/cm²]

　　τ_A：躯体取付けアンカーボルト1本に働くせん断力 [N/cm²]

　　n：アンカーボルトの本数 [本]

　　A：アンカーボルトのねじ山の外径による断面積 [cm²]

　$\tau_A <$ ボルトの短期許容せん断力 f_S [N/cm²]（指針表4.1-1）

となれば、可である。

(参照)

① あと施工金属拡張アンカーボルト（おねじ形）の許容引抜荷重は表3.3（vii）（P132）による。

② 鋼材等の許容応力度（圧縮、引張り、曲げ、せん断）は付録4.1表1、表2及び基準強度（F）（P277～281）による。

部材の強度確認

10.5.2 ケーブルラックの耐震支持部材の計算例 例⑮

1. 概　要

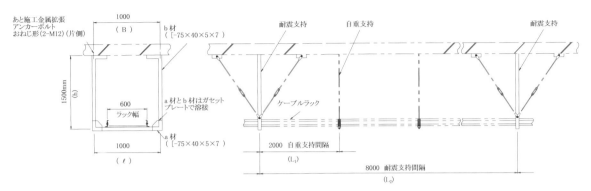

図10.5.2－1　概要図

・条　件
- ケーブルラック幅　：600mm
- ケーブルラック質量：$W_1=7\text{kg/m}$
- ケーブル質量　　　：$W_2=71\text{kg/m}$
- 自重支持間隔　　　：$L_1=2\text{m}$
- 耐震支持間隔　　　：$L_2=8\text{m}$
- 設計用標準震度　　：$k_s=0.6$
- 地域係数　　　　　：$Z=1.0$
- 重力加速度　　　　：$G=9.8\text{m/s}^2$
- アンカーボルト　　：あと施工金属拡張アンカーボルトおねじ形　M12
- アンカー本数　　　：n 片側2本（両側4本）
- 架台使用部材　　　：[-75×40×5×7　溝形鋼
- 使用部材断面特性　：断面係数　$Z_x=20.1\text{cm}^3$
- 　　　　　　　　　：断面積　$A_L=8.818\text{cm}^2$
- 架台質量　　　　　：$W_3=40\text{kg}$

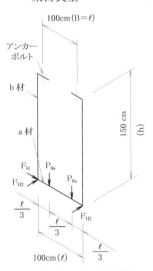

図10.5.2－2　検討図

2. ラック支持架台（ラック幅方向）

2－1. 荷重の確認

$$P_0=\{(W_1+W_2)\times L_1+W_3\}\times G \quad (10.5-1)\text{式}$$
$$=\{(7+71)\times 2+40\}\times 9.8=1921\text{N}$$

・a材への分散荷重

$$P_{0a}=\frac{P_0}{2}=\frac{1921}{2}=961\text{N} \quad (10.5-2)\text{式}$$

・水平地震力

$$F_H=\{(W_1+W_2)\times L_2+W_3\}\times G\times k_s\times Z \quad (10.5-3)\text{式}$$
$$=\{(7+71)\times 8+40\}\times 9.8\times 0.6\times 1.0=3905\text{N}$$

・軸方向の水平地震力

$$F_{H2} = \frac{F_H}{2} = \frac{3905}{2} = 1953 \text{N} \quad (10.5-4) \text{ 式}$$

・鉛直地震力

$$F_V = \frac{1}{2} \times P_{0a} \times ks \times Z = \frac{1}{2} \times 961 \times 0.6 \times 1.0 = 289 \text{N} \quad (10.5-5) \text{ 式}$$

・自重＋鉛直地震力

$$P_2 = P_{0a} + F_V = 961 + 289 = 1250 \text{N} \quad (10.5-6) \text{ 式}$$

2-2. 自重及び鉛直地震力に対する強度確認 （a 材及び b 材）

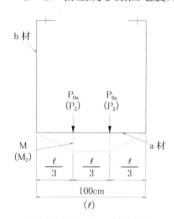

図 10.5.2-3　検討図

長期

・曲げモーメント

$$M = P_{0a} \times \frac{\ell}{3} = 961 \times \frac{100}{3} = 32034 \text{N} \cdot \text{cm} \quad (10.5-7) \text{ 式}$$

・曲げ応力度

$$\sigma_b = \frac{M}{Zx} = \frac{32034}{20.1} = 1594 \text{N/cm}^2 \quad (10.5-8) \text{ 式}$$

長期許容曲げ応力度　$f_b = 15600 \text{N/cm}^2$

$f_b = 15600 \text{N/cm}^2 \geqq \sigma_b = 1594 \text{N/cm}^2$

→判定：O.K.

・引張応力度

$$\sigma_t = \frac{P_{0a}}{A_L} = \frac{961}{8.818} = 109 \text{N/cm}^2 \quad (10.5-9) \text{ 式}$$

長期許容引張応力度　$f_t = 15600 \text{N/cm}^2$

$f_t = 15600 \text{N/cm}^2 \geqq \sigma_t = 109 \text{N/cm}^2$

→判定：O.K.

短期

・曲げモーメント

$$M_2 = P_2 \times \frac{\ell}{3} = 1250 \times \frac{100}{3} = 41667 \text{N} \cdot \text{cm} \quad (10.5-10) \text{ 式}$$

・曲げ応力度

$$\sigma_{b2} = \frac{M_2}{Zx} = \frac{41667}{20.1} = 2073 \text{N/cm}^2 \quad (10.5-11) \text{ 式}$$

短期許容曲げ応力度　$f_b' = 23500 \text{N/cm}^2$

$f_b' = 23500 \text{/cm}^2 \geqq \sigma_{b2} = 2073 \text{N/cm}^2$

→判定：O.K.

・引張応力度

$$\sigma_{t2} = \frac{P_2}{A_L} = \frac{1250}{8.818} = 142 \text{N/cm}^2 \quad (10.5-12) \text{ 式}$$

短期許容引張応力度　$f_t' = 23500 \text{N/cm}^2$

$f_t' = 23500 \text{N/cm}^2 \geqq \sigma_{t2} = 142 \text{N/cm}^2$

→判定：O.K.

2－3. 水平地震力に対する強度確認 （a材及びb材）

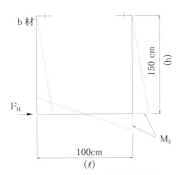

図 10.5.2－4　検討図

・曲げモーメント

$$M_3 = F_H \times \frac{h}{2} = 3905 \times \frac{150}{2} = 292875 \text{N} \cdot \text{cm} \quad (10.5-13) \text{式}$$

・曲げ応力度

$$\sigma_{b3} = \frac{M_3}{Z_x} = \frac{292875}{20.1} = 14571 \text{N/cm}^2 \quad (10.5-14) \text{式}$$

・せん断応力度

$$\sigma_s = \frac{F_H}{2 \times A_L} = \frac{3905}{2 \times 8.818} = 222 \text{N/cm}^2 \quad (10.5-15) \text{式}$$

$$\frac{\sigma_{t2}}{f_t'} + \frac{\sigma_{b3}}{f_b'} + \frac{\sigma_S}{f_S'} = \frac{142}{23500} + \frac{14571}{23500} + \frac{222}{13500} = 0.65 \leq 1.0 \quad (10.5-16) \text{式}$$

→判定：O.K.

2－4. ラック支持架台取付けアンカーボルトの強度

・2－M12（片側）あと施工金属拡張アンカーボルト　おねじ形の強度

M12 アンカーボルト有効断面積　$A_{12} = 0.843 \text{cm}^2$

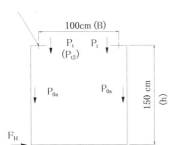

図 10.5.2－5　検討図

・長期引抜荷重

$$P_t = \frac{P_{0a}}{n} = \frac{961}{2} = 481 \text{N} \quad (10.5-17) \text{式}$$

長期許容引抜荷重 $= 4500 \text{N} \geq P_t = 481 \text{N}$

→判定：O.K.

・短期引抜荷重

$$P_{t2} = \frac{P_2}{n} + F_H \times \frac{h}{B \times n} = \frac{1250}{2} + 3905 \times \frac{150}{100 \times 2} = 3554 \text{N}$$

(10.5－18) 式

短期許容引抜荷重 $= 6700 \text{N} \geq P_{t2} = 3554 \text{N}$

→判定：O.K.

・短期せん断応力度

せん断応力度 $\tau = \dfrac{F_H}{2 \times n \times A_{12}} = \dfrac{3905}{2 \times 2 \times 0.843} = 1159 \text{N/cm}^2$ 　　(10.5－19) 式

短期許容せん断応力度 $f_S' = 13500 \text{N/cm}^2 \geq \tau = 1159 \text{N/cm}^2$

→判定：O.K.

・短期引張応力度（σ_t）

$f_{ts} = 1.4 f_t - 1.6 \tau = 1.4 \times 24000 - 1.6 \times 1159 = 31745 \text{N/cm}^2 > f_t = 23500 \text{N/cm}^2$ より　　(10.5－20) 式

　　$= 24000 \text{N/cm}^2$

引張応力度 $\sigma_t' = \dfrac{P_{ta}}{A_{12}} = \dfrac{3554}{0.843} = 4216 \text{N/cm}^2 \leq$ 短期許容引張応力度 $f_{tS} = 23500 \text{N/cm}^2$　(10.5－20) 式

→判定：O.K.

10.5.3 バスダクトの耐震支持部材の計算例　例⑯

通常表6.2−1「横引配管等の耐震設計・施工フロー」により、耐震支持の種類に応じて選定する方法が一般的であるが、ここでは設計用標準震度 Ks を 2.0 として計算する。

a．設計条件
　・バスダクト定格電流　　　：三相3線　2000A2系統
　・バスダクト自重支持点間隔：$L_1=2m$
　・バスダクト耐震支持間隔　：$L_2=12m$
　・設置場所　　　　　　　　：上層階　17階（R階のスラブ）
　・設計用水平震度　　　　　：$K_H=2.0$（地域係数 $Z=1.0$ として設計）

b．施工概要

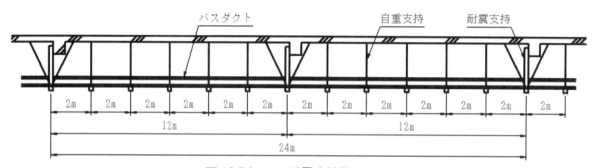

図 10.5.3−1　耐震支持施工概要

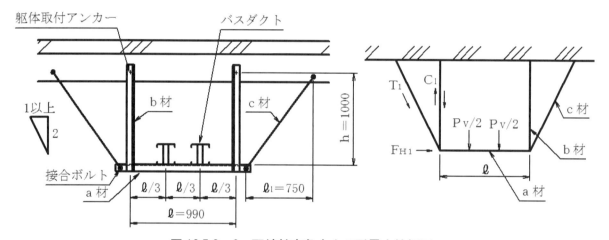

図 10.5.3−2　配線軸直角方向の耐震支持概要

横引配線の耐震支持材は地震力を支持することを目的としているが、一般的には鉛直方向の自重の支点を兼ねるので、両者の組合せを考えて検討する。

c．支持部材の検討

配線軸直角方向　耐震支持材部材を下記のとおり選定する。

　　a材の部材　等辺山形鋼
　　b材の部材　等辺山形鋼
　　斜　　材　丸鋼

（1）a材の検討

　a材に自重と鉛直地震力による力が加わるものとして検討する。

　　　自　重：自重支持間隔 2m の配線重量 W

鉛直地震力：耐震支持間隔 12m の重量による地震力 F_V

a 材に作用する鉛直荷重は P_V は

$P_V = W + F_V$

$W = W_1 \times L_1 \times g$

　W_1：バスダクト単位重量　$30 \times 2 = 60$ kg/m（2系統）

　L_1：自重支持間隔　2m

$W = 60 \times 2 \times 9.8 = 1180$ N

$F_V = 1/2 \times K_H \times W_2$

$W_2 = W_1 \times L_2 \times g = 60 \times 12 \times 9.8 = 7060$ N

　K_H：設計用水平震度　2.0

　W_2：耐震支持間の重量（N）

　L_2：耐震支持間隔　12m

$F_V = 1/2 \times 2.0 \times 7060 = 7060$ N

$P_V = W + F_V = 1180 + 7060 = 8240$ N

$\sigma_b \geqq \sigma$

　σ_b：等辺山形鋼の短期許容曲げ応力度　$fb = 23.5$ kN/cm²

　σ：a 材の短期曲げ応力度（N/cm²）

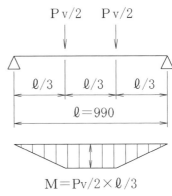

図 10.5.3－3　a 材モーメント図

a 材の曲げモーメント M を求める。

$M = P_V/2 \times \ell/3$

　$= 8240/2 \times 99/3 = 136$ kN·cm

$\sigma = M/Z$　より

$Z = M/\sigma_b = 136/23.5 = 5.79$ cm³

断面係数 5.79cm³ より大きな部材を付録表 4.8－1「等辺山形鋼の標準断面寸法とその断面積・単位重量・断面特性・長期応力」の表より選定する。

・a 材：L－65×65×6　等辺山形鋼

(2) b 材の検討

b 材の軸方向力

b 材に次の力が加わる。

　・耐震支持間の配線重量による水平地震力　F_{H1}

　・耐震支持間の配線重量による鉛直地震力　F_V

　・配線重量による力　W

b 材には水平地震力と鉛直地震力による力が圧縮力と引張力の方向に加わる。

1) 圧縮力

次の圧縮力が b 材 1 本に加わる。

　・耐震支持間の水平地震力　$F_{H1} \times h/\ell_1$

　・耐震支持間の配線重量による鉛直地震力　$P_V/2$

　・耐震支持間の配線重量による力　$-P/2$

圧縮力　$C_1 = -P/2 + (F_{H1} \times h/\ell_1 + P_V/2)$

　$P = W_1 \times L_2 \times g = 60 \times 12 \times 9.8 = 7060$ N

P：耐震支持間の配線重量（N）

　　W_1：バスダクトの単位重量　60kg/m

　　L_2：耐震支持間間隔　12m

$F_{H1} = P \times K_H = 60 \times 12 \times 9.8 \times 2.0 = 14.1$ kN

　　P：耐震支持間間隔 12m の配線重量（N）

　　K_H：設計用水平震度　2.0

$P_V = 1/2 \times K_H \times W_1 \times L_2 \times g$

　　$= 1/2 \times 2.0 \times 60 \times 12 \times 9.8 = 7060$（N）

　　P_V：耐震支持間 12m の重量による鉛直地震力（N）

$C_1 = -7060/2 + (14100 \times 1/0.75 + 7060/2) = 18.8$ kN

b 材の断面性能は

　部　材　　　　L－60×60×4 を使用するものとして応力検定を行う。

　断面積　　　　A＝4.692cm²（付録表 4.8－1）

　断面二次半径　iy＝1.19cm

L－60×60×4 の短期許容圧縮応力度を求める。

　細長比　λ＝h/iy＝100/1.19＝84.03

よって短期許容圧縮応力度 fc は、

　短期許容圧縮応力度　fc＝10.3×1.5＝15.5kN/cm²

　圧縮応力度 σc は、

　　圧縮応力度　σc＝C_1/A＝18.8/4.692＝4.01kN/cm²＜fc＝15.5kN/cm²

　となり可である。

2）引張力

　　次の引張力が加わる。

　　・耐震支持間 12m の水平地震力による力　　$F_{H1} \times h/\ell_1$

　　・耐震支持間 12m の配線重量の鉛直地震力による力　　$P_V/2$

　　・自重支持間 2m の配線重量　W/2

　引張力　$C_1 = W/2 + (F_{H1} \times h/\ell_1 + P_V/2)$

　　　　W＝W_1×L_1×g＝60×2×9.8＝1180N

　　　　W：自重支持間の配線重量（N）

　　　　W_1：バスダクトの単位重量　60kg/m

　　　　L_1：自重支持間隔　2m

　　$F_{H1} = P \times K_H = 60 \times 12 \times 9.8 \times 2.0 = 14.1$ kN

　　　　P：耐震支持間間隔 12m の配線重量（N）

　　　　K_H：設計用水平震度　2.0

　　$P_V = 1/2 \times W_1 \times L_2 \times g \times K_H$

　　　　$= 1/2 \times 60 \times 12 \times 9.8 \times 2.0 = 7060$N

　　　　P_V：耐震支持間 12m の重量による鉛直地震力（N）

　　　　W_1：バスダクトの単位重量　60kg/m

　　　　L_2：耐震支持間隔　12m

$$C_1 = 1180/2 + (14100 \times 1/0.75 + 7060/2)$$
$$= 22.9 \text{kN}$$

L－60×60×4 等辺山形鋼の短期許容引張力 Ta は表 10.5－1 より単位面積当たりの短期許容引張力 $f_t = 23.5 \text{kN/cm}^2$ であるから

$\text{Ta} = f_t \times A = 23.5 \times 4.692 = 110 \text{kN}$

$\text{Ta} = 110 \text{kN} > C_1 = 22.9 \text{kN}$

となり可である。

(3) c 材の検討

斜材に M16 丸鋼を使用するものとして応力検定を行う。

斜材は配線の両側にあるが、水平地震力に対して片側のみしか効かないので、すべての水平地震力 F_{H1} が片側に加わる。

c 材 1 本に加わる引張力 T_1 は

$T_1 = F_{H1} \times \ell_2 / \ell_1$

$F_{H1} = P \times K_H = 60 \times 12 \times 9.8 \times 2.0 = 14.1 \text{kN}$

$T_1 = 14.1 \times 1.0 / 0.75 = 18.8 \text{kN}$

M16 ボルトの短期許容引張力 T_{a1} は、指針表 4.1－1 より単位面積当たりの短期許容引張力が

$f_t = 17.6 \text{kN/cm}^2$ であるから

$T_{a1} = f_t \times \pi D^2 / 4 = 17.6 \times \pi \times 1.6^2 / 4 = 35.4 \text{kN}$

$T_{a1} = 35.4 \text{kN} > T_1 = 18.8 \text{kN}$

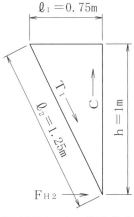

図 10.5.3－4 荷重分布

となり、可である。

(4) d 材の検討

d 材に M12 丸鋼を使用するものとして応力検定を行う。

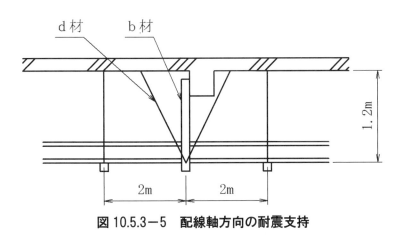

図 10.5.3－5 配線軸方向の耐震支持

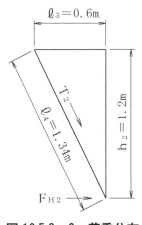

図 10.5.3－6 荷重分布

d 材は b 材を中心に左右にあるが、水平地震力に対して片側のみしか効かないので、すべての水平地震力 F_{H1} が片側に作用する。これら d 材、配線の両側にあるので、斜材 1 本には 1/2 の力が加わる。

d 材に加わる引張力 T_2 は

水平力　$F_{H2} = 1/2 \times F_{H1}$

引張力　$T_2 = F_{H2} \times \ell_4 / \ell_3$

　　$F_{H1} = 14.1 \text{kN}$

　　　K_H：設計用水平震度　2.0

　　$T_2 = 1/2 \times 14.1 \times 1.34/0.6 = 15.7 \text{kN}$

M12 丸鋼の短期許容引張力 Ta は、指針表 4.1－1 より単位面積当たりの短期許容引張力 $f_t = 17.6 \text{kN/cm}^2$ であるから

　　$T_{a2} = f_t \times \pi D^2 / 4 = 17.6 \times \pi \times 1.2^2 / 4 = 19.9 \text{kN}$

　　$T_{a2} = 19.9 \text{kN} > T_2 = 15.7 \text{kN}$

となり、可である。

10.5.4　立てケーブルラックの耐震支持の計算例　例⑰

・条　件

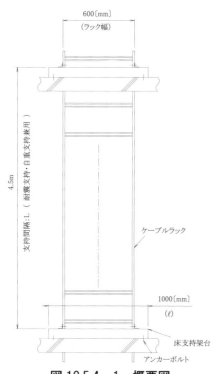

図 10.5.4－1　概要図

・耐震クラス		耐震クラス S
・設置場所		10F（中間階）
・ケーブルラック幅		600mm
・ケーブルラック質量	W_1	10kg/m
・ケーブル質量	W_2	71kg/m
・架台質量	W_3	6kg
・支持間隔（耐震支持・自重支持兼用）	L	4.5m
・重力加速度	G	9.8m/s²
・設計用標準震度	ks	0.6
・地域係数	Z	1.0
・アンカーボルト		あと施工金属拡張アンカーボルトおねじ形　M8
・アンカー本数	n	2 本
・アンカーボルト有効断面積	A_8	0.366cm²
・架台使用部材		L－65×65×6
・使用部材断面特性　断面係数	Zx	6.26cm³
	Zy	6.26cm²

2．床支持架台

2－1．荷重の確認

・耐震支持間隔間の重量

　　$P_0 = \{(W_1 + W_2) \times L + W_3\} \times G$　　　　　　　　　　　　　　（10.5－21）式

　　　$= \{(10 + 71) \times 4.5 + 6\} \times 9.8 = 3631 \text{N}$

　　$P_1 = \dfrac{P_0}{2} = \dfrac{3631}{2} = 1816 \text{N}$　　　　　　　　　　　　　　（10.5－22）式

・水平地震荷重

　※層間変形による反力は考慮しないこととする。

　　層間変形を考慮する場合は、水平地震力を $F_H + F_\delta$ とする。

・水平地震力

$$F_H = \{(W_1 + W_2) \times L + W_3\} \times G \times ks \times Z \quad (10.5-23)式$$
$$= \{(10+71) \times 4.5 + 6\} \times 9.8 \times 0.6 \times 1.0 = 2179N$$

$$F_{H1} = \frac{F_H}{2} = \frac{2179}{2} = 1090N \quad (10.5-24)式$$

・鉛直地震力

$$F_V = \frac{1}{2} \times P_0 \times ks \times Z = \frac{1}{2} \times 3634 \times 0.6 \times 1.0 = 1091N \quad (10.5-25)式$$

・自重＋鉛直地震力

$$P_2 = \frac{P_0 + F_V}{2} = \frac{3631 + 1091}{2} = 2361N \quad (10.5-26)式$$

2－2．耐震支持材の検討

長期

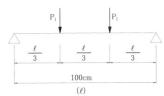

図 10.5.4－2　検討図

・曲げモーメント

$$M_1 = P_1 \times \frac{\ell}{3} = 1816 \times \frac{100}{3} = 60534 N \cdot cm \quad (10.5-27)式$$

・曲げ応力度

$$\sigma_b = \frac{M_1}{Zx} = \frac{60534}{6.26} = 9670 N/cm^2 \quad (10.5-28)式$$

長期許容曲げ応力度 $f_b = 15600 N/cm^2$

$$f_b = 15600 N/cm^2 \geqq \sigma_b = 9670 N/cm^2$$

→判定：O.K.

短期

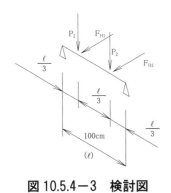

図 10.5.4－3　検討図

短期荷重　（水平地震荷重）

・曲げモーメント

$$M_2 = F_{H1} \times \frac{\ell}{3} = 1090 \times \frac{100}{3} = 36334 N \cdot cm \quad (10.5-29)式$$

・曲げ応力度

$$\sigma_{b2} = \frac{M_2}{Zy} = \frac{36334}{6.26} = 5805 N/cm^2 \quad (10.5-30)式$$

短期荷重（鉛直地震荷重）

・曲げモーメント

$$M_3 = P_2 \times \frac{\ell}{3} = 2361 \times \frac{100}{3} = 78700 N \cdot cm \quad (10.5-31)式$$

・曲げ応力度

$$\sigma_{b3} = \frac{M_3}{Zx} = \frac{78700}{6.26} = 12572 N/cm^2 \quad (10.5-32)式$$

合成応力度比

$$\frac{\sigma_{b2}}{f_b{'}} + \frac{\sigma_{b3}}{f_b{'}} = \frac{5805}{23500} + \frac{12572}{23500} = 0.79 \leqq 1.0 \quad (10.5-33)式$$

→判定：O.K.

3. 床支持架台取付けアンカーボルト

あと施工金属拡張アンカーボルト　おねじ形 M8 の強度

・短期せん断応力度

せん断応力度 $\tau = \dfrac{F_{H1}}{A_8} = \dfrac{1090}{0.366} = 2979 \text{N/cm}^2$ 　　　　　　　　　　　　（10.5－34）式

短期許容せん断応力度 $f_s = 13500 \text{N/cm}^2 \geqq \tau = 2979 \text{N/cm}^2$

→判定：O.K.

10.5.5　立てバスダクトの耐震支持部材の計算例　例⑱

立て配管の耐震支持材の選定は、通常表 6.2－2「立て配管等の耐震設計・施工フロー」により、耐震支持の種類に応じて選定する方法が一般的であるが、ここでは設計用水平震度 2.0 について計算で求める。

a．設計条件

・バスダクト定格電流：三相 3 線　2000A　2 系統

・バスダクト重量：30kg/m

・耐震支持間隔　　：3.7m

・設計用水平震度：2.0

・設置場所　　　　：上層階　16 階

・層間変形角　　　：1/100

b．施工概要

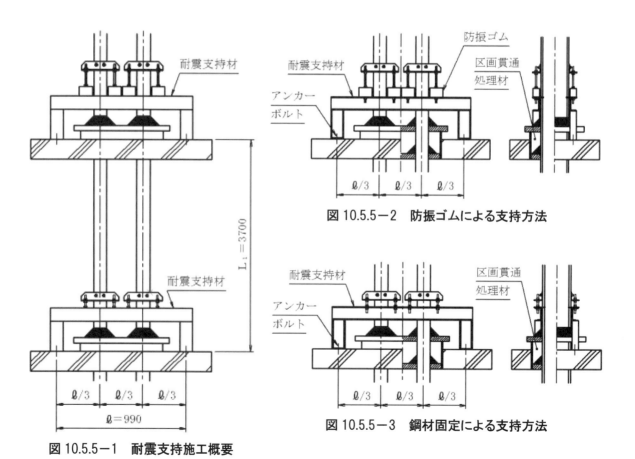

図 10.5.5－1　耐震支持施工概要

図 10.5.5－2　防振ゴムによる支持方法

図 10.5.5－3　鋼材固定による支持方法

耐震支持は自重支持も兼ねるものとして扱う。

c．計算

（1）水平力

配線軸直角方向に対して地震時に耐震支持部に生じる水平応力は、配線に直接作用する水平地震力と建物の層間変形によって配線が強制変形され発生するものの和になる。

1）水平地震力

$F_H = K_H \times W_1 \times g \times L_1$

K_H：設計用水平震度　2.0

W_1：バスダクト1m当たりの重量　60kg/m（2系統）

L_1：耐震支持間隔　370cm

$F_H = 2.0 \times 60 \times 9.8 \times 3.7 = 4.35 \text{kN}$

2）層間変形によるもの

$P_0 = 3E \times I \times \delta / L_1^3$

E：縦弾性係数　$1.18 \times 10^4 \text{kN/cm}^2$

I：断面2次モーメント　1167cm^{4}とする。

δ：層間変形角1/100　層間変位量　3.7cm

L_1：耐震支持間隔　370cm

$P_0 = 3 \times 1.18 \times 10^4 \times 1167 \times 3.7 / 370^3 = 3.02 \text{kN}$

3）耐震支持に作用する水平力

$P_H = F_H + P_0$

　　$= 4.35 + 3.02 = 7.37 \text{kN}$

（2）鉛直力

配線軸方向に対して地震時に耐震支持部に生じる鉛直応力は、鉛直地震力と耐震支持間の配線重量の和となる。

1）鉛直地震力

$F_V = 1/2 \times K_H \times W_1 \times g \times L_1$

W_1：バスダクト1m当たりの重量　60kg/m（2系統）

L_1：耐震支持間隔　370cm

$F_V = 1/2 \times 2.0 \times 60 \times 9.8 \times 3.7 = 2.18 \text{kN}$

2）耐震支持間の重量

$W = 60 \times 9.8 \times 3.7 = 2.18 \text{kN}$

3）耐震支持に作用する鉛直力

$P_V = F_V + W$

　　$= 2.18 + 2.18 = 4.36 \text{kN}$

（3）耐震支持材の検討

耐震支持材に [-100×50×5×7.5 溝形鋼を使用するものとして、曲げ応力度の検定を行う。鋼材1本当たりにつき検討する。

1）水平地震力

曲げモーメント M

$$M = P_H \times \ell/12 = 7.37 \times 99/12$$
$$= 60.8 \text{kN} \cdot \text{cm}$$

曲げ応力度 σ_H

$$\sigma_H = M/Z_X = 60.8/37.8 = 1.61 \text{kN/cm}^2$$

Z_X：断面係数　x方向 37.8cm³（付録表 4.9－1）

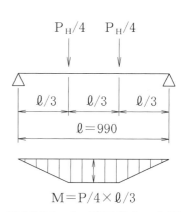

図 10.5.5－4　荷重分布　水平

2) 鉛直地震力

曲げモーメント M

$$M = P_V \times \ell/12 = 4.36 \times 99/12$$
$$= 36.0 \text{kN} \cdot \text{cm}$$

曲げ応力度 σ_V

$$\sigma_V = M/Z_y = 36.0/7.82$$
$$= 4.60 \text{kN/cm}^2$$

Z_y：断面係数

y方向 7.82cm³（付録表 4.9－1）

$$\frac{\sigma_H}{f_{bx}} + \frac{\sigma_V}{f_{by}} \leq 1.0$$

f_{bx}：x軸回り短期許容曲げ応力度 kN/cm²

（表 10.5－1）

f_{by}：y軸回り短期許容曲げ応力度 kN/cm²

（表 10.5－1）

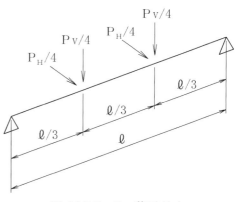

図 10.5.5－5　荷重分布

$1.61/23.5 + 4.60/23.5 = 0.264 < 1.0$

となり、可である。

(4) アンカーボルトの検討

あと施工金属拡張アンカーボルトおねじ形 M8 を使用するものとして、躯体取付けアンカーボルト 1 本に働くせん断力 τ_A を求める。

$$\tau_A = P_H/nA$$

τ_A：躯体取付けアンカーボルト1本に働くせん断力（kN/cm²）

P_H：水平地震力により支持材に働く力　7.37kN

n：アンカーボルトの本数　2本

A：アンカーボルトの断面積 M8　$0.4^2\pi = 0.503 \text{cm}^2$

$\tau_A = 7.37/(2 \times 0.503) = 7.33 \text{kN/cm}^2$

$\tau_A = 7.33 \text{kN/cm}^2 <$ ボルトの短期許容せん断力 $= 10.2 \text{kN/cm}^2$（指針表 4.1－1）

となり、可である。

10.6　屋上の床上にある幹線ケーブルラックの耐震支持部材の検討例　例⑲

ここでは、表 10.6－1 の設置条件で布設される屋上ケーブルラックの耐震支持の検討例を示す。

(1) 耐震支持設置条件

表10.6－1　耐震支持設置条件

表6.1－1　横引き配管等耐震支持の適用	耐震安全性の分類	特定の施設
	設置場所	屋上
	設計用水平震度（K_H）	2.0
	適用	支持間隔6m以下ごとのS_A種
選定・設計用震度値　水平震度値（K_{He}）		1.2（特定の施設より）
CR1000×2段積の状況 CVT200□　6.51kg/m×17本 ラック自重　10kg/m	単位質量（M_o）（kg/m）	（110.7＋10）×2段≒241.4
	耐震支持間隔（S）（m）	6
	耐震支持間隔間の質量（t）	241.4（kg/m）×6（m）≒1.5（t）

（2）管軸直角方向の耐震支持材部材の選定

　多段積のケーブルラックを扱う場合は、総質量が吊り下げ支持の場合は最下段、床面支持の場合は最上段にあるものとして、耐震支持部材の選定を行う。表6.2－1「横引配管等の耐震設計・施工フロー」により、耐震支持の種類に応じて選定する方法とし、設計用水平震度$K_H＝2.0$（$K_{He}＝1.2$）としての計算は省略する。

① 地震時に耐震支持材が受け持つ質量　1.5（t）又は　14,700（N）
② 耐震支持材のサポート幅（支持寸法）ℓ寸法　1,250（mm）
③ 耐震支持材の吊り寸法　　　　　　　h寸法　500（mm）

　付表2.2－7　横引配管用S_A種耐震支持材部材選定表（No..7）から、耐震支持材に使用する部材は次の通り。

```
部　材　仕　様　a材：L-65×65×6　溝形鋼
躯体取付けアンカー　：あと施工金属拡張アンカー　1－M8：40（mm）
```

（3）軸方向の耐震支持材部材の選定

　付表3.4　横引電気配線用軸方向支持材部材選定表（付表3.4－1 軸方向S_A種）から、耐震支持材に使用する部材は次の通り。

```
部　材　仕　様　d材：M8丸鋼
躯体取付けアンカー　：あと施工金属拡張アンカー　M8：40（mm）
```

（4）自重支持の部材の選定

① 地震時に自重支持材が受け持つ質量　241.4kg/m×1.5≒363（kg）又は 3,558（N）
② 自重支持材のサポート幅（支持寸法）ℓ寸法　1,225（mm）
③ 自重支持材の吊り寸法　　　　　　　　h寸法　800（mm）、H＝300（mm）とした場合

　付表2.3　横引配管用自重支持材部材選定表から、自重支持材に使用する部材は次の通り。

```
部　材　仕　様　a材：L-60×60×5　等辺山形鋼
躯体取付けアンカー　：あと施工金属拡張アンカー　M8：40（mm）
```

（5）基礎の設計

　詳細については、第5章建築設備の基礎の設計、5.2基礎形状の検討式によるものとするが、基礎設計の手順としては、まず基礎の平面形状（A～C）タイプを決め、基礎の置かれている状況を考慮しつつ断面形状（a～e）タイプについて検討する。

　検討の方法としては、基礎寸法を仮定してあるタイプについて検討し、条件を満足しない場合

には基礎寸法を大きくするか、別の断面形状を選び再度検討することにより条件を満足するようにする。

ここでは、防水層上基礎（防水層立上げの場合と防水層押えコンクリート上の場合）を用いた場合の検討例について示す。

(6) アンカーボルトの打設間隔

アンカーボルトとコンクリート基礎端部までの距離が短いため、コンクリートの端が欠け落ちたり、ボルトがその部分から抜けたりなどの被害事例が見られた。へりあき寸法を十分とり、アンカーボルトの打設間隔以上離して施工する必要がある。目安として、表 10.6－2 の距離以上とする。

説明を図 10.6－1 に示す。

表 10.6－2　アンカーボルトの打設間隔

アンカーボルトの種類	標準打設間隔	へりあき寸法
埋込式 L 形、LA 形アンカーボルト あと施工接着系アンカーボルト	10d 以上 d：アンカーボルトの呼称径	ボルトの中心から 150mm 以上
埋込式 J 形、JA 形、ヘッド付ボルト あと施工金属拡張アンカーボルト（おねじ形）	2L 以上 L：アンカーボルト埋込長さ	ボルトの中心から 150mm 以上
箱抜きアンカーボルト	箱外間寸法 A：100mm 以上	箱外から 100mm 以上

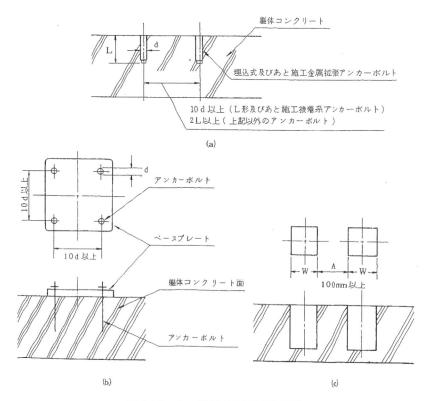

図 10.6－1　打設間隔の説明図

（7）施工概要

耐震支持の検討例を以下に示す。

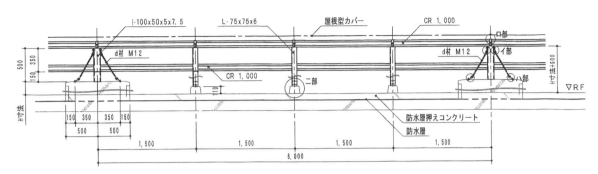

軸方向の支持例

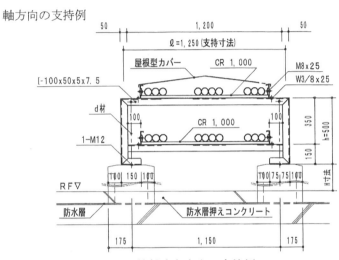

管軸直角方向の支持例

図 10.6－2　屋上ケーブルラックの耐震支持の検討例

表 10.6－3　防水層上基礎の寸法

分　類	H寸法(mm)	注意事項
防水層立上げの場合	450～600	設計・施工ともに建築構造設計者に依頼すること
防水層押えコンクリート上の場合	200～300	基礎の浮上りを生じないこと

表 10.6－4　部分詳細

部　位	部分詳細図 No.
イ部	イ－2（図 6.2－6）
ロ部	図 6.3－2 親桁の固定例による
ハ部	ハ－2（図 6.2－6）
ニ部	アングル架台用基礎ブロック 最大積載質量 250kg

付　録

付録 1　床応答倍率の略算値
付録 2　耐震クラスの適用例
付録 3　水槽の有効重量および地震力の作用点
付録 4　許容応力度等の規定
付録 5　鉄骨架台の接合部の例
付録 6　配管等支持材に発生する部材力および躯体取付部に作用する力
付録 7　建築基準関連法規における建築設備等の耐震規定
付録 8　（一社）日本建築あと施工アンカー協会資料
付録 9　過去の地震による建築設備の被害例
付録 10　電気設備ケーブルラックの耐震性に関する研究
付録 11　地震の基礎知識
付録 12　電気設備配管等の耐震設計の考え方

付録1　床応答倍率の略算値

　地震時の建築物各階床における加速度値（床応答）は、建築物の動的な構造特性を踏まえて、地震動を入力して振動応答解析により求められる。建築物の性状を適切に仮定して計算することは、可能ではあるが誤差は多い。

　ここでは、参考文献を踏まえて、建築物各階床での加速度の増幅率を略算する方法を示す。参考文献の式を用いることで、入力に対する各階床での応答増幅率が求まり、振動応答解析をすることなく各階の $K_1 = B_i$ として床応答を推定できる（K_1：【解説】2.2 節の各階床応答倍率）。また、その適用性は高層実建築物モデルにより確認されており、設計用の検討式としては、一般的には後述する包絡式－1を用いれば十分であるとされている。

（各階床位置での増幅率の計算方法）

　各階床での最大加速度応答値 A_i（cm/s^2）を、最大地動加速度 A_g（cm/s^2）で除したものを応答増幅率 B_i とする。また、多質点系頂部における平均的応答増幅率の推定値を B_{T0} とする。

　異なる軒高のモデルを同列に評価するため、各階床位置の高さ h_i（m）を全体高さ H（m）で除し基準化したものを、基準化高さ β_i（$\beta_i = 0 \sim 1.0$）とする。

　減衰定数 h の異なる床応答増幅率の5%減衰に対する比率を、減衰による修正係数 γ_d とする。（鉄骨構造（S造）では h = 0.02、鉄筋コンクリート構造（RC造）・鉄骨鉄筋コンクリート構造（SRC造）では h = 0.05 とする）

　建築物の一次固有周期 T_1 は精算値によるべきであるが、略算値である $T_1 = (0.02+0.01\alpha)\cdot H$ を使用してもよい。ここに、α は鉄骨造である部分の高さの比率である。

$B_i = A_i/A_g$　　　　　　A_i：i 階床絶対加速度（cm/s^2）　　　　　　　　（付1－1）

$\beta_i = h_i/H$　　　　　　i 階の基準高さ　　　　　　　　　　　　　　　　　　（付1－2）

$\gamma_d = 1.5/(1+10h)$　　減衰による補正係数（S造 h = 0.02、RC造・SRC造 h = 0.05）　（付1－3）

付録表1－1に、各種地震波に対する増幅率の平均値 B_{T0} を示す。付録表1－2に B_{T0} を用いて B_i の推定式を示すが、包絡式-1 は B_{T0} を2倍したもの、包絡式-2 は B_{T0} を3倍して、安全側に値を定めたものである。

付録表1－1　B_{T0} の推定式

固有周期 T_1（sec）	$T_1 \leq 0.6$	$0.6 < T_1$
平均値 B_{T0}	$3.2\gamma_d$	$1.9\gamma_d / T_1$

付録表1－2　B_i の推定式

i 階の最大加速度増幅率 B_i	包絡式―1	$(2B_{T0}-1)\sin(\pi/2\times\beta_i)+1$
	包絡式―2	$(3B_{T0}-1)\sin(\pi/2\times\beta_i)+1$

付録表1-3 床応答加速度増幅率の例（包絡式-1によるB$_i$の例）

基準化高さ β$_i$	10階建て建築物のB$_i$			20階建て建築物のB$_i$			30階建て建築物のB$_i$		
	床位置	S造	RC・SRC造	床位置	S造	RC・SRC造	床位置	S造	RC・SRC造
1.0	R	3.96	4.75	R	1.98	2.37	R	1.32	1.58
0.9	10	3.92	4.70	19	1.97	2.36	28	1.32	1.58
0.8	9	3.81	4.57	17	1.93	2.31	25	1.30	1.55
0.7	8	3.64	4.34	15	1.87	2.22	22	1.28	1.52
0.6	7	3.39	4.03	13	1.79	2.11	19	1.26	1.47
0.5	6	3.09	3.65	11	1.69	1.97	16	1.23	1.41
0.4	5	2.74	3.20	9	1.58	1.81	13	1.19	1.34
0.3	4	2.34	2.70	7	1.44	1.62	10	1.14	1.26
0.2	3	1.91	2.16	5	1.30	1.42	7	1.10	1.18
0.1	2	1.46	1.59	3	1.15	1.21	4	1.05	1.09
0.0	1	1.00	1.00	1	1.00	1.00	1	1.00	1.00
基本数値	T (sec)	1.20	0.80	T (sec)	2.40	1.60	T (sec)	3.60	2.40
	B$_{TO}$	1.98	2.38	B$_{TO}$	0.99	1.19	B$_{TO}$	0.66	0.79

注記）基本数値は階高4mとし、以下により算定した。
10階建て H = 10 × 4m = 40m、S造 T = 0.03H = 1.20sec、RC・SRC造 T = 0.02H = 0.80sec
20階建て H = 20 × 4m = 80m、S造 T = 0.03H = 2.40sec、RC・SRC造 T = 0.02H = 1.60sec
30階建て H = 30 × 4m = 120m、S造 T = 0.03H = 3.60sec、RC・SRC造 T = 0.02H = 2.40sec

【参考文献】
① 木村・寺本他　地震時の床応答に関する研究-その1　日本建築学会　学術講演梗概集 1998
② 西村・寺本他　地震時の床応答に関する研究-その2　日本建築学会　学術講演梗概集 1999
③ 瓦井・寺本他　地震時の床応答に関する研究-その3　日本建築学会　学術講演梗概集 2000

付録2　耐震クラスの適用例

　（一社）公共建築協会の「官庁施設の総合耐震計画基準及び同解説」（平成8年版）において耐震クラスの適用についての記述があるので、ここに引用し紹介する。

4.4.2　建築設備の耐震設計
1　設備機器の固定
(1)　局部震度法による設計用標準震度
　　局部震度法による設計用標準震度は、構造体の耐震安全性の分類、設備機器の重要度及び設置階により、選定する。
　　設備機器の重要度による分類は、重要機器及び一般機器の2分類とし、次による。
　　重要機器は、次のいずれかに該当するものをいう。また、一般機器とは重要機器以外をいう。
　イ　災害応急対策活動に必要な施設等において、施設目的に応じた活動を行うために必要な設備機器
　ロ　危険物を貯蔵又は使用する施設において、危険物による被害を防止するための設備機器
　ハ　避難、消火等の防災機能を果たす設備機器
　ニ　火災、水害、避難の障害等の二次災害を引き起こすおそれのある設備機器
　ホ　その他これらに類する機器

表 4.4（1）局部震度法による建築設備機器（水槽類を除く）の設計用標準水平震度（K_s）

設置場所	耐震安全性の分類			
	特定の施設		一般の施設	
	重要機器	一般機器	重要機器	一般機器
上層階、屋上及び塔屋	2.0 (2.0)	1.5 (2.0)	1.5 (2.0)	1.0 (1.5)
中間階	1.5 (1.5)	1.0 (1.5)	1.0 (1.5)	0.6 (1.0)
1階及び地下階	1.0 (1.0)	0.6 (1.0)	0.6 (1.0)	0.4 (0.6)

（注）（　）内の数値は防振支持機器の場合に適用する。

表 4.4（2）局部震度法による水槽類の設計用標準水平震度（K_s）

設置場所	耐震安全性の分類			
	特定の施設		一般の施設	
	重要水槽	一般水槽	重要水槽	一般水槽
上層階、屋上及び塔屋	2.0	1.5	1.5	1.0
中間階	1.5	1.0	1.0	0.6
1階及び地下階	1.5	1.0	1.0	0.6

【表4.4（1）、表4.4（2）の備考】
（備考1）　本表は建築物の構造体が鉄筋コンクリート造、鉄骨鉄筋コンクリート造、鉄骨造のものに適用する。
（備考2）　上層階の定義は、次のとおりとする。
　　　　　2～6階建の場合は最上階、7～9階建の場合は上層2階、10～12階建の場合は上層3階、13階建以上の場合は上層4階
（備考3）　中間階の定義は、次のとおりとする。
　　　　　地下階、1階を除く各階で上層階に該当しないものを中間階とする。（平屋建は、1階と屋上で構成され中間階はなし。）
（備考4）　設置場所の区分は機器を支持している床部分にしたがって適用する。床又は壁に支持される機器は当該階を適用し、天井面より支持（上階床より支持）される機器は支持部材取付床の階（当該階の上階）を適用する。
（備考5）　本表のうち「一般の施設」とは表2.1における「その他」に分類される施設を示し、「特定の施設」とは表2.1における「災害応急対策活動に必要な施設」、「避難所として位置づけられた施設」、「人命及び物品の安全性確保が特に必要な施設」を示す。
（備考6）　重要水槽とは重要機器として扱う水槽類、一般水槽とは一般機器にとして扱う水槽類を示す。また、水槽類にはオイルタンク等を含む。

付録2　耐震クラスの適用例

表 2.1　耐震安全性の分類

分類		活動内容	対象施設	耐震安全性の分類		
				構造体	建築非構造部材	建築設備
災害応急対策活動に必要な施設	災害対策の指揮、情報伝達等のための施設	災害時の情報の収集、指令 二次災害に対する警報の発令 災害復旧対策の立案、実施 防犯等の治安維持活動 被災者への情報伝達 保健衛生及び防疫活動 救援物資等の備蓄、緊急輸送活動等	指定行政機関が入居する施設 指定地方行政機関のうち地方ブロック機関が入居する施設 指定地方行政機関のうち東京圏、名古屋圏、大阪圏及び大震法の強化地域にある機関が入居する施設	I類	A類	甲類
			指定地方行政機関のうち上記以外のもの及びこれに準ずる機能を有する機関が入居する施設	II類	A類	甲類
	救護施設	被災者の救難、救助及び保護 救急医療活動 消火活動等	病院及び消防関係施設のうち災害時に拠点として機能すべき施設	I類	A類	甲類
			病院及び消防関係施設のうち上記以外の施設	II類	A類	甲類
避難所として位置づけられた施設		被災者の受け入れ等	学校、研修施設等のうち、地域防災計画において避難所として位置づけられた施設	II類	A類	乙類
人命及び物品の安全性確保が特に必要な施設	危険物を貯蔵又は使用する施設		放射性物質若しくは病原菌類を貯蔵又は使用する施設及びこれらに関する試験研究施設	I類	A類	甲類
			石油類、高圧ガス、毒物、劇物、火薬類等を貯蔵又は使用する施設及びこれらに関する試験研究施設	II類	A類	甲類
	多数の者が利用する施設		文化施設、学校施設、社会教育施設、社会福祉施設等	II類	B類	乙類
その他			一般官庁施設	III類	B類	乙類

表 2.2　耐震安全性の目標

部位	分類	耐震安全性の目標
構造体	I類	大地震動後、構造体の補修をすることなく建築物を使用できることを目標とし、人命の安全確保に加えて十分な機能確保が図られている。
	II類	大地震動後、構造体の大きな補修をすることなく建築物を使用できることを目標とし、人命の安全確保に加えて機能確保が図られている。
	III類	大地震動により構造体の部分的な損傷は生じるが、建築物全体の耐力の低下は著しくないことを目標とし、人命の安全確保が図られている。
建築非構造部材	A類	大地震動後、災害応急対策活動や被災者の受け入れの円滑な実施、又は危険物の管理のうえで、支障となる建築非構造部材の損傷、移動等が発生しないことを目標とし、人命の安全確保に加えて十分な機能確保が図られている。
	B類	大地震動により建築非構造部材の損傷、移動等が発生する場合でも、人命の安全確保と二次災害の防止が図られている。
建築設備	甲類	大地震動後の人命の安全確保及び二次災害の防止が図られていると共に、大きな補修をすることなく、必要な設備機能を相当期間継続できる。
	乙類	大地震動後の人命の安全確保及び二次災害の防止が図られている。

付録3　水槽の有効重量および地震力の作用点

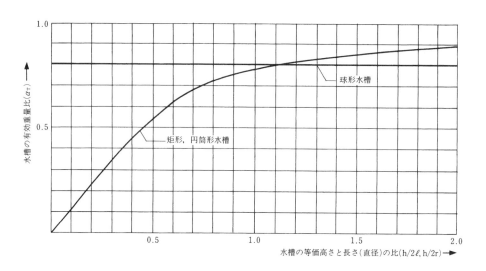

付録図3-1　水槽の有効重量比（α_T）

矩形水槽	$\dfrac{h}{2\ell} \leqq 0.75$ の場合	$\alpha_T = \dfrac{\tanh\left(0.866 \diagup \dfrac{h}{2\ell}\right)}{\left(0.866 \diagup \dfrac{h}{2\ell}\right)}$
	$\dfrac{h}{2\ell} > 0.75$ の場合	$\alpha_T = 1 - \dfrac{0.218}{\left(\dfrac{h}{2\ell}\right)}$
円筒形水槽	$\dfrac{h}{2r} \leqq 0.75$ の場合	$\alpha_T = \dfrac{\tanh\left(0.866 \diagup \dfrac{h}{2r}\right)}{\left(0.866 \diagup \dfrac{h}{2r}\right)}$
	$\dfrac{h}{2r} > 0.75$ の場合	$\alpha_T = 1 - \dfrac{0.218}{\left(\dfrac{h}{2r}\right)}$
球形水槽	$\alpha_T = 0.8$	

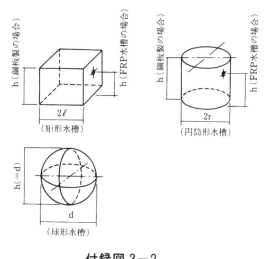

付録図3-2

α_T ： 水槽の有効重量比（$= W_0 / W$）
$W^{注)}$ ： 水槽の全重量　　　　　（kN）
W_0 ： 水槽の有効重量　　　　（kN）
h ： 水槽の等価高さ　　　　（cm）
ℓ ： 矩形水槽長さの1／2　（cm）
r ： 円筒形水槽の半径　　　（cm）
d ： 球形水槽の直径　　　　（cm）

注）Wは高さhまでの水の重量をとれば、水槽本体の重量は含んでいるものとしてよい。

付録3 水槽の有効重量および地震力の作用点

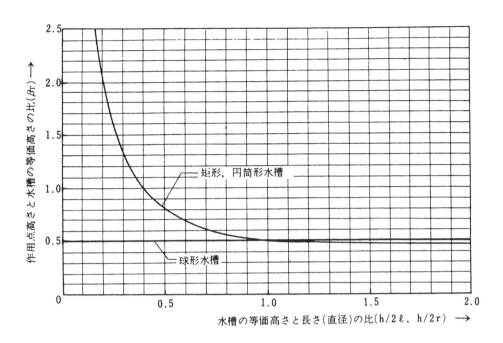

付録図3－3 水槽の作用点高さと等価高さの比（β_T）

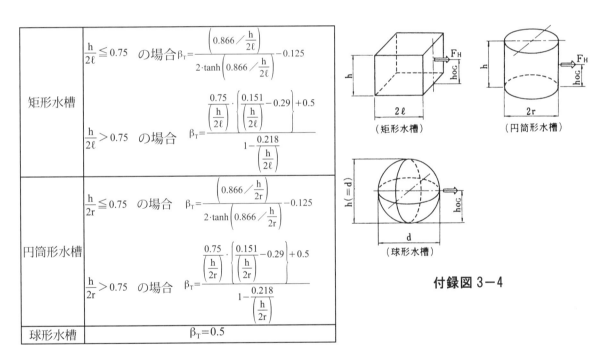

矩形水槽	$\dfrac{h}{2\ell} \leqq 0.75$ の場合	$\beta_T = \dfrac{\left(0.866 \Big/ \dfrac{h}{2\ell}\right)}{2 \cdot \tanh\left(0.866 \Big/ \dfrac{h}{2\ell}\right)} - 0.125$
	$\dfrac{h}{2\ell} > 0.75$ の場合	$\beta_T = \dfrac{\dfrac{0.75}{\left(\dfrac{h}{2\ell}\right)} \cdot \left(\dfrac{0.151}{\left(\dfrac{h}{2\ell}\right)} - 0.29\right) + 0.5}{1 - \dfrac{0.218}{\left(\dfrac{h}{2\ell}\right)}}$
円筒形水槽	$\dfrac{h}{2r} \leqq 0.75$ の場合	$\beta_T = \dfrac{\left(0.866 \Big/ \dfrac{h}{2r}\right)}{2 \cdot \tanh\left(0.866 \Big/ \dfrac{h}{2r}\right)} - 0.125$
	$\dfrac{h}{2r} > 0.75$ の場合	$\beta_T = \dfrac{\dfrac{0.75}{\left(\dfrac{h}{2r}\right)} \cdot \left(\dfrac{0.151}{\left(\dfrac{h}{2r}\right)} - 0.29\right) + 0.5}{1 - \dfrac{0.218}{\left(\dfrac{h}{2r}\right)}}$
球形水槽	$\beta_T = 0.5$	

付録図3－4

β_T ：作用点高さと水槽の等価高さの比 （＝ h_{0G}/h）
h ：水槽の等価高さ （cm）
h_{0G} ：水平力の作用点高さ （cm）
ℓ ：矩形水槽長さの1／2 （cm）
r ：円筒形水槽の半径 （cm）
d ：球形水槽の直径 （cm）

付録4　許容応力度等の規定

付録 4.1　鋼材の許容応力度等
　（1）　許容応力度等
　　　　建築基準法施行令　第 90 条 …………………………………………………………… 277
　（2）　基準強度 (F)
　　　　平成 12 年建設省告示第 2464 号 ……………………………………………………… 279
　（3）　特殊な許容応力度
　　　　平成 13 年建設省告示第 1024 号 ……………………………………………………… 282

付録 4.2　コンクリートの許容応力度等
　　　　建築基準法施行令　第 91 条 …………………………………………………………… 286

付録 4.3　溶接部の許容応力度等
　　　　建築基準法施行令　第 92 条 …………………………………………………………… 286
　　　　平成 12 年建設省告示第 2464 号 ……………………………………………………… 287

付録 4.4　高力ボルトの許容応力度等
　（1）　許容応力度
　　　　建築基準法施行令　第 92 条の 2 ……………………………………………………… 289
　（2）　基準強度等 (F)
　　　　平成 12 年建設省告示第 2466 号 ……………………………………………………… 289

付録 4.5　その他の許容応力度等
　（1）　アンカーボルトなど ………………………………………………………………… 290
　（2）　ガラス繊維強化ポリエステル (FRP) ……………………………………………… 290
　（3）　その他鋼材および金属材料 ………………………………………………………… 290

付録 4.6　接合部
　（1）　鋼材 …………………………………………………………………………………… 290

付録 4.7　ボルトおよび高力ボルトのピッチ、ゲージの標準 ……………………………… 291
付録 4.8　等辺山形鋼の標準断面寸法とその断面積・単位重量・断面特性・長期応力 ……… 292
付録 4.9　溝形鋼の標準断面寸法とその断面積・単位重量・断面特性・長期応力 ………… 294

付録4.1 鋼材の許容応力度等

(1) 許容応力度等

建築基準法施行令

(鋼材等)

第90条 鋼材等の許容応力度は、次の表1又は表2の数値によらなければならない。

表1

種類		許容応力度	長期に生ずる力に対する許容応力度 (単位 N/mm^2)				短期に生ずる力に対する許容応力度 (単位 N/mm^2)			
			圧縮	引張り	曲げ	せん断	圧縮	引張り	曲げ	せん断
炭素鋼	構造用鋼材		$\frac{F}{1.5}$	$\frac{F}{1.5}$	$\frac{F}{1.5}$	$\frac{F}{1.5\sqrt{3}}$	長期に生ずる力に対する圧縮、引張り、曲げ又はせん断の許容応力度のそれぞれの数値の1.5倍とする。			
	ボルト	黒皮	—	$\frac{F}{1.5}$	—	—				
		仕上げ	—	$\frac{F}{1.5}$	—	$\frac{F}{2}$ (Fが240を超えるボルトについて、国土交通大臣がこれと異なる数値を定めた場合は、その定めた数値)				
	構造用ケーブル		—	$\frac{F}{1.5}$	—	—				
	リベット鋼		—	$\frac{F}{1.5}$	—	$\frac{F}{2}$				
	鋳鋼		$\frac{F}{1.5}$	$\frac{F}{1.5}$	$\frac{F}{1.5}$	$\frac{F}{1.5\sqrt{3}}$				
ステンレス鋼	構造用鋼材		$\frac{F}{1.5}$	$\frac{F}{1.5}$	$\frac{F}{1.5}$	$\frac{F}{1.5\sqrt{3}}$				
	ボルト		—	$\frac{F}{1.5}$	—	$\frac{F}{1.5\sqrt{3}}$				
	構造用ケーブル		—	$\frac{F}{1.5}$	—	—				
	鋳鋼		$\frac{F}{1.5}$	$\frac{F}{1.5}$	$\frac{F}{1.5}$	$\frac{F}{1.5\sqrt{3}}$				
鋳鉄			$\frac{F}{1.5}$	—	—	—				

この表において、Fは、鋼材等の種類及び品質に応じて国土交通大臣が定める基準強度(単位 N/mm^2)を表すものとする。

表2

種類	許容応力度	長期に生ずる力に対する許容応力度（単位 N/mm²）			短期に生ずる力に対する許容応力度（単位 N/mm²）		
		圧縮	引張り		圧縮	引張り	
			せん断補強以外に用いる場合	せん断補強に用いる場合		せん断補強以外に用いる場合	せん断補強に用いる場合
丸鋼		$\dfrac{F}{1.5}$（当該数値が155を超える場合には、155）	$\dfrac{F}{1.5}$（当該数値が155を超える場合には、155）	$\dfrac{F}{1.5}$（当該数値が195を超える場合には、195）	F	F	F（当該数値が295を超える場合には、295）
異形鉄筋	径28mm以下のもの	$\dfrac{F}{1.5}$（当該数値が215を超える場合には、215）	$\dfrac{F}{1.5}$（当該数値が215を超える場合には、215）	$\dfrac{F}{1.5}$（当該数値が195を超える場合には、195）	F	F	F（当該数値が390を超える場合には、390）
異形鉄筋	径28mmを超えるもの	$\dfrac{F}{1.5}$（当該数値が195を超える場合には、195）	$\dfrac{F}{1.5}$（当該数値が195を超える場合には、195）	$\dfrac{F}{1.5}$（当該数値が195を超える場合には、195）	F	F	F（当該数値が390を超える場合には、390）
鉄筋の径が4mm以上の溶接金網		—	$\dfrac{F}{1.5}$	$\dfrac{F}{1.5}$	—	F（ただし、床版に用いる場合に限る。）	F

この表において、Fは、表1に規定する基準強度を表すものとする。

付録4 許容応力度等の規定

(2) 基準強度 (F)

平成12年建設省告示第2464号（最終改正：平成19年5月18日国土交通省告示第623号）
鋼材等及び溶接部の許容応力度並びに材料強度の基準強度を定める件

（前文　略）

第1　鋼材等の許容応力度の基準強度

一　鋼材等の許容応力度の基準強度は、次号に定めるもののほか、次の表の数値とする。

鋼材等の種類及び品質			基準強度 (単位　N/mm^2)
炭素鋼	構造用鋼材	SKK400 SHK400 SHK400M SS400 SM400A SM400B SM400C SMA400AW SMA400AP SMA400BW SMA400BP SMA400CW SMA400CP SN400A SN400B SN400C SNR400A SNR400B SSC400 SWH400 SWH400L STK400 STKR400 STKN400W STKN400B　鋼材の厚さが40mm以下のもの	235
		鋼材の厚さが40mmを超え100mm以下のもの	215
		SGH400 SGC400 CGC400 SGLH400 SGLC400 CGLC400	280
		SHK490M　鋼材の厚さが40mm以下のもの	315
		SS490　鋼材の厚さが40mm以下のもの	275
		鋼材の厚さが40mmを超え100mm以下のもの	255
		SKK490 SM490A SM490B SM490C SM490YA SM490YB SMA490AW SMA490AP SMA490BW SMA490BP SMA490CW SMA490CP SN490B SN490C SNR490B STK490 STKR490 STKN490B　鋼材の厚さが40mm以下のもの	325
		鋼材の厚さが40mmを超え100mm以下のもの	295

		SGH490 SGC490 CGC490 SGLH490 SGLC490 CGLC490		345
		SM520B SM520C	鋼材の厚さが 40mm 以下のもの	355
			鋼材の厚さが 40mm を超え 75mm 以下のもの	335
			鋼材の厚さが 75mm を超え 100mm 以下のもの	325
		SS540	鋼材の厚さが 40mm 以下のもの	375
		SDP1T SDP1TG	鋼材の厚さが 40mm 以下のもの	205
		SDP2 SDP2G SDP3	鋼材の厚さが 40mm 以下のもの	235
	ボルト	黒皮		185
		仕上げ	強度区分 4.6 / 4.8	240
			強度区分 5.6 / 5.8	300
			強度区分 6.8	420
	構造用ケーブル			構造用ケーブルの種類に応じて、次のいずれかの数値とすること。 一　日本工業規格（以下「JIS」という。）G3525（ワイヤロープ）－1998 の付表一から付表十までの区分に応じてそれぞれの表に掲げる破断荷重（単位　kN）に 2 分の 1,000 を乗じた数値を構造用ケーブルの種類及び形状に応じて求めた有効断面積（単位　mm^2）で除した数値 二　JIS G3546（異形線ロープ）－2000 の付表一から付表六までの区分に応じてそれぞれの表に掲げる破断荷重（単位　kN）に 2 分の 1,000 を乗じた数値を構造用ケーブルの種類及び形状に応じて求めた有効断面積（単位　mm^2）で除した数値 三　JIS G3549（構造用ワイヤロープ）－2000 の付表一から付表十六までの区分に応じてそれぞれの表に掲げる破断荷重（単位　kN）に 2 分の 1,000 を乗じた数値を構造用ケーブルの種類及び形状に応じて求めた有効断面積（単位　mm^2）で除した数値
	リベット鋼			235
	鋳鋼	SC480 SCW410 SCW410CF		235
		SCW480 SCW480CF		275
		SCW490CF		315
ステンレス鋼	構造用鋼材	SUS304A SUS316A SDP4 SDP5		235
		SUS304N2A SDP6		325
	ボルト	A2-50 A4-50		210

ステンレス鋼		構造用ケーブル	JIS G3550（構造用ステンレス鋼ワイヤロープ）－2003 の付表の区分に応じてそれぞれの表に掲げる破断荷重（単位 kN）に2分の1,000を乗じた数値を構造用ケーブルの種類及び形状に応じて求めた有効断面積（単位 mm^2）で除した数値
	鋳鋼	SCS13AA-CF	235
鋳鉄			150
丸鋼	SR235 SRR235		235
	SR295		295
異形鉄筋	SDR235		235
	SD295A SD295B		295
	SD345		345
	SD390		390
鉄線の径が 4mm 以上の溶接金網			295

この表において、SKK400 及び SKK490 は、JIS A5525（鋼管ぐい）－1994 に定める SKK400 及び SKK490 を、SHK400、SHK400M 及び SHK490M は、JIS A5526（H 形鋼ぐい）－1994 に定める SHK400、SHK400M 及び SHK490M を、SS400、SS490 及び SS540 は、JIS G3101（一般構造用圧延鋼材）－1995 に定める SS400、SS490、及び SS540 を、SM400A、SM400B、SM400C、SM490A、SM490B、SM490C、SM490YA、SM490YB、SM520B 及び SM520C は、JIS G3106（溶接構造用圧延鋼材）－1999 に定める SM400A、SM400B、SM400C、SM490A、SM490B、SM490C、SM490YA、SM490YB、SM520B 及び SM520C を、SMA400AW、SMA400AP、SMA400BW、SMA400BP、SMA400CW、SMA400CP、SMA490AW、SMA490AP、SMA490BW、SMA490BP、SMA490CW 及び SMA490CP は、JIS G3114（溶接構造用耐候性熱間圧延鋼材）－1998 に定める SMA400AW、SMA400AP、SMA400BW、SMA400BP、SMA400CW、SMA400CP、SMA490AW、SMA490AP、SMA490BW、SMA490BP、SMA490CW 及び SMA490CP を、SN400A、SN400B、SN400C、SN490B 及び SN490C は、JIS G3136（建築構造用圧延鋼材）－1994 に定める SN400A、SN400B、SN400C、SN490B 及び SN490C を、SNR400A、SNR400B 及び SNR490B は、JIS G3138（建築構造用圧延棒鋼）－1996 に定める SNR400A、SNR400B 及び SNR490B を、SGH400、SGC400、SGH490 及び SGC490 は、JIS G3302（溶融亜鉛めっき鋼板及び鋼帯）－1998 に定める SGH400、SGC400、SGH490 及び SGC490 を、CGC400 及び CGC490 は、JIS G3312（塗装溶融亜鉛めっき鋼板及び鋼帯）－1994 に定める CGC400 及び CGC490 を、SGLH400、SGLC400、SGLH490 及び SGLC490 は、JIS G3321（溶融 55％アルミニウム－亜鉛合金めっき鋼板及び鋼帯）－1998 に定める SGLH400、SGLC400、SGLH490 及び SGLC490 を、CGLC400 及び CGLC490 は、JIS G3322（塗装溶融 55％アルミニウム－亜鉛合金めっき鋼板及び鋼帯）－1998 に定める CGLC400 及び CGLC490 を、SSC400 は、JIS G3350（一般構造用軽量形鋼）－1987 に定める SSC400 を、SDP1T、SDP1TG、SDP2、SDP2G、SDP3、SDP4、SDP5 及び SDP6 は、JIS G3352（デッキプレート）－2003 に定める SDP1T、SDP1TG、SDP2、SDP2G、SDP3、SDP4、SDP5 及び SDP6 を、SWH400 及び SWH400L は、JIS G3353（一般構造用溶接軽量 H 形鋼）－1990 に定める SWH400 及び SWH400L を、STK400 及び STK490 は、JIS G3444（一般構造用炭素鋼管）－1994 に定める STK400 及び STK490 を、STKR400 及び STKR490 は、JIS G3466（一般構造用角形鋼管）－1988 に定める STKR400 及び STKR490 を、STKN400W、STKN400B 及び STKN490B は、JIS G3475（建築構造用炭素鋼管）－1996 に定める STKN400W、STKN400B 及び STKN490B を、4.6、4.8、5.6、5.8 及び 6.8 は、JIS B1051（炭素鋼及び合金鋼製締結用部品の機械的性質―第 1 部：ボルト、ねじ及び植込みボルト）－2000 に定める強度区分である 4.6、4.8、5.6、5.8 及び 6.8 を、SC480 は、JIS G5101（炭素鋼鋳鋼品）－1991 に定める SC480 を、SCW410 及び SCW480 は、JIS G5102（溶接構造用鋳鋼品）－1991 に定める SCW410 及び SCW480 を、SCW410CF、SCW480CF 及び SCW490CF は、JIS G5201（溶接構造用遠心力鋳鋼管）－1991 に定める SCW410CF、SCW480CF 及び SCW490CF を、SUS304A、SUS316A、SUS304N2A 及び SCS13AA－CF は、JIS G4321（建築構造用ステンレス鋼材）－2000 に定める SUS304A、SUS316A、SUS304N2A 及び SCS13AA－CF を、A2－50 及び A4－50 は、JIS B1054－1（耐食ステンレス鋼製締結用部品の機械的性質―第 1 部：ボルト、ねじ及び植込みボルト）－2001 に定める A2－50 及び A4－50 を、SR235、SR295、SD295A、SD295B、SD345 及び SD390 は、JIS G3112（鉄筋コンクリート用棒鋼）－1987 に定める SR235、SR295、SD295A、SD295B、SD345 及び SD390 を、SRR235 及び SDR235 は、JIS G3117（鉄筋コンクリート用再生棒鋼）－1987 に定める SRR235 及び SDR235 を、それぞれ表すものとする。以下第 2 の表において同様とする。

二 建築基準法（昭和 25 年法律第 201 号。以下「法」という。）第 37 条第一号の国土交通大臣の指定する JIS に適合するもののうち前号の表に掲げる種類以外の鋼材等及び同条第二号の国土交通大臣の認定を受けた鋼材等の許容応力度の基準強度は、その種類及び品質に応じてそれぞれ国土交通大臣が指定した数値とする。

三 前二号の場合において、鋼材等を加工する場合には、加工後の当該鋼材等の機械的性質、化学成分その他の品質が加工前の当該鋼材等の機械的性質、化学成分その他の品質と同等以上であることを確かめなければならない。ただし、次のイからハまでのいずれかに該当する

場合は、この限りでない。

イ　切断、溶接、局部的な加熱、鉄筋の曲げ加工その他の構造耐力上支障がない加工を行うとき。

ロ　摂氏 500 度以下の加熱を行うとき。

ハ　鋼材等（鋳鉄及び鉄筋を除く。以下ハにおいて同じ。）の曲げ加工（厚さが 6mm 以上の鋼材等の曲げ加工にあっては、外側曲げ半径が当該鋼材等の厚さの 10 倍以上となるものに限る。）を行うとき。

第 2　略

第 3　鋼材等の材料強度の基準強度

一　鋼材等の材料強度の基準強度は、次号に定めるもののほか、第 1 の表の数値とする。ただし、炭素鋼の構造用鋼材、丸鋼及び異形鉄筋のうち、同表に掲げる JIS に定めるものについては、同表の数値のそれぞれ 1.1 倍以下の数値とすることができる。

二　法第 37 条第一号の国土交通大臣の指定する JIS に適合するもののうち第 1 の表に掲げる種類以外の鋼材等及び同条第二号の国土交通大臣の認定を受けた鋼材等の材料強度の基準強度は、その種類及び品質に応じてそれぞれ国土交通大臣が指定した数値とする。

三　第 1 第三号の規定は、前二号の場合に準用する。

第 4　略

(3) 特殊な許容応力度

平成 13 年建設省告示第 1024 号（最終改正：平成 24 年 9 月 18 日国土交通省告示第 1027 号）
特殊な許容応力度及び特殊な材料強度を定める件

（前文　略）

第 1　特殊な許容応力度

一～二　略

三　鋼材等の支圧、鋼材等の圧縮材（以下この号において単に「圧縮材」という。）の座屈及び鋼材等の曲げ材（以下この号において単に「曲げ材」という。）の座屈の許容応力度は、次に掲げるものとする。

イ　鋼材等の支圧の許容応力度は、次の表の数値（（一）項及び（三）項において異種の鋼材等が接合する場合においては、小さい値となる数値）によらなければならない。

支圧の形式		長期に生ずる力に対する支圧の許容応力度（単位　N/mm²）	短期に生ずる力に対する支圧の許容応力度（単位　N/mm²）
（一）	すべり支承又はローラー支承の支承部に支圧が生ずる場合その他これに類する場合	1.9F	長期に生ずる力に対する支圧の許容応力度の数値の 1.5 倍とする。
（二）	ボルト又はリベットによって接合される鋼材等のボルト又はリベットの軸部分に接触する面に支圧が生ずる場合その他これに類する場合	1.25F	
（三）	（一）及び（二）に掲げる場合以外の場合	$\dfrac{F}{1.1}$	
この表において、F は、平成 12 年建設省告示第 2464 号第 1 に規定する基準強度の数値（単位　N/mm²）を表すものとする。			

付録4　許容応力度等の規定

ロ　圧縮材の座屈の許容応力度は、炭素鋼及び鋳鉄にあっては次の表1、ステンレス鋼にあっては次の表2の数値によらなければならない。

表1

圧縮材の有効細長比と限界細長比との関係	長期に生ずる力に対する圧縮材の座屈の許容応力度（単位　N/mm²）	短期に生ずる力に対する圧縮材の座屈の許容応力度（単位　N/mm²）
$\lambda \leqq \Lambda$ の場合	$F \left\{ \dfrac{1 - \dfrac{2}{5}\left(\dfrac{\lambda}{\Lambda}\right)^2}{\dfrac{3}{2} + \dfrac{2}{3}\left(\dfrac{\lambda}{\Lambda}\right)^2} \right\}$	長期に生ずる力に対する圧縮材の座屈の許容応力度の数値の1.5倍とする。
$\lambda > \Lambda$ の場合	$\dfrac{\dfrac{18}{65}F}{\left(\dfrac{\lambda}{\Lambda}\right)^2}$	

　この表において、F、λ及びΛは、それぞれ次の数値を表すものとする。
F　平成12年建設省告示第2464号第1に規定する基準強度（単位　N/mm²）
λ　有効細長比
Λ　次の式によって計算した限界細長比

$$\Lambda = \dfrac{1,500}{\sqrt{\dfrac{F}{1.5}}}$$

表2

圧縮材の一般化有効細長比	長期に生ずる力に対する圧縮材の座屈の許容応力度（単位　N/mm²）	短期に生ずる力に対する圧縮材の座屈の許容応力度（単位　N/mm²）
$_c\lambda \leqq 0.2$ の場合	$\dfrac{F}{1.5}$	長期に生ずる力に対する圧縮材の座屈の許容応力度の数値の1.5倍とする。
$0.2 < {_c\lambda} \leqq 1.5$ の場合	$\dfrac{(1.12 - 0.6 {_c\lambda}) F}{1.5}$	
$1.5 < {_c\lambda}$ の場合	$\dfrac{1}{3} \cdot \dfrac{F}{{_c\lambda}^2}$	

この表において、$_c\lambda$ 及びFは、それぞれ次の数値を表すものとする。
$_c\lambda$　次の式によって計算した軸方向力に係る一般化有効細長比

$$_c\lambda = \left(\dfrac{\ell_k}{i}\right)\sqrt{\dfrac{F}{\pi^2 E}}$$

　　この式において、ℓ_k、i、F及びEは、それぞれ次の数値を表すものとする。
　ℓ_k　有効座屈長さ（単位　mm）
　i　最小断面二次半径（単位　mm）
　F　平成12年建設省告示第2464号第1に規定する基準強度（単位　N/mm²）
　E　ヤング係数（単位　N/mm²）

F　平成12年建設省告示第2464号第1に規定する基準強度（単位　N/mm²）

ハ　曲げ材の座屈の許容応力度は、炭素鋼にあっては次の表1、ステンレス鋼にあっては次の表2の数値によらなければならない。ただし、令第90条に規定する曲げの許容応力度の数値を超える場合においては、当該数値を曲げ材の座屈の許容応力度の数値としなければならない。

表1

	曲げ材の種類及び曲げの形式	長期に生ずる力に対する曲げ材の座屈の許容応力度（単位　N/mm²）	短期に生ずる力に対する曲げ材の座屈の許容応力度（単位　N/mm²）
（一）	荷重面内に対称軸を有する圧延形鋼及びプレートガーダーその他これに類する組立材で、強軸周りに曲げを受ける場合	$F\left\{\dfrac{2}{3}-\dfrac{4}{15}\cdot\dfrac{(\ell_b/i)^2}{C\Lambda^2}\right\}$ 又は $\dfrac{89,000}{\left(\dfrac{\ell_b h}{A_f}\right)}$ のうち大きい数値	長期に生ずる力に対する曲げ材の座屈の許容応力度の数値の1.5倍とする。
（二）	鋼管及び箱形断面材の場合、（一）に掲げる曲げ材で弱軸周りに曲げを受ける場合並びにガセットプレートで面内に曲げを受ける場合	$\dfrac{F}{1.5}$	
（三）	みぞ形断面材及び荷重面内に対称軸を有しない材の場合	$\dfrac{89,000}{\left(\dfrac{\ell_b h}{A_f}\right)}$	

この表において、F、ℓ_b、i、C、Λ、h 及び A_f は、それぞれ次の数値を表すものとする。

F　平成12年建設省告示第2464号第1に規定する基準強度（単位　N/mm²）

ℓ_b　圧縮フランジの支点間距離（単位　mm）

i　圧縮フランジと曲げ材のせいの6分の1とからなるT形断面のウェッブ軸周りの断面二次半径（単位　mm）

C　次の式によって計算した修正係数（2.3を超える場合には2.3とし、補剛区間内の曲げモーメントが M_1 より大きい場合には1とする。）

$$C=1.75+1.05\left(\dfrac{M_2}{M_1}\right)+0.3\left(\dfrac{M_2}{M_1}\right)^2$$

この式において、M_2 及び M_1 は、それぞれ座屈区間端部における小さい方及び大きい方の強軸周りの曲げモーメントを表すものとし、M_2/M_1 は、当該曲げモーメントが複曲率となる場合には正と、単曲率となる場合には負とするものとする。

Λ　ロの表1に規定する限界細長比

h　曲げ材のせい（単位　mm）

A_f　圧縮フランジの断面積（単位　mm²）

付録4　許容応力度等の規定

表2

曲げ材の種類及び曲げの形式			長期に生ずる力に対する曲げ材の座屈の許容応力度（単位　N/mm²）	短期に生ずる力に対する曲げ材の座屈の許容応力度（単位　N/mm²）
（一）	荷重面内に対称軸を有する圧延形鋼及びプレートガーダーその他これに類する組立材で、強軸周りに曲げを受ける場合	$-0.5 \leq M_r \leq 1.0$ の場合		長期に生ずる力に対する曲げ材の座屈の許容応力度の数値の1.5倍とする。
		$_b\lambda \leq {}_b\lambda_y$ の場合	$\dfrac{F}{1.5}$	
		${}_b\lambda_y < {}_b\lambda \leq 1.3$ の場合	$\dfrac{1-0.4\dfrac{{}_b\lambda - {}_b\lambda_y}{1.3 - {}_b\lambda_y}}{1.5 + 0.7\dfrac{{}_b\lambda - {}_b\lambda_y}{1.3 - {}_b\lambda_y}}F$	
		$1.3 < {}_b\lambda$ の場合	$\dfrac{F}{2.2\,{}_b\lambda^2}$	
		$-1.0 \leq M_r \leq -0.5$ の場合		
		${}_b\lambda \leq \dfrac{0.46}{\sqrt{C}}$ の場合	$\dfrac{F}{1.5}$	
		$\dfrac{0.46}{\sqrt{C}} < {}_b\lambda \leq \dfrac{1.3}{\sqrt{C}}$ の場合	$\dfrac{0.693}{\sqrt{C}\,{}_b\lambda + 0.015} \cdot \dfrac{F}{1.12 + 0.83\,{}_b\lambda\sqrt{C}}$	
		$\dfrac{1.3}{\sqrt{C}} < {}_b\lambda$ の場合	$\dfrac{F}{2.2C\,{}_b\lambda^2}$	
（二）	鋼管及び箱形断面材の場合、（一）に掲げる曲げ材で弱軸周りに曲げを受ける場合並びにガセットプレートで面内に曲げを受ける場合		$\dfrac{F}{1.5}$	
（三）	みぞ形断面材及び荷重面内に対称軸を有しない材の場合	${}_b\lambda \leq {}_b\lambda_y$ の場合	$\dfrac{F}{1.5}$	

この表において、M_r、${}_b\lambda$、C、F 及び ${}_b\lambda_y$ は、それぞれ次の数値を表すものとする。

M_r　　M_2（表1に規定する M_2 をいう。以下同じ。）を M_1（表1に規定する M_1 をいう。以下同じ。）で除して得た数値

${}_b\lambda$　　次の式によって計算した曲げモーメントに係る一般化有効細長比

$$_b\lambda = \sqrt{\dfrac{M_y}{M_e}}$$

この式において、M_y 及び M_e は、それぞれ次の数値を表すものとする。

M_y　降伏曲げモーメント（単位　N·mm）

M_e　次の式によって計算した弾性横座屈曲げモーメント（単位　N·mm）

$$M_e = C \cdot \sqrt{\dfrac{\pi^4 \cdot E^2 \cdot I_y \cdot I_w}{(k_b \cdot \ell_b)^4} + \dfrac{\pi^2 \cdot E \cdot I_y \cdot G \cdot J}{\ell_b^2}}$$

この式において、C、E、I_y、I_w、ℓ_b、k_b、G 及び J は、それぞれ次の数値を表すものとする。

C　　表1に規定する修正係数

E　　ヤング係数（単位　N/mm²）

I_y　　曲げ材の弱軸周りの断面二次モーメント（単位　mm⁴）

I_w　　曲げ材の曲げねじり定数（単位　mm⁶）

ℓ_b　　横座屈補剛間隔（単位　mm）

k_b　　有効横座屈長さ係数として、曲げ材の一方の材端が剛接合されている場合には0.55とし、スパン中間で補剛されている場合には、0.75とする。ただし、計算によって当該係数を算出できる場合においては、当該計算によることができる。

G　　曲げ材のせん断弾性係数（単位　N/mm²）

J　　曲げ材のサンブナンねじり定数（単位　mm⁴）

C　　表1に規定する修正係数

F　　平成12年建設省告示第2464号第1に規定する基準強度（単位　N/mm²）

${}_b\lambda_y$　　次の式によって計算した一般化降伏限界細長比

$$_b\lambda_y = 0.7 + 0.17\left(\dfrac{M_2}{M_1}\right) - 0.07\left(\dfrac{M_2}{M_1}\right)^2$$

付録 4.2 コンクリートの許容応力度等
建築基準法施行令

（コンクリート）

第 91 条 コンクリートの許容応力度は、次の表の数値によらなければならない。ただし、異形鉄筋を用いた付着について、国土交通大臣が異形鉄筋の種類及び品質に応じて別に数値を定めた場合は、当該数値によることができる。

長期に生ずる力に対する許容応力度 （単位　N/mm²）				短期に生ずる力に対する許容応力度 （単位　N/mm²）			
圧縮	引張り	せん断	付着	圧縮	引張り	せん断	付着
$\dfrac{F}{3}$	$\dfrac{F}{30}$ （Fが21を超えるコンクリートについて、国土交通大臣がこれと異なる数値を定めた場合は、その定めた数値）		0.7（軽量骨材を使用するものにあつては、0.6）	長期に生ずる力に対する圧縮、引張り、せん断又は付着の許容応力度のそれぞれの数値の2倍（Fが21を超えるコンクリートの引張り及びせん断について、国土交通大臣がこれと異なる数値を定めた場合は、その定めた数値）とする。			
この表において、Fは、設計基準強度（単位　N/mm²）を表すものとする。							

2　特定行政庁がその地方の気候、骨材の性状等に応じて規則で設計基準強度の上限の数値を定めた場合において、設計基準強度が、その数値を超えるときは、前項の表の適用に関しては、その数値を設計基準強度とする。

付録 4.3 溶接部の許容応力度等
建築基準法施行令

（溶接）

第 92 条 溶接継目ののど断面に対する許容応力度は、次の表の数値によらなければならない。

継目の形式	長期に生ずる力に対する許容応力度 （単位　N/mm²）				短期に生ずる力に対する許容応力度 （単位　N/mm²）			
	圧縮	引張り	曲げ	せん断	圧縮	引張り	曲げ	せん断
突合せ	$\dfrac{F}{1.5}$			$\dfrac{F}{1.5\sqrt{3}}$	長期に生ずる力に対する圧縮、引張り、曲げ又はせん断の許容応力度のそれぞれの数値の1.5倍とする。			
突合せ以外のもの	$\dfrac{F}{1.5\sqrt{3}}$			$\dfrac{F}{1.5\sqrt{3}}$				
この表において、Fは、溶接される鋼材の種類及び品質に応じて国土交通大臣が定める溶接部の基準強度（単位　N/mm²）を表すものとする。								

付録4　許容応力度等の規定

平成 12 年建設省告示第 2464 号（最終改正：平成 19 年 5 月 18 日国土交通省告示第 623 号）
鋼材等及び溶接部の許容応力度並びに材料強度の基準強度を定める件

（前文　略）

第 1　（略）

第 2　溶接部の許容応力度の基準強度

一　溶接部の許容応力度の基準強度は、次号に定めるもののほか、次の表の数値（異なる種類又は品質の鋼材を溶接する場合においては、接合される鋼材の基準強度のうち小さい値となる数値。次号並びに第 4 第一号本文及び第二号において同じ。）とする。

鋼材の種類及び品質				基準強度 （単位　N/mm^2）
炭素鋼	構造用鋼材	SKK400 SHK400M SS400 SM400A SM400B SM400C SMA400AW SMA400AP SMA400BW SMA400BP SMA400CW SMA400CP SN400A SN400B SN400C SNR400B SSC400 SWH400 SWH400L STK400 STKR400 STKN400W STKN400B	鋼材の厚さが 40mm 以下のもの	235
			鋼材の厚さが 40mm を超え 100mm 以下のもの	215
		SGH400 SGC400 CGC400 SGLH400 SGLC400 CGLC400		280
		SHK490M	鋼材の厚さが 40mm 以下のもの	315
		SKK490 SM490A SM490B SM490C SM490YA SM490YB SMA490AW SMA490AP SMA490BW SMA490BP SMA490CW SMA490CP SN490B SN490C SNR490B STK490 STKR490 STKN490B	鋼材の厚さが 40mm 以下のもの	325
			鋼材の厚さが 40mm を超え 100mm 以下のもの	295
		SGH490 SGC490		345

		CGC490 SGLH490 SGLC490 CGLC490		
		SM520B SM520C	鋼材の厚さが 40mm 以下のもの	355
			鋼材の厚さが 40mm を超え 75mm 以下のもの	335
			鋼材の厚さが 75mm を超え 100mm 以下のもの	325
		SDP1T SDP1TG	鋼材の厚さが 40mm 以下のもの	205
		SDP2 SDP2G SDP3	鋼材の厚さが 40mm 以下のもの	235
	鋳鋼	SCW410 SCW410CF		235
		SCW480 SCW480CF		275
		SCW490CF		315
ステンレス鋼	構造用鋼材	SUS304A SUS316A SDP4 SDP5		235
		SUS304N2A SDP6		325
	鋳鋼	SCS13AA-CF		235
丸鋼		SR235 SRR235		235
		SR295		295
異形鉄筋		SDR235		235
		SD295A SD295B		295
		SD345		345
		SD390		390

二　法第37条第一号の国土交通大臣の指定するJISに適合するもののうち前号の表に掲げる種類以外の鋼材等及び同条第二号の国土交通大臣の認定を受けた鋼材に係る溶接部の許容応力度の基準強度は、その種類及び品質に応じてそれぞれ国土交通大臣が指定した数値とする。

第3　（略）

第4　溶接部の材料強度の基準強度

一　溶接部の材料強度の基準強度は、次号に定めるもののほか、第2の表の数値とする。ただし、炭素鋼の構造用鋼材、丸鋼及び異形鉄筋のうち、同表に掲げるJISに定めるものについては、同表の数値のそれぞれ1.1倍以下の数値とすることができる。

二　法第37条第一号の国土交通大臣の指定するJISに適合するもののうち第2の表に掲げる種類以外の鋼材等及び同条第二号の国土交通大臣の認定を受けた鋼材に係る溶接部の材料強度の基準強度は、その種類及び品質に応じてそれぞれ国土交通大臣が指定した数値とする。

付録4.4 高力ボルトの許容応力度等

(1) 許容応力度

建築基準法施行令

(高力ボルト接合)

第92条の2 高力ボルト摩擦接合部の高力ボルトの軸断面に対する許容せん断応力度は、次の表の数値によらなければならない。

許容せん断応力度 種類	長期に生ずる力に対する許容せん断応力度 (単位 N/mm^2)	短期に生ずる力に対する許容せん断応力度 (単位 N/mm^2)
一面せん断	0.3T$_0$	長期に生ずる力に対する許容せん断応力度の数値の1.5倍とする。
二面せん断	0.6T$_0$	
この表において、T$_0$は、高力ボルトの品質に応じて国土交通大臣が定める基準張力(単位 N/mm^2)を表すものとする。		

2 高力ボルトが引張力とせん断力とを同時に受けるときの高力ボルト摩擦接合部の高力ボルトの軸断面に対する許容せん断応力度は、前項の規定にかかわらず、次の式により計算したものとしなければならない。

$$f_{st} = f_{s0}\left(1 - \frac{\sigma_t}{T_0}\right)$$

この式において、f_{st}、f_{s0}、σ_t及びT_0は、それぞれ次の数値を表すものとする。

f_{st}　この項の規定による許容せん断応力度(単位 N/mm^2)
f_{s0}　前項の規定による許容せん断応力度(単位 N/mm^2)
σ_t　高力ボルトに加わる外力により生ずる引張応力度(単位 N/mm^2)
T_0　前項の表に規定する基準張力

(2) 基準強度等 (F)

平成12年12月26日建設省告示第2466号
高力ボルトの基準張力、引張接合部の引張りの許容応力度及び材料強度の基準強度を定める件

(前文　略)

第1 高力ボルトの基準張力

一　高力ボルトの基準張力は、次号に定めるもののほか、次の表の数値とする。

	高力ボルトの品質		高力ボルトの基準張力(単位 N/mm^2)
	高力ボルトの種類	高力ボルトの締付ボルト張力 (単位 N/mm^2)	
(一)	一種	400以上	400
(二)	二種	500以上	500
(三)	三種	535以上	535
この表において、一種、二種及び三種は、日本工業規格(以下「JIS」という。)B1186(摩擦接合用高力六角ボルト・六角ナット・平座金のセット)-1995に定める一種、二種及び三種の摩擦接合用高力ボルト、ナット及び座金の組合せを表すものとする。			

二　建築基準法(昭和25年法律第201号。以下「法」という。)第37条第二号の国土交通大臣の認定を受けた高力ボルトの基準張力は、その品質に応じてそれぞれ国土交通大臣が指定した数値とする。

第2 高力ボルト引張接合部の引張りの許容応力度

一 高力ボルト引張接合部の高力ボルトの軸断面に対する引張りの許容応力度は、次号に定めるもののほか、次の表の数値とする。

高力ボルトの品質	長期に生ずる力に対する引張りの許容応力度（単位 N/mm²）	短期に生ずる力に対する引張りの許容応力度（単位 N/mm²）
第1の表中（一）項に掲げるもの	250	長期に生ずる力に対する引張りの許容応力度の数値の1.5倍とする。
第1の表中（二）項に掲げるもの	310	
第1の表中（三）項に掲げるもの	330	

二 法第37条第二号の国土交通大臣の認定を受けた高力ボルト引張接合部の引張りの許容応力度は、その品質に応じてそれぞれ国土交通大臣が指定した数値とする。

第3 高力ボルトの材料強度の基準強度

一 高力ボルトの材料強度の基準強度は、次号に定めるもののほか、次の表の数値とする。

高力ボルトの品質	基準強度（単位 N/mm²）
F8T	640
F10T	900
F11T	950

この表において、F8T、F10T及びF11Tは、JIS B1186（摩擦接合用高力六角ボルト・六角ナット・平座金のセット）—1995に定めるF8T、F10T及びF11Tの高力ボルトを表すものとする。

二 法第37条第二号の国土交通大臣の認定を受けた高力ボルトの材料強度の基準強度は、その品質に応じてそれぞれ国土交通大臣が指定した数値とする。

付録4.5 その他の許容応力度等

（1）アンカーボルトなど

設備機器等の据付けに用いるアンカーボルトなどは、「自家用発電設備耐震設計のガイドライン」（（一社）日本内燃力発電設備協会）による。その許容耐力は、「付表1」によるが、十分に施工管理されたアンカーボルトについては「付録8」の許容耐力を用いてもよい。

（2）ガラス繊維強化ポリエステル（FRP）

水槽等に用いるFRPの許容応力度等は「FRP水槽構造設計計算法平成8年12月」（（一社）強化プラスチック協会）に準ずるものとする。

（3）その他鋼材および金属材料

告示に定められた鋼材以外の金属材料の短期許容応力度については0.2%耐力値を用いてよい。0.2%耐力値とは、その材料の残留ひずみが0.2%の値となる応力値をいう。

付録4.6 接合部

（1）鋼材

鋼材の接合は、原則としてボルト接合および溶接接合によることとし、詳細は（一社）日本建築学会「鋼構造設計規準―許容応力度設計法―（2005）」および「鉄骨工事技術指針」に準ずるものとする。鋼材の接合部が十分な耐力を持たないと、部材耐力に余裕があっても地震時に接合部は破損することになる。接合部については、（一社）日本建築学会「鋼構造設計規準―許容応力度設計法―（2005）」等によることとする。

溶接接合を採用する場合には、溶接部のディテールに注意を払い、ルートギャップやのど厚を確保するとともに現場施工等も考え合せ十分な余長を持った溶接長とする必要がある。

付録4.7 ボルトおよび高力ボルトのピッチ、ゲージの標準

ボルトのピッチおよびゲージは、下記による。これは、(一社)日本建築学会「鋼構造設計規準―許容応力度設計法―(2005)」に一部追記したものである。

(1) 形鋼のゲージの標準

(単位：mm)

A あるいは B	g_1	g_2	最大軸径	B	g_1	g_2	最大軸径	B	g_3	最大軸径
40	22		10	100**	60		16	40	24	10
45	25		12	125	75		16	50	30	12
50**	30		16	150	90		22	65	35	20
60	35		16	175	105		22	70	40	20
65	35		20	200	120		24	75	40	22
70	40		20	250	150		24	80	45	22
75	40		22	300*	150	40	24	90	50	24
80	45		22	350	140	70	24	100	55	24
90	50		24	400	140	90	24			
100	55		24							
125	50	35	24							
130	50	40	24							
150	55	55	24							
175	60	70	24							
200	60	90	24							

* B = 300 は千鳥打ちとする。
** 印欄の g および最大リベット径の値は強度上支障がないとき、最小の縁端距離の規定にかかわらず用いることができる。

(2) ピッチの標準

(単位：mm)

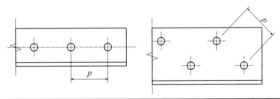

軸径 d		10	12	16	20	22	24	28
ピッチ p	標準	40	50	60	70	80	90	100
	最小	25	30	40	50	55	60	70

注) 形鋼にボルトを使用する場合の位置、最大軸径（ゲージ）とボルトのピッチを示している。M8ボルトを採用する場合はM10に準ずること。

付録 4.8 等辺山形鋼の標準断面寸法とその断面積・単位重量・断面特性・長期応力

下図における等辺山形鋼の標準断面寸法とその断面積等の関係を次頁の付録表 4.8−1 に示す。

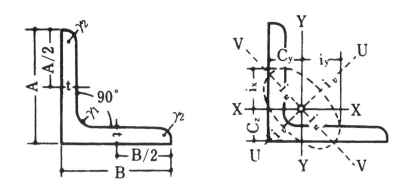

注1) 許容曲げモーメント、許容引張り力、許容圧縮力については、材質は SS400 とする。
（許容力は長期の値を示しており、短期の値は、この 1.5 倍とする。）

$$M_A = Z \cdot f_b \quad,\quad f_b = 15.6 \text{kN/cm}^2$$
$$T_a = A \cdot f_t \quad,\quad f_t = 15.6 \text{kN/cm}^2$$
$$C_a = A \cdot f_c \quad,\quad f_c = \frac{\left\{1 - 0.4\left(\frac{\lambda}{\Lambda}\right)^2\right\}F}{\nu} \quad \lambda \leqq \Lambda \text{のとき}$$
$$f_c = \frac{0.277 F}{\left(\frac{\lambda}{\Lambda}\right)^2} \quad \lambda > \Lambda \text{のとき}$$

ここに、λ：細長比 $= \ell / i_{min} \leqq 250$ 、 $\Lambda = \sqrt{\dfrac{\pi^2 \cdot E}{0.6F}}$

$$\nu = \frac{3}{2} + \frac{2}{3}\left(\frac{\lambda}{\Lambda}\right)^2,\ F = 23.5 \text{kN/cm}^2,\ E = 20{,}500 \text{kN/cm}^2$$

により求めている。

注2) 許容引張り力については全断面を有効とした場合の値を示しており、実用的には山形鋼の1辺の1/2とボルト孔の投影面積を減じた部材有効断面から許容引張り力を算出すること。

付録4　許容応力度等の規定

付録表 4.8−1　等辺山形鋼の標準断面寸法とその断面積・単位重量・断面特性・長期応力

寸法 (mm) A×B	t	r_1	r_2	断面積 (cm²) A	単位質量 (kg/m)	断面2次モーメント (cm⁴) $I_x=I_y$	I_u	I_v	断面2次半径 (cm) $i_x=i_y$	i_u	i_v	断面係数 (cm³) $Z_x=Z_y$	重心 (cm) $C_x=C_y$	許容曲げモーメント (kN·cm) M_A	許容引張り力 (kN) T_a	許容圧縮力 (kN) C_a $\ell=100$	$\ell=150$	$\ell=200$
40×40	3	4.5	2	2.336	1.83	3.53	5.60	1.46	1.23	1.55	0.790	1.21	1.09	18.9	36.4	13.6	6.05	—
40×40	5	4.5	3	3.755	2.95	5.42	8.59	2.25	1.20	1.51	0.774	1.91	1.17	29.8	58.6	20.8	9.23	—
45×45	4	6.5	3	3.492	2.74	6.50	10.3	2.70	1.36	1.72	0.880	2.00	1.24	31.2	54.5	25.0	11.2	6.31
50×50	4	6.5	3	3.892	3.06	9.06	14.4	3.76	1.53	1.92	0.983	2.49	1.37	38.8	60.7	32.7	15.5	8.72
50×50	6	6.5	4.5	5.644	4.43	12.6	20.0	5.23	1.50	1.88	0.963	3.55	1.44	55.4	88.0	46.1	21.6	12.1
60×60	4	6.5	3	4.692	3.68	16.0	25.4	6.62	1.85	2.33	1.19	3.66	1.61	57.1	73.2	48.4	27.6	15.5
60×60	5	6.5	3	5.802	4.55	19.6	31.2	8.09	1.84	2.32	1.18	4.52	1.66	70.5	90.5	59.4	33.5	18.8
65×65	6	8.5	4	7.527	5.91	29.4	46.6	12.2	1.98	2.49	1.27	6.26	1.81	97.8	117	81.8	50.3	28.3
65×65	8	8.5	6	9.761	7.66	36.8	58.3	15.3	1.94	2.44	1.25	7.96	1.88	124	152	105	63.3	35.6
70×70	6	8.5	4	8.127	6.38	37.1	58.9	15.3	2.14	2.69	1.37	7.33	1.93	114	127	93.0	61.8	35.6
75×75	6	8.5	4	8.727	6.85	46.1	73.2	19.0	2.30	2.90	1.48	8.47	2.06	132	136	104	73.3	44.0
75×75	9	8.5	6	12.69	9.96	64.4	102	26.7	2.25	2.84	1.45	12.1	2.17	189	198	150	105	62.2
75×75	12	8.5	6	16.56	13.0	81.9	129	34.5	2.22	2.79	1.44	15.7	2.29	245	258	195	135	80.1
80×80	6	8.5	4	9.327	7.32	56.4	89.6	23.2	2.46	3.10	1.58	9.70	2.18	151	146	115	85.5	54.3
90×90	6	10	5	10.55	8.28	80.7	128	33.4	2.77	3.48	1.78	12.3	2.42	192	165	136	107	74.8
90×90	7	10	5	12.22	9.59	93.0	148	38.3	2.76	3.48	1.77	14.2	2.46	222	191	159	125	88.3
90×90	10	10	7	17.00	13.3	125	199	51.7	2.71	3.42	1.74	19.5	2.57	304	265	219	172	119
90×90	13	10	7	21.71	17.0	156	248	65.3	2.68	3.38	1.73	24.8	2.69	387	339	279	218	151
100×100	7	10	5	13.62	10.7	129	205	53.2	3.08	3.88	1.98	17.7	2.71	276	212	183	152	115
100×100	10	10	7	19.00	14.9	175	278	72.0	3.04	3.83	1.95	24.4	2.82	381	296	255	210	159
100×100	13	10	7	24.31	19.1	220	348	91.1	3.00	3.78	1.94	31.1	2.94	485	379	325	267	200
120×120	8	12	5	18.76	14.7	258	410	106	3.71	4.67	2.38	29.5	3.24	460	293	265	233	194
130×130	9	12	6	22.74	17.9	366	583	150	4.01	5.06	2.57	38.7	3.53	604	355	326	292	249
130×130	12	12	8.5	29.76	23.4	467	743	192	3.96	5.00	2.54	49.9	3.64	778	464	426	380	323
130×130	15	12	8.5	36.75	28.8	568	902	234	3.93	4.95	2.53	61.5	3.76	959	573	525	468	398
150×150	12	14	7	34.77	27.3	740	1,180	304	4.61	5.82	2.96	68.1	4.14	1,060	542	509	468	416
150×150	14	14	10	42.74	33.6	888	1,410	365	4.56	5.75	2.92	82.6	4.24	1,290	667	625	573	508
150×150	19	14	10	53.38	41.9	1,090	1,730	451	4.52	5.69	2.91	103	4.40	1,610	833	780	715	633
175×175	12	15	11	40.52	31.8	1,170	1,860	480	5.38	6.78	3.44	91.8	4.73	1,430	632	604	568	520
175×175	15	15	11	50.21	39.4	1,440	2,290	589	5.35	6.75	3.42	114	4.85	1,780	783	748	703	643

付録 4.9 溝形鋼の標準断面寸法とその断面積・単位重量・断面特性・長期応力

下図における溝形鋼の標準断面寸法とその断面積等の関係を次頁の付録表 4.9－1 に示す。

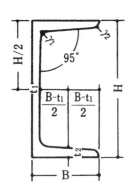 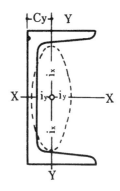

注) 許容曲げモーメント、許容引張り力、許容圧縮力は、材質を SS400 として算定している。
（許容力は長期の値を示しており、短期の値は、この 1.5 倍とする。長さ（ℓ）が 200cm を超える場合は以下に示す補正を行う。）

$M_A = Z \cdot f_b$ 、 $f_b = 15.6 kN/cm^2$

$T_a = A \cdot f_t$ 、 $f_t = 15.6 kN/cm^2$

$C_a = A \cdot f_c$ 、 $f_c = \dfrac{\left\{1 - 0.4\left(\dfrac{\lambda}{\Lambda}\right)^2\right\}F}{\nu}$ 　　$\lambda \leqq \Lambda$ のとき

$f_c = \dfrac{0.277 F}{\left(\dfrac{\lambda}{\Lambda}\right)^2}$ 　　$\lambda > \Lambda$ のとき

ここに、λ：細長比 $= \ell / i_{min} \leqq 250$ 、 $\Lambda = \sqrt{\dfrac{\pi^2 \cdot E}{0.6F}}$

$\nu = \dfrac{3}{2} + \dfrac{2}{3}\left(\dfrac{\lambda}{\Lambda}\right)^2$、$F = 23.5 kN/cm^2$、$E = 20,500 kN/cm^2$

により求めている。

付録4　許容応力度等の規定

付録表 4.9－1　溝形鋼の標準断面寸法とその断面積・単位重量・断面特性・長期応力

寸法 (mm)						断面積 (cm²)	単位質量 (kg/m)	断面2次モーメント (cm⁴)		断面2次半径 (cm)		断面係数 (cm³)		重心 (cm)	許容曲げモーメント (kN·cm)	許容引張り力 (kN)	許容圧縮力 (kN)		
H×B	t_1	t_2	r_1	r_2				I_x	I_y	i_x	i_y	Z_x	Z_y	C_y	M_A	T_a	C_a		
																	$\ell=100$	$\ell=150$	$\ell=200$
75×40	5	7	8	4		8.818	6.92	75.3	12.2	2.92	1.17	20.1	4.47	1.28	69.7	138	91.0	51.8	29.1
100×50	5	7.5	8	4		11.92	9.36	188	26.0	3.97	1.48	37.6	7.52	1.54	122	186	144	103	62.6
125×65	6	8	8	4		17.11	13.4	424	61.8	4.98	1.90	67.8	13.4	1.90	225	267	230	190	144
150×75	6.5	10	10	5		23.71	18.6	861	117	6.03	2.22	115	22.4	2.28	368	370	331	287	235
150×75	9	12.5	15	7.5		30.59	24.0	1,050	147	5.86	2.19	140	28.3	2.31	441	477	424	364	292
180×75	7	10.5	11	5.5		27.20	21.4	1,380	131	7.12	2.19	153	24.3	2.13	398	424	379	327	266
200×80	7.5	11	12	6		31.33	24.6	1,950	168	7.88	2.32	195	29.1	2.21	480	489	442	389	323
200×90	8	13.5	14	7		38.65	30.3	2,490	277	8.02	2.68	249	44.2	2.74	716	603	558	504	436

付録5　鉄骨架台の接合部の例

　本詳細は水槽架台で通常行われている架構形式・材料を用いた場合の一例を示したものであり、接合方法は溶接と高力ボルトを主として考えている。詳細部の設計は使用材料・鉄骨加工業者の技術水準などにより、変化し得るものであり、本例ではあくまでも一例を示したものと考えるべきものである。

　なお、接合部は被接合部材の降伏を確保するのに十分な耐力を有すべきであるが、地震入力も大きくとっていることから、ここではそこまでは考慮していない。安全性を重視する場合は、構造部材に用いられている保有耐力接合とすべきである。

(1) 柱材とその標準接合部

付録表5-1　柱材とその標準接合部

部材	接合部	
	溶接	GPL
L－65×65×6	全周すみ肉	PL－6
L－75×75×6	〃	PL－6
L－75×75×9	〃	PL－9
L－90×90×7	〃	PL－9
L－100×100×7	〃	PL－9
L－120×120×7	〃	PL－9
CT－97×150×6×9	〃	PL－9

備考：
GPLはガセットプレートを指す（以下同じ。）。

(2) 束材とその標準接合部

付録表5-2　束材とその標準接合部

部材	接合部	
	高力ボルト	GPL
L－65×65×6	2－M20	PL－9

(3) 横材とその標準接合部

付録表5-3　横材とその標準接合部

部材	接合部		部材	接合部	
	高力ボルト	GPL		高力ボルト	GPL
L－50×50×6	2－M16	PL－6	L－120×120×8	3－M20	PL－9
L－65×65×6	2－M16	PL－6	[－100×50×5	2－M16	PL－6
L－65×65×6	2－M20	PL－9	[－100×50×5	2－M20	PL－9
L－75×75×6	2－M16	PL－6	[－125×65×6	2－M16	PL－6
L－75×75×6	2－M20	PL－9	[－125×65×6	2－M20	PL－9
L－90×90×7	2－M16	PL－6	[－150×75×6.5	2－M20	PL－9
L－90×90×7	2－M20	PL－9	[－150×75×8	2－M20	PL－9
L－100×100×7	2－M20	PL－9	H－175×90×5×8	2－M20	PL－9

(4) ブレース材とその標準接合部

付録表 5-4 ブレース材とその標準接合部

部材	接合部	
	高力ボルト	GPL
M16 [*1]	1 - M16	PL - 6
L - 50 × 50 × 6	2 - M16	PL - 6
L - 65 × 65 × 6	2 - M20	PL - 9
L - 75 × 75 × 6	2 - M20	PL - 9
L - 90 × 90 × 7	3 - M20	PL - 9
備考: *1) ターンバックル付き		

(5) 接合部材および取付上の諸注意

① ターンバックルは JIS A 5541 1種、2種のターンバックル胴と JIS A 5542 1種、2種のターンバックルボルトからなるものとする。またアングルの材質は JIS G 3101 の SS400 とする。
② 高力ボルトの材質は JIS B 1186 の2種とする。また、縁端距離・ピッチは付録表 5-5 による。

付録表 5-5 縁端距離・ピッチ（単位 mm）

ボルトサイズ	縁端距離		ピッチ
	ボルト 2列以下	ボルト 3列以下	
M16	40	35	60
M20	50	40	70

③ ガセット・プレートの材質は JIS G 3101 の SS400 とする。ただし、ブレース材および束材のガセット・プレート形状は付録図 5-1 に示す b と b' の関係が b ≦ b' を守ること。
④ 溶接作業はすべて工場溶接とし、日本工業規格の溶接技術検定試験に合格した有資格者が行うものとする。

すみ肉溶接の脚長は PL-6 の場合 6mm、PL-9 で 7mm とする。

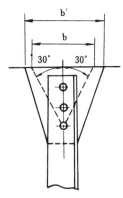

付録図 5-1 ブレース・束材のガセット・プレート

(6) 鉄骨架台の接合部例

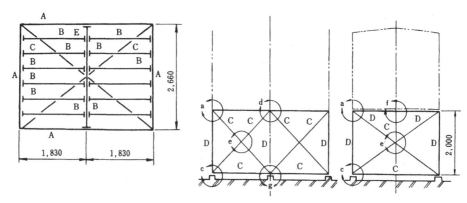

上面材

記号	使用鋼材
A	[− 125 × 65 × 6
B	[− 100 × 50 × 5
C	L − 65 × 65 × 6
D	L − 100 × 100 × 7
E	H − 175 × 90 × 5 × 8
備考： 取付詳細 a~g 部の例は付録図 5.4 ～ 5.7 に示す。	

付録図 5−2　角型水槽（20m³）の例—1

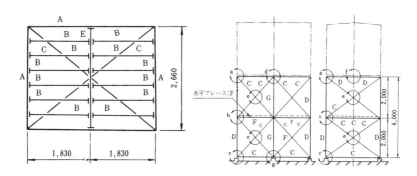

上面材

記号	使用鋼材
A	[− 125 × 65 × 6
B	[− 100 × 50 × 5
C	L − 65 × 65 × 6
D	L − 120 × 120 × 8
E	H − 175 × 90 × 5 × 8
F	L − 50 × 50 × 6
G	CT − 175 × 90 × 5 × 8
備考： 取付詳細 a~g 部の例は付録図 5.4 ～ 5.7 に示す。	

付録図 5−3　角型水槽（20m³）の例—2

付録5 鉄骨架台の接合部の例

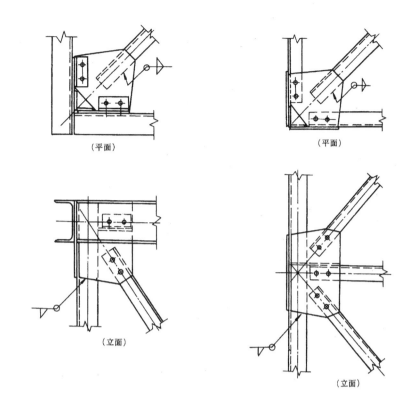

a部詳細図　　　　　　b部詳細図
付録図5-4 接合部基準図（a部、b部詳細図の例）

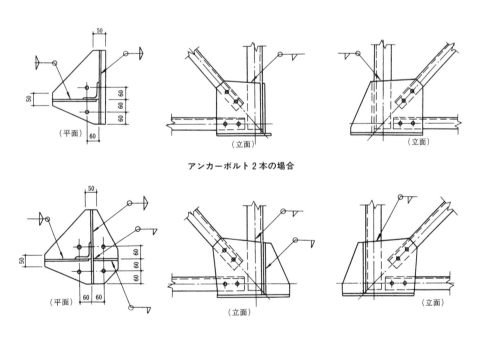

アンカーボルト2本の場合

アンカーボルト4本の場合
付録図5-5 接合部基準図（c部詳細図の例）

299

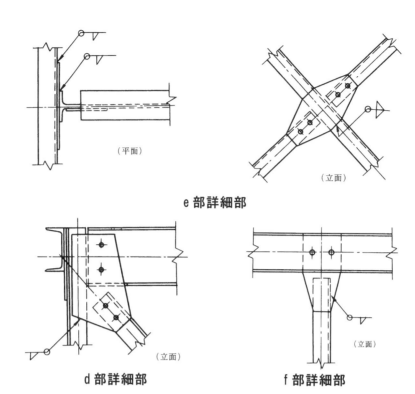

付録図5-6 接合部基準図（d、e、f 部詳細図の例）

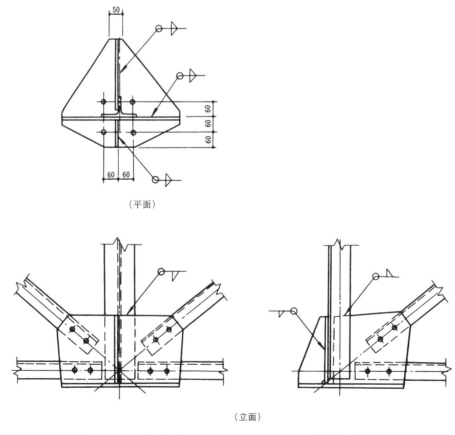

付録図5-7 接合部基準図（g 部詳細図の例）

付録6　配管等支持材に発生する部材力および躯体取付部に作用する力

付録表 6.1　横引配管支持材に発生する部材力および躯体取付部に作用する力　……………… 302

付録表 6.2　立て配管支持材に発生する部材力および躯体取付部に作用する力　……………… 304

付録表 6.1 横引配管支持材に発生する部材力および躯体取付部に作用する力

架構名	架構No.	モデル図	部材	自重 曲げモーメント M_D	自重 引張り力 T_D / 圧縮力 C_D	地震荷重 曲げモーメント M_E	地震荷重 引張り力 T_E / 圧縮力 C_E
トラス架構	1		a	$M_D = \dfrac{W \cdot \ell}{6}$	—	—	$T_E = P \cdot K_{He}$ $C_E = P \cdot K_{He}$
			b	—	$T_D = \dfrac{W}{2}$	—	—
	3		a	$M_D = \dfrac{W \cdot \ell}{6}$	$T_D = \dfrac{W}{2}$	—	$T_E = P \cdot K_{He}$ $C_E = P \cdot K_{He}$
			b	—	$C_D = \dfrac{\sqrt{2}}{2} W$	—	—
	4		a	$M_D = \dfrac{W \cdot \ell}{6}$	$C_D = \dfrac{W}{2}$	—	$T_E = P \cdot K_{He}$ $C_E = P \cdot K_{He}$
			b	—	$T_D = \dfrac{\sqrt{2}}{2} W$	—	—
	5		a	$M_D = \dfrac{W \cdot \ell}{6}$	—	—	$T_E = P \cdot K_{He}$
			b	—	$T_D = \dfrac{W}{2}$	—	$C_E = 2P \cdot K_{He}$
			c	—	—	—	$T_E = \sqrt{5} P \cdot K_{He}$
	8		a	$M_D = \dfrac{W \cdot \ell}{6}$	—	—	$C_E = P \cdot K_{He}$
			b	—	—	—	$T_E = P \cdot K_{He} \dfrac{\sqrt{\ell^2 + h^2}}{\ell}$
			c	—	$C_D = \dfrac{W}{2}$	—	$C_E = P \cdot K_{He} \dfrac{h}{\ell}$
ラーメン架構	6		a	$M_{D1} = \dfrac{W \cdot \ell^2}{3(3\ell + 2h)}$ $M_{D2} = \dfrac{W \cdot \ell(\ell + 2h)}{6(3\ell + 2h)}$	—	$M_{E1} = \dfrac{1}{2} P \cdot K_{He} \cdot h$ $M_{E2} = \dfrac{1}{6} P \cdot K_{He} \cdot h$	—
			b	$M_D = \dfrac{W \cdot \ell^2}{3(3\ell + 2h)}$	$T_D = \dfrac{W}{2}$	$M_E = \dfrac{1}{2} P \cdot K_{He} \cdot h$	$T_E = P \cdot K_{He} \dfrac{h}{\ell}$ $C_E = P \cdot K_{He} \dfrac{h}{\ell}$
	7		a	$M_{D1} = \dfrac{W \cdot \ell^2}{3(3\ell + 2h)}$ $M_{D2} = \dfrac{W \cdot \ell(\ell + 2h)}{6(3\ell + 2h)}$	—	$M_{E1} = \dfrac{1}{2} P \cdot K_{He} \cdot h$ $M_{E2} = \dfrac{1}{6} P \cdot K_{He} \cdot h$	—
			b	$M_D = \dfrac{W \cdot \ell^2}{6(3\ell + 2h)}$	$C_D = \dfrac{W}{2}$	$M_E = \dfrac{1}{2} P \cdot K_{He} \cdot h$	$T_E = P \cdot K_{He} \dfrac{h}{\ell}$ $C_E = P \cdot K_{He} \dfrac{h}{\ell}$
梁架構	2		a	$M_D = \dfrac{W \cdot \ell}{6}$	—	—	$T_E = \dfrac{1}{2} P \cdot K_{He}$ $C_E = \dfrac{1}{2} P \cdot K_{He}$

K_{He} ：見かけ上の設計用水平震度　　　ℓ ：支持材サポート幅（cm）　　　P ：耐震支持間隔の配管重量（kN）
h ：支持材高さ（cm）　　　W ：自重支持間隔の配管重量（W = P/2）（kN）
M_{D1} ：図示の断面1の場所に発生する自重による曲げモーメント（kN・cm）
M_{D2} ：図示の断面2の場所に発生する自重による曲げモーメント（kN・cm）
M_{E1} ：図示の断面1の場所に発生する地震力による曲げモーメント（kN・cm）
M_{E2} ：図示の断面2の場所に発生する地震力による曲げモーメント（kN・cm）
T_A' ：鋼材の短期許容引張り力（kN）　　　C_A' ：鋼材の短期許容圧縮力（kN）　　　M_A' ：鋼材の短期許容曲げモーメント（kN・cm）

備考：
1．スラブ・壁取付の場合の反力は、引抜き力とせん断力が同時に作用する。
2．M、T、C ≧ 0として計算式を作成してあるので、これらの値が負となった場合は、その部材力は発生していないことになる。

付録表 6.1 横引配管支持材に発生する部材力および躯体取付部に作用する力（つづき）

架構名	架構No.	部材	部材の検定	躯体取付部に作用する力 スラブ・壁取付の場合 引張力 R_T	躯体取付部に作用する力 スラブ・壁取付の場合 せん断力 R_Q	はり・柱取付の場合 せん断力 R_Q
トラス架構	1	a	$\dfrac{M_D}{M_A'} \leq \dfrac{1}{1.5}$　$\dfrac{M_D}{M_A'}+\dfrac{C_E}{C_A'} \leq 1$	$R_T = P \cdot K_{He}$	$R_Q = \dfrac{W}{2}$	$R_Q = \sqrt{R_T{}^2 + R_Q{}^2}$
トラス架構	1	b	$\dfrac{T_D}{T_A'} \leq \dfrac{1}{1.5}$	$R_T = \dfrac{W}{2}$	—	$R_Q = \dfrac{W}{2}$
トラス架構	3	a	$\dfrac{M_D}{M_A'}+\dfrac{C_D}{C_A'} \leq \dfrac{1}{1.5}$　$\dfrac{M_D}{M_A'}+\dfrac{T_D+T_E}{T_A'} \leq 1$　$\dfrac{M_D}{M_A'}+\dfrac{C_E-T_D}{C_A'} \leq 1$	$R_T = \dfrac{W}{2}+P \cdot K_{He}$	$R_Q = \dfrac{W}{2}$	$R_Q = \sqrt{R_T{}^2 + R_Q{}^2}$
トラス架構	3	b	$\dfrac{C_D}{C_A'} \leq \dfrac{1}{1.5}$	—	$R_Q = \dfrac{W}{2}$	$R_Q = \dfrac{\sqrt{2}}{2}W$
トラス架構	4	a	$\dfrac{M_D}{M_A'}+\dfrac{C_D}{C_A'} \leq \dfrac{1}{1.5}$　$\dfrac{M_D}{M_A'}+\dfrac{C_D+C_E}{C_A'} \leq 1$	$R_T = P \cdot K_{He}-\dfrac{W}{2}$	$R_Q = \dfrac{W}{2}$	$R_Q = \sqrt{R_T{}^2 + R_Q{}^2}$
トラス架構	4	b	$\dfrac{T_D}{T_A'} \leq \dfrac{1}{1.5}$	$R_T = \dfrac{W}{2}$	$R_Q = \dfrac{W}{2}$	$R_Q = \dfrac{\sqrt{2}}{2}W$
トラス架構	5	a	$\dfrac{M_D}{M_A'} \leq \dfrac{1}{1.5}$　$\dfrac{M_D}{M_A'}+\dfrac{T_E}{T_A'} \leq 1$	—	—	—
トラス架構	5	b	$\dfrac{T_D}{T_A'} \leq \dfrac{1}{1.5}$　$\dfrac{C_E-T_D}{C_A'} \leq 1$　$\dfrac{T_D-C_E}{T_A'} \leq 1$	—	—	—
トラス架構	5	c	$\dfrac{T_E}{T_A'} \leq 1$	$R_T = 2P \cdot K_{He}$	$R_Q = P \cdot K_{He}$	$R_Q = \sqrt{5}P \cdot K_{He}$
トラス架構	8	a	$\dfrac{M_D}{M_A'} \leq \dfrac{1}{1.5}$　$\dfrac{M_D}{M_A'}+\dfrac{C_E}{C_A'} \leq 1$	—	—	—
トラス架構	8	b	$\dfrac{T_E}{T_A'} \leq 1$	$R_T = P \cdot K_{He}\dfrac{h}{\ell}-\dfrac{W}{2}$	$R_Q = P \cdot K_{He}$	$R_Q = P \cdot K_{He}$
トラス架構	8	c	$\dfrac{C_D}{C_A'} \leq \dfrac{1}{1.5}$　$\dfrac{C_D+C_E}{C_A'} \leq 1$	—	—	—
ラーメン架構	6	a	$\dfrac{M_{D1}}{M_A'} \leq \dfrac{1}{1.5}$　$\dfrac{M_{D2}}{M_A'} \leq \dfrac{1}{1.5}$　$\dfrac{M_{D1}+M_{E1}}{M_A'} \leq 1$　$\dfrac{M_{D2}+M_{E2}}{M_A'} \leq 1$	—	—	—
ラーメン架構	6	b	$\dfrac{M_D}{M_A'}+\dfrac{T_D}{T_A'} \leq \dfrac{1}{1.5}$　$\dfrac{M_D+M_E}{M_A'}+\dfrac{T_D+T_E}{T_A'} \leq 1$　$\dfrac{M_D+M_E}{M_A'}+\dfrac{C_E-T_D}{C_A'} \leq 1$	$R_T = \dfrac{W}{2}+P \cdot K_{He}\dfrac{h}{\ell}$	$R_Q = \dfrac{W \cdot \ell^2}{3h(3\ell+2h)}+\dfrac{P \cdot K_{He}}{2}$	$R_Q = \sqrt{R_T{}^2 + R_Q{}^2}$
ラーメン架構	7	a	$\dfrac{M_{D1}}{M_A'} \leq \dfrac{1}{1.5}$　$\dfrac{M_{D2}}{M_A'} \leq \dfrac{1}{1.5}$　$\dfrac{M_{D1}+M_{E1}}{M_A'} \leq 1$　$\dfrac{M_{D2}+M_{E2}}{M_A'} \leq 1$	—	—	—
ラーメン架構	7	b	$\dfrac{M_D}{M_A'}+\dfrac{C_D}{C_A'} \leq \dfrac{1}{1.5}$　$\dfrac{M_D+M_E}{M_A'}+\dfrac{T_E-C_D}{T_A'} \leq 1$　$\dfrac{M_D+M_E}{M_A'}+\dfrac{C_D+C_E}{C_A'} \leq 1$	$R_T = P \cdot K_{He}\dfrac{h}{\ell}-\dfrac{W}{2}$	$R_Q = \dfrac{W \cdot \ell^2}{3h(3\ell+2h)}+\dfrac{P \cdot K_{He}}{2}$	—
梁架構	2	a	$\dfrac{M_D}{M_A'} \leq \dfrac{1}{1.5}$　$\dfrac{M_D}{M_A'}+\dfrac{C_E}{C_A'} \leq 1$	$R_T = \dfrac{P \cdot K_{He}}{2}$	$R_Q = \dfrac{W}{2}$	$R_Q = \sqrt{R_T{}^2 + R_Q{}^2}$

K_{He} ：見かけ上の設計用水平震度　　ℓ ：支持材サポート幅（cm）　　P ：耐震支持間隔の配管重量（kN）
h ：支持材高さ（cm）　　W ：自重支持間隔の配管重量（$W = P/2$）（kN）
M_{D1} ：図示の断面1の場所に発生する自重による曲げモーメント（kN・cm）
M_{D2} ：図示の断面2の場所に発生する自重による曲げモーメント（kN・cm）
M_{E1} ：図示の断面1の場所に発生する地震力による曲げモーメント（kN・cm）
M_{E2} ：図示の断面2の場所に発生する地震力による曲げモーメント（kN・cm）
T_A' ：鋼材の短期許容引張り力（kN）　　C_A' ：鋼材の短期許容圧縮力（kN）　　M_A' ：鋼材の短期許容曲げモーメント（kN・cm）

備考：
1．スラブ・壁取付の場合の反力は、引抜き力とせん断力が同時に作用する。
2．M、T、C≧0として計算式を作成してあるので、これらの値が負となった場合は、その部材力は発生していないことになる。

付録表 6.2 立て配管支持材に発生する部材力および躯体取付部に作用する力

分類	タイプ	モデル図	部材力 自重 曲げモーメント	部材力 地震荷重 曲げモーメント	部材力 地震荷重 引張・圧縮力
耐震支持材（振止めのみ）	No.1	（モデル図）	—	$M_H = \dfrac{1}{6} P \cdot K_{He} \cdot \ell$	$T_H = \dfrac{P \cdot K_{He}}{2}$ $C_H = \dfrac{P \cdot K_{He}}{2}$
耐震支持材（振止めのみ）	No.2	（モデル図）	—	$M_H = \dfrac{1}{12} P \cdot K_{He} \cdot \ell$	$T_H = \dfrac{P \cdot K_{He}}{4}$ $C_H = \dfrac{P \cdot K_{He}}{4}$
耐震・自重支持兼用材	No.1	（モデル図）	$M_D = \dfrac{W \cdot \ell}{6}$	$M_H = \dfrac{1}{6} P \cdot K_{He} \cdot \ell$	$T_H = \dfrac{P \cdot K_{He}}{2}$ $C_H = \dfrac{P \cdot K_{He}}{2}$
耐震・自重支持兼用材	No.2	（モデル図）	$M_D = \dfrac{W \cdot \ell}{12}$	$M_H = \dfrac{1}{12} P \cdot K_{He} \cdot \ell$	$T_H = \dfrac{P \cdot K_{He}}{4}$ $C_H = \dfrac{P \cdot K_{He}}{4}$

P ：耐震支持間隔の配管重量（kN） K_{He} ：見かけ上の設計用水平震度
W ：自重支持間隔の配管重量（W = P）（kN）   α ：支持材への配管固定の偏りを考慮した安全係数（= 1.5）
ℓ ：支持材サポート幅（cm）

備考：
ここでは、層間変形による反力は無視した。設計者が必要と判断した場合には、表中の水平力 $P \cdot K_{He}$ を $P \cdot K_{He} + F_\delta$ に置き換える。

付録表 6.2　立て配管支持材に発生する部材力および躯体取付部に作用する力（つづき）

分類	タイプ	部材の検定	配管支持用Uボルト・ボルトに作用する力	躯体取付けアンカーに作用する力
耐震支持材（振止めのみ）	No.1	$\dfrac{M_H}{M_A{}'} \leqq 1.0$　　$\dfrac{C_H}{C_A{}'} \leqq 1.0$　　$\dfrac{T_H}{T_A{}'} \leqq 1.0$	$T_B = \dfrac{P \cdot K_{He}}{4}$　or　$Q_B = \dfrac{P \cdot K_{He}}{4}$　Uボルト取付	$R_Q = \alpha \cdot \dfrac{P \cdot K_{He}}{2}$
耐震支持材（振止めのみ）	No.2	$\dfrac{M_H}{M_A{}'} \leqq 1.0$　　$\dfrac{C_H}{C_A{}'} \leqq 1.0$　　$\dfrac{T_H}{T_A{}'} \leqq 1.0$	$Q_B = \dfrac{P \cdot K_{He}}{4}$　支持鋼材取付	$R_Q = \alpha \cdot \dfrac{P \cdot K_{He}}{4}$
耐震・自重支持兼用材	No.1	$\dfrac{M_D}{M_A{}'} \leqq \dfrac{1.0}{1.5}$　　$\dfrac{M_D + M_H}{M_A{}'} \leqq 1.0$　$\dfrac{M_D}{M_A{}'} + \dfrac{C_H}{C_A{}'} \leqq 1.0$　$\dfrac{M_D}{M_A{}'} + \dfrac{T_H}{T_A{}'} \leqq 1.0$	$T_B = \dfrac{P \cdot K_{He}}{4}$　or　$Q_{B1} = \dfrac{W}{4}$　$Q_{B2} = \sqrt{\left(\dfrac{P \cdot K_{He}}{4}\right)^2 + \left(\dfrac{W}{4}\right)^2}$	$R_Q = \alpha \cdot \dfrac{P \cdot K_{He}}{2}$
耐震・自重支持兼用材	No.2	$\dfrac{M_D}{M_A{}'} \leqq \dfrac{1.0}{1.5}$　　$\dfrac{M_D + M_H}{M_A{}'} \leqq 1.0$　$\dfrac{M_D}{M_A{}'} + \dfrac{C_H}{C_A{}'} \leqq 1.0$　$\dfrac{M_D}{M_A{}'} + \dfrac{T_H}{T_A{}'} \leqq 1.0$	$Q_B = \dfrac{P \cdot K_{He}}{4}$	$R_Q = \alpha \cdot \dfrac{P \cdot K_{He}}{4}$

P　：耐震支持間隔の配管重量（kN）　　　　K_{He}　：見かけ上の設計用水平震度
W　：自重支持間隔の配管重量（W = P）（kN）　　α　：支持材への配管固定の偏りを考慮した安全係数（= 1.5）
ℓ　：支持材サポート幅（cm）

備考：
ここでは、層間変形による反力は無視した。設計者が必要と判断した場合には、表中の水平力 $P \cdot K_{He}$ を $P \cdot K_{He} + F_\delta$ に置き換える。

付録7　建築基準関連法規における建築設備等の耐震規定

付録7.1　建築基準法
 第2条（用語の定義）･･ 308
 第20条（構造耐力）･･ 308
 第36条（この章の規定を実施し、又は補足するため必要な技術的基準）･･････････････ 309

付録7.2　建築基準法施行令
 第36条の3（構造設計の原則）･･ 309
 第37条（構造部材）･･ 309
 第39条（屋根ふき材等の緊結）･･ 309
 第82条（保有水平耐力計算）･･ 310
 第82条の2（層間変形角）･･ 311
 第83条（荷重及び外力の種類）･･ 311
 第87条（風圧力）･･ 311
 第88条（地震力）･･ 311
 第129条の2の4･･ 313
 第129条の2の5（給水、排水その他の配管設備の設置及び構造）････････････････ 313
 第129条の4（エレベーターの構造上主要な部分）････････････････････････････････ 315
 第129条の7（エレベーターの昇降路の構造）････････････････････････････････････ 315
 第137条の2（構造耐力関係）･･ 315

付録7.3　告示
付録7.3.1　昭和40年12月18日建設省告示第3411号････････････････････････････ 317
 地階を除く階数が11以上である建築物の屋上に設ける冷却塔設備の防火上支障のない構造方法、建築物の他の部分までの距離及び建築物の他の部分の温度を定める件

付録7.3.2　昭和55年11月27日建設省告示第1793号････････････････････････････ 318
 Zの数値、R_t及びA_iを算出する方法並びに地盤が著しく軟弱な区域として特定行政庁が指定する基準を定める件

付録7.3.3　平成12年5月31日建設省告示第1454号･････････････････････････････ 319
 Eの数値を算出する方法並びにV_0及び風力係数の数値を定める件

付録7.3.4　平成12年5月31日建設省告示第1455号･････････････････････････････ 329
 多雪区域を指定する基準及び垂直積雪量を定める基準を定める件

付録7　建築基準関連法規における建築設備等の耐震規定

付録 7.3.5　平成 12 年 5 月 29 日建設省告示第 1388 号 …………………………………………… 334
　　建築設備の構造耐力上安全な構造方法を定める件

付録 7.3.6　平成 12 年 5 月 29 日建設省告示第 1389 号 …………………………………………… 339
　　屋上から突出する水槽、煙突等の構造計算の基準を定める件

付録 7.3.7　平成 17 年 6 月 1 日国土交通省告示第 566 号 ………………………………………… 340
　　建築物の倒壊及び崩落、屋根ふき材、特定天井、外装材及び屋外に面する帳壁の脱落並びにエ
　　レベーターのかごの落下及びエスカレーターの脱落のおそれがない建築物の構造方法に関する
　　基準並びに建築物の基礎の補強に関する基準を定める件

付録 7.3.8　平成 17 年 6 月 1 日国土交通省告示第 570 号 ………………………………………… 342
　　昇降機の昇降路内に設けることができる配管設備の構造方法を定める件

付録 7.1　建築基準法

（用語の定義）
第 2 条　この法律において次の各号に掲げる用語の意義は、それぞれ当該各号に定めるところによる。
- 一　建築物　土地に定着する工作物のうち、屋根及び柱若しくは壁を有するもの（これに類する構造のものを含む。）、これに附属する門若しくは塀、観覧のための工作物又は地下若しくは高架の工作物内に設ける事務所、店舗、興行場、倉庫その他これらに類する施設（鉄道及び軌道の線路敷地内の運転保安に関する施設並びに跨線橋、プラットホームの上家、貯蔵槽その他これらに類する施設を除く。）をいい、建築設備を含むものとする。
- 二　（略）
- 三　建築設備　建築物に設ける電気、ガス、給水、排水、換気、暖房、冷房、消火、排煙若しくは汚物処理の設備又は煙突、昇降機若しくは避雷針をいう。
- 四〜三十五　（略）

（構造耐力）
第 20 条　建築物は、自重、積載荷重、積雪荷重、風圧、土圧及び水圧並びに地震その他の震動及び衝撃に対して安全な構造のものとして、次の各号に掲げる建築物の区分に応じ、それぞれ当該各号に定める基準に適合するものでなければならない。
- 一　高さが 60m を超える建築物　当該建築物の安全上必要な構造方法に関して政令で定める技術的基準に適合するものであること。この場合において、その構造方法は、荷重及び外力によつて建築物の各部分に連続的に生ずる力及び変形を把握することその他の政令で定める基準に従つた構造計算によつて安全性が確かめられたものとして国土交通大臣の認定を受けたものであること。
- 二　高さが 60m 以下の建築物のうち、第 6 条第 1 項第二号に掲げる建築物（高さが 13m 又は軒の高さが 9m を超えるものに限る。）又は同項第三号に掲げる建築物（地階を除く階数が 4 以上である鉄骨造の建築物、高さが 20m を超える鉄筋コンクリート造又は鉄骨鉄筋コンクリート造の建築物その他これらの建築物に準ずるものとして政令で定める建築物に限る。）　次に掲げる基準のいずれかに適合するものであること。
    - イ　当該建築物の安全上必要な構造方法に関して政令で定める技術的基準に適合すること。この場合において、その構造方法は、地震力によつて建築物の地上部分の各階に生ずる水平方向の変形を把握することその他の政令で定める基準に従つた構造計算で、国土交通大臣が定めた方法によるもの又は国土交通大臣の認定を受けたプログラムによるものによつて確かめられる安全性を有すること。
    - ロ　前号に定める基準に適合すること。
- 三　高さが 60m 以下の建築物のうち、第 6 条第 1 項第二号又は第三号に掲げる建築物その他その主要構造部（床、屋根及び階段を除く。）を石造、れんが造、コンクリートブロック造、無筋コンクリート造その他これらに類する構造とした建築物で高さが 13m 又は軒の高さが 9m を超えるもの（前号に掲げる建築物を除く。）　次に掲げる基準のいずれかに適合するも

イ　当該建築物の安全上必要な構造方法に関して政令で定める技術的基準に適合すること。この場合において、その構造方法は、構造耐力上主要な部分ごとに応力度が許容応力度を超えないことを確かめることその他の政令で定める基準に従つた構造計算で、国土交通大臣が定めた方法によるもの又は国土交通大臣の認定を受けたプログラムによるものによつて確かめられる安全性を有すること。
　　ロ　前二号に定める基準のいずれかに適合すること。
　四　前三号に掲げる建築物以外の建築物　次に掲げる基準のいずれかに適合するものであること。
　　イ　当該建築物の安全上必要な構造方法に関して政令で定める技術的基準に適合すること。
　　ロ　前三号に定める基準のいずれかに適合すること。
2　（略）

（この章の規定を実施し、又は補足するため必要な技術的基準）
第36条　居室の採光面積、天井及び床の高さ、床の防湿方法、階段の構造、便所、防火壁、防火区画、消火設備、避雷設備及び給水、排水その他の配管設備の設置及び構造並びに浄化槽、煙突及び昇降機の構造に関して、この章の規定を実施し、又は補足するために安全上、防火上及び衛生上必要な技術的基準は、政令で定める。

付録7.2　建築基準法施行令

（構造設計の原則）
第36条の3　建築物の構造設計に当たつては、その用途、規模及び構造の種別並びに土地の状況に応じて柱、はり、床、壁等を有効に配置して、建築物全体が、これに作用する自重、積載荷重、積雪荷重、風圧、土圧及び水圧並びに地震その他の震動及び衝撃に対して、一様に構造耐力上安全であるようにすべきものとする。
2　構造耐力上主要な部分は、建築物に作用する水平力に耐えるように、釣合い良く配置すべきものとする。
3　建築物の構造耐力上主要な部分には、使用上の支障となる変形又は振動が生じないような剛性及び瞬間的破壊が生じないような靭性をもたすべきものとする。

（構造部材の耐久）
第37条　構造耐力上主要な部分で特に腐食、腐朽又は摩損のおそれのあるものには、腐食、腐朽若しくは摩損しにくい材料又は有効なさび止め、防腐若しくは摩損防止のための措置をした材料を使用しなければならない。

（屋根ふき材等の緊結）
第39条　屋根ふき材、内装材、外装材、帳壁その他これらに類する建築物の部分及び広告塔、装飾塔その他建築物の屋外に取り付けるものは、風圧並びに地震その他の震動及び衝撃によつ

て脱落しないようにしなければならない。

2　屋根ふき材、外装材及び屋外に面する帳壁の構造は、構造耐力上安全なものとして国土交通大臣が定めた構造方法を用いるものとしなければならない。

3〜4　（略）

（保有水平耐力計算）

第82条　前条第2項第一号イに規定する保有水平耐力計算とは、次の各号及び次条から第82条の4までに定めるところによりする構造計算をいう。

一　第2款に規定する荷重及び外力によつて建築物の構造耐力上主要な部分に生ずる力を国土交通大臣が定める方法により計算すること。

二　前号の構造耐力上主要な部分の断面に生ずる長期及び短期の各応力度を次の表に掲げる式によつて計算すること。

力の種類	荷重及び外力について想定する状態	一般の場合	第86条第2項ただし書の規定により特定行政庁が指定する多雪区域における場合	備考
長期に生ずる力	常時	G＋P	G＋P	
	積雪時		G＋P＋0.7S	
短期に生ずる力	積雪時	G＋P＋S	G＋P＋S	建築物の転倒、柱の引抜き等を検討する場合においては、Pについては、建築物の実況に応じて積載荷重を減らした数値によるものとする。
	暴風時	G＋P＋W	G＋P＋W	
			G＋P＋0.35S＋W	
	地震時	G＋P＋K	G＋P＋0.35S＋K	

この表において、G、P、S、W及びKは、それぞれ次の力（軸方向力、曲げモーメント、せん断力等をいう。）を表すものとする。
G　第84条に規定する固定荷重によつて生ずる力
P　第85条に規定する積載荷重によつて生ずる力
S　第86条に規定する積雪荷重によつて生ずる力
W　第87条に規定する風圧力によつて生ずる力
K　第88条に規定する地震力によつて生ずる力

三　第一号の構造耐力上主要な部分ごとに、前号の規定によつて計算した長期及び短期の各応力度が、それぞれ第3款の規定による長期に生ずる力又は短期に生ずる力に対する各許容応力度を超えないことを確かめること。

四　国土交通大臣が定める場合においては、構造耐力上主要な部分である構造部材の変形又は振動によつて建築物の使用上の支障が起こらないことを国土交通大臣が定める方法によつて確かめること。

（層間変形角）

第82条の2 建築物の地上部分については、第88条第1項に規定する地震力（以下この款において「地震力」という。）によつて各階に生ずる水平方向の層間変位を国土交通大臣が定める方法により計算し、当該層間変位の当該各階の高さに対する割合（第82条の6第二号イ及び第109条の2の2において「層間変形角」という。）が200分の1（地震力による構造耐力上主要な部分の変形によつて建築物の部分に著しい損傷が生ずるおそれのない場合にあつては、120分の1）以内であることを確かめなければならない。

（荷重及び外力の種類）

第83条 建築物に作用する荷重及び外力としては、次の各号に掲げるものを採用しなければならない。
一　固定荷重
二　積載荷重
三　積雪荷重
四　風圧力
五　地震力

2　前項に掲げるもののほか、建築物の実況に応じて、土圧、水圧、震動及び衝撃による外力を採用しなければならない。

（風圧力）

第87条 風圧力は、速度圧に風力係数を乗じて計算しなければならない。

2　前項の速度圧は、次の式によつて計算しなければならない。

$$q = 0.6E \cdot V_0^2$$

この式において、q、E及びV_0は、それぞれ次の数値を表すものとする。
- q　速度圧（単位　N/m²）
- E　当該建築物の屋根の高さ及び周辺の地域に存する建築物その他の工作物、樹木その他の風速に影響を与えるものの状況に応じて国土交通大臣が定める方法により算出した数値
- V_0　その地方における過去の台風の記録に基づく風害の程度その他の風の性状に応じて30m/sから46m/sまでの範囲内において国土交通大臣が定める風速（単位　m/s）

3　建築物に近接してその建築物を風の方向に対して有効にさえぎる他の建築物、防風林その他これらに類するものがある場合においては、その方向における速度圧は、前項の規定による数値の2分の1まで減らすことができる。

4　第1項の風力係数は、風洞試験によつて定める場合のほか、建築物又は工作物の断面及び平面の形状に応じて国土交通大臣が定める数値によらなければならない。

（地震力）

第88条 建築物の地上部分の地震力については、当該建築物の各部分の高さに応じ、当該高さ

の部分が支える部分に作用する全体の地震力として計算するものとし、その数値は、当該部分の固定荷重と積載荷重との和（第86条第2項ただし書の規定により特定行政庁が指定する多雪区域においては、更に積雪荷重を加えるものとする。）に当該高さにおける地震層せん断力係数を乗じて計算しなければならない。この場合において、地震層せん断力係数は、次の式によつて計算するものとする。

$$C_i = Z R_t A_i C_0$$

> この式において、C_i、Z、R_t、A_i及びC_0は、それぞれ次の数値を表すものとする。
> C_i　建築物の地上部分の一定の高さにおける地震層せん断力係数
> Z　その地方における過去の地震の記録に基づく震害の程度及び地震活動の状況その他地震の性状に応じて1.0から0.7までの範囲内において国土交通大臣が定める数値
> R_t　建築物の振動特性を表すものとして、建築物の弾性域における固有周期及び地盤の種類に応じて国土交通大臣が定める方法により算出した数値
> A_i　建築物の振動特性に応じて地震層せん断力係数の建築物の高さ方向の分布を表すものとして国土交通大臣が定める方法により算出した数値
> C_0　標準せん断力係数

2　標準せん断力係数は、0.2以上としなければならない。ただし、地盤が著しく軟弱な区域として特定行政庁が国土交通大臣の定める基準に基づいて規則で指定する区域内における木造の建築物（第46条第2項第一号に掲げる基準に適合するものを除く。）にあつては、0.3以上としなければならない。

3　第82条の3第二号の規定により必要保有水平耐力を計算する場合においては、前項の規定にかかわらず、標準せん断力係数は、1.0以上としなければならない。

4　建築物の地下部分の各部分に作用する地震力は、当該部分の固定荷重と積載荷重との和に次の式に適合する水平震度を乗じて計算しなければならない。ただし、地震時における建築物の振動の性状を適切に評価して計算をすることができる場合においては、当該計算によることができる。

$$k \geqq 0.1\left(1-\frac{H}{40}\right)Z$$

> この式において、k、H及びZは、それぞれ次の数値を表すものとする。
> k　水平震度
> H　建築物の地下部分の各部分の地盤面からの深さ（20を超えるときは20とする。）（単位　m）
> Z　第1項に規定するZの数値

第129条の2の4　法第20条第一号、第二号イ、第三号イ及び第四号イの政令で定める技術的基準のうち建築設備に係るものは、次のとおりとする。
- 一　建築物に設ける第129条の3第1項第一号及び第二号に掲げる昇降機にあつては、第129条の4及び第129条の5（これらの規定を第129条の12第2項において準用する場合を含む。）、第129条の6第一号、第129条の8第1項並びに第129条の12第1項第六号の規定（第129条の3第2項第一号に掲げる昇降機にあつては、第129条の6第一号の規定を除く。）に適合すること。
- 二　建築物に設ける昇降機以外の建築設備にあつては、構造耐力上安全なものとして国土交通大臣が定めた構造方法を用いること。
- 三　法第20条第一号から第三号までに掲げる建築物に設ける屋上から突出する水槽、煙突その他これらに類するものにあつては、国土交通大臣が定める基準に従つた構造計算により風圧並びに地震その他の震動及び衝撃に対して構造耐力上安全であることを確かめること。

（給水、排水その他の配管設備の設置及び構造）

第129条の2の5　建築物に設ける給水、排水その他の配管設備の設置及び構造は、次に定めるところによらなければならない。
- 一　コンクリートへの埋設等により腐食するおそれのある部分には、その材質に応じ有効な腐食防止のための措置を講ずること。
- 二　構造耐力上主要な部分を貫通して配管する場合においては、建築物の構造耐力上支障を生じないようにすること。
- 三　第129条の3第1項第一号又は第三号に掲げる昇降機の昇降路内に設けないこと。ただし、地震時においても昇降機のかご（人又は物を乗せ昇降する部分をいう。以下同じ。）の昇降、かご及び出入口の戸の開閉その他の昇降機の機能並びに配管設備の機能に支障が生じないものとして、国土交通大臣が定めた構造方法を用いるもの及び国土交通大臣の認定を受けたものは、この限りでない。
- 四　圧力タンク及び給湯設備には、有効な安全装置を設けること。
- 五　水質、温度その他の特性に応じて安全上、防火上及び衛生上支障のない構造とすること。
- 六　地階を除く階数が3以上である建築物、地階に居室を有する建築物又は延べ面積が3,000m^{2}を超える建築物に設ける換気、暖房又は冷房の設備の風道及びダストシュート、メールシュート、リネンシュートその他これらに類するもの（屋外に面する部分その他防火上支障がないものとして国土交通大臣が定める部分を除く。）は、不燃材料で造ること。
- 七　給水管、配電管その他の管が、第112条第15項の準耐火構造の防火区画、第113条第1項の防火壁、第114条第1項の界壁、同条第2項の間仕切壁又は同条第3項若しくは第4項の隔壁（以下この号において「防火区画等」という。）を貫通する場合においては、これらの管の構造は、次のイからハまでのいずれかに適合するものとすること。ただし、第115条の2の2第1項第一号に掲げる基準に適合する準耐火構造の床若しくは壁又は特定防火設備で建築物の他の部分と区画されたパイプシャフト、パイプダクトその他これらに類するものの中にある部分については、この限りでない。
    - イ　給水管、配電管その他の管の貫通する部分及び当該貫通する部分からそれぞれ両側に

　　　　1m以内の距離にある部分を不燃材料で造ること。
　　ロ　給水管、配電管その他の管の外径が、当該管の用途、材質その他の事項に応じて国土交通大臣が定める数値未満であること。
　　ハ　防火区画等を貫通する管に通常の火災による火熱が加えられた場合に、加熱開始後20分間（第112条第1項から第4項まで、同条第5項（同条第6項の規定により床面積の合計200m²以内ごとに区画する場合又は同条第7項の規定により床面積の合計500m²以内ごとに区画する場合に限る。）、同条第8項（同条第6項の規定により床面積の合計200m²以内ごとに区画する場合又は同条第7項の規定により床面積の合計500m²以内ごとに区画する場合に限る。）若しくは同条第13項の規定による準耐火構造の床若しくは壁又は第113条第1項の防火壁にあつては1時間、第114条第1項の界壁、同条第2項の間仕切壁又は同条第3項若しくは第4項の隔壁にあつては45分間）防火区画等の加熱側の反対側に火炎を出す原因となるき裂その他の損傷を生じないものとして、国土交通大臣の認定を受けたものであること。
　八　3階以上の階を共同住宅の用途に供する建築物の住戸に設けるガスの配管設備は、国土交通大臣が安全を確保するために必要があると認めて定める基準によること。
2　建築物に設ける飲料水の配管設備（水道法第3条第9項に規定する給水装置に該当する配管設備を除く。）の設置及び構造は、前項の規定によるほか、次に定めるところによらなければならない。
　一　飲料水の配管設備（これと給水系統を同じくする配管設備を含む。この号から第三号までにおいて同じ。）とその他の配管設備とは、直接連結させないこと。
　二　水槽、流しその他水を入れ、又は受ける設備に給水する飲料水の配管設備の水栓の開口部にあつては、これらの設備のあふれ面と水栓の開口部との垂直距離を適当に保つ等有効な水の逆流防止のための措置を講ずること。
　三　飲料水の配管設備の構造は、次に掲げる基準に適合するものとして、国土交通大臣が定めた構造方法を用いるもの又は国土交通大臣の認定を受けたものであること。
　　イ　当該配管設備から漏水しないものであること。
　　ロ　当該配管設備から溶出する物質によつて汚染されないものであること。
　四　給水管の凍結による破壊のおそれのある部分には、有効な防凍のための措置を講ずること。
　五　給水タンク及び貯水タンクは、ほこりその他衛生上有害なものが入らない構造とし、金属性のものにあつては、衛生上支障のないように有効なさび止めのための措置を講ずること。
　六　前各号に定めるもののほか、安全上及び衛生上支障のないものとして国土交通大臣が定めた構造方法を用いるものであること。
3　建築物に設ける排水のための配管設備の設置及び構造は、第1項の規定によるほか、次に定めるところによらなければならない。
　一　排出すべき雨水又は汚水の量及び水質に応じ有効な容量、傾斜及び材質を有すること。
　二　配管設備には、排水トラップ、通気管等を設置する等衛生上必要な措置を講ずること。
　三　配管設備の末端は、公共下水道、都市下水路その他の排水施設に排水上有効に連結すること。
　四　汚水に接する部分は、不浸透質の耐水材料で造ること。

五　前各号に定めるもののほか、安全上及び衛生上支障のないものとして国土交通大臣が定めた構造方法を用いるものであること。

（エレベーターの構造上主要な部分）
第129条の4　エレベーターのかご及びかごを支え、又は吊る構造上主要な部分（以下この条において「主要な支持部分」という。）の構造は、次の各号のいずれかに適合するものとしなければならない。
　一～三　（略）
2　略
3　前2項に定めるもののほか、エレベーターのかご及び主要な支持部分の構造は、次に掲げる基準に適合するものとしなければならない。
　一～二　（略）
　三　滑節構造とした接合部にあつては、地震その他の震動によつて外れるおそれがないものとして国土交通大臣が定めた構造方法を用いるものであること。
　四　滑車を使用してかごを吊るエレベーターにあつては、地震その他の震動によつて索が滑車から外れるおそれがないものとして国土交通大臣が定めた構造方法を用いるものであること。
　五～七　（略）

（エレベーターの昇降路の構造）
第129条の7　エレベーターの昇降路は、次に定める構造としなければならない。
　一～四　（略）
　五　昇降路内には、次のいずれかに該当するものを除き、突出物を設けないこと。
　　イ　レールブラケット又は横架材であつて、次に掲げる基準に適合するもの
　　　(1)　地震時において主索その他の索が触れた場合においても、かごの昇降、かごの出入口の戸の開閉その他のエレベーターの機能に支障が生じないよう金網、鉄板その他これらに類するものが設置されていること。
　　　(2)　(1)に掲げるもののほか、国土交通大臣の定める措置が講じられていること。
　　ロ　第129条の2の5第1項第三号ただし書の配管設備で同条の規定に適合するもの
　　ハ　イ又はロに掲げるもののほか、係合装置その他のエレベーターの構造上昇降路内に設けることがやむを得ないものであつて、地震時においても主索、電線その他のものの機能に支障が生じないように必要な措置が講じられたもの

（構造耐力関係）
第137条の2　法第3条第2項の規定により法第20条の規定の適用を受けない建築物（同条第一号に掲げる建築物及び法第86条の7第2項の規定により法第20条の規定の適用を受けない部分を除く。第137条の12第1項において同じ。）について法第86条の7第1項の規定により政令で定める範囲は、増築及び改築については、次の各号のいずれかに該当することとする。
　一　増築又は改築後の建築物の構造方法が次のいずれにも適合するものであること。

イ　第3章第8節の規定に適合すること。

ロ　増築又は改築に係る部分が第3章第1節から第7節の2まで及び第129条の2の4の規定並びに法第40条の規定に基づく条例の構造耐力に関する制限を定めた規定に適合すること。

ハ　増築又は改築に係る部分以外の部分が耐久性等関係規定に適合し、かつ、自重、積載荷重、積雪荷重、風圧、土圧及び水圧並びに地震その他の振動及び衝撃による当該建築物の倒壊及び崩落、屋根ふき材、特定天井、外装材及び屋外に面する帳壁の脱落並びにエレベーターのかごの落下及びエスカレーター脱落のおそれがないものとして国土交通大臣が定める基準に適合すること。

二　増築又は改築に係る部分がそれ以外の部分とエキスパンションジョイントその他の相互に応力を伝えない構造方法のみで接し、かつ、増築又は改築後の建築物の構造方法が次のいずれにも適合するものであること。

イ　増築又は改築に係る部分が第3章及び第129条の2の4の規定並びに法第40条の規定に基づく条例の構造耐力に関する制限を定めた規定に適合すること。

ロ　増築又は改築に係る部分以外の部分が耐久性等関係規定に適合し、かつ、自重、積載荷重、積雪荷重、風圧、土圧及び水圧並びに地震その他の震動及び衝撃による当該建築物の倒壊及び崩落、屋根ふき材、特定天井、外装材及び屋外に面する帳壁の脱落並びにエレベーターのかごの落下及びエスカレーター脱落のおそれがないものとして国土交通大臣が定める基準に適合すること。

三　増築又は改築に係る部分の床面積の合計が基準時における延べ面積の2分の1を超えず、かつ、増築又は改築後の建築物の構造方法が次のいずれかに該当するものであること。

イ　耐久性等関係規定に適合し、かつ、自重、積載荷重、積雪荷重、風圧、土圧及び水圧並びに地震その他の震動及び衝撃による当該建築物の倒壊及び崩落、屋根ふき材、特定天井、外装材及び屋外に面する帳壁の脱落並びにエレベーターのかごの落下及びエスカレーター脱落のおそれがないものとして国土交通大臣が定める基準に適合する構造方法

ロ　第3章第1節から第7節の2まで（第36条及び第38条第2項から第4項までを除く。）の規定に適合し、かつ、その基礎の補強について国土交通大臣が定める基準に適合する構造方法（法第20条第四号に掲げる建築物である場合に限る。）

四　増築又は改築に係る部分の床面積の合計が基準時における延べ面積の20分の1（50m^{2}を超える場合にあつては、50m^2）を超えず、かつ、増築又は改築後の建築物の構造方法が次のいずれにも適合するものであること。

イ　増築又は改築に係る部分が第3章及び第129条の2の4の規定並びに法第40条の規定に基づく条例の構造耐力に関する制限を定めた規定に適合すること。

ロ　増築又は改築に係る部分以外の部分の構造耐力上の危険性が増大しないこと。

付録7.3　告示

付録7.3.1　昭和40年建設省告示第3411号（最終改正：平成12年12月26日建設省告示第2465号）
地階を除く階数が11以上である建築物の屋上に設ける冷却塔設備の防火上支障のない構造方法、建築物の他の部分までの距離及び建築物の他の部分の温度を定める件

　建築基準法施行令（昭和25年政令第338号）第129条の2の7の規定に基づき、地階を除く階数が11以上である建築物の屋上に設ける冷却塔設備の防火上支障のない構造方法、建築物の他の部分までの距離及び建築物の他の部分の温度を次のように定める。

第1　建築基準法施行令（以下「令」という。）第129条の2の7第一号に規定する冷却塔設備の防火上支障がない構造方法は、次の各号のいずれかに該当する構造としなければならない。
　一　充てん材を硬質塩化ビニル、難燃処理した木材その他これらと同等以上の難燃性を有する材料（以下「難燃性の材料」という。）とし、ケーシング（下部水槽を含む。以下同じ。）を難燃材料又は強化ポリエステル板、硬質塩化ビニル板（日本工業規格A1321（建築物の内装材料及び工法の難燃性試験方法）－1944に規定する難燃三級のものに限る。）若しくは加熱による変形性、燃焼性及び排気温度特性についてこれらと同等以上の防火性能を有する材料（以下「難燃材料に準ずる材料」という。）であるもので造り、その他の主要な部分を準不燃材料で造つたもの
　二　充てん材を難燃性の材料以外の材料とし、その他の主要な部分を準不燃材料で造つたもの（難燃材料に準ずる材料で造つたケーシングの表面を準不燃材料で覆つたものを含む。）で次のイ及びロに該当するもの
　　イ　冷却塔の容量が3,400kW以下（冷却塔の容量が3,400kWを超える場合において、その内部が、容量3,400kWにつき一以上に防火上有効に区画されているときを含む。）であるもの
　　ロ　ケーシングの開口部に網目又は呼称網目の大きさが26mm以下の金網を張つたもの
　三　ケーシングを難燃性の材料で造つたもので、冷却塔の容量が450kW以下であるもの
第2　令第129条の2の7第二号に規定する建築物の他の部分までの距離は、次に定める構造の冷却塔から他の冷却塔（当該冷却塔の間に防火上有効な隔壁が設けられている場合を除く。）までにあつては2mとし、建築物の開口部（建築基準法（昭和25年法律第201号）第2条第九号の二ロに規定する防火設備が設けられている場合を除く。）までにあつては3mとする。
　一　充てん材を難燃性の材料以外の材料とし、ケーシングを難燃材料に準ずる材料で造り、その他の主要な部分を準不燃材料で造ること。
　二　冷却塔の容量を2,200kW以下（冷却塔の容量が2,200kWを超える場合において、その内部が容量2,200kWにつき一以上に防火上有効に区画されている場合を含む。）とすること。
　三　ケーシングの開口部に網目又は呼称網目の大きさが26mm以下の金網を張ること。
第3　令第129条の2の7第三号に規定する国土交通大臣が定める温度は、260度とする。

付録 7.3.2 昭和 55 年 11 月 27 日建設省告示第 1793 号（最終改正：平成 19 年 5 月 18 日国土交通省告示第 597 号）
Z の数値、R_t 及び A_i を算出する方法並びに地盤が著しく軟弱な区域として特定行政庁が指定する基準を定める件

建築基準法施行令（昭和 25 年政令第 338 号）第 88 条第 1 項、第 2 項及び第 4 項の規定に基づき、Z の数値、R_t 及び A_i を算出する方法並びに地盤が著しく軟弱な区域として特定行政庁が指定する基準をそれぞれ次のように定める。

第 1　Z の数値

Z は、次の表の上欄に掲げる地方の区分に応じ、同表下欄に掲げる数値とする。

地方		数値
（一）	（二）から（四）までに掲げる地方以外の地方	1.0
（二）	北海道のうち 　札幌市　函館市　小樽市　室蘭市　北見市　夕張市　岩見沢市　網走市　苫小牧市　美唄市　芦別市　江別市　赤平市　三笠市　千歳市　滝川市　砂川市　歌志内市　深川市　富良野市　登別市　恵庭市　伊達市　札幌郡　石狩郡　厚田郡　浜益郡　松前郡　上磯郡　亀田郡　茅部郡　山越郡　檜山郡　爾志郡　久遠郡　奥尻郡　瀬棚郡　島牧郡　寿都郡　磯谷郡　虻田郡　岩内郡　古宇郡　積丹郡　古平郡　余市郡　空知郡　夕張郡　樺戸郡　雨竜郡　上川郡（上川支庁）のうち東神楽町、上川町、東川町及び美瑛町　勇払郡　網走郡　斜里郡　常呂郡　有珠郡　白老郡 青森県のうち 　青森市　弘前市　黒石市　五所川原市　むつ市　東津軽郡　西津軽郡　中津軽郡　南津軽郡　北津軽郡　下北郡 秋田県 山形県 福島県のうち 　会津若松市　郡山市　白河市　須賀川市　喜多方市　岩瀬郡　南会津郡　北会津郡　耶麻郡　河沼郡　大沼郡　西白河郡 新潟県 富山県のうち 　魚津市　滑川市　黒部市　下新川郡 石川県のうち 　輪島市　珠洲市　鳳至郡　珠洲郡 鳥取県のうち 　米子市　倉吉市　境港市　東伯郡　西伯郡　日野郡 島根県 岡山県 広島県 徳島県のうち 　美馬郡　三好郡 香川県のうち 　高松市　丸亀市　坂出市　善通寺市　観音寺市　小豆郡　香川郡　綾歌郡　仲多度郡　三豊郡 愛媛県 高知県 熊本県（（三）に掲げる市及び郡を除く。） 大分県（（三）に掲げる市及び郡を除く。） 宮崎県	0.9

(三)	北海道のうち 　旭川市　留萌市　稚内市　紋別市　士別市　名寄市　上川郡（上川支庁）のうち鷹栖町、当麻町、比布町、愛別町、和寒町、剣淵町、朝日町、風連町及び下川町　中川郡（上川支庁）　増毛郡　留萌郡　苫前郡　天塩郡　宗谷郡　枝幸郡　礼文郡　利尻郡　紋別郡 山口県 福岡県 佐賀県 長崎県 熊本県のうち 　八代市　荒尾市　水俣市　玉名市　本渡市　山鹿市　牛深市　宇土市　飽託郡　宇土郡　玉名郡　鹿本郡　葦北郡　天草郡 大分県のうち 　中津市　日田市　豊後高田市　杵築市　宇佐市　西国東郡　東国東郡　速見郡　下毛郡　宇佐郡 鹿児島県（名瀬市及び大島郡を除く。）	0.8
(四)	沖縄県	0.7

第2～第4　（略）

付録 7.3.3　平成 12 年 5 月 31 日建設省告示第 1454 号
E の数値を算出する方法並びに V_0 及び風力係数の数値を定める件

　建築基準法施行令（昭和 25 年政令第 338 号）第 87 条第 2 項及び第 4 項の規定に基づき、E の数値を算出する方法並びに V_0 及び風力係数の数値を次のように定める。

第 1　建築基準法施行令（以下「令」という。）第 87 条第 2 項に規定する E の数値は、次の式によって算出するものとする。

$$E = E_r^2 G_f$$

　　この式において、E_r 及び G_f は、それぞれ次の数値を表すものとする。
　　　E_r　次項の規定によって算出した平均風速の高さ方向の分布を表す係数
　　　G_f　第 3 項の規定によって算出したガスト影響係数

2　前項の式の E_r は、次の表に掲げる表によって算出するものとする。ただし、局地的な地形や地物の影響により平均風速が割り増されるおそれのある場合においては、その影響を考慮しなければならない。

H が Zb 以下の場合	$Er = 1.7 \left(\dfrac{Zb}{Z_G} \right)^{\alpha}$
H が Zb を超える場合	$Er = 1.7 \left(\dfrac{H}{Z_G} \right)^{\alpha}$

　この表において、Er、Zb、Z_G、α 及び H は、それぞれ次の数値を表すものとする。
Er　平均風速の高さ方向の分布を表す係数
Zb、Z_G 及び α　地表面粗度区分に応じて次の表に掲げる数値

	地表面粗度区分	Zb (単位 m)	Z_G (単位 m)	α
I	都市計画区域外にあって、極めて平坦で障害物がないものとして特定行政庁が規則で定める区域	5	250	0.10
II	都市計画区域外にあって地表面粗度区分Iの区域以外の区域（建築物の高さが13m以下の場合を除く。）又は都市計画区域内にあって地表面粗度区分IVの区域以外の区域のうち、海岸線又は湖岸線（対岸までの距離が1,500m以上のものに限る。以下同じ。）までの距離が500m以内の地域（ただし、建築物の高さが13m以下である場合又は当該海岸線若しくは湖岸線からの距離が200mを超え、かつ、建築物の高さが31m以下である場合を除く。）	5	350	0.15
III	地表面粗度区分I、II又はIV以外の区域	5	450	0.20
IV	都市計画区域内にあって、都市化が極めて著しいものとして特定行政庁が規則で定める区域	10	550	0.27

H　建築物の高さと軒の高さとの平均（単位　m）

3　第1項の式のGfは、前項の表の地表面粗度区分及びHに応じて次の表に掲げる数値とする。ただし、当該建築物の規模又は構造特性及び風圧力の変動特性について、風洞試験又は実測の結果に基づき算出する場合にあっては、当該算出によることができる。

地表面粗度区分 \ H	（一）10以下の場合	（二）10を超え40未満の場合	（三）40以上の場合
I	2.0	（一）と（三）とに掲げる数値を直線的に補間した数値	1.8
II	2.2		2.0
III	2.5		2.1
IV	3.1		2.3

第2　令第87条第2項に規定する V_0 は、地方の区分に応じて次の表に掲げる数値とする。

（一）	（二）から（九）までに掲げる地方以外の地方	30
（二）	北海道のうち 　札幌市　小樽市　網走市　留萌市　稚内市　江別市　紋別市　名寄市　千歳市　恵庭市　北広島市　石狩市　石狩郡　厚田郡　浜益郡　空知郡のうち南幌町　夕張郡のうち由仁町及び長沼町　上川郡のうち風連町及び下川町　中川郡のうち美深町、音威子府村及び中川町　増毛郡　留萌郡　苫前郡　天塩郡　宗谷郡　枝幸郡　礼文郡　利尻郡　網走郡のうち東藻琴村、女満別町及び美幌町　斜里郡のうち清里町及び小清水町　常呂郡のうち端野町、佐呂間町及び常呂町　紋別郡のうち上湧別町、湧別町、興部町、西興部村及び雄武町　勇払郡のうち追分町及び穂別町　沙流郡のうち平取町　新冠郡　静内郡　三石郡　浦河郡　様似郡　幌泉郡　厚岸郡のうち厚岸町　川上郡 岩手県のうち 　久慈市　岩手郡のうち葛巻町　下閉伊郡のうち田野畑村及び普代村　九戸郡のうち野田村及び山形村　二戸郡 秋田県のうち 　秋田市　大館市　本荘市　鹿角市　鹿角郡　北秋田郡のうち鷹巣町、比内町、合川町及び上小阿仁村　南秋田郡のうち五城目町、昭和町、八郎潟町、飯田川町、天王町及び井川町　由利郡のうち仁賀保町、金浦町、象潟町、岩城町及び西目町 山形県のうち 　鶴岡市　酒田市　西田川郡　飽海郡のうち遊佐町	32

付録7　建築基準関連法規における建築設備等の耐震規定

	茨城県のうち 　水戸市　下妻市　ひたちなか市　東茨城郡のうち内原町　西茨城郡のうち友部町及び岩間町　新治郡のうち八郷町　真壁郡のうち明野町及び真壁町　結城郡　猿島郡のうち五霞町、猿島町及び境町 埼玉県のうち 　川越市　大宮市　所沢市　狭山市　上尾市　与野市　入間市　桶川市　久喜市　富士見市　上福岡市　蓮田市　幸手市　北足立郡のうち伊奈町　入間郡のうち大井町及び三芳町　南埼玉郡　北葛飾郡のうち栗橋町、鷲宮町及び杉戸町 東京都のうち 　八王子市　立川市　昭島市　日野市　東村山市　福生市　東大和市　武蔵村山市　羽村市　あきる野市　西多摩郡のうち瑞穂町 神奈川県のうち 　足柄上郡のうち山北町　津久井郡のうち津久井町、相模湖町及び藤野町 新潟県のうち 　両津市　佐渡郡　岩船郡のうち山北町及び粟島浦村 福井県のうち 　敦賀市　小浜市　三方郡　遠敷郡　大飯郡 山梨県のうち 　富士吉田市　南巨摩郡のうち南部町及び富沢町　南都留郡のうち秋山村、道志村、忍野村、山中湖村及び鳴沢村 岐阜県のうち 　多治見市　関市　美濃市　美濃加茂市　各務原市　可児市　揖斐郡のうち藤橋村及び坂内村　本巣郡のうち根尾村　山県郡　武儀郡のうち洞戸村及び武芸川町　加茂郡のうち坂祝町及び富加町 静岡県のうち 　静岡市　浜松市　清水市　富士宮市　島田市　磐田市　焼津市　掛川市　藤枝市　袋井市　湖西市　富士郡　庵原郡　志太郡　榛原郡のうち御前崎町、相良町、榛原町、吉田町及び金谷町　小笠郡　磐田郡のうち浅羽町、福田町、竜洋町及び豊田町　浜名郡　引佐郡のうち細江町及び三ヶ日町 愛知県のうち 　豊橋市　瀬戸市　春日井市　豊川市　豊田市　小牧市　犬山市　尾張旭市　日進市　愛知郡　丹羽郡　額田郡のうち額田町　宝飯郡　西加茂郡のうち三好町 滋賀県のうち 　大津市　草津市　守山市　滋賀郡　栗太郡　伊香郡　高島郡	3 2
(二)	京都府 大阪府のうち 　高槻市　枚方市　八尾市　寝屋川市　大東市　柏原市　東大阪市　四條畷市　交野市　三島郡　南河内郡のうち太子町、河南町及び千早赤阪村 兵庫県のうち 　姫路市　相生市　豊岡市　龍野市　赤穂市　西脇市　加西市　篠山市　多可郡　飾磨郡　神崎郡　揖保郡　赤穂郡　宍粟郡　城崎郡　出石郡　美方郡　養父郡　朝来郡　氷上郡 奈良県のうち 　奈良市　大和高田市　大和郡山市　天理市　橿原市　桜井市　御所市　生駒市　香芝市　添上郡　山辺郡　生駒郡　磯城郡　宇陀郡のうち大宇陀町、菟田野町、榛原町及び室生村　高市郡　北葛城郡 鳥取県のうち 　鳥取市　岩美郡　八頭郡のうち郡家町、船岡町、八東町及び若桜町 島根県のうち 　益田市　美濃郡のうち匹見町　鹿足郡のうち日原町　隠岐郡 岡山県のうち 　岡山市　倉敷市　玉野市　笠岡市　備前市　和気郡のうち日生町　邑久郡　児島郡　都窪郡　浅口郡 広島県のうち 　広島市　竹原市　三原市　尾道市　福山市　東広島市　安芸郡のうち府中町　佐伯郡のうち湯来町及び吉和村　山県郡のうち筒賀村　賀茂郡のうち河内町　豊田郡のうち本郷町　御調郡のうち向島町　沼隈郡 福岡県のうち 　山田市　甘木市　八女市　豊前市　小郡市　嘉穂郡のうち桂川町、稲築町、碓井町及び嘉穂町　朝倉郡　浮羽郡　三井郡　八女郡　田川郡のうち添田町、川崎町、大任町及び赤村　京都郡のうち犀川町　築上郡 熊本県のうち 　山鹿市　菊池市　玉名郡のうち菊水町、三加和町及び南関町　鹿本郡　菊池郡　阿蘇郡のうち一の宮町、阿蘇町、産山村、波野村、蘇陽町、高森町、白水村、久木野村、長陽村及び西原村 大分県のうち 　大分市　別府市　中津市　日田市　佐伯市　臼杵市　津久見市　竹田市　豊後高田市　杵築市　宇佐市　西国東郡　東国東郡　速見郡　大分郡のうち野津原町、挾間町及び庄内町　北海部郡　南海部郡　大野郡　直入郡　下毛郡　宇佐郡 宮崎県のうち 　西臼杵郡のうち高千穂町及び日之影町　東臼杵郡のうち北川町	

	北海道のうち 　　函館市　室蘭市　苫小牧市　根室市　登別市　伊達市　松前郡　上磯郡　亀田郡　茅部郡　斜里郡のうち斜里町　虻田郡　岩内郡のうち共和町　積丹郡　古平郡　余市郡　有珠郡　白老郡　勇払郡のうち早来町、厚真町及び鵡川町　沙流郡のうち門別町　厚岸郡のうち浜中町　野付郡　標津郡　目梨郡 青森県 岩手県のうち 　　二戸市　九戸郡のうち軽米町、種市町、大野村及び九戸村 秋田県のうち 　　能代市　男鹿市　北秋田郡のうち田代町　山本郡　南秋田郡のうち若美町及び大潟村 茨城県のうち 　　土浦市　石岡市　龍ヶ崎市　水海道市　取手市　岩井市　牛久市　つくば市　東茨城郡のうち茨城町、小川町、美野里町及び大洗町　鹿島郡のうち旭村、鉾田町及び大洋村　行方郡のうち麻生町、北浦町及び玉造町　稲敷郡　新治郡のうち霞ヶ浦町、玉里村、千代田町及び新治村　筑波郡　北相馬郡 埼玉県のうち 　　川口市　浦和市　岩槻市　春日部市　草加市　越谷市　蕨市　戸田市　鳩ヶ谷市　朝霞市　志木市　和光市　新座市　八潮市　三郷市　吉川市　北葛飾郡のうち松伏町及び庄和町 千葉県のうち 　　市川市　船橋市　松戸市　野田市　柏市　流山市　八千代市　我孫子市　鎌ヶ谷市　浦安市　印西市　東葛飾郡　印旛郡のうち白井町 東京都のうち 　　二十三区　武蔵野市　三鷹市　府中市　調布市　町田市　小金井市　小平市　国分寺市　国立市　田無市　保谷市　狛江市　清瀬市　東久留米市　多摩市　稲城市 神奈川県のうち 　　横浜市　川崎市　平塚市　鎌倉市　藤沢市　小田原市　茅ヶ崎市　相模原市　秦野市　厚木市　大和市　伊勢原市　海老名市　座間市　南足柄市　綾瀬市　高座郡　中郡　足柄上郡のうち中井町、大井町、松田町及び開成町　足柄下郡　愛甲郡　津久井郡のうち城山町 岐阜県のうち 　　岐阜市　大垣市　羽島市　羽島郡　海津郡　養老郡　不破郡　安八郡　揖斐郡のうち揖斐川町、谷汲村、大野町、池田町、春日村及び久瀬村　本巣郡のうち北方町、本巣町、穂積町、巣南町、真正町及び糸貫町	
(三)	静岡県のうち 　　沼津市　熱海市　三島市　富士市　御殿場市　裾野市　賀茂郡のうち松崎町、西伊豆町及び賀茂村　田方郡　駿東郡 愛知県のうち 　　名古屋市　岡崎市　一宮市　半田市　津島市　碧南市　刈谷市　安城市　西尾市　蒲郡市　常滑市　江南市　尾西市　稲沢市　東海市　大府市　知多市　知立市　高浜市　岩倉市　豊明市　西春日井郡　葉栗郡　中島郡　海部郡　知多郡　幡豆郡　額田郡のうち幸田町　渥美郡 三重県 滋賀県のうち 　　彦根市　長浜市　近江八幡市　八日市市　野洲郡　甲賀郡　蒲生郡　神崎郡　愛知郡　犬上郡　坂田郡　東浅井郡 大阪府のうち 　　大阪市　堺市　岸和田市　豊中市　池田市　吹田市　泉大津市　貝塚市　守口市　茨木市　泉佐野市　富田林市　河内長野市　松原市　和泉市　箕面市　羽曳野市　門真市　摂津市　高石市　藤井寺市　泉南市　大阪狭山市　阪南市　豊能郡　泉北郡　泉南郡　南河内郡のうち美原町 兵庫県のうち 　　神戸市　尼崎市　明石市　西宮市　洲本市　芦屋市　伊丹市　加古川市　宝塚市　三木市　高砂市　川西市　小野市　三田市　川辺郡　美嚢郡　加東郡　加古郡　津名郡　三原郡 奈良県のうち 　　五條市　吉野郡　宇陀郡のうち曽爾村及び御杖村 和歌山県 島根県のうち 　　鹿足郡のうち津和野町、柿木村及び六日市町 広島県のうち 　　呉市　因島市　大竹市　廿日市市　安芸郡のうち海田町、熊野町、坂町、江田島町、音戸町、倉橋町、下蒲刈町及び蒲刈町　佐伯郡のうち大野町、佐伯町、宮島町、能美町、沖美町及び大柿町　賀茂郡のうち黒瀬町　豊田郡のうち安芸津町、安浦町、川尻町、豊浜町、豊町、大崎町、東野町、木江町及び瀬戸田町 山口県 徳島県のうち 　　三好郡のうち三野町、三好町、池田町及び山城町 香川県 愛媛県 高知県のうち 　　土佐郡のうち大川村及び本川村　吾川郡のうち池川町	34

付録7　建築基準関連法規における建築設備等の耐震規定

(三)	福岡県のうち 　北九州市　福岡市　大牟田市　久留米市　直方市　飯塚市　田川市　柳川市　筑後市　大川市　行橋市　中間市　筑紫野市　春日市　大野城市　宗像市　太宰府市　前原市　古賀市　筑紫郡　糟屋郡　宗像郡　遠賀郡　鞍手郡　嘉穂郡のうち筑穂町、穂波町、庄内町及び頴田町　糸島郡　三潴郡　山門郡　三池郡　田川郡のうち香春町、金田町、糸田町、赤池町及び方城町　京都郡のうち苅田町、勝山町及び豊津町 佐賀県 長崎県のうち 　長崎市　佐世保市　島原市　諫早市　大村市　平戸市　松浦市　西彼杵郡　東彼杵郡　北高来郡　南高来郡　北松浦郡　南松浦郡のうち若松町、上五島町、新魚目町、有川町及び奈良尾町　壱岐郡　下県郡　上県郡 熊本県のうち 　熊本市　八代市　人吉市　荒尾市　水俣市　玉名市　本渡市　牛深市　宇土市　宇土郡　下益城郡　玉名郡のうち岱明町、横島町、天水町、玉東町及び長洲町　上益城郡　八代郡　葦北郡　球磨郡　天草郡 宮崎県のうち 　延岡市　日向市　西都市　西諸県郡のうち須木村　児湯郡　東臼杵郡のうち門川町、東郷町、南郷村、西郷村、北郷村、北方町、北浦町、諸塚村及び椎葉村　西臼杵郡のうち五ヶ瀬町	34
(四)	北海道のうち 　山越郡　檜山郡　爾志郡　久遠郡　奥尻郡　瀬棚郡　島牧郡　寿都郡　岩内郡のうち岩内町、磯谷郡　古宇郡 茨城県のうち 　鹿嶋市　鹿島郡のうち神栖町及び波崎町　行方郡のうち牛堀町及び潮来町 千葉県のうち 　千葉市　佐原市　成田市　佐倉市　習志野市　四街道市　八街市　印旛郡のうち酒々井町、富里町、印旛村、本埜村及び栄町　香取郡　山武郡のうち山武町及び芝山町 神奈川県のうち 　横須賀市　逗子市　三浦市　三浦郡 静岡県のうち 　伊東市　下田市　賀茂郡のうち東伊豆町、河津町及び南伊豆町 徳島県のうち 　徳島市　鳴門市　小松島市　阿南市　勝浦郡　名東郡　名西郡　那賀郡のうち那賀川町及び羽ノ浦町　板野郡　阿波郡　麻植郡　美馬郡　三好郡のうち井川町、三加茂町、東祖谷山村及び西祖谷山村 高知県のうち 　宿毛市　長岡郡　土佐郡のうち鏡村、土佐山村及び土佐町　吾川郡のうち伊野町、吾川村及び吾北村　高岡郡のうち佐川町、越知町、梼原町、大野見村、東津野村、葉山村、仁淀村及び日高村　幡多郡のうち大正町、大月町、十和村、西土佐村及び三原村 長崎県のうち 　福江市　南松浦郡のうち富江町、玉之浦町、三井楽町、岐宿町及び奈留町 宮崎県のうち 　宮崎市　都城市　日南市　小林市　串間市　えびの市　宮崎郡　南那珂郡　北諸県郡　西諸県郡のうち高原町及び野尻町　東諸県郡 鹿児島県のうち 　川内市　阿久根市　出水市　大口市　国分市　鹿児島郡のうち吉田町　薩摩郡のうち樋脇町、入来町、東郷町、宮之城町、鶴田町、薩摩町及び祁答院町　出水郡　伊佐郡　姶良郡　曽於郡	36
(五)	千葉県のうち 　銚子市　館山市　木更津市　茂原市　東金市　八日市場市　旭市　勝浦市　市原市　鴨川市　君津市　富津市　袖ケ浦市　海上郡　匝瑳郡　山武郡のうち大網白里町、九十九里町、成東町、蓮沼村、松尾町及び横芝町　長生郡　夷隅郡　安房郡 東京都のうち 　大島町　利島村　新島村　神津島村　三宅村　御蔵島村 徳島県のうち 　那賀郡のうち鷲敷町、相生町、上那賀町、木沢村及び木頭村　海部郡 高知県のうち 　高知市　安芸市　南国市　土佐市　須崎市　中村市　土佐清水市　安芸郡のうち馬路村及び芸西村　香美郡　吾川郡のうち春野町　高岡郡のうち中土佐町及び窪川町　幡多郡のうち佐賀町及び大方町 鹿児島県のうち 　鹿児島市　鹿屋市　串木野市　垂水市　鹿児島郡のうち桜島町　肝属郡のうち串良町、東串良町、高山町、吾平町、内之浦町及び大根占町　日置郡のうち市来町、東市来町、伊集院町、松元町、郡山町、日吉町及び吹上町	38
(六)	高知県のうち 　室戸市　安芸郡のうち東洋町、奈半利町、田野町、安田町及び北川村 鹿児島県のうち 　枕崎市　指宿市　加世田市　西之表市　揖宿郡　川辺郡　日置郡のうち金峰町　薩摩郡のうち里村、上甑村、下甑村及び鹿島村　肝属郡のうち根占町、田代町及び佐多町	40

(七)	東京都のうち 　八丈町　青ヶ島村　小笠原村 鹿児島県のうち 　熊毛郡のうち中種子町及び南種子町	42
(八)	鹿児島県のうち 　鹿児島郡のうち三島村　熊毛郡のうち上屋久町及び屋久町	44
(九)	鹿児島県のうち 　名瀬市　鹿児島郡のうち十島村　大島郡 沖縄県	46

第3　令第87条第1項の風力係数の数値は、次の図1から図7までに掲げる形状の建築物又は工作物にあってはそれぞれ当該形状に応じて表1から表9までに掲げる数値を用いて次の式により算出するものとし、その他の形状のものにあってはそれぞれ類似の形状のものの数値に準じて定めるものとする。ただし、風洞試験の結果に基づき算出する場合においては、当該数値によることができる。

　　Cf ＝ Cpe － Cpi

> この式において、Cf、Cpe 及び Cpi は、それぞれ次の数値を表すものとする。
> 　Cf　　風力係数
> 　Cpe　閉鎖型及び開放型の建築物の外圧係数で、次の表1から表4までに掲げる数値（屋外から当該部分を垂直に押す方向を正とする。）
> 　Cpi　閉鎖型及び開放型の建築物の内圧係数で、次の表5に掲げる数値（室内から当該部分を垂直に押す方向を正とする。）
> 　　ただし、独立上家、ラチス構造物、金網その他の網状の構造物及び煙突その他の円筒形の構造物にあっては、次の表6から表9までに掲げる数値（図中の→の方向を正とする。）をCfとするものとする。

図1　閉鎖型の建築物（張り間方向に風を受ける場合。表1から表5までを用いるものとする。）

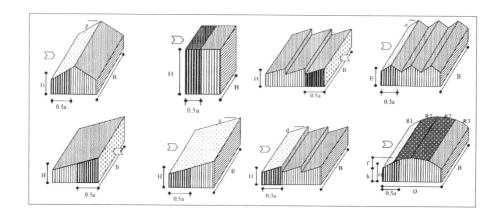

図2 閉鎖型の建築物（けた行方向に風を受ける場合。表1、表2及び表5を用いるものとする。）

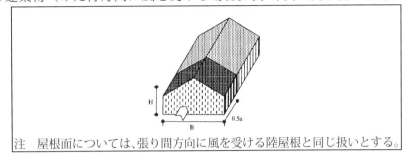

注 屋根面については、張り間方向に風を受ける陸屋根と同じ扱いとする。

図3 開放型の建築物（表1、表3及び表5を用いるものとする。）

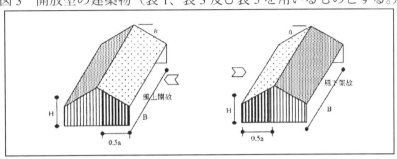

表1 壁面のCpe

部位	風上壁面	側壁面		風下壁面
		風上端部より0.5aの領域	上に掲げる領域以外の領域	
Cpe	$0.8k_z$	−0.7	−0.4	−0.4

表2 陸屋根面のCpe

部位	風上端部より0.5aの領域	上に掲げる領域以外の領域
Cpe	−1.0	−0.5

表3 切妻屋根面、片流れ屋根面及びのこぎり屋根面のCpe

部位 θ	風上面		風下面
	正の係数	負の係数	
10度未満	—	−1.0	−0.5
10度	0	−1.0	
30度	0.2	−0.3	
45度	0.4	0	
90度	0.8	—	

この表に掲げるθの数値以外のθに応じたCpeは、表に掲げる数値をそれぞれ直線的に補間した数値とする。ただし、θが10度未満の場合にあっては正の係数を、θが45度を超える場合にあっては負の係数を用いた計算は省略することができる。

表4　円弧屋根面のCpe

部位 $\frac{f}{D}$	R1部 h/Dが0の場合 正の係数	R1部 h/Dが0の場合 負の係数	R1部 h/Dが0.5以上の場合 正の係数	R1部 h/Dが0.5以上の場合 負の係数	R2部	R3部
0.05未満	－	0	－	－1.0	－0.8	－0.5
0.05	0.1	0	0	－1.0		
0.2	0.2	0	0	－1.0		
0.3	0.3	0	0.2	－0.4		
0.5以上	0.6	－	0.6	－		

この表に掲げるh/D及びf/Dの数値以外の当該比率に応じたCpeは、表に掲げる数値をそれぞれ直線的に補間した数値とする。ただし、R1部において、f/Dが0.05未満の場合にあっては正の係数を、f/Dが0.3を超える場合にあっては負の係数を用いた計算を省略することができる。
また、図1における円弧屋根面の境界線は、弧の四分点とする。

表5　閉鎖型及び開放型の建築物のCpi

型式	閉鎖型	開放型 風上開放	開放型 風下開放
Cpi	0及び－0.2	0.6	－0.4

図4　独立上家（表6を用いるものとする。）

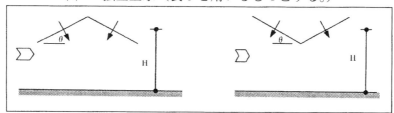

表6　独立上家のCf

部位 θ	切妻屋根 風上屋根 正	切妻屋根 風上屋根 負	切妻屋根 風下屋根 正	切妻屋根 風下屋根 負	翼型屋根 風上屋根 正	翼型屋根 風上屋根 負	翼型屋根 風下屋根 正	翼型屋根 風下屋根 負
（一）10度以下の場合	0.6	－1.0	0.2	－0.8	0.6	－1.0	0.2	－0.8
（二）10度を超え、30度未満の場合	（一）と（三）とに掲げる数値を直線的に補間した数値							
（三）30度	0.9	－0.5	0	－1.5	0.4	－1.2	0.8	－0.3

けた行方向に風を受ける場合にあっては、10度以下の場合の数値を用いるものとし、風上からH相当の範囲は風上屋根の数値を、それ以降の範囲は風下屋根の数値を用いるものとする。

図5 ラチス構造物（表7を用いるものとする。）

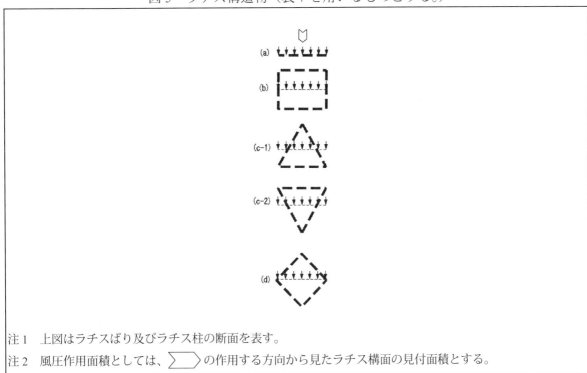

注1　上図はラチスばり及びラチス柱の断面を表す。
注2　風圧作用面積としては、▷の作用する方向から見たラチス構面の見付面積とする。

表7　ラチス構造物の Cf

種類	φ	（一）0.1以下	（二）0.1を超え0.6未満	（三）0.6
鋼管	(a)	1.4kz		1.4kz
	(b)	2.2kz	（一）と（三）とに掲げる数値を直線的に補間した数値	1.5kz
	(c−1、2)	1.8kz		1.4kz
	(d)	1.7kz		1.3kz
形鋼	(a)	2.0kz		1.6kz
	(b)	3.6kz		2.0kz
	(c−1、2)	3.2kz		1.8kz
	(d)	2.8kz		1.7kz

図6　金網その他の網状の構造物（表8を用いるものとする。）

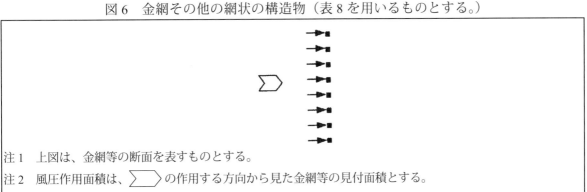

注1　上図は、金網等の断面を表すものとする。
注2　風圧作用面積は、▷の作用する方向から見た金網等の見付面積とする。

表8 金網その他の網状の構造物のCf

Cf	1.4kz

図7 煙突その他の円筒形の構造物（表9を用いるものとする。）

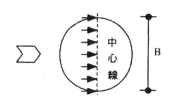

注1　上図は、煙突等の断面を表すものとする。
注2　風圧作用面積は、▷の作用する方向から見た煙突等の見付面積とする。

表9 煙突その他の円筒形の構造物のCf

H/B	（一） 1以下の場合	（二） 1を超え、8未満の場合	（三） 8以上の場合
Cf	0.7kz	（一）と（三）とに掲げる数値を直線的に補間した数値	0.9kz

2　前項の図表において、H、Z、B、D、kz、a、h、f、θ及びφはそれぞれ次の数値を、▷は風向を表すものとする。

H　建築物の高さと軒の高さとの平均（単位　m）
Z　当該部分の地盤面からの高さ（単位　m）
B　風向に対する見付幅（単位　m）
D　風向に対する奥行（単位　m）
kz　次に掲げる表によって計算した数値

HがZb以下の場合		1.0
HがZbを超える場合	ZがZb以下の場合	$\left(\dfrac{Zb}{H}\right)^{2\alpha}$
	ZがZbを超える場合	$\left(\dfrac{Z}{H}\right)^{2\alpha}$

この表において、Zb及びαは、それぞれ次の数値を表すものとする。
　　Zb　第1第2項の表に規定するZbの数値
　　α　第1第2項の表に規定するαの数値

a　BとHの2倍の数値のうちいずれか小さな数値（単位　m）
h　建築物の軒の高さ（単位　m）
f　建築物の高さと軒の高さとの差（単位　m）
θ　屋根面が水平面となす角度（単位　度）
φ　充実率（風を受ける部分の最外縁により囲まれる面積に対する見付面積の割合）

付録 7.3.4　平成 12 年 5 月 31 日建設省告示第 1455 号
多雪区域を指定する基準及び垂直積雪量を定める基準を定める件

建築基準法施行令(昭和 25 年政令第 338 号)第 86 条第 2 項ただし書及び第 3 項の規定に基づき、多雪区域を指定する基準及び垂直積雪量を定める基準を次のように定める。

第 1　建築基準法施行令（以下「令」という。）第 86 条第 2 項ただし書に規定する多雪区域を指定する基準は、次の各号のいずれかとする。

一　第 2 の規定による垂直積雪量が 1m 以上の区域

二　積雪の初終間日数（当該区域中の積雪部分の割合が 2 分の 1 を超える状態が継続する期間の日数をいう。）の平年値が 30 日以上の区域

第 2　令第 86 条第 3 項に規定する垂直積雪量を定める基準は、市町村の区域（当該区域内に積雪の状況の異なる複数の区域がある場合には、それぞれの区域）について、次に掲げる式によって計算した垂直積雪量に、当該区域における局所的地形要因による影響等を考慮したものとする。ただし、当該区域又はその近傍の区域の気象観測地点における地上積雪深の観測資料に基づき統計処理を行う等の手法によって当該区域における 50 年再現期待値（年超過確率が 2 パーセントに相当する値をいう。）を求めることができる場合には、当該手法によることができる。

$$d = \alpha \cdot ls + \beta \cdot rs + \gamma$$

この式において、d、ls、rs、α、β 及び γ はそれぞれ次の数値を表すものとする。
- d　垂直積雪量（単位　m）
- α、β、γ　区域に応じて別表の当該各欄に掲げる数値
- ls　区域の標準的な標高（単位　m）
- rs　区域の標準的な海率（区域に応じて別表の R の欄に掲げる半径（単位　km）の円の面積に対する当該円内の海その他これに類するものの面積の割合をいう。）

附　則（平成 12 年 5 月 31 日　建設省告示第 1455 号）

1　この告示は、平成 12 年 6 月 1 日から施行する。

2　昭和 27 年建設省告示第 1074 号は、廃止する。

別表

	区域	α	β	γ	R
(一)	北海道のうち 稚内市　天塩郡のうち天塩町、幌延町及び豊富町　宗谷郡　枝幸郡のうち浜頓別町及び中頓別町　礼文郡　利尻郡	0.0957	2.84	－ 0.80	40
(二)	北海道のうち 中川郡のうち美深町、音威子府村及び中川町　苫前郡のうち羽幌町及び初山別村　天塩郡のうち遠別町　枝幸郡のうち枝幸町及び歌登町	0.0194	－ 0.56	2.18	20
(三)	北海道のうち 旭川市　夕張市　芦別市　士別市　名寄市　千歳市　富良野市　虻田郡のうち真狩村及び留寿都村　夕張郡のうち由仁町及び栗山町　上川郡のうち鷹栖町、東神楽町、当麻町、比布町、愛別町、上川町、東川町、美瑛町、和寒町、剣淵町、朝日町、風連町及び下川町及び新得町　空知郡のうち上富良野町、中富良野町及び南富良野町　勇払郡のうち占冠村、追分町及び穂別町　沙流郡のうち日高町及び平取町　有珠郡のうち大滝村	0.0027	8.51	1.20	20
(四)	北海道のうち 札幌市　小樽市　岩見沢市　留萌市　美唄市　江別市　赤平市　三笠市　滝川市　砂川市　歌志内市　深川市　恵庭市　北広島市　石狩市　石狩郡　厚田郡　浜益郡　虻田郡のうち喜茂別町、京極町及び倶知安町　岩内郡のうち共和町　古宇郡　積丹郡　古平郡　余市郡　空知郡のうち北村、栗沢町、南幌町、奈井江町及び上砂川町　夕張郡のうち長沼町　樺戸郡　雨竜郡　増毛郡　留萌郡　苫前郡のうち苫前町	0.0095	0.37	1.40	40
(五)	北海道のうち 松前郡　上磯郡のうち知内町及び木古内町　檜山郡　爾志郡　久遠郡　奥尻郡　瀬棚郡　島牧郡　寿都郡　磯谷郡　虻田郡のうちニセコ町　岩内郡のうち岩内町	－ 0.0041	－ 1.92	2.34	20
(六)	北海道のうち 紋別市　常呂郡のうち佐呂間町　紋別郡のうち遠軽町、上湧別町、湧別町、滝上町、興部町、西興部村及び雄武町	－ 0.0071	－ 3.42	2.98	40
(七)	北海道のうち 釧路市　根室市　釧路郡　厚岸郡　川上郡のうち標茶町　阿寒郡　白糠郡のうち白糠町　野付郡　標津郡	0.0100	－ 1.05	1.37	20
(八)	北海道のうち 帯広市　河東郡のうち音更町、士幌町及び鹿追町　上川郡のうち清水町　河西郡　広尾郡　中川郡のうち幕別町、池田町及び豊頃町　十勝郡　白糠郡のうち音別町	0.0108	0.95	1.08	20
(九)	北海道のうち 函館市　室蘭市　苫小牧市　登別市　伊達市　上磯郡のうち上磯町　亀田郡　茅部郡　山越郡　虻田郡のうち豊浦町、虻田町及び洞爺村　有珠郡のうち壮瞥町　白老郡　勇払郡のうち早来町、厚真町及び鵡川町　沙流郡のうち門別町　新冠郡　静内郡　三石郡　浦河郡　様似郡　幌泉郡	0.0009	－ 0.94	1.23	20
(十)	北海道((一)から(九)までに掲げる区域を除く)	0.0019	0.15	0.80	20
(十一)	青森県のうち 青森市　むつ市　東津軽郡のうち平内町、蟹田町、今別町、蓬田村及び平舘村　上北郡のうち横浜町　下北郡	0.0005	－ 1.05	1.97	20

(十二)	青森県のうち 　弘前市　黒石市　五所川原市　東津軽郡のうち三厩村　西津軽郡のうち鰺ヶ沢町、木造町、深浦町、森田村、柏村、稲垣村及び車力村　中津軽郡のうち岩木町　南津軽郡のうち藤崎町、尾上町、浪岡町、常盤村及び田舎館村　北津軽郡	－0.0285	1.17	2.19	20
(十三)	青森県のうち 　八戸市　十和田市　三沢市　上北郡のうち野辺地町、七戸町、百石町、十和田湖町、六戸町、上北町、東北町、天間林村、下田町及び六ヶ所村　三戸郡	0.0140	0.55	0.33	40
(十四)	青森県((十一)から(十三)までに掲げる区域を除く) 秋田県のうち 　能代市　大館市　鹿角市　鹿角郡　北秋田郡　山本郡のうち二ツ井町、八森町、藤里町及び峰浜村	0.0047	0.58	1.01	40
(十五)	秋田県のうち 　秋田市　本荘市　男鹿市　山本郡のうち琴丘町、山本町及び八竜町　南秋田郡　河辺郡のうち雄和町　由利郡のうち仁賀保町、金浦町、象潟町、岩城町、由利町、西目町及び大内町 山形県のうち 　鶴岡市　酒田市　東田川郡　西田川郡　飽海郡	0.0308	－1.88	1.58	20
(十六)	岩手県のうち 　和賀郡のうち湯田町及び沢内村 秋田県((十四)及び(十五)に掲げる区域を除く) 山形県のうち 　新庄市　村山市　尾花沢市　西村山郡のうち西川町、朝日町及び大江町　北村山郡　最上郡	0.0050	1.01	1.67	40
(十七)	岩手県のうち 　宮古市　久慈市　釜石市　気仙郡のうち三陸町　上閉伊郡のうち大槌町、下閉伊郡のうち田老町、山田町　田野畑村及び普代村　九戸郡のうち種市町及び野田村	－0.0130	5.24	－0.77	20
(十八)	岩手県のうち 　大船渡市　遠野市　陸前高田市　岩手郡のうち葛巻町　気仙郡のうち住田町　下閉伊郡のうち岩泉町、新里村及び川井村　九戸郡のうち軽米町、山形村、大野村及び九戸村 宮城県のうち 　石巻市　気仙沼市　桃生郡のうち河北町、雄勝町及び北上町　牡鹿郡　本吉郡	0.0037	1.04	－0.10	40
(十九)	岩手県((十六)から(十八)までに掲げる区域を除く) 宮城県のうち 　古川市　加美郡　玉造郡　遠田郡　栗原郡　登米郡　桃生郡のうち桃生町	0.0020	0.00	0.59	0
(二十)	宮城県((十八)及び(十九)に掲げる区域を除く) 福島県のうち 　福島市　郡山市　いわき市　白河市　原町市　須賀川市　相馬市　二本松市　伊達郡　安達郡　岩瀬郡　西白河郡　東白川郡　石川郡　田村郡　双葉郡　相馬郡 茨城県のうち 　日立市　常陸太田市　高萩市　北茨城市　東茨城郡のうち御前山村　那珂郡のうち大宮町、山方町、美和村及び緒川村　久慈郡　多賀郡	0.0019	0.15	0.17	40
(二十一)	山形県のうち 　山形市　米沢市　寒河江市　上山市　長井市　天童市　東根市　南陽市　東村山郡　西村山郡のうち河北町　東置賜郡　西置賜郡のうち白鷹町	0.0099	0.00	－0.37	0

(二十二)	山形県（(十五)、(十六)及び(二十一)に掲げる区域を除く） 福島県のうち 　南会津郡のうち只見町　耶麻郡のうち熱塩加納村、山都町、西会津町及び高郷村　大沼郡のうち三島町及び金山町 新潟県のうち 　東蒲原郡のうち津川町、鹿瀬町及び上川村	0.0028	－4.77	2.52	20
(二十三)	福島県（(二十)及び(二十二)に掲げる区域を除く）	0.0026	23.0	0.34	40
(二十四)	茨城県（(二十)に掲げる区域を除く） 栃木県 群馬県（(二十五)及び(二十六)に掲げる区域を除く） 埼玉県 千葉県 東京都 神奈川県 静岡県 愛知県 岐阜県のうち 　多治見市　関市　中津川市　瑞浪市　羽島市　恵那市　美濃加茂市　土岐市　各務原市　可児市　羽島郡　海津郡　安八郡のうち輪之内町、安八町及び墨俣町　加茂郡のうち坂祝町、富加町、川辺町、七宗町及び八百津町　可児郡　土岐郡　恵那郡のうち岩村町、山岡町、明智町、串原村及び上矢作町	0.0005	－0.06	0.28	40
(二十五)	群馬県のうち 　利根郡のうち水上町 長野県のうち 　大町市　飯山市　北安曇郡のうち美麻村、白馬村及び小谷村　下高井郡のうち木島平村及び野沢温泉村　上水内郡のうち豊野町、信濃町、牟礼村、三水村、戸隠村、鬼無里村、小川村及び中条村　下水内郡 岐阜県のうち 　岐阜市　大垣市　美濃市　養老郡　不破郡　安八郡のうち神戸町　揖斐郡　本巣郡　山県郡　武儀郡のうち洞戸村、板取村及び武芸川町　郡上郡　大野郡のうち清見村、荘川村及び宮村　吉城郡 滋賀県のうち 　大津市　彦根市　長浜市　近江八幡市　八日市市　草津市　守山市　滋賀郡　栗太郡　野洲郡　蒲生郡のうち安土町及び竜王町　神崎郡のうち五個荘町及び能登川町　愛知郡　犬上郡　坂田郡　東浅井郡　伊香郡　高島郡 京都府のうち 　福知山市　綾部市　北桑田郡のうち美山町　船井郡のうち和知町　天田郡のうち夜久野町　加佐郡 兵庫県のうち 　朝来郡のうち和田山町及び山東町	0.0052	2.97	0.29	40
(二十六)	群馬県のうち 　沼田市　吾妻郡のうち中之条町、草津町、六合村及び高山村　利根郡のうち白沢村、利根村、片品村、川場村、月夜野町、新治村及び昭和村 長野県のうち 　長野市　中野市　更埴市　木曽郡　東筑摩郡　南安曇郡　北安曇郡のうち池田町、松川村及び八坂村　更級郡　埴科郡　上高井郡　下高井郡のうち山ノ内町　上水内郡のうち信州新町 岐阜県のうち 　高山市　武儀郡のうち武儀町及び上之保村　加茂郡のうち白川町及び東白川村　恵那郡のうち坂下町、川上村、加子母村、付知町、福岡町及び蛭川村　益田郡　大野郡のうち丹生川村、久々野町、朝日村及び高根村	0.0019	0.00	－0.16	0

(二十七)	山梨県 長野県（（二十五）及び（二十六）に掲げる区域を除く）	0.0005	6.26	0.12	40
(二十八)	岐阜県（（二十四）から（二十六）までに掲げる区域を除く） 新潟県のうち 　糸魚川市　西頸城郡のうち能生町及び青海町 富山県 福井県 石川県	0.0035	－2.33	2.72	40
(二十九)	新潟県のうち 　三条市　新発田市　小千谷市　加茂市　十日町市　見附市　栃尾市　五泉市 　北蒲原郡のうち安田町、笹神村、豊浦町及び黒川村　中蒲原郡のうち村松町　南蒲原郡のうち田上町、下田村及び栄町　東蒲原郡のうち三川村　古志郡　北魚沼郡　南魚沼郡　中魚沼郡　岩船郡のうち関川村	0.0100	－1.20	2.28	40
(三十)	新潟県（（二十二）、（二十八）及び（二十九）に掲げる区域を除く）	0.0052	－3.22	2.65	20
(三十一)	京都府のうち 　舞鶴市　宮津市　与謝郡　中郡　竹野郡　熊野郡 兵庫県のうち 　豊岡市　城崎郡　出石郡　美方郡　養父郡	0.0076	1.51	0.62	40
(三十二)	三重県 大阪府 奈良県 和歌山県 滋賀県（（二十五）に掲げる区域を除く） 京都府（（二十五）及び（三十一）に掲げる区域を除く） 兵庫県（（二十五）及び（三十一）に掲げる区域を除く）	0.0009	0.00	0.21	0
(三十三)	鳥取県 島根県 岡山県のうち 　阿哲郡のうち大佐町、神郷町及び哲西町　真庭郡　苫田郡 広島県のうち 　三次市　庄原市　佐伯郡のうち吉和村　山県郡　高田郡　双三郡のうち君田村、布野村、作木村及び三良坂町　比婆郡 山口県のうち 　萩市　長門市　豊浦郡のうち豊北町　美祢郡　大津郡　阿武郡	0.0036	0.69	0.26	40
(三十四)	岡山県（（三十三）に掲げる区域を除く） 広島県（（三十三）に掲げる区域を除く） 山口県（（三十三）に掲げる区域を除く）	0.0004	－0.21	0.33	40
(三十五)	徳島県 香川県 愛媛県のうち 　今治市　新居浜市　西条市　川之江市　伊予三島市　東予市　宇摩郡　周桑郡　越智郡　上浮穴郡のうち面河村	0.0011	－0.42	0.41	20
(三十六)	高知県（（三十七）に掲げる区域を除く）	0.0004	－0.65	0.28	40
(三十七)	愛媛県（（三十五）に掲げる区域を除く） 高知県のうち 　中村市　宿毛市　土佐清水市　吾川郡のうち吾川村　高岡郡のうち中土佐町、窪川町、梼原町、大野見村、東津野村、葉山村及び仁淀村　幡多郡	0.0014	－0.69	0.49	20

(三十八)	福岡県 佐賀県 長崎県 熊本県 大分県のうち 　中津市　日田市　豊後高田市　宇佐市　西国東郡のうち真玉町及び香々地町　日田郡　下毛郡	0.0006	－0.09	0.21	20
(三十九)	大分県（(三十八)に掲げる区域を除く） 宮崎県	0.0003	－0.05	0.10	20
(四十)	鹿児島県	－0.0001	－0.32	0.46	20

付録7.3.5　平成12年5月29日建設省告示第1388号（最終改正：平成24年12月12日国土交通省告示第1447号）
建築設備の構造耐力上安全な構造方法を定める件

　建築基準法施行令（昭和25年政令第338号）第129条の2の4第2号の規定に基づき、建築設備の構造耐力上安全な構造方法を次のように定める。

第1　建築設備（昇降機を除く。以下同じ。）、建築設備の支持構造部及び緊結金物で腐食又は腐朽のおそれがあるものには、有効なさび止め又は防腐のための措置を講ずること。

第2　屋上から突出する水槽、煙突、冷却塔その他これらに類するもの（以下「屋上水槽等」という。）は、支持構造部又は建築物の構造耐力上主要な部分に、支持構造部は、建築物の構造耐力上主要な部分に、緊結すること。

第3　煙突は、第1及び第2の規定によるほか、次に定める構造とすること。
　一　煙突の屋上突出部の高さは、れんが造、石造、コンクリートブロック造又は無筋コンクリート造の場合は鉄製の支枠を設けたものを除き、90cm以下とすること。
　二　煙突で屋内にある部分は、鉄筋に対するコンクリートのかぶり厚さを5cm以上とした鉄筋コンクリート造又は厚さが25cm以上の無筋コンクリート造、れんが造、石造若しくはコンクリートブロック造とすること。

第4　建築物に設ける給水、排水その他の配管設備（建築物に設ける電気給湯器その他の給湯設備（屋上水槽等のうち給湯設備に該当するものを除く。以下単に「給湯設備」という。）を除く。）は、第1の規定によるほか、次に定める構造とすること。
　一　風圧、土圧及び水圧並びに地震その他の震動及び衝撃に対して安全上支障のない構造とすること。
　二　建築物の部分を貫通して配管する場合においては、当該貫通部分に配管スリーブを設ける等有効な管の損傷防止のための措置を講ずること。
　三　管の伸縮その他の変形により当該管に損傷が生ずるおそれがある場合において、伸縮継手又は可撓継手を設ける等有効な損傷防止のための措置を講ずること。
　四　管を支持し、又は固定する場合においては、つり金物又は防振ゴムを用いる等有効な地震その他の震動及び衝撃の緩和のための措置を講ずること。

第5　給湯設備は、第1の規定によるほか、風圧、土圧及び水圧並びに地震その他の震動及び衝撃に対して安全上支障のない構造とすること。この場合において、給湯設備の質量、支持構

造部の質量及び給湯設備を満水した場合における水の質量の総和（以下単に「質量」という。）が 15kg を超える給湯設備に係る地震に対して安全上支障のない構造は、給湯設備の周囲に当該給湯設備の転倒、移動等により想定される衝撃が作用した場合においても著しい破壊が生じない丈夫な壁又は囲いを設ける場合その他給湯設備の転倒、移動等により人が危害を受けるおそれのない場合を除き、次の各号のいずれかに定めるところによらなければならない。

一　次の表の給湯設備を設ける場所の欄、質量の欄及びアスペクト比（給湯設備の幅又は奥行き（支持構造部を設置する場合にあっては、支持構造部を含めた幅又は奥行き）の小さい方に対する給湯設備の高さ（支持構造部を設置する場合にあっては、支持構造部の高さを含めた高さ）の比をいう。以下同じ。）の欄の区分に応じ、給湯設備の底部又は支持構造部の底部を、同表のアンカーボルトの種類の欄及びアンカーボルトの本数の欄に掲げるアンカーボルトを釣合い良く配置して、当該給湯設備を充分に支持するに足りる建築物又は敷地の部分等（以下単に「建築物の部分等」という。）に緊結すること。ただし、給湯設備の底部又は支持構造部の底部を緊結するアンカーボルトの一本当たりの引張耐力が、同表の給湯設備を設ける場所の欄、質量の欄、アスペクト比の欄及びアンカーボルトの本数の欄の区分に応じ、同表の引張耐力の欄に掲げる数値以上であることが確かめられた場合においては、当該引張耐力を有するアンカーボルトとすることができる。

給湯設備を設ける場所	質量（単位 kg）	アスペクト比	アンカーボルトの種類	アンカーボルトの本数	引張耐力（単位 kN）
地階及び一階並びに敷地の部分	15 を超え 200 以下	4.5 以下	径が 8mm 以上であり、かつ、埋込長さが 35mm 以上であるおねじ形のあと施工アンカー	3 本以上	2.8
		6 以下	径が 6mm 以上であり、かつ、埋込長さが 30mm 以上であるおねじ形のあと施工アンカー	4 本以上	2.2
	200 を超え 350 以下	4 以下	径が 10mm 以上であり、埋込長さが 40mm 以上であるおねじ形のあと施工アンカー	3 本以上	3.6
		5 以下	径が 6mm 以上であり、かつ、埋込長さが 30mm 以上であるおねじ形のあと施工アンカー	4 本以上	2.2
	350 を超え 600 以下	4 以下	径が 12mm 以上であり、かつ、埋込長さが 50mm 以上であるおねじ形のあと施工アンカー	3 本以上	5.8
		5 以下	径が 10mm 以上であり、かつ、埋込長さが 40mm 以上であるおねじ形のあと施工アンカー	4 本以上	3.6
中間階	15 を超え 200 以下	4 以下	径が 10mm 以上であり、かつ、埋込長さが 40mm 以上であるおねじ形のあと施工アンカー	3 本以上	3.6
		6 以下	径が 8mm 以上であり、かつ、埋込長さが 35mm 以上であるおねじ形のあと施工アンカー	4 本以上	2.8

	200を超え350以下	4以下	径が12mm以上であり、かつ、埋込長さが50mm以上であるおねじ形のあと施工アンカー	3本以上	5.8
		5以下	径が10mm以上であり、かつ、埋込長さが40mm以上であるおねじ形のあと施工アンカー	4本以上	3.6
	350を超え600以下	3.5以下	径が16mm以上であり、かつ、埋込長さが60mm以上であるおねじ形のあと施工アンカー	3本以上	8.0
		5以下	径が12mm以上であり、かつ、埋込長さが50mm以上であるおねじ形のあと施工アンカー	4本以上	5.8
上層階及び屋上	15を超え200以下	6以下	径が12mm以上であり、かつ、埋込長さが50mm以上であるおねじ形のあと施工アンカー	4本以上	5.8
	200を超え350以下	5以下	径が12mm以上であり、かつ、埋込長さが50mm以上であるおねじ形のあと施工アンカー	4本以上	5.8
	350を超え600以下	5以下	径が10mm以上であり、かつ、埋込長さが100mm以上であるJ形の埋込アンカー	4本以上	9.0

　この表において、上層階とは、地階を除く階数が2以上6以下の建築物にあっては最上階、地階を除く階数が7以上9以下の建築物にあっては最上階及びその直下階、地階を除く階数が10以上12以下の建築物にあっては最上階及び最上階から数えた階数が三以内の階、地階を除く階数が13以上の建築物にあっては最上階及び最上階から数えた階数が四以内の階をいい、中間階とは、地階、一階及び上層階を除く階をいうものとする。次号から第4号までの表において同じ。

二　次の表の給湯設備を設ける場所の欄及び質量の欄の区分に応じ、給湯設備の上部を、同表の上部の緊結方法の欄に掲げる方法により建築物の部分等に緊結し、かつ、質量が15kgを超え60kg以下である給湯設備にあっては、自立する構造とし、質量が60kgを超え600kg以下である給湯設備にあっては、その底部又は支持構造部の底部を、同表のアンカーボルト等（アンカーボルト、木ねじその他これらに類するものをいう。以下同じ。）の種類の欄及びアンカーボルト等の本数の欄に掲げるアンカーボルト等を釣合い良く配置して、建築物の部分等に緊結すること。ただし、質量が60kgを超え600kg以下である給湯設備にあっては、給湯設備の底部又は支持構造部の底部を緊結するアンカーボルト等の一本当たりのせん断耐力が、同表の給湯設備を設ける場所の欄、質量の欄、上部の緊結方法の欄及びアンカーボルト等の本数の欄の区分に応じ、同表のせん断耐力の欄に掲げる数値以上であることが確かめられた場合においては、当該せん断耐力を有するアンカーボルト等とすることができる。

付録7　建築基準関連法規における建築設備等の耐震規定

給湯設備を設ける場所	質量（単位 kg）	上部の緊結方法	アンカーボルト等の種類	アンカーボルト等の本数	せん断耐力（単位 kN）
地階及び一階並びに敷地の部分	15を超え60以下	径が5mm以上であり、かつ、埋込長さが20mm以上であるおねじ形のあと施工アンカー1本以上による緊結	—	—	—
		径が4.8mm以上であり、かつ、有効打ち込み長さが15mm以上である木ねじ1本以上による緊結			
		引張耐力の合計が0.3kN以上のアンカーボルト等による緊結			
	60を超え350以下	径が5mm以上であり、かつ、埋込長さが20mm以上であるおねじ形のあと施工アンカー1本以上による緊結	径が8mm以上であり、かつ、埋込長さが35mm以上であるおねじ形のあと施工アンカー	3本以上	0.3
		径が4.8mm以上であり、かつ、有効打ち込み長さが12mm以上である木ねじ4本以上による緊結			
		引張耐力の合計が0.8kN以上のアンカーボルト等による緊結			
	350を超え600以下	径が6mm以上であり、かつ、埋込長さが30mm以上であるおねじ形のあと施工アンカー2本以上による緊結	径が10mm以上であり、かつ、埋込長さが40mm以上であるおねじ形のあと施工アンカー	3本以上	0.5
		径が5.5mm以上であり、かつ、有効打ち込み長さが15mm以上である木ねじ4本以上による緊結			
		引張耐力の合計が1.4kN以上のアンカーボルト等による緊結			
中間階、上層階及び屋上	15を超え60以下	径が5mm以上であり、かつ、埋込長さが20mm以上であるおねじ形のあと施工アンカー1本以上による緊結	—	—	—
		径が4.8mm以上であり、かつ、有効打ち込み長さが15mm以上である木ねじ2本以上による緊結			
		引張耐力の合計が0.6kN以上のアンカーボルト等による緊結			
	60を超え350以下	径が6mm以上であり、かつ、埋込長さが30mm以上であるおねじ形のあと施工アンカー1本以上による緊結	径が8mm以上であり、かつ、埋込長さが35mm以上であるおねじ形のあと施工アンカー	3本以上	0.7
		径が4.8mm以上であり、かつ、有効打ち込み長さが25mm以上である木ねじ4本以上による緊結			
		引張耐力の合計が2.0kN以上のアンカーボルト等による緊結			
	350を超え600以下	径が8mm以上であり、かつ、埋込長さが35mm以上であるおねじ形のあと施工アンカー2本以上による緊結	径が10mm以上であり、かつ、埋込長さが40mm以上であるおねじ形のあと施工アンカー	3本以上	1.2
		径が5.5mm以上であり、かつ、有効打ち込み長さが25mm以上である木ねじ6本以上による緊結			
		引張耐力の合計が3.6kN以上のアンカーボルト等による緊結			

この表において、木ねじとは、JIS B 1112（十字穴付き木ねじ）−1995又はJIS B 1135（すりわり付き木ねじ）−1995に適合する木ねじをいうものとする。次号の表において同じ。

三　次の表の給湯設備を設ける場所の欄及び質量の欄の区分に応じ、給湯設備の側部を同表のアンカーボルト等の種類の欄及びアンカーボルト等の本数の欄に掲げるアンカーボルト等を釣合い良く配置して、建築物の部分等に緊結すること。ただし、給湯設備の側部を緊結する

アンカーボルト等の一本当たりの引張耐力が、給湯設備を設ける場所の欄、質量の欄及びアンカーボルト等の本数の欄の区分に応じ、同表の引張耐力の欄に掲げる数値以上であることが確かめられた場合においては、当該引張耐力を有するアンカーボルト等とすることができる。

給湯設備を設ける場所	質量（単位 kg）	アンカーボルト等の種類	アンカーボルト等の本数	引張耐力（単位 kN）
地階及び一階並びに敷地の部分	15を超え60以下	径が6mm以上であり、かつ、埋込長さが30mm以上であるあと施工アンカー	2本以上	0.3
		径が4.8mm以上であり、かつ、有効打ち込み長さが12mm以上である木ねじ	4本以上	0.2
	60を超え100以下	径が6mm以上であり、かつ、埋込長さが30mm以上であるあと施工アンカー	2本以上	0.5
		径が4.8mm以上であり、かつ、有効打ち込み長さが15mm以上である木ねじ	4本以上	0.3
中間階、上層階及び屋上	15を超え60以下	径が6mm以上であり、かつ、埋込長さが30mm以上であるあと施工アンカー	2本以上	0.5
		径が4.8mm以上であり、かつ、有効打ち込み長さが15mm以上である木ねじ	4本以上	0.3
	60を超え100以下	径が6mm以上であり、かつ、埋込長さが30mm以上であるあと施工アンカー	4本以上	0.5
		径が5.5mm以上であり、かつ、有効打ち込み長さが15mm以上である木ねじ	8本以上	0.4

四　給湯設備又は支持構造部の建築物の部分等への取付け部分が荷重及び外力によって当該部分に生ずる力（次の表に掲げる力の組合せによる各力の合計をいう。）に対して安全上支障のないことを確認すること。ただし、特別な調査又は研究の結果に基づき地震に対して安全上支障のないことを確認することができる場合においては、この限りでない。

力の種類	力の組合せ
長期に生ずる力	G＋P
短期に生ずる力	G＋P＋K

　この表において、G、P及びKは、それぞれ次の力（軸方向力、曲げモーメント、せん断力等をいう。）を表すものとする。
G　給湯設備及び支持構造部の固定荷重によって生ずる力
P　給湯設備の積載荷重によって生ずる力
K　地震力によって生ずる力
　この場合において、地震力は、特別な調査又は研究の結果に基づき定める場合のほか、次の式によって計算した数値とするものとする。
　　　$P = k \cdot w$

この式において、P、k及びwは、それぞれ次の数値を表すものとする。
P　地震力（単位　N）
k　水平震度（建築基準法施行令第88条第1項に規定するZの数値に次の表の給湯設備を設ける場所の欄の区分に応じ、同表の設計用標準震度の欄に掲げる数値以上の数値を乗じて得た数値とする。）

給湯設備を設ける場所	設計用標準震度
地階及び一階並びに敷地の部分	0.4
中間階	0.6
上層階及び屋上	1.0

w　給湯設備及び支持構造部の固定荷重と給湯設備の積載荷重との和（単位　N）

付録 7.3.6 平成 12 年 5 月 29 日建設省告示第 1389 号
屋上から突出する水槽、煙突等の構造計算の基準を定める件

建築基準法施行令（昭和 25 年政令第 338 号）第 129 条の 2 の 4 第 2 項^(注1)の規定に基づき、法第 20 条第二号イ又はロに規定する建築物^(注2)に設ける屋上から突出する水槽、煙突等の構造計算の基準を次のように定める。

建築基準法（昭和 25 年法律第 201 号）第 20 条第二号イ又はロに規定する建築物^(注2)に設ける屋上から突出する水槽、冷却塔、煙突その他これらに類するもの（以下「屋上水槽等」という。）の構造計算の基準は、次のとおりとする。

一　屋上水槽等、支持構造部、屋上水槽等の支持構造部への取付け部分及び屋上水槽等又は支持構造部の建築物の構造耐力上主要な部分への取付け部分は、荷重及び外力によって当該部分に生ずる力（次の表に掲げる組合せによる各力の合計をいう。）に対して安全上支障のないことを確認すること。

力の種類	荷重及び外力について想定する状態	一般の場合	建築基準法施行令（以下「令」という。）第 86 条第 2 項ただし書の規定によって特定行政庁が指定する多雪区域における場合	備考
長期に生ずる力	常時	G＋P	G＋P	
	積雪時		G＋P＋0.7S	
短期に生ずる力	積雪時	G＋P＋S	G＋P＋S	
	暴風時	G＋P＋W	G＋P＋W	水又はこれに類するものを貯蔵する屋上水槽等にあっては、これの重量を積載荷重から除くものとする
			G＋P＋0.35S＋W	
	地震時	G＋P＋K	G＋P＋0.35S＋K	

この表において、G、P、S、W 及び K は、それぞれ次の力（軸方向力、曲げモーメント、せん断力等をいう。）を表すものとする。
G　屋上水槽等及び支持構造部の固定荷重によって生ずる力
P　屋上水槽等の積載荷重によって生ずる力
S　令第 86 条に規定する積雪荷重によって生ずる力
W　風圧力によって生ずる力
　　この場合において、風圧力は、次のイによる速度圧に次のロに定める風力係数を乗じて計算した数値とするものとする。ただし、屋上水槽等又は支持構造部の前面にルーバー等の有効な遮へい物がある場合においては、当該数値から当該数値の 4 分の 1 を超えない数値を減じた数値とすることができる。
　イ　速度圧は、令第 87 条第 2 項の規定に準じて定めること。この場合において、「建築物の高さ」とあるのは、「屋上水槽等又は支持構造部の地盤面からの高さ」と読み替えるものとする。
　ロ　風力係数は、令第 87 条第 4 項の規定に準じて定めること。
K　地震力によって生ずる力
　　この場合において、地震力は、特別な調査又は研究の結果に基づき定める場合のほか、次の式によって計算した数値とするものとする。ただし、屋上水槽等又は屋上水槽等の部分の転倒、移動等による危害を防止するための有効な措置が講じられている場合にあっては、当該数値から当該数値の 2 分の 1 を超えない数値を減じた数値とすることができる。

$$P = kw$$

> この式において、P、k及びwは、それぞれ次の数値を表すものとする。
> P 地震力（単位 N）
> k 水平震度（令第88条第1項に規定するZの数値に1.0以上の数値を乗じて得た数値とする。）
> w 屋上水槽等及び支持構造部の固定荷重と屋上水槽等の積載荷重との和（令第86条第2項ただし書の規定によって特定行政庁が指定する多雪区域においては、更に積雪荷重を加えるものとする。）（単位 N）

　二　屋上水槽等又は支持構造部が緊結される建築物の構造上主要な部分は、屋上水槽等又は支持構造部から伝達される力に対して安全上支障のないことを確認すること。

附　則（平成12年5月29日　建設省告示第1389号）
1　この告示は、平成12年6月1日から施行する。
2　昭和56年建設省告示第1101号は、廃止する。

　（注意事項）
　　（注1）　平成19年の法改正による項ずれで、現行、「第129条の2の4第2項」は「令第129条の2の4第三号」と読み替えが必要です。
　　（注2）　平成19年の法改正による項ずれで、現行、「法第20条第二号イ又はロに規定する建築物」は「法第20条第一号から第三号までに掲げる建築物」と読み替えが必要です。

付録7.3.7　平成17年6月1日国土交通省告示第566号（最終改正：平成25年8月5日国土交通省告示第777号）
建築物の倒壊及び崩落、屋根ふき材、特定天井、外装材及び屋外に面する帳壁の脱落並びにエレベーターのかごの落下及びエスカレーターの脱落のおそれがない建築物の構造方法に関する基準並びに建築物の基礎の補強に関する基準を定める件

　建築基準法施行令（昭和25年政令第338号）第137条の2第一号ハ、第二号ロ及び第三号イの規定に基づき、建築物の倒壊及び崩落、屋根ふき材、特定天井、外装材及び屋外に面する帳壁の脱落並びにエレベーターのかごの落下及びエスカレーターの脱落のおそれがない建築物の構造方法に関する基準を第1から第3までに、並びに同号ロの規定に基づき、建築物の基礎の補強に関する基準を第4に定める。ただし、国土交通大臣がこの基準の一部又は全部と同等以上の効力を有すると認める基準によって建築物の増築又は改築を行う場合においては、当該基準によることができる。

第1　建築基準法施行令（以下「令」という。）第137条の2第一号ハに規定する建築物の倒壊及び崩落、屋根ふき材、特定天井、外装材及び屋外に面する帳壁の脱落並びにエレベーターのかごの落下及びエスカレーターの脱落のおそれがない建築物の構造方法に関する基準は、次の各号に定めるところによる。
　一　建築設備については、次のイからハまでに定めるところによる。
　　イ　建築基準法（昭和25年法律第201号。以下「法」という。）第20条第一号から第三号までに掲げる建築物に設ける屋上から突出する水槽、煙突その他これらに類するものは、

令第 129 条の 2 の 4 第三号の規定に適合すること。
　ロ　建築物に設ける給水、排水その他の配管設備は、令第 129 条の 2 の 5 第 1 項第二号及び第三号の規定に適合すること。
　ハ　建築物に設ける令第 129 条の 3 第 1 項第一号及び第二号に掲げる昇降機は、令第 129 条の 4、令第 129 条の 5（これらの規定を令第 129 条の 12 第 2 項において準用する場合を含む。）、令第 129 条の 8 第 1 項並びに令第 129 条の 12 第 1 項第六号の規定に適合するほか、当該昇降機のかごが、かご内の人又は物による衝撃を受けた場合において、かご内の人又は物が昇降路内に落下し、又はかご外の物に触れるおそれのない構造であること。
二　屋根ふき材、特定天井、外装材及び屋外に面する帳壁については、次のイ及びロに定めるところによる。
　イ　屋根ふき材、外装材及び屋外に面する帳壁は、昭和 46 年建設省告示第 109 号に定める基準に適合すること。
　ロ　特定天井については平成 25 年国土交通省告示第 771 号第 3 に定める基準に適合すること又は令第 39 条 3 項に基づく国土交通大臣の認定を受けたものであること。ただし、増築又は改築をする部分以外の部分の天井（新たに設置するものを除く。）であって、増築又は改築をする部分の天井と構造上分離しているもので当該天井の落下防止措置（ネット、ワイヤ又はロープその他の天井材（当該落下防止措置に用いる材料を除く。）の落下による衝撃が作用した場合においても脱落及び破断を生じないことが確かめられた部材の設置により、天井の落下を防止する措置をいう。）が講じられているものにあっては、この限りではない。

第 2　令第 137 条の 2 第二号ロに規定する建築物の倒壊及び崩落、屋根ふき材、特定天井、外装材及び屋外に面する帳壁の脱落並びにエレベーターのかごの落下及びエスカレーターの脱落のおそれがない建築物の構造方法に関する基準は、次の各号に定めるところによる。
一　建築物の構造耐力上主要な部分については、次のイ及びロに定めるところによる。
　イ　地震に対して、法第 20 条第二号イ後段及び第三号イ後段に規定する構造計算（それぞれ地震に係る部分に限る。）によって構造耐力上安全であること又は平成 18 年国土交通省告示第 185 号に定める基準によって地震に対して安全な構造であることを確かめること。
　ロ　地震時を除き、令第 82 条第一号から第三号まで（地震に係る部分を除く。）に定めるところによる構造計算によって構造耐力上安全であることを確かめること。
二　建築設備については、第 1 第一号に定めるところによる。
三　屋根ふき材、特定天井、外装材及び屋外に面する帳壁については、第 1 第二号に定めるところによる。

第 3　令第 137 条の 2 第三号イに規定する建築物の倒壊及び崩落、屋根ふき材、特定天井、外装材及び屋外に面する帳壁の脱落並びにエレベーターのかごの落下及びエスカレーターの脱落のおそれがない建築物の構造方法に関する基準は、次の各号に定めるところによる。
一　建築物の構造耐力上主要な部分については、次のイからニまでに定めるところによる。
　イ　増築又は改築に係る部分が令第 3 章（第 8 節を除く。）の規定及び法第 40 条の規定に基づく条例の構造耐力に関する制限を定めた規定に適合すること。
　ロ　地震に対して、建築物全体が法第 20 条第二号イ後段及び第三号イ後段に規定する構造

計算（それぞれ地震に係る部分に限る。）によって構造耐力上安全であることを確かめること。ただし、法第20条第四号に掲げる建築物のうち木造のものについては、建築物全体が令第42条、令第43条並びに令第46条第1項から第3項まで及び第4項（表3に係る部分を除く。）の規定（平成13年国土交通省告示第1540号に規定する枠組壁工法又は木質プレハブ工法（以下単に「枠組壁工法又は木質プレハブ工法」という。）を用いた建築物の場合にあっては同告示第1から第10までの規定）に適合することを確かめることによって地震に対して構造耐力上安全であることを確かめたものとみなすことができる。

ハ　ロの規定にかかわらず、新たにエキスパンションジョイントその他の相互に応力を伝えない構造方法を設けることにより建築物を2以上の独立部分に分ける場合にあっては、増築又は改築をする独立部分以外の独立部分については、平成18年国土交通省告示第185号に定める基準によって地震に対して安全な構造であることを確かめることができる。

ニ　地震時を除き、令第82条第一号から第三号まで（地震に係る部分を除く。）に定めるところによる構造計算によって建築物全体が構造耐力上安全であることを確かめること。ただし、法第20条第四号に掲げる建築物のうち木造のものであって、令第46条第4項（表2に係る部分を除く。）の規定（枠組壁工法又は木質プレハブ工法を用いた建築物の場合にあっては平成13年国土交通省告示第1540号第1から第10までの規定）に適合するものについては、この限りでない。

二　建築設備については、第1第一号に定めるところによる。

三　屋根ふき材、特定天井、外装材及び屋外に面する帳壁については、第1第二号に定めるところによる。

第4　（略）

付録7.3.8　平成17年6月1日国土交通省告示第570号
昇降機の昇降路内に設けることができる配管設備の構造方法を定める件

建築基準法施行令（昭和25年政令第338号）第129条の2の5第1項第三号ただし書の規定に基づき、昇降機の昇降路内に設けることができる配管設備で、地震時においても昇降機のかごの昇降、かご及び出入口の戸の開閉その他の昇降機の機能並びに配管設備の機能に支障がないものの構造方法を次のように定める。

建築基準法施行令第129条の2の5第1項第三号ただし書に規定する昇降機の昇降路内に設けることができる配管設備で、地震時においても昇降機のかごの昇降、かご及び出入口の戸の開閉その他の昇降機の機能並びに配管設備の機能に支障がないものの構造方法は、次の各号に適合するものでなければならない。

一　次のいずれかに該当するものであること。

イ　昇降機に必要な配管設備

ロ　光ファイバー又は光ファイバーケーブル（電気導体を組み込んだものを除く。）でイに掲げるもの以外のもの

ハ　ロに掲げる配管設備のみを通すための配管設備

二　地震時においても昇降機のかご又はつり合おもりに触れるおそれのないものであること。
三　第一号ロ又はハに掲げるものにあっては、次に適合するものであること。
　イ　地震時においても鋼索、電線その他のものの機能に支障が生じない構造のものであること。
　ロ　昇降機の点検を行う者の見やすい場所に当該配管設備の種類が表示されているものであること。
四　第一号ハに掲げるものにあっては、前号に規定するほか、難燃材料で造り、又は覆ったものであること。

付録8 （一社）日本建築あと施工アンカー協会（JCAA）

「あと施工アンカー技術資料」、「あと施工アンカー施工指針（案）・同解説」抜粋

1. 適用範囲

あと施工アンカー（以下「アンカー」という場合もある。）を用いて設備機器などを取り付ける場合に適用する。

2. 用語と定義

あと施工アンカー	母材に穿孔した孔に、固着機能によって固定されるアンカー
金属系アンカー	母材に穿孔した孔に、固着部を有する金属製の部材を挿入し、母材に固着するアンカーを総称していう。
接着系アンカー	穿孔した孔とアンカー筋のすき間を接着剤で充填し、硬化させ物理的に固着するアンカーをいう。
母材	アンカーを固着する対象物
有効埋込み長さ	①金属拡張アンカーでは、母材の表面から拡張部先端までの距離 ②接着系アンカーでは、母材表面からアンカー筋の有効先端までの距離（先端部に所定の角度があるボルトは、その部分を除いた距離）
へりあき寸法	アンカーの中心から最も近い母材端部までの距離
アンカーピッチ	アンカーの中心から中心までの距離
穿孔深さ	母材の表面から穿孔する孔底（孔底の肩部）までの距離
ブラシがけ	穿孔した孔の壁面に付着した母材の切粉を落とすこと
アンカー筋	接着系アンカーにおいて、母材に埋め込む異形棒鋼あるいは全ねじボルト

3. あと施工アンカー製品認証制度とあと施工アンカー施工士

3.1 あと施工アンカー製品認証制度

JCAAでは、あと施工アンカー製品認証制度を設けており、現在はタイプBとタイプCのものが認証されている。

表1 あと施工アンカー製品認証制度の種類と認証の内容

種類	認証の内容
タイプA	評価認証審査項目16項目以上 (15項目については、タイプB以上の品質であること。) 16以降の審査項目は認定委員会が認めたもの。
タイプB	評価認証審査項目15項目 標準タイプ
タイプC	評価認証審査項目指定9項目以上 申請者の自己申告により項目追加可能

3.2 あと施工アンカー施工士

JCAA「あと施工アンカー技術者資格認定制度」で認定された資格には、次の資格がある。

表2 あと施工アンカー技術者資格の種類と適応業務の内容

資格の種類	適用業務の内容
第2種あと施工アンカー施工士	決められた施工計画により、ねじ径12mm以下のあと施工アンカー工事を適切に施工できる技術的能力を有する。
第1種あと施工アンカー施工士	決められた施工計画により、あと施工アンカー工事を適切に施工できる技術的能力を有する者をいい、母材に対する判断ができる能力を有する。
あと施工アンカー技術管理士	工事現場におけるあと施工アンカー工事を適正に実施するため、工事の施工計画及び施工図の作成、工程管理、品質管理、安全管理等工事の施工管理を的確に行うために必要な技術的能力を有する。
あと施工アンカー主任技士	「第1種あと施工アンカー施工士」と「あと施工アンカー技術管理士」の両資格の技術的能力を有する。

4. あと施工アンカーの分類

4.1 金属系アンカー

4.1.1 金属拡張アンカーの分類

金属拡張アンカーは、アンカーの拡張部を拡張させる方法により打込み方式と締付け方式の2種類に大別し、次にそれを作動の型・式により計8種類に分類する。

4.1.2 金属拡張アンカーの種類と形状

金属拡張アンカーの概要図と構成部品名を表3に示す。

表3 金属拡張アンカーの形状と構成部品名

方式	型	種類	アンカー概要図
打込み方式	拡張子打込み型	芯棒打込み式	(芯棒、本体、拡張部)
		内部コーン打込み式	(コーン、本体、拡張部)
	拡張部打込み型	本体打込み式	(本体、拡張部、コーン)
		スリーブ打込み式	(テーパー付ボルト、スリーブ、拡張部、テーパー部)

締付け方式	一端拡張型	コーンナット式	
		テーパーボルト式	
	平行拡張型	ダブルコーン式	
		ウェッジ式	

4.1.3 金属拡張アンカーの材質とねじ

金属拡張アンカーの主な材料は、JIS規格に適合した材料または、その改良材が用いられている。

金属拡張アンカーに使用されているねじは、JISB0205 一般用メートルねじの規格に適合したねじとする。

4.2 接着系アンカー

4.2.1 接着系アンカー（カプセル方式）の種類と形状

カプセルの形状は、カプセルの材質によりある程度決まり、ガラス管の場合は円筒状、プラスチックや紙の場合はシュガースティックのような楕円状が多い。

主剤の種類により、有機系（ポリエステル系、エポキシアクリレート系、ビニルウレタン系、エポキシ系）と無機系（セメント系）に分けられる。

カプセルの形状と内容物を表4に示す。有機系の場合は、硬化した接着剤の特性として、耐熱性、耐薬品性によるアンカーへの影響が予想されるので、特殊な環境下（高低温等、物理的、化学的環境が通常と異なるもの）で使用する場合は、その特性を確認する。

表4 接着系アンカー・カプセル方式の形状

施工方法	主剤	カプセルの材質 （カプセルシールの形態）	カプセルの形状例
回転・打撃型	有機系	ガラス管式 （溶閉密封）	ストッパ 硬化剤 ガラス管 骨材 主剤
		ガラス管式 （キャップ）	キャップ 主剤 硬化剤 ガラス管 骨材
		フィルムチューブ式 （溶着式）	主剤 硬化剤 骨材 プラスチックチューブ
	無機系	紙チューブ式 （張合わせ）	和紙 特殊モルタル 細骨材
		ガラス管式 （キャップ）	キャップ 水 セメント ガラス管 骨材

4.2.2 有効埋込み長さ

接着系アンカーの穿孔深さ（L）および有効埋込み長さ（Le）の最小値は図1による。アンカーの耐力の算定には、有効埋込み長さの最小値を用いる。アンカー筋のねじの呼びは、JISB0205 一般用メートルねじによる。

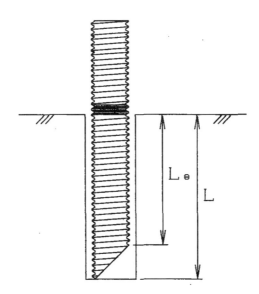

図1 接着系アンカーの穿孔深さおよび有効埋込み長さ

4.2.3 アンカー筋の種類と形状

(1) 種類

アンカー筋には原則として全ねじボルトを用いる。全ねじボルトは JISB1051 による。全ねじボルト以外のアンカー筋を用いる場合は、JIS規格品あるいは品質がJIS規格品と同等以上のものとする。アンカー筋に用いる材質は、表5に示すものが一般的に用いられる。

表5 接着系アンカーに用いるアンカー筋の主な材質

種類	規格番号	名称	記号
ボルト	JIS G3101	一般構造用圧延鋼材	SS400
異形棒鋼	JIS G3112	鉄筋コンクリート用棒鋼	SD295A SD345

(2) 形状

アンカー筋の形状例を図2に示す。外周表面部は、ねじや異形棒鋼のような凹凸を有していること。

アンカー筋の埋め込み先端部の角度は、45°程度を目安とする。

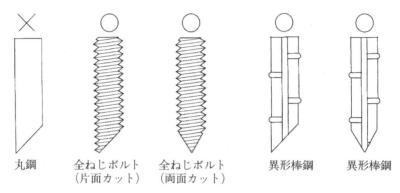

図2 アンカー筋の形状例

(3) 外観

表面に接着剤の硬化あるいは固着を阻害するもの（油、サビ、泥など）があってはならない。

5. あと施工アンカーの施工

5.1 標準施工

5.1.1 金属系アンカー

金属系アンカーの標準的な施工手順の例と各作業の注意事項を表6に、打込み方式（芯棒打込み式）と締付け方式（ウエッジ式）の施工手順を図3、図4に示す。

表6 金属系アンカー（金属拡張アンカー）の標準的な施工手順

施工手順	注意事項
①墨出し（指示書による。） ⇒	墨出し位置を確認する。
②準備 ⇒	作業工具・アンカー・ボルト・接合筋等を作業前に確認する。
③コンクリートドリルの選定 ⇒	決められた径のドリルを選定する。
④ドリルへの穿孔深さのマーキング ⇒	所定の穿孔深さを確保する。
⑤コンクリートの穿孔 ⇒	コンクリートの面に対して直角に穿孔する。
⑥孔内清掃および穿孔深さの確認 ⇒	切粉が孔底に残らないように清掃する。
⑦アンカー挿入 ⇒	ねじの損傷および構成部品のセット状態を確認する。
⑧アンカーの打込みまたは回転・締め付け ⇒	拡張の終了を確認する。
⑨機器等の取付け ⇒	トルクレンチ等を用いてナット・ボルト等を所定のトルク値まで締め付ける。

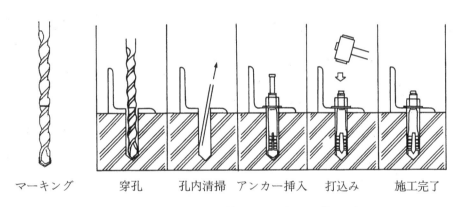

図3 打込み方式（芯棒打込み式）の施工手順

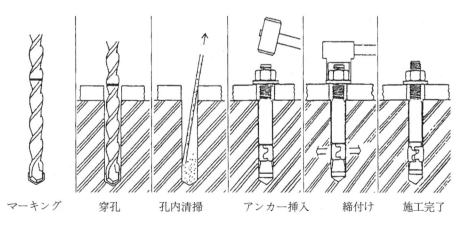

図4 締付け方式（ウエッジ式）の施工手順

5.1.2 接着系アンカー

接着系アンカーの標準的な施工手順の例と各作業の注意事項を表7に、接着系アンカー（カプセル方式）回転・打撃型の施工手順を図5に示す。

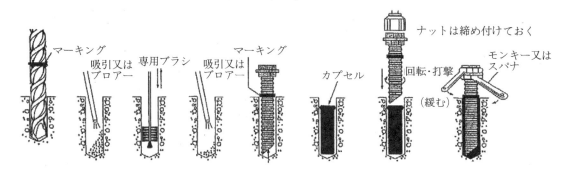

図5 接着系アンカー（カプセル方式、回転・打撃型）の施工手順

表7 接着系アンカー（カプセル方式）の標準的な施工手順

施工手順	注意事項
①墨出し（指示書による。） ⇒	墨出し位置を確認する。
②準備 ⇒	作業工具・アンカー筋の準備と確認を行う。また、使用するカプセルを作業前に準備する。
③コンクリートドリルの選定 ⇒	定められた径のドリルを選定する。
④ドリルへの穿孔深さのマーキング ⇒	所定の穿孔深さを確保するためのマーキングを行う。
⑤コンクリートの穿孔 ⇒	コンクリート面に対して直角に穿孔する。
⑥孔内清掃および穿孔深さの確認	
1. 吸塵 ⇒	穿孔後、孔中の切粉を吸塵する。
2. 穿孔深さの確認 ⇒	穿孔深さを確認する。
3. ブラシがけ ⇒	専用ブラシを用いて、孔壁面から切粉を掻き落とす。
4. 吸塵 ⇒	再び孔中の切粉を吸塵する。
⑦マーキング ⇒	孔深さに合わせ、アンカー筋にマーキングを行う。
⑧カプセル挿入 ⇒	カプセル内容物の流動性の確認等により、使用可否を確認した後、孔内に挿入する。カプセルに浸漬が必要なものについては、所定時間の浸漬作業を行う。
⑨アンカー筋の埋込み ⇒	アンカー筋に回転・打撃を与えながら、一定の速度でアンカー筋のマーキング位置まで埋め込む。過剰攪拌をしないこと。
⑩硬化養生 ⇒	所定の硬化時間内はアンカー筋を動かさない。
⑪ナット取外し ⇒	硬化養生後、回転・打撃型の場合は、必要に応じてアンカー筋のナット等を取り外す。
⑫機器等の取付け ⇒	ねじ締付けの場合は、所定のトルク値で締め付ける。

5.2 種類と寸法
5.2.1 金属系アンカー

金属系アンカーの各タイプの種類と寸法を表8(1)、(2)に示す。

表8(1) 金属系アンカーの種類と寸法

アンカーの種類と形状	サイズ			最小埋込み長さ
	ねじの呼び	外径 D mm	本体長さ L mm	e mm
芯棒打込み式（おねじタイプ）	M8	8.0	50～100	35
	M10	10.0	60～120	40
	M12	12.0	70～150	45～50
	M16	16.0	100～190	60
	M20	20.0	130～230	80
内部コーン打込み式（めねじタイプ）	M8	10.0	30	30
	M10	12.0～12.5	40～70	40
	M12	15.0～16.0	50～80	50
	M16	20.0	60	60
本体打込み式（めねじタイプ）	M8	12.0	35	35
	M10	14.0	40～70	40
	M12	17.3	50～80	50
	M16	21.5	60～100	60
スリーブ打込み式（おねじタイプ）	M8	12.0	65～70	35
	M10	13.8～14.0	70～150	40
	M12	17.3	80～200	50
	M16	21.7	120～200	60

＊最小埋込み長さはメーカーにより異なるので、使用する場合には、メーカーの仕様書を確認すること。

表 8(2) 金属系アンカーの種類と寸法

アンカーの種類と形状	サイズ			最小埋込み長さ e mm
	ねじの呼び	外径 D mm	本体長さ L mm	
コーンナット式（おねじタイプ）	M12	17.3～17.6	65～115	50～80
	M16	23.6～24.0	153～163	100
テーパボルト式（おねじタイプ）	M8	10.3	65	40
	M10	12.7	80～90	50
	M12	15.8～17.3	80～100	55～60
	M16	21.4～21.7	140	80
ダブルコーン式（おねじタイプ）	M10	14.5	103～130	75
	M12	17.6～19.0	85～145	50～80
	M16	23.6～24.0	125～175	105～110
	M20	27.6	173～215	130～140
ウェッジ式（おねじタイプ）	M8	8.0	57～137	35～50
	M10	10.0	68～120	40～60
	M12	12.0	80～300	50～70
	M16	16.0	100～240	60～90
	M20	20.0	125～170	105

＊カプセルによって、ピット径（呼び径）および穿孔深さが異なるので使用する場合には、必ずメーカーの仕様書を確認すること。

5.2.2 接着系アンカー

接着系アンカーの各タイプの代表的な種類と寸法を表9に示す。

表9 接着系アンカーの種類と寸法

アンカーの種類と形状	アンカー筋の種類とサイズ	ビット径（呼び系）mm	穿孔深さ　mm
接着系アンカー（カプセル方式）	M10	12.0〜14.5	80〜110
	W3/8	11.5〜12.0	
	M12	14.0〜15.0	100〜110
	W1/2	14.0〜14.5	
	M16	18.0〜19.0	120〜160
	W5/8	18.0〜19.0	
	M20	22.0〜25.0	170〜210
	W3/4	22.0〜25.0	
	M22	25.0〜28.0	190〜250
	W7/8	26.0〜28.0	
	M24	28.0〜32.0	210〜300
	W1	28.0〜32.0	
	D10	12.0〜14.5	80〜90
	D13	15.0〜16.0	100〜130
	D16	19.0〜20.0	125〜160
	D19	24.0〜26.0	155〜200
	D22	28.0〜30.0	180〜250
	D25	32.0〜34.0	200〜300

＊カプセルによって、ビット径（呼び径）及び穿孔深さが異なるので使用する場合には、必ずメーカーの仕様書を確認すること。

5.3 施工管理上の注意事項

5.3.1 穿孔

(1) 穿孔機械は、施工現場の状況およびアンカーの種類・径に応じて、適切な機器を使用する。
(2) コンクリートドリルは、アンカーに適合した径のドリルを使用する。
(3) 穿孔深さを確保するための処置を講ずる。
(4) 穿孔は、母材面に直角となるように施工する。
(5) 穿孔後は、孔深さを測定し、指示通りであることを確認する。
(6) 指示通りの穿孔深さが確保できない場合、期待したアンカー耐力が得られないと判断される場合、特殊な環境下での穿孔の場合等は、管理者に報告し、指示を受ける。

5.3.2 孔内清掃

穿孔した孔には切粉が残らないように、孔内清掃を行う。接着系アンカーの場合には、孔径に合った専用ブラシを用いて、孔壁に付着している切粉を落とし、吸塵する。

5.3.3 アンカーの固着

金属拡張アンカーと接着系アンカーとでは、固着のメカニズムが基本的に異なり、また、アンカーの種類ごとに固着の詳細は異なるので、それぞれのアンカーはそのアンカー独自の仕様にしたがって作業しなければならない。

(1) 金属系アンカー
- a. 打込み方式の場合には、専用の打込み工具を用い、アンカーの大きさに応じた適切な重量のハンマーを使用して、施工終了の確認ができるまで打込む。
- b. 締付け方式の場合には、適切な締付け工具を用いて、所定のトルク値まで締付ける。

(2) 接着系アンカー
- a. カプセル方式の回転・打撃型アンカーを埋め込む場合には、埋込み機械を使用して埋め込む。この場合、カプセルのサイズに適した埋込み機械を使用する。
- b. カプセルの使用有効期間および、内容物の流動性の確認を行う。
- c. アンカー筋を埋め込む際には、過剰攪拌を行わないよう、マーキングの位置まで連続的に埋め込んだら、それ以上の回転・打撃を加えない。
- d. アンカー筋の埋込み後は、接着剤が硬化するまで、それらが動かないように養生する。

6. あと施工アンカーの試験と検査

あと施工アンカーの試験および検査には、目視検査、接触検査、打音検査、非破壊試験、破壊検査があり、目的に応じて行う。

7. あと施工アンカーの設計および構造規定

7.1 設計

あと施工アンカー設計時の長期および、短期荷重に対するアンカーの許容引張荷重および許容せん断荷重は、当面は（一社）日本建築学会「各種合成構造設計指針・同解説」（2010年版）、（一社）日本内燃力発電設備協会「自家用発電設備耐震設計のガイドライン」を適宜準用して行ってよい。

ただし、（一社）日本建築あと施工アンカー協会の「あと施工アンカー設計指針同解説」が規定された場合には協会の設計指針を用いて設計してよい。

末尾に参考として、金属系アンカーに対しては、（一社）日本建築学会「各種合成構造設計指針・同解説」（2010年版）の設計式をSI単位に換算した形として、接着系アンカーについては、（一財）日本建築防災協会「既存鉄筋コンクリート造建築物の耐震改修設計指針・同解説」（2001年改訂版）の式を引用した。

7.2 構造規定

7.2.1 対象母材

取付ける対象母材は、普通コンクリートおよび軽量コンクリートとする。母材の圧縮強度は、18N/mm^{2}以上とする。

7.2.2 対象母材の安全性の確認

設備機器などの止め付けによって付加荷重が作用した場合には、止め付けた母材の構造上の安全性について確認する。

7.2.3 アンカーピッチ、へりあき寸法の標準

アンカーピッチ、へりあき寸法がアンカーの耐力に影響を及ぼすと考えられる場合は、アンカーピッチ、へりあき寸法を考慮してアンカー耐力を検討する。

7.2.4 金属拡張アンカー（めねじ形）の取扱い

施工管理が十分に行われている金属拡張アンカーのめねじ形のアンカーは、おねじ形と耐力が同等であるとして扱ってよい。

JCAA では、製品認証制度を設け、現在おねじ 3 種類、めねじ 2 種類の認証を終了し、認証書を発行し、「あと施工アンカー認証製品一覧」として公開している（平成 25 年 12 月現在）。

7.2.5 ステンレス製のあと施工アンカーの使用について

ステンレス製のあと施工アンカーを用いてもよい。

ステンレスの材質は、JIS 規格品あるいは JIS 規格品と同等以上のものとする。

ステンレス製のあと施工アンカーの耐力は、第 1 編 付表 1、第 3 編 付録 4、第 3 編 付録 8 を十分に検討し、安全性に配慮する。

＜参考＞

あと施工アンカー設計時の長期および短期荷重に対するアンカーの許容引張力として、金属系アンカーに対しては、（一社）日本建築学会「各種合成構造設計指針・同解説」（2010 年版）p.322 の設計式を、接着系アンカーについては、（一財）日本建築防災協会「既存鉄筋コンクリート造建築物の耐震改修設計指針・同解説」（2001 年改訂版）p.269 の式を引用した。

・金属系アンカー

許容引張力 $P_a = \min(P_{a1}, P_{a2})$

$$P_{a1} = 0.23 \phi_1 \sqrt{F_C} \cdot A_C$$

$$P_{a2} = \phi_2 \cdot {}_s\sigma_y \cdot {}_{sc}a$$

P_{a1}、P_{a2} の破壊形態を図 6 に示す。

記号　　P_{a1}：定着したコンクリート躯体のコーン状破壊により決まる場合のアンカーボルト 1 本当りの許容引張力（N）

P_{a2}：メカニカルアンカーボルト鋼材の降伏により決まる場合のアンカーボルト 1 本当りの許容引張力（N）

ϕ_1：低減係数　　長期荷重 1/3、短期荷重 2/3

ϕ_2：低減係数　　長期荷重 2/3、短期荷重 1.0

F_c：既存コンクリートの圧縮強度もしくは設計基準強度（N/mm²）

A_c：コンクリートのコーン状破壊面の有効水平投影面積で、図 7 による。（mm²）

${}_s\sigma_y$：メカニカルアンカーボルト鋼材の降伏点で短期許容引張応力度と同じ（N/mm²）

${}_{sc}a$：メカニカルアンカーボルトの定着部またはこれに接合される鋼材の断面積で危険断面における値。ねじ切り部が危険断面となる場合は、ねじ部有効断面

積をとる。（mm^2）

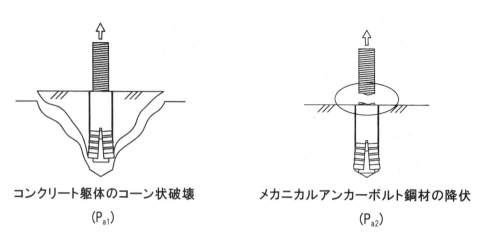

コンクリート躯体のコーン状破壊　　　メカニカルアンカーボルト鋼材の降伏
　　　　（P_{a1}）　　　　　　　　　　　　　　　　（P_{a2}）

図6　破壊形態

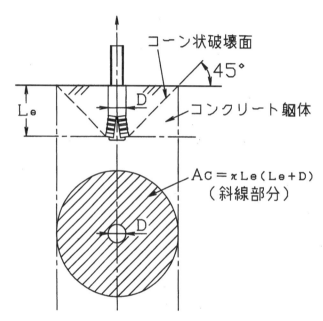

図7　メカニカルアンカーボルトの有効水平投影面積 A_c

・接着系アンカー

引張耐力　$T_a = \min(T_{a1}、T_{a2}、T_{a3})$

$T_{a1} = \sigma_y \cdot a_0$

$T_{a2} = 0.23\sqrt{\sigma_B} \cdot A_C$

$T_{a3} = \tau_a \cdot \pi \cdot d_a \cdot L_e$　ただし、$\tau_a = 10\sqrt{\dfrac{\sigma_b}{21}}$

T_{a1}、T_{a2}、T_{a3} の破壊形態を図8に示す。

記号　　T_{a1}：鋼材の耐力で決まる場合の引張耐力（N）

　　　　T_{a2}：コンクリートのコーン状破壊で決まる場合の引張耐力（N）

　　　　T_{a3}：付着で決まる場合の引張耐力（N）

σ_y ：鉄筋の規格降伏点強度（N/mm²）
a_0 ：アンカー筋のねじ加工を考慮した有効断面積、またはアンカー筋の公称断面積（mm²）
σ_B ：既存部のコンクリートの圧縮強度（N/mm²）
A_c ：既存コンクリート躯体へのコーン状破壊面のアンカー1本当たりの有効水平投影面積で図9による。（mm²）
τ_a ：接着系アンカーの引抜き力に対する付着強度（N/mm²）
d_a ：アンカー筋の呼び名
L_e ：アンカー筋の有効埋込み長さ（mm）

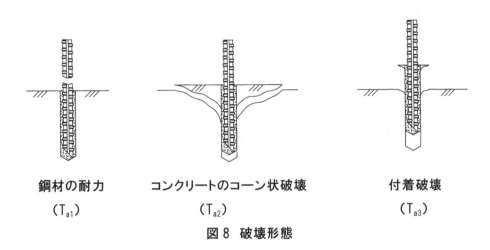

図8 破壊形態

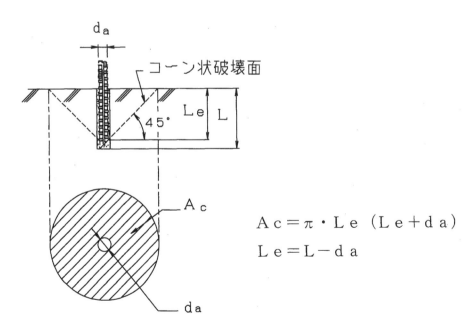

$Ac = \pi \cdot Le (Le + da)$
$Le = L - da$

図9 接着系アンカーの有効水平投影面積 A_c

付録9　過去の地震による建築設備の被害例

　建築物の地震対策を検討する際には、過去の地震による被害の状況を教訓とすることで、従来より高度で精度の高い耐震設計が可能となってきた。

　建築設備に対する耐震設計や耐震対策を考える際にもまったく同様で、どのような被害モードなのか、どのような部分が弱点なのかなどに関しては、過去の地震による被害例を教訓とすることが大切である。特に建築設備は機器類及び配管やケーブルのような連続体など、その形状、支持方法など多岐にわたっており、それぞれ地震でどのような部位に、どのような被害が発生しているかを教訓とするとよい。

　本付録では、建築設備の代表的なものについて、東北地方太平洋沖地震を含む過去の地震による被害例を紹介している。写真掲載頁において、前半部分は、「指針2005」でも取り上げた地震被害写真のうち、代表的なものを再掲載し、後半部分は東北地方太平洋沖地震による被害を掲載した。

　被害状況を示す写真から、被害原因などが推測できるものについては、被害と原因の推測、及び被害を防止するための対策を記載したので参考とされたい。また、建築設備系の代表的な地震被害の要因は、次のように分類できる。

(1) 床上設置機器の主な被害要因
　1) アンカーボルトなどの取り付けられていないもの
　　　軽いものから重いものまで、重量にかかわらず移動・転倒などにより機器などが損傷している。
　2) コンクリート基礎の破損
　　　コンクリート基礎に埋め込まれるアンカーボルトのへりあき寸法の不十分なものは、コンクリート基礎の縁が破損してアンカーボルトが抜けてしまい、機器などが移動・転倒して損傷している。
　3) アンカーボルトの埋込み不完全なもの
　　　箱抜きアンカーボルトなどで、箱抜きの内面が平滑すぎて充填したモルタルの付着が不十分なものや、充填したモルタルの強度が不足しているものは、アンカーボルトが抜け出してしまい、機器などが移動・転倒している。
　4) アンカーボルトや固定金物の強度不足
　　　アンカーボルトや固定金物の強度が不足しているものは、これらが破損して機器などが移動・転倒している。
　5) 不安定なコンクリート基礎
　　　独立あるいははり状の背の高いコンクリート基礎を床スラブと緊結せずに機器などを据え付けたものが、コンクリート基礎ごと移動・転倒などしている。
　6) 架台などの強度不足
　　　鉄骨架台の上に設置された機器が、架台の部材強度が不足していたり、部材の接合法が不適切であったために架台本体が損傷してしまい、転倒したもの。

7) 機器本体の強度が不足していたもの

機器本体の強度が不足していたために、本体が破損してしまったもの、特にFRP製水槽やFRP製冷却塔などにこの被害が見られる。

8) デスク上機器に耐震措置が施されていないもの

CRT、プリンターの移動・転落及びデスク本体の移動により、機能停止などの被害が見られる。

(2) 天井吊り・壁掛け機器の主な被害要因

1) 吊りボルトなどに振止めを施してないもの

機器本体が振り子状に大きくあるいは繰り返し振れて、吊りボルトが抜け出してしまったもの、あるいは他の機器や配管などと衝突して破損したり落下したりしている。

2) 吊り金物などの強度不足

吊り元及び器具接続部が破損したり、吊り架台などが破損して落下している。

3) 埋込金物などの強度不足

埋込金物が破損したり、躯体から抜け出したりして落下している。

(3) 防振支持機器の主な被害要因

1) 耐震ストッパが設けられていなかったもの

機器本体が大きく移動したり、転倒したものあるいは防振スプリングなどが飛び出してしまったものなどがある。

2) 耐震ストッパが不完全なもの

水平方向の変位を止めるだけの耐震ストッパ、あるいは移動防止形ストッパだったために、ストッパを飛び越えてしまったものや、ストッパボルトにナットが締め付けてなかったためにボルトから飛び出してしまったものなどがある。

3) 重量機器の上部変位量が大きいもの

変圧器などでは移動・転倒防止形のストッパを用いた場合でも、上部変位量が大きく二次導体及び防振架台が破損したものがある。

(4) 配管・ダクト・電気配線などの連続体の主な被害要因

1) 機器などの移動・転倒などによるもの

機器などが移動・転倒したために、これに接続していた配管・ダクト・電気配線などが破損したものがある。

2) 機器などとの接続部の破損

機器と配管・ダクト・電気配線などはそれぞれ振動状態が異なるため、地震時に機器と配管・ダクト・電気配線などに大きな相対変位が生じ、接続部で破損したものがある。

3) 配管・ダクトなどの衝突によるもの

吊りボルトで吊り下げられている配管・ダクトなどは、地震時に振り子状に大きく振れて配管とダクト、あるいは機器などと衝突して破損したものがある。

4) 配管の小口径分岐管の破損

比較的小口径の枝管の分岐部における、枝管固定箇所と主管との変位差による枝管取り出し部の破損したものがある。

5) 吊り金物や埋込金物の強度不足

配管・ダクト・電気配線などは地震時に大きくあるいは繰り返し振れて、吊り金具や埋込金具に過度な力がかかり、これらの強度が不足していたためにこの部分が破損し、配管・ダクト・電気配線などが落下したものがある。

6) 防火区画貫通部の破損

多条数、大容量幹線に対する縦方向（配線軸方向）の耐震支持が適切でなく、防火区画の貫通部が破損したものがある。

7) 建築物からの強制変形によるもの

建築物はその構造形式により、地震時に床層間変形（床〜床）や乾式壁と上階の床の間などに大きな相対変位を生ずる場合があり、この部分に設置された配管・ダクトや機器などが破損したものがある。

8) 建築物エキスパンション・ジョイント部の配管

建築物のエキスパンション・ジョイント部を横断していた配管・ダクト・電気配線が、地震時の建築物の相対変位量に追従できずに破損したものがある。

9) 地中での建築物導入部の強制変形によるもの

地震時に建築物と地盤が相互に変形し、あるいは地盤の沈下などにより、建築物導入部の配管がこの相対変位量に追従できなく破損したものがある。

10) 建築非構造部材に取り付けられる設備器具類

天井や壁に取り付けられる吹出し口類やスプリンクラーヘッド、照明器具などが、天井材との振動特性の違いなどにより、落下したり移動したものがある。

11) 末端部・分岐部などの破損

配管・ダクト・電気配線などの末端部や分岐部付近に耐震支持がないために、これら部位で破損したものがある。

12) 置き基礎固定による破損

屋上などで、配管・ダクト・電気配線などを置き基礎（屋上構造体に緊結されていない簡素な基礎）に架台を設けて固定している例があるが、地震時には、防水層上の置き基礎は付加質量となり被害を拡大させる。

13) 不適切な天井吊り金物による破損

鉄骨構造で、鉄骨梁フランジからつかみ金具を使用して支持を取ることが多いが、脱落防止治具を併用していないため、つかみ金具が脱落することがある。

(5) 水槽類の主な被害要因

床上設置機器の主な被害要因の項に記したもの以外の要因として、次のことが言える。

① スロッシング（液面揺動）による衝撃圧力により、水槽天井の破損とこれに伴う側壁の亀裂・破損が生じている。

② 水槽への接続配管部に起因した被害事例については、配管の支持方法や変位吸収継手の挿入位置などの不適切なことにより損傷している。

(6) あと施工アンカーの主な被害要因
 1) 埋込み不足によるもの
　　埋込み不足とは、仕上げモルタルなどに埋め込まれたためのものや、アンカーの埋込み不十分のものなど、構造躯体への所定の埋込み深さが確保されていないもの。
 2) 拡張不足によるもの
　　拡張不足とは、金属拡張アンカーで所定の拡張が十分行われていないものや、アンカー打設用の穴がアンカーサイズより大きすぎるものなど。
 3) アンカー本体の破壊によるもの
　　アンカー破壊とは、施工が十分行われ、アンカーは最大耐力まで達していたが、作用外力が大きかったためにアンカーの破断、アンカーの抜け及びコーン状破壊したもの。
 4) へりあき不足によるもの
　　へりあき不足とは、アンカーがコンクリート基礎などのへりあきの小さい所に設置されており、へり部分のコンクリートが破壊したもの。
 5) 構造躯体による被害
　　構造躯体の亀裂発生やコンクリートの剥落などにより、あと施工アンカーが被害を受けている例が見られる。
 6) 錆の進行によるアンカーの耐力の低下によるもの
　　錆による被害は、建築物外部に使用するアンカーに多く見られ、アンカー本体が細くやせ、破断しているものがある。

過去の地震における設備機器被害状況報告

高置水槽配管部破損	被害と原因
	配管系と水槽の振動に差異があり、水槽の配管取り付け部に過大な荷重が作用し、配管取り付け部が破損した。
	対策
	配管取り付け部へ変位吸収管(フレキシブルジョイント)を適切に設置することで防止する。
受水槽移動	被害と原因
	加速度応答による移動力、転倒モーメントによって架台のアンカーボルトが抜け、コンクリート基礎の一部が破損し水槽が移動した。
	対策
	コンクリート基礎強度とアンカーボルトの適切な選定と施工を行うことで防止する。
水抜き配管の破損	被害と原因
	主管の振動により、固定された装置水抜き配管が取出し部から破損した。
	対策
	小径分岐管は、2～3か所の屈曲配管とする。

付録9　過去の地震による建築設備の被害例

建物導入部の配管群	被害と原因
	フレキシブル継手により、地盤沈下が起きても配管群の被害は直接にはなかった。
	対策
	導入部にはより長いフレキシブル継手を設置し撓みをもたせる。

冷却塔の被害事例	被害と原因
	充填材の移動防止がなされていないため、充填材が塔外へ飛び出した。
	対策
	充填材の移動防止の支持をする。

独立置き基礎の移動による破壊	被害と原因
	床上配管架台用基礎が単純な独立置き基礎であったため配管接続部が破損した。
	対策
	① 接続配管は機器への接続部で耐震支持を設置し、必要により（今回の機器は必要）変位吸収管継ぎ手を設けて機器と接続する。 ② 配管接続部に変位吸収可撓継手を使用する。

冷却水管破損	被害と原因
	配管の横揺れにより、溶接部より破断した。開先及びビート管理不良も相乗した。
	対策
	配管の耐震固定及び溶接要領の現場管理。

建物導入部の配管破損	被害と原因
	地盤沈下により、導入部の配管が破損した。耐震及び地盤沈下対策が考慮されてなかった。
	対策
	写真から塩ビ管と見られるが、第1桝は建築構造体から支持する。

フレキシブル継手破損	被害と原因
	建築物エキスパンション部、上下・左右の振動により継手が伸び切り破損した。
	対策
	変位吸収管継ぎ手はX，Y，Z方向の3方向に設置し、その両端の配管は耐震支持する。

冷温水管の折れ破損 	**被害と原因** 機器の振動により、固定されている配管の機器側が共振し屈折破損した。 **対策** 機器を耐震支持して移動・転倒がない様にし、接続配管は耐震支持し、必要に応じてその間に変位吸収管継ぎ手を設置する。
消音器の落下 	**被害と原因** 12階建の屋上に設置した発電機の消音器支持材の施工不良のため吊アンカーが引抜け、下部機器破損並びに起動不能となった。 **対策** 重量機器や重要機器を吊り支持する場合にはS_A種またはA種の耐震支持とする。
キュービクルの移動 	**被害と原因** 7階建の最上階に設置したキュービクル内変圧器の防振装置が移動・転倒防止形でないため上部の変位量が大きく防振ゴムが破断し二次導体が変形した。さらに変圧器の基礎ボルトが破断した。 **対策** 変圧器防振装置に移動・転倒防止形ストッパを設置しクリアランスを確保して、上部変位量を抑制する。基礎ボルトは、地震力以上の強度を確保する。

開放型変電設備の変圧器の転倒	被害と原因
	7階建の6階に設置した変圧器の防振装置が移動・転倒防止形でないため上部変位量が大きく二次導体及び防振ゴムが破損した。さらにフレームパイプ及び変圧器の基礎ボルトが破損した。
	対策
	防振装置は移動・転倒防止形ストッパを設置しクリアランスを確保して上部変位量を抑制する。さらに基礎ボルトは、地震力以上の強度を確保し、フレームパイプは、2方向以上確実に固定する。
変圧器廻り破損	被害と原因
	6階建の最上階に設置したキュービクル内変圧器の防振装置が移動・転倒防止形でないため上部変位量が大きく二次導体破損、盤内短絡及び、防振架台が破損した。
	対策
	防振装置を移動・転倒型ストッパを設置しクリアランスを確保して上部変位量を抑制する。さらに変圧器自体の耐震性能強化を図り、かつ二次導体に絶縁措置を施す。
蓄電池盤内台車の移動	被害と原因
	1階に設置した蓄電池台車のストッパボルトの強度不足により、台車が飛び出した。
	対策
	ストッパボルトの強度を確保し台車のせいが高い場合は、上部を支持する。

付録9　過去の地震による建築設備の被害例

自立型制御盤の転倒	被害と原因
	7階建の屋上に設置した自立型制御盤が、基礎アンカーボルト及び盤頭部支持強度不足のため転倒した。
	対策
	基礎のアンカーボルトと盤頭部支持強度を強化する。写真左側の機器や床上ラックも全て既成品の置基礎に設置されており耐震化がされていないため、耐震支持を施す。
ケーブルラックの落下	被害と原因
	ケーブルラックの支持・固定金物強度不足及び耐震支持が施されていないためケーブルラック及び吊り金物が落下した。
	対策
	ケーブル自重を考慮したケーブルラック及び吊り金物の強度を確保する。さらに軸方向、横方向とも耐震支持を行い、防火区画貫通部付近に耐震支持を行う。
ネオン用安定器の脱落	被害と原因
	11階屋上に設置したネオン用安定器が取付ボルトの強度不足のためボルトが破断し脱落した。
	対策
	安定器取付金物を補強し取付ボルトの強度を確保する。

	被害と原因
シャンデリアのぶら下がり 	1階天井に取付けたシャンデリアのフランジ部と吊りパイプ部が強度不足のため分離し器具がぶら下がり状態となった。
	対策
	パイプ支持方法を改善し強度を確保する。
ガスレンジ転倒 	被害と原因
	耐震金具で固定しているがアジャスターの構造に適した固定方法でなかったために転倒した。
	対策
	計算例のような固定金具・方法に変更する。
蒸し器転倒 	被害と原因
	固定方法の不備による転倒。
	対策
	計算により固定金具・方法を決定し確実に施工する。

付録9　過去の地震による建築設備の被害例

埋込み不足（仕上材）の被害例	被害と原因
	埋込み不足(軀体のコンクリートにアンカーが入っていない)により室外機が壁面より落下した。(アンカー：内部コーン打込み式ねじ W3/8)
	対策
	軀体に所定の埋込み深さが確保できる長いおねじ形あと施工アンカーを建築仕上げ材を考慮して使用する。

あと施工アンカーボルトの破断例	被害と原因
	設計外力の仮定不十分(錆の発生も加わる)のため水槽固定アンカーボルトがせん断破断した。(アンカー：本体打込み式ねじ M16)
	対策
	設計外力と防錆の検討。ステンレス(SUS304)製おねじ形あと施工アンカー(芯棒打込み式ねじ M16)に変更した。

東日本大震災における設備機器被害状況報告

油配管トレンチ内　油配管損傷[1] 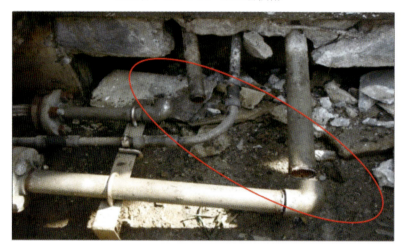	**撮影場所および建物構造** 撮影場所：宮城県仙台市 建築物：RC造地上2階建 撮影階：外部 **被害と原因および対策** 被害：トレンチ内油配管の破断 原因：変位吸収管継ぎ手の設置位置がトレンチ支持点の外側にある。 対策：変位吸収管継ぎ手と支持点との考え方を確認することと、配管の重要性や変位量とを考慮して変位吸収管継ぎ手の長さや特性を確認することである。
蒸気加湿管切断[1] 	**撮影場所および建物構造** 撮影場所：福島県福島市 建築物：RC造地上3階建 撮影階：－ **被害と原因および対策**
ファンコイルユニット、空調配管、吊りボルト切断による落下損傷[1] 	**撮影場所および建物構造** 撮影場所：宮城県名取市 建築物：SRC造地上3階建 撮影階：3階 **被害と原因および対策** 被害：吊りボルトの切断 原因：機器重量から機器の振れによる吊りボルトの破断が考えられる。また、配管の落下は機器の落下に伴うものとも考えられるが、機器の吊りボルトの破断状況と共にアンカーボルトの抜けの確認も必要である。 対策：機器の振れ止めとアンカーの抜け防止、吊りボルトの強化が考えられる。

付録9　過去の地震による建築設備の被害例

空調配管　冷媒ラック倒壊[1]

撮影場所および建物構造

撮影場所：宮城県仙台市
建築物：S造地上4階地下1建
撮影階：屋上

被害と原因および対策

被害：冷媒管用ラックの倒壊
原因：耐震支持がない。また自重支持部材が門形ではあるが、その基礎は既成品の独立置き基礎である。
対策：防水層上の床上配管には耐震支持をとり、さらに自重支持も巾広い基礎とする。

空調用冷却水配管吊りボルト破断[1]

撮影場所および建物構造

撮影場所：宮城県白石市
建築物：S造地上2階建
撮影階：1階

被害と原因および対策

被害：吊りボルトの破断
原因：重量のある横引き冷却水配管の揺れにより吊りボルトが破断した。
対策：横引き配管の揺れ止めを行う。

冷水配管支持金物脱落[1]

撮影場所および建物構造

撮影場所：福島県伊達市
建築物：S造地上2階建
撮影階：1階

被害と原因および対策

被害：横引き配管共通支持部材の脱落
原因：共通支持部材の落下要因にアンカーボルトの抜けと吊りボルト破断に加えて耐震支持がないことが考えられる。
対策：耐震部材を強化して横引き配管の異常な振動がアンカーや吊りボルトに伝わらない様にする。

371

排煙ダクトが脱落[1]	撮影場所および建物構造
	撮影場所：— 建築物：S造地上2階建 撮影階：2階
	被害と原因および対策
	被害：排煙口と思われるダクトの脱落 原因：天井裏の排煙横引きダクトが落下して立ち下げダクトに接続している排煙口も落下した。 対策：天井裏の横引き排煙ダクトが耐震支持やアンカー、吊りボルトなど吊り部材耐震支持強度の強化を図る。
EAダクト落下[1]	撮影場所および建物構造
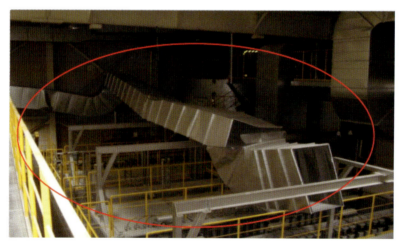	撮影場所：福島県いわき市 建築物：SRC 撮影階：地上27m
	被害と原因および対策
	被害：EAダクトの落下 原因：耐震支持がなかったり、不足や緩みなどがあったことに加え、大型ダクトであることから吊りボルトの破断やアンカーの抜けが考えられる。 対策：振れ防止の耐震支持を行うことに加えて、アンカーの注意深い施工がある。
ダクト脱落　吊りボルト破断[1]	撮影場所および建物構造
	撮影場所：宮城県黒川郡 建築物：S造地上5階建 撮影階：1階
	被害と原因および対策
	被害：ダクトの脱落、吊りボルトの破断 原因：耐震支持がなかったり、不足や緩みなどがあったことに加え、大型ダクトであることから吊りボルトの破断やアンカーの抜け防止が考えられる。 対策：振れ防止の耐震支持を行うことに加えて、アンカーの注意深い施工がある。

付録9 過去の地震による建築設備の被害例

送風機ダクト移動によりキャンパス継手はずれ[1]	撮影場所および建物構造
	撮影場所：宮城県仙台市 建築物：S造地上5階建 撮影階：屋上
	被害と原因および対策
	被害：送風機の移動によるキャンパス継ぎ手のはずれ 原因：送風機に防振装置があった場合には防振装置にストッパーがなかったことにより送風機が移動してキャンパスが破損したと考えられる。また、ダクトが移動したことも考えられる。 対策：送風機の防振装置にはストッパーを設置することとダクトの耐震支持を行うことが考えられる。

空調機室外機転倒　冷媒ラック破損[1]	撮影場所および建物構造
	撮影場所：宮城県仙台市 建築物：RC造地上9階地下1階建 撮影階：屋上
	被害と原因および対策

エアコン落下[1]	撮影場所および建物構造
	撮影場所：宮城県仙台市 建築物：S造地上2階建 撮影階：1階
	被害と原因および対策
	被害：エアコン室内機が落下した。 原因：機器に振れ止めがなく、軽量機器であり、吊り長さが長いことから、アンカーボルトの抜けと吊りボルトの破断も考えられる。 対策：機器に振れ止めを設置することとアンカーボルトの信頼性高い施工をすることが考えられる。

373

吊り用全ねじボルトの破断によるファンコイルユニットの脱落[1]

撮影場所および建物構造
撮影場所：宮城県仙台市 建築物：SRC造地上6階建 撮影階：6階
被害と原因および対策
被害：エアコン室内機が落下した。 原因：機器に振れ止めがないが天井があり、軽量機器であることから、アンカーボルトの抜けが考えられる。 対策：機器に振れ止めを設置することとアンカーボルトの信頼性高い施工をすることが考えられる。

空調用フィルターボックス吊りボルト切断（12mm）[1]

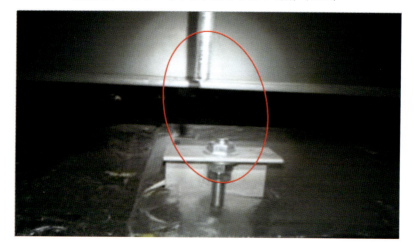

撮影場所および建物構造
撮影場所：岩手県水沢市 建築物：S造 撮影階：1階
被害と原因および対策
被害：空調用フィルターボックス側の吊りボルト切断 原因：フィルターボックスの振れによる吊りボルトの破断。 対策：フィルターボックスの横振れ防止をする。

空調機防振装置外れ[1]

撮影場所および建物構造
撮影場所：宮城県仙台市 建築物：SRC造 撮影階：屋上
被害と原因および対策

付録9　過去の地震による建築設備の被害例

排気ファンキャンバス外れ及び本体脱落[1]	撮影場所および建物構造
	撮影場所：宮城県名取市 建築物：RC造地上2階建 撮影階：屋上
	被害と原因および対策
	被害：排気ファンキャンバス外れ及び本体脱落 原因：排気ファン本体が防振装置を介した架台から外れて排気ダクトとに相関変位が生じ、キャンバスが外れた。 対策：排気ファンの防振装置ストッパーが外れないようにすることと、排気ファン鋼製架台や排気ダクトが移動しないように固定する。
屋外埋設給水管（VD）の継手接続部分の破損[1]	撮影場所および建物構造
	撮影場所：宮城県仙台市 建築物：RC造 撮影階：屋外
	被害と原因および対策
	被害：屋外埋設給水管（VD）の継手接続部分が破損 原因：建物近傍の配管である場合には固定している配管と地盤変動に影響される配管部分とに生じる相関変位に追従できなかったと思われる。建物や固定物から離れた配管の場合には地盤変動相互の変位により破損したと思われる。 対策：配管固定点と地盤の間や配管継ぎ手や管材自体に適切な変位吸収性を持たせる。
給水管継手の破損[1]	撮影場所および建物構造
	撮影場所：宮城県仙台市 建築物：RC造 撮影階：―
	被害と原因および対策
	被害：給水管継手の破損 原因：管軸方向に変位が生じてエルボが破損した。 対策：横引き配管の軸方向にも耐震支持を設置する。

給水、SP、消火栓配管 EXP 部可とう継手破断 [1]

撮影場所および建物構造
撮影場所：宮城県古川市 建築物：SRC 建 撮影階：2 階
被害と原因および対策
被害：給水、SP、消火栓配管 EXP 部可とう継手破断 原因：変位吸収管継ぎ手が EXP 部の変位に追従できずに破断した。 対策：変位吸収管継ぎ手を設置する場合には、その両端を管直角方向に加えて管軸方向にも有効な耐震支持を設ける。

浄化槽液状化により浄化槽が浮き上がり [1]

撮影場所および建物構造
撮影場所：福島県郡山市 建築物：S 造地上 2 階建 撮影階：屋外
被害と原因および対策
被害：地盤の液状化により浄化槽が浮き上がった。 原因：地盤の液状化により比重量の軽い浄化槽が浮き上がった。 対策：浄化槽の杭基礎として浮き上がりを少なくする。

貯湯槽が基礎から脱落 [1]

撮影場所および建物構造
撮影場所：宮城県仙台市 建築物：RC 造地上 12 階建 撮影階：屋上
被害と原因および対策

付録9　過去の地震による建築設備の被害例

給湯器の転倒[1]	撮影場所および建物構造
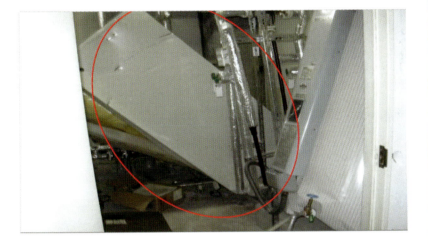	撮影場所：― 建築物：RC造地上5階建
	被害と原因および対策

防振架台損傷[1]	撮影場所および建物構造
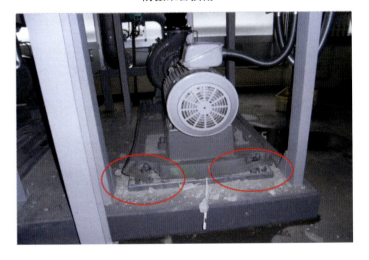	撮影場所：宮城県黒川郡 建築物：S造地上5階建 撮影階：1階
	被害と原因および対策
	被害：防振架台損傷 原因：防振架台が強度不足でストッパーボルトで破断した。 対策：防振架台強度を強めることと防振装置のクリアランスを最小に調整する。

屋上鉄骨架台の損傷	撮影場所および建物構造
	撮影場所：― 建築物：― 撮影階：屋上
	被害と原因および対策
	屋上に設置したキュービクル内変圧器の防震装置が移動・転倒防止型でない為上部の変位量が大きくキュービクル用鉄骨架台が変形、損傷した。 　変圧器防震装置に移動・転倒防止型ストッパを設置しクリアランスを確保して、上部変位量を抑制する。鉄骨架台は地震力以上の強度を確保する。

屋上ケーブルラックの損傷 	**撮影場所および建物構造** 撮影場所：－ 建築物：－ 撮影階：屋上 **被害と原因および対策** 　ケーブルラックの支持・固定金物強度不足及び耐震支持が施されていない為固定金物が破損・倒壊した。 　固定金物の強度を確保し、さらに周囲の基礎等を利用し、軸方向、横方向とも耐震支持を施す。
照明器具の脱落 	**撮影場所および建物構造** 撮影場所：－ 建築物：－ 撮影階：－ **被害と原因および対策** 　照明器具吊り金物及び、固定金物の強度不足により器具がぶら下がり状態となった。 　支持方法を改善し強度を確保する。
動力盤の転倒 	**撮影場所および建物構造** 撮影場所：－ 建築物：－ 撮影階：－ **被害と原因および対策** 　施工方法の不良による自立型制御盤転倒。 　制御盤とチャンネルベース間に防水シールを施し、制御盤内部が腐食しないようにする。制御盤が強度不足の場合は転倒防止金物等により補強措置を施す。

付録9　過去の地震による建築設備の被害例

盤内機器の破損	撮影場所および建物構造
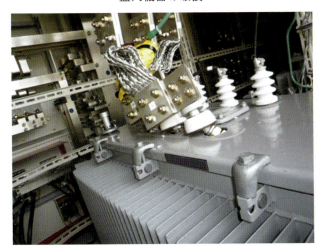	撮影場所：－ 建築物：－ 撮影階：－
	被害と原因および対策
	屋上階に設置したキュービクル内変圧器の上部変位量が大きく二次導体破損、盤内短絡を起こした。 　変圧器防震装置に移動・転倒防止型を設置し上部変位量を抑制する。さらに二次側導体には、絶縁措置を施す。

防振ゴムの破損	撮影場所および建物構造
	撮影場所：－ 建築物：－ 撮影階：－
	被害と原因および対策
	屋上階に設置したキュービクル内変圧器の防震装置が移動・転倒防止型でない為上部変位量が大きく防震ゴムが破断した。 　変圧器防震装置に移動・転倒防止型ストッパを設置しクリアランスを確保し手、上部変位量を抑制する。

【出典】
1) 一般社団法人東北空調衛生工事業協会　東日本大震災による設備機器被害状況報告
　　http://tohoku-kuei.com/pdf/121025shinsai.pdf

論文

電気設備ケーブルラックの耐震性に関する研究

正会員　角耀(A.S技術士事務所)　　非会員　寺本隆幸(東京理科大学)
非会員　大宮幸(東京理科大学)　　非会員　篠崎政樹(東京理科大学)

Research on the seismic resistance of electric cable racks

Member Sumi Akira (A.S Professional Engineering Office), Non-member Teramoto Takayuki (Tokyo University of Science) Non-member Ohmiya Miyuki (Tokyo University of Science), Non-member Shinozaki Masaki (Tokyo University of Science)

キーワード：電気設備ケーブルラック、耐震設計法、立体振動解析、静的実験、動的実験

In electrical installations of buildings, the main-stream of the electric power supply system of buildings has changed to the cable construction system with cable racks from the system with electric wire pipes. The damage of cable rack system was reported in the previous Hyogoken Nanbu earthquake at 1995. Re-examination of seismic design was performed based on the damage of the Hyogoken Nanbu earthquake. "Seismic design and construction guideline of building equipments 1997 edition" was published and utilized. In this paper, the seismic design of cable racks which have spread through in the construction of electric equipment, has been examined.
The distance between seismic support points of cable racks, the strength of cable racks and the cable weight should be taken into consideration, and it is thought that it is necessary to carry out the seismic design. This paper proposes the flowchart which performs the seismic design of cable racks.

1. まえがき

建築電気設備において電力供給方式の主流は電線管による方式からケーブルラックによるケーブル敷設方式に変わってきた。先の兵庫県南部地震においては、ケーブルラック方式の被害の報告がなされている。兵庫県南部地震の被害を踏まえ、耐震性能の見直しが行われ「建築設備耐震設計・施工指針1997年版」[1]が発行されている。

建築電気設備に普及しているケーブルラック工法に対しての耐震性能の検討を行ってきた。その結果、ケーブルラックの耐震支持間隔、ケーブルラック本体の強度、敷設するケーブルの重量を勘案し、耐震設計を実施する必要があると考え、ケーブルラックの耐震設計を行うフローを提案するものである。本研究の流れを図1に示す。検討対象とした仕様の異なる幅(w)400mm・600mm・800mmのラックを表1に示す。ラック長手方向部材を親桁、短手方向部材を子桁と呼ぶ。

表1　検討対象ラック仕様（親桁：弱軸、子桁：強軸の特性を示す）

ラック幅	断面積 (cm²)		断面2次モーメント(cm⁴)		親桁・子桁の接続方法
	親桁	子桁	親桁	子桁	
w400	1.63	1.13	0.40	3.20	リベット　A社
w600	1.50	1.34	0.24	2.65	スポット溶接(下1点) C社
w800	2.74	1.46	0.67	3.52	2点隅肉溶接(左右2点) B社

2. 4.5mスパンラックの静的実験

縦置きしたラックを、図2のように4.5mスパンで支持した。図3の実験写真に示すように水平力に相当する鉛直荷重Pを載荷し、ラック中央部の変位δを測定した。
実験結果を図4に示す。P-δ曲線をバイリニア特性として評価し、折れ点を降伏点と見なす。降伏時荷重Pyは、w400・w600・w800で46kg・160kg・260kgであった。

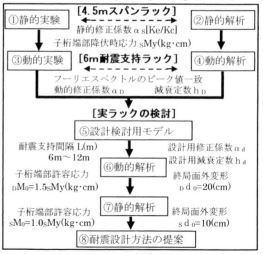

図1　研究フロー

3. 4.5mスパンラックの静的解析

ラック部材をすべて弾性、親桁・子桁の接合を剛接合として平面骨組にモデル化し、静的解析を行った。表2に解析剛性Kcと実験剛性Keの比を表す静的修正係数α_s (=Ke/Kc)を示す。α_sは、w600・w800が0.43・0.40であるのに比べ、w400は0.04とかなり低い結果となった。これは、w400の親桁・子桁の接続方法が溶接ではなくリベット接合であり、実験剛性が低くなったと思われる。静的修正係数α_sを用いて実験剛性に合わせた平面骨組モデルに、実験で得られた降伏時荷重Pyを作用させた時、子桁端部に生じる降伏時応力sMyを表3に示す。さらにw600は、実験時に接合部に割れが生じた荷重時の応力sMcを求めた。

表2 静的剛性比較

ラック幅	静的実験剛性 Ke (kg/cm)	静的解析剛性 Kc (kg/cm)	静的修正係数 α_s (Ke/Kc)
w400	7.3	167.0	0.04
w600	46.2	108.7	0.43
w800	83.3	208.0	0.40

4. 6m耐震支持ラック動的実験
4.1 実験概要

動的実験に用いたラックは、静的実験と同断面の全長7mのものである。動的実験時の写真を図5に示す。耐震支持は、図6に示すように、三次元振動台に設置された架台の天井部より、6m間隔で耐震支持が施された構造となっている。耐震支持方法は、図7に示すB種とS_A種の2種類である。
ラック長手方向、幅方向、鉛直方向をそれぞれX軸・Y軸・Z軸とし、本研究は地震被害の多いY方向を研究対象とした。

4.2 地震波加振実験

Y方向に地震波を入力して、地震波加振実験を行った。入力地震波は、JMA（神戸海洋気象台）のNS成分であり加速度を25%・50%に低減したもので、加振時間は50秒である。ラック中央部Y方向の加速度のフーリエスペクトルから、卓越周波数を求めた結果を表4に示す。

1次卓越周波数は、w400、w600のラックで25%波、50%波共に2Hz付近、w800は3Hz付近である。逆対称モードである2次周波数は現れず、3次卓越周波数は、各ラックとも入力レベルによらず、10Hz付近である。また、卓越周波数は、各ラック共B種・S_A種の耐震支持方法による差は見られなかった。

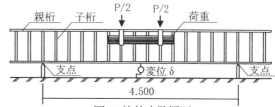

図2 静的実験概要

図3 静的実験写真

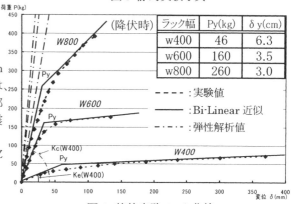

ラック幅	Py(kg)	δy(cm)
w400	46	6.3
w600	160	3.5
w800	260	3.0

図4 静的実験 P-δ曲線

表3 接合部応力(子桁端部)

| ラック幅 | 相当曲げモーメント (kg・cm) | |
	接合部割れ時 sMc	降伏時 sMy
w400	—	345
w600	727	1200
w800	—	1950

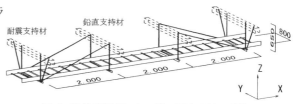

図6 動的実験ラックモデル図(w800 B種)

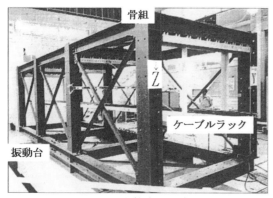

図5 動的実験写真

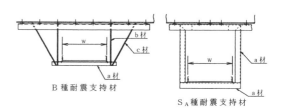

図7 動的実験耐震支持方法

5. 6m耐震支持ラック動的解析
5.1 立体解析モデル
ラック部材をすべて弾性、親桁・子桁の接合を剛接合として立体骨組にモデル化し、動的解析（解析ソフト：日建設計のDYNAMICS）を行った。25%入力時における、ラック中央部の加速度フーリエスペクトルを図8に示す。加振実験のフーリエスペクトルのピーク値と一致するように動的修正係数α_Dと減衰定数h_Dを用いた低下剛性モデルを作成した。
低下剛性モデルのラック中央部の加速度波形（図10）は、動的実験で測定された加速度波形（図9）と概ね一致しており、低下剛性モデルにより動的実験を再現できたと考えられる。

5.2 部材応答
低下剛性モデルで得られた子桁端部に生じる最大応力$_DM$を表5に示す。$_DM$の値は静的実験で得られた降伏時応力$_sMy$（w600は接合部割れ時応力$_sMc$）に対し、25%波入力では0.96～1.63倍であった。また50%波では1.61～2.59倍であり、子桁端部は降伏（w600は接合部割れ）していたと思われる。しかし、実験時の目視からはラックに目立った損傷は見られなかったので、静的実験からの推定値はやや厳しいものと考え、許容範囲内応答であるとした。

6. 実ラックの動的解析
6.1 実ラックモデル
動的実験では耐震支持間隔L=6mについて耐震性能の検討を行った。しかし建築設備耐震設計施工指針[1]では、図11に示すようにL=12mの耐震支持間隔でラックを取り付けることを規定している。実際に用いられるラックの耐震支持間隔Lを想定して、Lをパラメータとした6m、8m、10m、12mの4通りの立体骨組モデルを設定した。

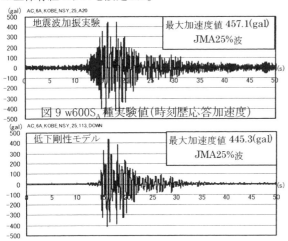

図9 w600S_A種実験値（時刻歴応答加速度）

図10 w600S_A種解析値（時刻歴応答加速度）

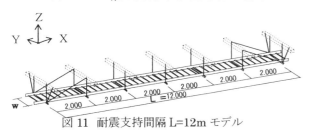

図11 耐震支持間隔 L=12m モデル

表4 地震波加振実験及び解析一覧

入力地震波	ラック幅		修正係数 α_D	減衰定数 h_D (%)	周波数 (Hz) 1次	周波数 (Hz) 3次	最大加速度 (gal) 実験値	最大加速度 (gal) 解析値
JMA 25%波 205gal	w400	B	0.14	8	1.8	10.6	521	472
		S_A	0.14	8	1.8	10.6	513	470
	w600	B	0.42	11	2.0	10.0	669	618
		S_A	0.34	11	1.8	10.5	457	445
	w800	B	0.66	6	2.9	10.4	822	790
		S_A	0.62	6	2.8	10.4	940	780
JMA 50%波 409gal	w400	B	0.09	10	1.5	10.6	984	950
		S_A	0.08	14	1.3	10.6	906	865
	w600	B	0.33	12	1.8	10.5	1024	959
		S_A	0.27	14	1.6	10.5	823	781
	w800	B	0.66	9	2.8	10.3	2098	1782
		S_A	0.62	7	2.7	10.4	2050	1684

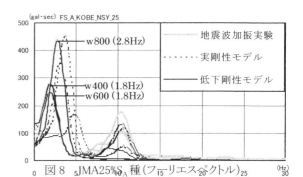

図8 JMA25%S_A種（フーリエスペクトル）

表5 最大応答値（子桁端部応力）

入力地震波	ラック幅		最大応力 $_DM$ ($\times 10^2$ kg·cm)	応力比 $_DM/_sM_C$	応力比 $_DM/_sM_Y$
JMA 25%波 205gal	w400	B	5.3	—	1.50
		S_A	5.7	—	1.63
	w600	B	9.1	1.24	0.75
		S_A	7.6	1.04	0.62
	w800	B	18.8	—	0.96
		S_A	20.0	—	1.03
JMA 50%波 409gal	w400	B	9.1	—	2.59
		S_A	8.5	—	2.41
	w600	B	14.8	2.03	1.22
		S_A	11.7	1.61	0.97
	w800	B	39.1	—	2.00
		S_A	37.4	—	1.91

表6 設計検討用モデルと1次固有振動数 (Hz)

| ラック幅 | 耐震支持間隔Lと1次固有振動数 | | | | 修正係数 α_d | 減衰定数 h_d(%) |
	6m	8m	10m	12m		
w400	1.49	1.16	0.89	0.74	0.1	10
w600	1.85	1.45	1.12	0.93	0.3	
w800	2.78	2.00	1.61	1.33	0.7	

表7 入力地震波

地震波形名称	成分	最大加速度 Amax(gal)	発生時刻 (sec)	解析時間 (sec)
JMA Kobe	NS	818.0	16.6	50.0
El Centro	NS	341.0	2.1	50.0
Hachinohe	NS	226.3	4.2	35.0
Taft	EW	175.9	3.7	50.0

入力レベル=設計用水平震度 K_H・重力加速度 G

6.2 動的解析

実ラックの動的挙動を把握するために、立体骨組モデルを用いて動的解析を行った。解析に用いたラック部材の剛性修正係数α_dと減衰定数h_dは、6m耐震支持ラックの動的実験および動的解析から求めた動的修正係数α_Dと減衰定数h_Dの値をもとに、設計用係数として表6のように定めた。実ラックモデルの耐震支持間隔Lが長くなると、1次固有周期は長くなる。12m耐震支持ラックの1次固有周期は6m耐震支持ラックの2倍となった。ラックを建物の中間階や上層階に取り付ける場合は、ラックの固有周期と建物の固有周期を確認して共振に注意する必要がある。

入力地震波は表7に示す4波とし、入力レベルをK_H(設計用水平震度)で表す。最大加速度を$K_H \cdot G$(重力加速度)に基準化した波形をY方向に入力した。

6.3 動的解析結果

(応答結果) $K_H=0.4$レベル(400gal相当)入力時におけるラック中央部の最大応答変位を図12に示す。また、子桁端部に生じた最大応力(曲げモーメント)を図13に示す。

ラック中央部最大変位と子桁端部最大応力は、入力波によりばらつきが見られるが、いずれも耐震支持間隔Lが長くなると増加する傾向を示した。しかし、子桁端部最大応力の増加は、ラック中央部変位の増加に比べると緩慢である。

(最大応答) 表8に、L=12m支持ラックとL=6m支持ラックの4波における最大応答の最大値を示す。最大変位は、w400およびw600で耐震支持間隔Lによる影響が大きく現れた。El Centro波入力時におけるw400ラックの中央部変位を、時刻歴波形で図14(L=6m)と図15(L=12m)に示す。L=12m支持ラックの最大変位は25.2cmであり、地震時にラック周辺部との接触による破損に注意が必要である。両波形を比較すると支持間隔Lが異なることにより、ラックの固有周期が変化するため、応答性状も異なっている。

子桁端部の最大応力はw600とw800で耐震支持間隔Lによる影響が大きく、w800のL=12m支持ラックの最大曲げモーメント値は47kgmになった。

6.4 設計クライテリア

ラックの耐震性を評価するため、表9に示す設計クライテリアを定めた。設計クライテリアは、子桁端部に生じる許容応力M_0とラック中央部の許容変形d_0とする。

表8 12m支持ラックと6m支持ラックの最大応答

	ラック幅	12m支持	6m支持	12m/6m
最大変位 (cm)	w400	25.2	10.3	2.4
	w600	19.1	6.6	2.9
	w800	10.0	4.4	2.3
最大応力 (kgm)	w400	15.1	10.6	1.4
	w600	20.0	17.0	1.2
	w800	47.1	34.2	1.4

表9 設計クライテリア

	許容応力M_0	許容変形d_0
動的検討	$_D M_0 = 1.5 _S M_y$	$_D d_0 = 20$cm
静的検討	$_S M_0 = 1.0 _S M_y$	$_S d_0 = 10$cm

静的解析に用いる許容応力$_S M_0$は、静的実験で降伏したときの子桁端部応力$_S M_y$とした。動的解析に用いる許容応力$_D M_0$は、動的実験で子桁端部に損傷が生じたJMA50%波入力時の子桁端部最大応力$_D M$の値をもとに決め、静的実験における子桁端部降伏時応力$_S M_y$の1.5倍とした。また、ラック周辺部との衝突をさけるため動的解析で許容変形$_D d_0$は20cm以内、静的解析で許容変形$_S d_0$は10cm以内とした。

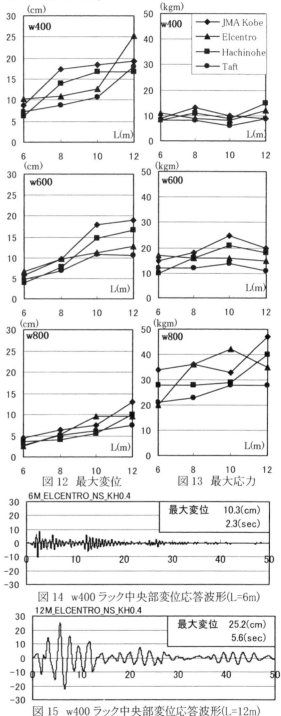

図12 最大変位　　図13 最大応力

図14 w400ラック中央部変位応答波形(L=6m)

図15 w400ラック中央部変位応答波形(L=12m)

6.5 耐震支持間隔Lと設計用水平震度K_H

ラックの耐震性能を検討するため、設計クライテリアに達したときの入力レベルK_Hと耐震支持間隔Lとの関係をw400・600・800につき図16・17・18に示す。入力波によりばらつきが見られるが、耐震支持間隔Lが長くなるとラックの耐震性を示すK_Hの値が低くなる傾向を示した。

7. 実ラックの耐震性評価

7.1 静的検討

動的検討と比較するため、静的検討の結果を図16・17・18に重ねて示す。静的検討では、設計用水平震度K_Hにラック総重量を乗じたレベルの水平力を載荷し、静的設計クライテリアに達したときのK_H値を求めた。静的検討結果は、動的検討のほぼ下限にあたる安全側の値を示したので、静的設計クライテリアの妥当性を確認した。このことから、動的検討の実施が困難な場合でも、静的検討によりラックの耐震性を検討することができると考えられる。

7.2 解析モデルによる応答差異

解析モデルによる静的検討結果の差異を調べた。これまで立体骨組モデルを用いて耐震性の検討を行ってきたが、より簡便な2次元の平面骨組モデルで検討を試みた。平面骨組モデルでは、耐震支持間隔Lを支点スパンに置き換えて解析を行った。静的検討におけるモデルによる差異を図19に示す。両モデルに大きな差はなく、平面骨組モデルで静的検討が可能であると思われる。

7.3 耐震性の評価

静的検討により、静的設計クライテリアに達したときの入力レベルK_H値を表10に示す。K_Hの値に着目すると許容変形$_sd_0$で決まるK_Hに比べ、子桁端部の許容応力$_sM_0$で決まるK_Hの方が小さい。よって、ラックの耐震性は子桁端部の許容応力$_sM_0$で決まる。ラックの耐震性については、建築設備耐震設計施工指針[1]によると、ラックには$K_H=0.4$以上の耐震性能が求められている。そこで$K_H=0.4$を最低限必要な耐震性レベルとして各ラックの耐震性を判定した。ケーブルを隙間なく敷き詰めた状態で$K_H=0.4$の耐震性を保つにはw400は耐震性に乏しいことが分かる。また、w600・w800ラックでも8m以下の耐震支持間隔にする必要がある。本実験に使用したラックにおいては、10m以上の支持間隔で使用する場合はケーブル量を減らし、許容重量にしないと危険である。

8. 電気設備ケーブルラックの耐震設計方法の提案

8.1 耐震設計フロー

一連の研究過程を踏まえて、電気設備ケーブルラックの耐震設計方法を提案する。耐震性の検討については図1に示したように静的実験と動的実験を実施し、静的検討と動的検討の双方から耐震性を評価する方法が望ましい。しかし、今後製作される全てのラックについて、動的実験を実施し、動的解析により耐震性の検討を行うことは困難である。

そこで、簡便な検討方法として静的実験および静的解析により、耐震検討を試みた。この方法でも動的検討の結果のほぼ下限にあたる安全側の値を示したため、耐震性の評価

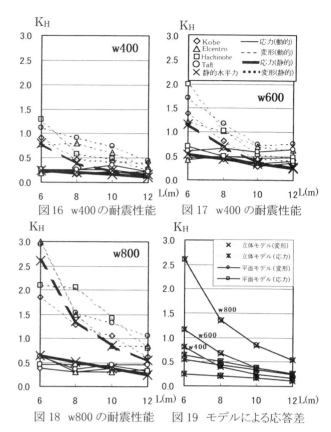

図16 w400の耐震性能　図17 w400の耐震性能
図18 w800の耐震性能　図19 モデルによる応答差

表10 耐震性能の評価

検討項目 設計クライテリア	応力検討 $_sM_0=_sM_y$	変位検討 $_sd_0=10cm$	耐震評価 K_H	判定規準 $K_H\geq0.4$	総重量 (kg/m)	許容重量 (kg/m)
w400_6m	0.24	0.80	0.24	NG	38.3	22.9
w400_8m	0.20	0.40	0.20	NG		19.1
w400_10m	0.16	0.24	0.16	NG		15.3
w400_12m	0.12	0.16	0.12	NG		11.4
w600_6m	0.54	1.16	0.54	OK	58.0	
w600_8m	0.44	0.68	0.44	OK		
w600_10m	0.34	0.38	0.34	NG		49.3
w600_12m	0.24	0.26	0.24	NG		34.8
w800_6m	0.64	2.60	0.64	OK	90.4	
w800_8m	0.51	1.35	0.51	OK		
w800_10m	0.38	0.84	0.38	NG		85.8
w800_12m	0.25	0.55	0.25	NG		56.5

ができることを確認した。静的実験および静的解析による検討方法を図20に示す。このフローに従い、簡便にラックの耐震性を検討評価できると考えられる。

8.2 耐震設計方法

図20の耐震設計フローについて、各ステップにおける要点を以下に示す。

①静的実験

ラックの静的載荷実験では、荷重Pとラック中央部変形δの関係を把握する。実験により得られた荷重変形曲線をバイリニア特性として評価し、折れ点を降伏時相当荷重Pyとして求める。また、弾性剛性をKeと定義し求める。

②静的解析

静的解析では、ラックを平面骨組にモデル化し解析を行う。部材は全て弾性とし、解析により得られた荷重変形関係から解析剛性Kcを求める。実験剛性Keと解析剛性Kcの比を、静的修正係数 α_S(Ke/Kc)として求める。解析モデルの部材剛性を、静的修正係数 α_S を用いて実験剛性に合わせて修正する。実験時の降伏時相当荷重Pyを入力して、Py時におけるラックの子桁端部に生じる最大応力(曲げモーメント)$_sMy$ を求める。

③設計検討用モデル

平面骨組モデルを用い、ラックの耐震支持間隔を、支点間距離 L(m)としたモデルを設定する。部材剛性は静的修正係数 α_S を用いて修正する。ラックにケーブルを載せた総重量Wを算出し、ラックの耐力として求められる入力レベルを、建築設備耐震設計施工指針[1]に基づき、設計用水平震度 K_H として決定する。

④静的解析

設計検討用モデルを用いて、$K_H \cdot W$相当の外力を入力し、ラック中央部の変形と子桁端部に生じる最大応力を求める。

⑤性能確認

設計クライテリアを用いて、ラックの耐震性を検討する。設計クライテリアは、ラック中央部の変形 $_sd_0$ と子桁端部に生じる最大応力 $_sM_0$ の2項目である。ラック中央部変形 $_sd_0$ は10cmであり、最大応力 $_sM_0$ は静的実験時の降伏時相当荷重Pyに基づき静的解析により求めた最大応力 $_sMy$ の値である。支点間隔 L(m)による解析結果が、設計クライテリアを満たすことができれば、耐震支持間隔 L(m)によるラックの耐震性は安全と判断される。

設計クライテリアを満たすことができない場合は、耐震支持間隔やラック総重量W(ケーブル量の低減など)を検討し、再度耐震性を確認する。場合によっては、ラックの親桁と子桁の接合方法や部材断面から見直して、再度、静的実験から耐震性の検討を行う必要がある。

8.3 耐震性の評価式

ケーブルを隙間なく敷き詰めた状態で、$K_H=1.0$ の入力に耐えるために必要な子桁端部応力 rM_0 を、表11に示す。

必要応力 rM_0 とラック総重量Wを用いて、ラックの許容入力レベル K_H は式(1)で算出できる。一方、ラックに求められる入力レベル $_{req}K_H$ は、ラックの取り付け階や耐震クラスにより異なるため建築設備耐震設計施工指針[1]に基づき求められる。式(1)を用いて算出したラックの許容入力レベル K_H が、実際にラックを取り付ける状況に応じた最低限必要な入力レベル $_{req}K_H$ を満たしていれば安全と判断される。

耐震性の評価式 $\quad K_H = \dfrac{W}{W'} \cdot \dfrac{_sM_0}{_rM_0} \geq {_{req}K_H} \quad (1)$

W:ケーブルを隙間なく配置したときの総重量
W´:実際に使用するケーブル量を載荷した総重量
$_{req}K_H$:必要入力レベル(建築設備耐震設計施工指針)

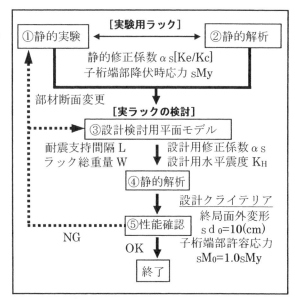

図20 耐震設計フロー

表11 $K_H=1.0$ 時の子桁端部の必要応力 $_rM_0$(kgcm)

ラック幅	総重量 W(kg/m)	耐震支持間隔L			
		6m	8m	10m	12m
w400	38.3	1440	1730	2160	2880
w600	58.0	2220	2730	3530	5000
w800	90.4	3050	3820	5130	7800

9. まとめ

電気設備ケーブルラックの耐震性に関する研究から、以下の知見を得た。

・動的実験におけるフーリエスペクトルのピーク値と一致するように、動的修正係数 α_D と減衰定数 h_D を求めた修正モデルにより、おおむね実験でのラックの挙動を再現できた。

・ラックの耐震支持間隔Lを長くすると、ラック中央部の最大変位と子桁端部の最大応力は増加し、耐震性に問題が生ずる。

・静的設計クライテリアをもとに、静的解析でラックの耐震性を検討した結果、動的解析での検討結果のほぼ下限にあたる安全側の値を示した。これにより、静的設計クライテリアの妥当性を確認した。

・一連の静的実験・解析と動的実験・解析の検討を踏まえて、図20に示す耐震設計フローを提案した。

謝辞

最後に、実験の実施などにご協力頂いたネグロス電工(株)の野瀬誠治氏、また他のスタッフの皆さんに感謝の意を表する。

(受付 平成16年3月19日)

参考文献
1)日本建築センター:建築設備耐震設計・施工指針.1997
2)電気設備学会:ケーブルラックの耐震性調査検討報告書.1998.3
3)電気設備学会:電気設備の耐震性能に関する研究報告書.1999.3

付録11　地震の基礎知識

11.1　地震の基礎知識

地震断層の破壊により生じた波動は、図11.1-1の模式図に示すように伝播する。地震断層により生じた振動が岩盤を伝わり、さらに第三紀層〜表層地盤で増幅されて建物に入力する。同図に示されたように、地質構造・地震断層・地震波の伝播・地震動強さの設定位置等が、地震動や耐震設計に関連する事項としてあげられる。

本章では、耐震設計上の重要事項として、建物に作用し入力する地震動がどのような性質をもっており、それにより建物がどう挙動するかを概説する。

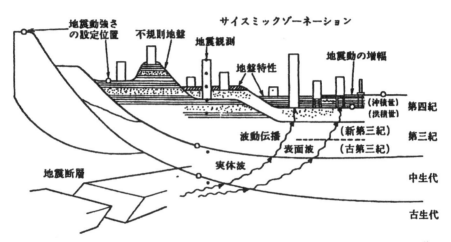

図11.1-1　地質構造と地震波の伝播の模式及び地震動強さの設定位置[1]

11.1.1　地震動とは

いくつかの建物における振動実験や地震観測結果から、建物の地震時の挙動を推定することが行われてきた。その成果からすると、地震時に建物に作用する入力地震動が確定できさえすれば、現在の工学的技術レベルにより、建物の地震時挙動は大略推定できると思われる。

しかし、どのような地震動が作用するかについては、未だ不明の点が多いのが現状である。この点を踏まえて、振動応答解析結果の評価や耐震設計を行う際には、あくまでも推定し仮定された入力地震動に対しての挙動を扱っているにすぎないということを認識する謙虚さを忘れてはならないであろう。

11.1.2　地震動波形

地震時に地面がどのように動いたかを表すものが地震動である。この地震動は、地震計によりその動きが記録される。代表的な地震計は強震計と呼ばれ、大地震の動きを記録する。

地震計は、加速度・速度・変位により表現される。昔は、加速度計や変位計によりそれぞれ加速度や変位を単独に測定していたが、最近では速度で計測したものを、微分して加速度、積分して変位を比較的精度よく求めることができるようになった。

(1) 地震動記録

代表的な地震動記録としては、EL CENTRO波、TAFT波、八戸港湾波、東北大学波などがあげられる。兵庫県南部地震の記録としては、神戸海洋気象台と神戸大学の記録が有名である。表11.1-1に代表的な地震動記録の例を示し、図11.1-2に神戸海洋気象台の加速度・速度・変位記録の波形を示す。

これらの波形は、加速度値や速度値が公表されているものを、数値処理してゼロ軸を補正し、さらに速度（加速度）や変位を算定したものである。

兵庫県南部地震では、非常に大きな加速度記録が得られているが、これらの記録地点付近での建物被害は必ずしも大きくない。記録地震動と建物被害との関係を究明し、建物への入力地震動が実際はどのようなものであったかを調査・検討することが、大きな研究課題である。

表11.1-1 代表的地震動記録の例

No.	名　称	地震名/記録地	日　時	方向[*1)]	最大加速度 [cm/sec^2]	最大速度 [cm/sec]	記録時間 [sec]
1	EL CENTRO[*2)]	Imperial Valley 地震/EL CENTRO	1940.6.25	NS EW UD	342 210 206	34.8 39.2 11.7	54.0
2	TAFT[*2)]	Kern County 地震/TAFT	1952.7.21	NS EW UD	153 176 103	15.9 17.6 6.6	55.0
3	HACHINOHE[*2)]	十勝沖地震/八戸港	1968.7.21	NS EW UD	225 183 114	33.9 37.7 11.2	120.0
4	SENDAI501[*2)]	宮城県沖地震/東北大学	1978.6.12	NS EW UD	258 203 153	36.2 26.7 11.9	41.0
5	KOBE JMA[*2)]	兵庫県南部地震/神戸海洋気象台	1995.1.17	NS EW UD	818 617 332	90.9 75.7 40.4	180.0
6	KOBE UNIV.[*4)]	兵庫県南部地震/神戸大学	1995.1.17	NS EW UD	270 305 445	55.0 31.4 21.4	109.1

注）＊1）NS：東北成分、EW：東西成分、UD：上下成分。
　　＊2）日本建築センターの公開資料による。
　　＊3）関西地震観測研究協議会資料による速度波形を微分した加速度を使用。
備考　1．気象庁資料による。
　　　2．最大値などは、Trifunacの方法により求めたものである[2)]。

最近の記録地震動はその半分程度を建物への入力地震動としてみなしておけばよいのではないかという意見もある。それにより、兵庫県南部地震においても新耐震設計法により設計された建物の地震被害が少ないことや、大地震動が記録された地点での建物震害が少ないことなどが説明できると考えられる。

(2) オービット

図11.1-2にみられるように、地震動の水平成分はNS方向とEW方向が記録される。これを見ると、両方向は一見無関係に動いているようにも感じられるが、両者の関係を平面上に描くことにより、その関係を評価することができる。実際の地面の動きは、この二方向成分を合成したものとなり、平面上にこの軌跡を描いたものをオービットと呼ぶ。神戸海洋気象台の記録波形のオービットを図11.1-3に示す。

この図からわかるように、地震動は複雑に水平面内で動きつつ全体的にはだ円形状の動きを示し、主軸ともいうべき最も揺れの強い方向が存在する。兵庫県南部地震の神戸市中心部の場合は、地震動の強い方向は北西〜南東方向であり、断層の方向と直交する方向の成分が卓越したようである。建物被害は、この主軸方向に大きく直交方向では小さくなると思われ、建物の向きや配置により震害の程度が異なっていることが説明できる。

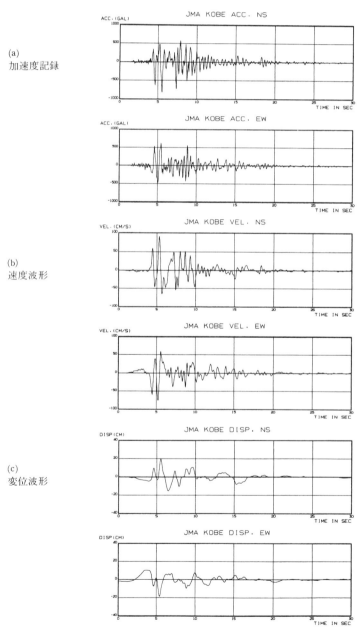

図11.1-2 神戸海洋気象台の記録波形（NS・EW・UD成分）

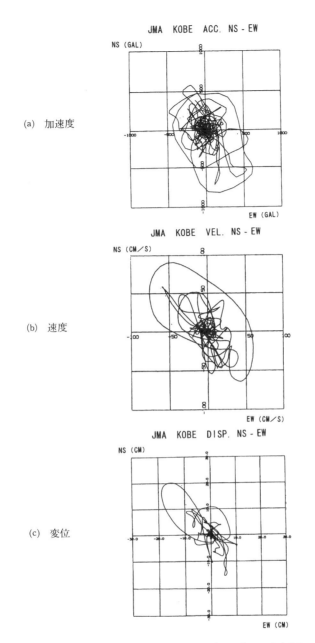

図11.1-3 神戸海洋気象台の記録波形のオービット（水平二方向）

11.1.3 地震動のスペクトル

地震動の性質を調べるために、各種のスペクトルが利用される。スペクトルとは、地震動の性質を表す各種の係数を縦軸に、横軸に振動周期を取り表示したものであり、下記の3種類が比較的よく使われている。いずれにしても、スペクトルの縦軸値が大きい部分が、その地震動の卓越している周期成分であると考えられる。

(1) フーリエスペクトル

フーリエスペクトルは、ある関数を正弦波及び余弦波の和として表現した場合の係数を縦軸に、振動数（周期）を横軸に表示したものである。

すなわち、任意の関数 f(t) を

$$f(t) = A_0/2 + \sum_{i=1}^{N/2} (A_i \cdot \cos\omega_i t + B_i \cdot \sin\omega_i t) \qquad N:偶数$$

で表した場合の、係数 $F_i = N\Delta t/2 (\sqrt{A_i^2 + B_i^2})$ をスペクトルとして表示している。f(t) としては、加速度・速度・変位のいずれでもよく、それぞれ加速度記録のフーリエスペクトルなどと称される。フーリエスペクトルの例を図11.1-4に示す。

図11.1-4（a）の原スペクトルは、山谷が激しく変化し、細かな凹凸が激しいので図11.1-4（b）のように全体傾向を見るためにスムージングした表示をすることが多い。

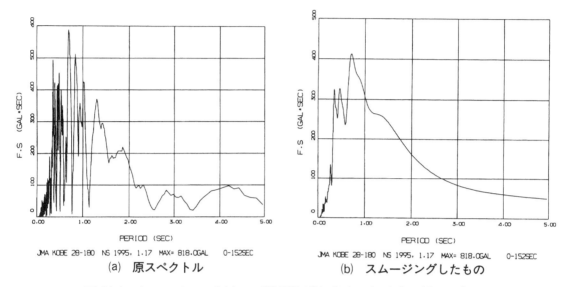

図11.1-4　フーリエスペクトル（神戸海洋気象台の加速度記録NS成分）

(2) 応答スペクトル

応答スペクトルは、各種の振動周期とある減衰定数を持つ1質点の最大応答値を表現したものである。最大応答値を縦軸に、固有周期を横軸に表示する。応答スペクトルのピークのところで、その周期の波の勢力が強いことを示している。

ある固有周期を持った構造物が、どのような最大応答量を示すかが表現されているので、工学的な用途も多い。また、減衰定数0の速度スペクトルは、近似的にフーリエスペクトルに一致することが数学的に確かめられている。

なお、最大応答量としては、最大加速度・最大速度・最大変位の3種類の値が使われる。最近では、それぞれの最大値を使用してスペクトル表示することが多くなっているが、以前は、最大変位 S_d を求め固有円振動数 ω を利用して、略算的に最大速度 S_v を $S_v \fallingdotseq S_d \cdot \omega$、最大加速度 S_a を $S_a \fallingdotseq S_v \cdot \omega$ として算定していた。3軸を同時に表現するTripartite応答スペクトルの場合は、この表現が便利である。Tripartite表現は慣れないとなじみにくいが、慣れると加速度・速度・変位が同時に表現され評価できるという便利さがある。

応答スペクトルの例を図11.1-5に示す。図に示した応答スペクトルは、加速度記録に対して、減衰定数 h=5% の加速度・速度・変位の応答スペクトルとして求められている。図11.1-6には、代表的地震波のTripartite表現の例を示す。

最大応答値は減衰定数により大幅に変化するので、減衰定数の表示がない応答スペクトルは、工学的には無意味であることに注意する必要がある。

付録 11　地震の基礎知識

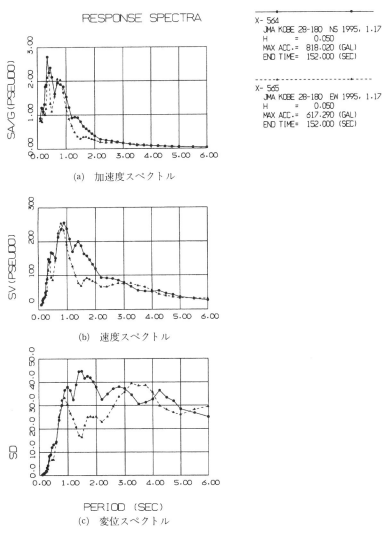

(a) 加速度スペクトル

(b) 速度スペクトル

(c) 変位スペクトル

図 11.1−5　応答スペクトル（神戸海洋気象台 NS・EW・UD 成分）

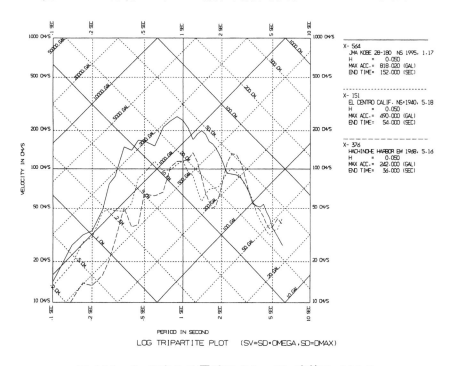

図 11.1−6　代表的地震波の Tripartite 応答スペクトル

(3) エネルギースペクトル

地震動により構造物に入力する入力エネルギー E の総量を知ることは、耐震設計上重要なことである。ある地震動による入力エネルギー E は、以下の式で表せる。

　　入力エネルギー $E=W_k+W_h+W_e+W_p$

ここに、W_k：運動エネルギー、W_h：減衰エネルギー、W_e：弾性歪エネルギー、
　　　　W_p：塑性履歴エネルギー

入力エネルギーを等価な速度 V_E に換算するために、$E=M \cdot V_E^2/2$（M：質量）の関係を用いて $V_E=\sqrt{2E/M}$ と表現する。

エネルギースペクトルは、各種の固有周期と減衰定数（10％）を持つ1質点の入力エネルギー値を V_E で表現したものである。換算速度 V_E 値を縦軸に、固有周期を横軸に表示される。ある固有周期を持った構造物に、どのようなエネルギー量が入力するかが表現されている。エネルギースペクトルの例を、図 11.1-7 に示す。

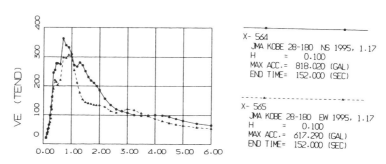

図 11.1-7　エネルギースペクトル（神戸海洋気象台 NS・EW 成分）

11.1.4　地震動の強さ

(1) 入力地震動

地震動の記録を設計用に使用するには、その加速度記録を数値化して入力地震動として用いる。その場合に、設計用の入力地震動レベルをどのように設定するかが問題となる。

一般的には、建物の固有周期が 1.0sec 以下と短い場合には、最大加速度が建物応答に与える影響が大きく、建物周期が 1.0sec を超えて長周期になると、最大加速度の影響が大きくなるといわれている。

このため、短周期建物を対象としている建築基準法の新耐震設計法の地震動入力レベルは、一次設計に対して 80〜100cm/sec²、二次設計に対して 300〜400cm/sec² と、最大速度で説明されている。

長周期構造物を対象とする超高層建物や免震構造の入力地震動は、最大速度を基準として関東地域で東京れき層を支持層とする建物では、弾性設計用のレベル1で 25cm/sec（最大加速度 120〜250cm/sec² 相当）、弾塑性設計用のレベル2で 50cm/sec（最大加速度 250〜500cm/sec² 相当）に最大速度値を設定している。

表 11.1-2 に、レベル1及びレベル2の最大速度値に対応する代表的地震波の入力用加速度値を示す。

建築基準法の入力レベルは、参考文献5) において
　・一次設計：建築物の耐用年限中に数度は遭遇する程度の地震動
　・二次設計：建築物の耐用年限中に一度遭遇するかもしれない程度の地震動

超高層建築用の入力レベルは、参考文献6) において

表 11.1−2 代表的入力地震動の例（長周期構造物）

No.	名　称	地　震　名	日　時	方向	最大速度 25cm/sec 時の最大加速度〔cm/sec²〕	最大速度 50cm/sec 時の最大加速度〔cm/sec²〕	備　考
1	EL CENTRO	Imperial Valley 地震	1940.6.25	NS	245	490	
2	TAFT	Kern County 地震	1952.7.21	EW	250	500	
3	HACHINOHE	十勝沖地震	1968.5.16	NS	167	334	八戸港
4	SENDAI501	宮城県沖地震	1978.6.12	NS	178	356	東北大学
5	KOBE JMA	兵庫県南部地震	1995.1.17	NS	225	450	神戸海洋気象台
6	KOBE UNIV.	兵庫県南部地震	1995.1.17	NS	123	246	神戸大学

（注）1）NS：南北成分、EW：東西成分。
　　　2）各地震動記録の出典は、表 11.1−1 による。

・レベル1：建築物の耐用年限中に一度以上受ける可能性が大きい地震動
・レベル2：建築物の敷地において過去に受けたことのある地震動のうち最強と考えられるもの及び将来において受けることが考えられる最強の地震動

とされている。
　これらの説明は、その定量的な値に対して十分なものとはいえないが、再現期待値などの考え方を利用しながら、客観的な位置づけを行うように努めなければならない。

(2) 入力地震動の期待値
　日本各地における地震動の期待値がどのようなものであるかが、設計時に問題となることがある。建築基準法における地域係数 Z は、各種の期待値を考慮して作成された一種の期待値マップ（相対値として表現されている）であるとも考えられる。その意味でも、上記の長周期構造物用の入力地震動を Z 倍（1.0〜0.7 倍）して使用することが行われている。
　日本建築学会の「建築物荷重指針」では、歴史地震を解析して日本各地の再現期待値を算定し、

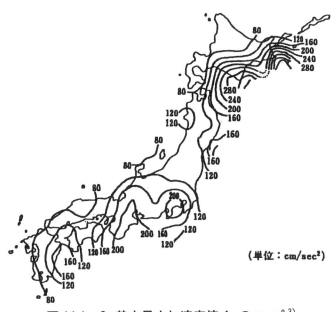

図 11.1−8　基本最大加速度値 A_0 のマップ[3]

100年再現期待値を基本最大加速度値 A_0 としている（図11.1−8）。同指針では、この100年再現期待値を基準として、再現期間 r 年に対する地動加速度又は速度の値 R_r と再現期間100年に対する値 R_{100} との関係は

$$\frac{R_r}{R_{100}}=\left(\frac{r}{100}\right)^{0.54}$$

により修正を加えて用いることとしている。

11.1.5　振動解析モデル

地震時に建物に作用する力は、建物が振動することにより建物内部に発生する内力である。実務的には、この内力を生じさせる等価な外力を地震荷重としているが、実際には内力であることを忘れてはならない。

地震時には建物内部に生ずる内力は刻々と変化しているが、通常はその最大値を使って地震入力とみなし、設計用荷重（層せん断力・転倒モーメント）を求めている。また、建物に生ずる変形量や床位置での加速度値も設計用の値として用いられる。

建物構造体の振動性状は、質量 M・剛性 K・減衰 C により定められる。通常の振動モデルは、1層〜数層分を1質点とする質点系モデルが用いられる（図11.1−9）。

また、質量と剛性より固有周期 T が定まり、振動モデルの自由度数 n に対応した固有周期（i 次の固有周期 $T_i=2\pi/\omega_i$、ω_i：固有円振動数、i＝1〜n）が求められる。各次数の自由振動モードは、固有周期に対応してその周期で揺れる振動形として与えられる。

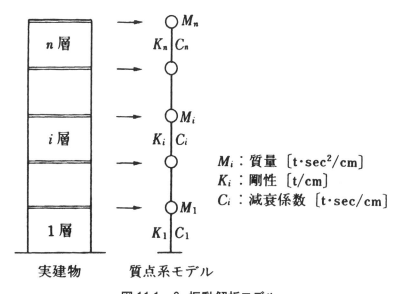

図 11.1−9　振動解析モデル

減衰は臨界減衰に対する比率として、減衰定数 h で与えることが多い。減衰定数の数値そのものは、構造物の材料減衰・仕上材の減衰・空力減衰・地下逸散減衰などを考慮して、工学的慣習として鉄筋コンクリート構造では3〜5％（ひび割れを考慮する等価剛性を使用する場合5％、初期剛性を使用しひび割れによる履歴減衰を期待する場合は3％）、鉄骨構造では2％程度の値としている。

構造体の水平剛性 K を、各層の剛性がせん断剛性 k_i から構成されるとしたモデルが、せん断系モデルである。通常、せん断剛性は設計荷重時の層せん断力を層間変形で除して算定し、曲げ変形も含

んでいるため等価せん断モデルと呼ばれる。

曲げ系モデルは、各層の剛性が相互に関係しあって、全体で曲げ棒のような性質を有していると考えたモデルである。

結果として、せん断系モデルの剛性 K は 3 項の対角マトリクスとなり、曲げ系モデルの剛性 K はフルマトリクスとなる。弾性応答のみを考えると、曲げ系モデルのほうが建物挙動をより精度よく解析できるが、弾塑性解析用にはせん断系モデルが便利である。

11.1.6 建物の弾性応答

上述の振動モデルに、地動加速度を作用させ数値積分を行うことにより、振動応答解析を行うことができる。振動方程式の数値積分により各時刻応答量が求められ、質点の加速度・速度・変位が算定され、主として変位から層間変形・層せん断力・転倒モーメントなどの応答量が計算される。

しかし、各時刻の応答量ではそのまま設計用の資料とはしにくいため、最大層間変形・最大層せん断力・最大転倒モーメントなどの最大応答値を算定し、設計用のデータとしている（図 11.1 − 10）。

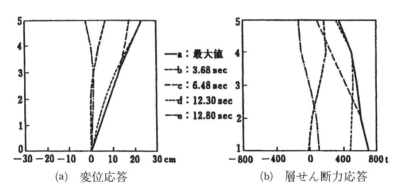

図 11.1 − 10 各時刻応答と最大応答

11.1.7 建物の弾塑性応答

弾性応答の場合は骨組の復元力特性は線形であり、荷重と変形は比例関係にあるため、解析も比較的容易である。地震入力が大きくなり、骨組が塑性化した非線形特性を示すようになると、適切な復元力特性の評価が必要となる。

一般的には、静的な荷重〜変形関係から、Bi-Linear 又は Tri-Linear の復元力特性を持つせん断系モデルを作成する（図 11.1 − 11）。

より複雑なモデルとしては、建物剛性を曲げ成分とせん断成分に分離し、曲げ成分は弾性、せん断成分は塑性化するとして解析する曲げ剪断棒モデルなどが使用される。

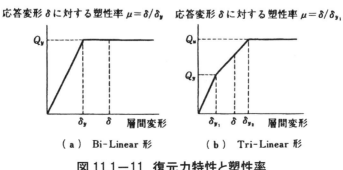

図 11.1 − 11 復元力特性と塑性率

建物の応答評価としては、層間変形に加えて層の塑性化がどの程度進んだかを表す最大塑性率 μ の検討を行われる。

11.1.8 床応答

地震時に建物各階の床位置での加速度値が、どのようになっているかを示すものが床応答（フロアーレスポンス）である。床応答は床位置での絶対加速度（地動加速度＋相対加速度）で定義され、建物内部の居住者・非構造部材・設備機器配管・エレベータなどに与える影響を検討するのに用いられる。

図 11.1－12 は、床応答の計算例を示したものである。1 階床に作用した入力地震動が、建物内部で上層に行くに従い変化し、最上層では建物の固有周期で振動しているようすがうかがわれる。建物の応答は、このように時間経過とともに建物内部で微妙に変化している現象であり、最大応答量はそのほんの一部の情報であることを忘れてはならない。

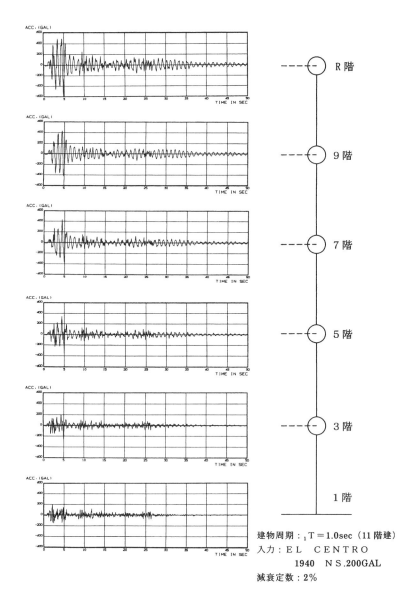

図 11.1－12 床応答の例

11.1 参考文献

1) 日本建築学会：地震動と地盤—地震振動シンポジウム 10 年の歩み—（1983）

2) 山根、北村、寺本：動的検討用地震動波形の速度評価について（Trifunac の方法を適用した場合）、日本建築学会大会学術講演梗概集（1991.9）

3) 日本建築学会：建築物荷重指針・同解説（1992）

4) 渡部　丹：設計用入力地震動の強さとそのレベル設定　確率論からも考えて、公共建築（1995.7）

5) 日本建築センター：建築物の構造規定—建築基準法施行令第 3 章の解説と運用—（1994）

6) 日本建築センター：高層建築物の動的解析用地震動について、ビルディングレター（1986.6）

付録12　電気設備配管等の耐震設計の考え方

1. 電気設備配管等の耐震設計の考え方

ここでは、配管等の耐震設計の基本的考え方を述べる。なお、ここで記述した配管の耐震設計の考え方は、そのままバスダクトにも適用することができる。ケーブルラックについては、今回改め、電気配線と適用が異なるので第6章の表6.1－1を参照すること。

1.1　横引配管と支持部材

水平方向に設置された横引配管の直管部を対象とする。付録図12－1に示すように、横引配管は間隔 L_1 で自重支持され、間隔 L_2 で耐震支持されているとする。

ここに、W_2：全体配管重量（Kg/m W_2＝個別配管重量 W の和）

　　　　L_1：自重支持間隔（m）

　　　　L_2：耐震支持間隔（m）

　　　　h　：配管支持長さ（m）

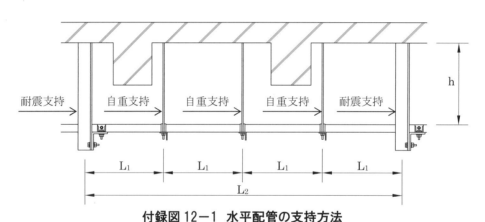

付録図12－1　水平配管の支持方法

(1) 自重による応力

　a．配管応力

　　　配管の自重による応力は、配管重量 W に応じて、各配管に応力が生じる。その場合の応力は、配管端部の支持条件や連続条件に応じて決定される。

　　(a) 端部固定

　　　　$M_A = M_B = WL_1^2/12$

　　　　$M_C = WL_1^2/24$

　　(b) 一端固定他端ピン

　　　　$M_A = WL_1^2/8$

　　　　$M_B = 0$

　　　　$M_C = WL_1^2/16$

　　(c) 一端ピン他端ローラー

　　　　$M_A = M_B = 0$

　　　　$M_C = WL_1^2/8$

いずれの場合も、$(M_A + M_B)/2 + M_C = WL_1^2/8$ となっていることに注意する。

各配管の状態に応じて（a）～（c）を選択することになるが、実務的には、端部固定と見なした（1）式を用いてよい。ただし、支持間隔 L_1 が一定でない場合や、フレキシブル継手近傍の場合には、安全側の（2）式を推奨する。

① 一番応力が少ない状態は、連続的に等間隔に支持され端部固定と見なせた場合で、

$$M = WL_1^2/12 \tag{1}$$

となり、ピンの場合の 1/1.5 となる。

② 一番安全側の条件は両端ピンの中央部分応力と見なすことであり、

$$M = WL_1^2/8 \tag{2}$$

となる。

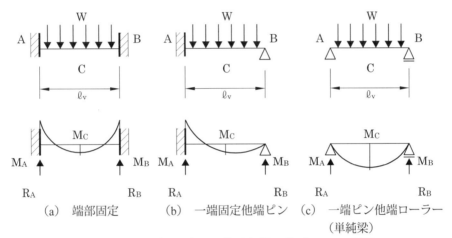

付録図 12-2 各モデルの荷重条件と曲げモーメント図

b．支持部材の応力

支持部材には、(a)～(c)の状態に応じて反力 $R_A \cdot R_B$ が作用する。この場合は、すべての配管を対象とするから、配管重量は全体の W_2 を使用する。

(a) 端部固定

$R_A = R_B = W_2 L_1/2$

(b) 一端固定他端ピン

$R_A = 5W_2 L_1/8$

$R_B = 3W_2 L_1/8$

(c) 一端ピン他端ローラー

$R_A = R_B = W_2 L_1/2$

いずれの場合も、反力の和は全荷重に等しいから、$(R_A + R_B) = W_2 L_1$ となっている。一箇所の支持部材は両側の配管を支持するから、$(R_A + R_B)$ が作用することになり、結局支持部材に作用する下向き荷重 P は下記のようになるが、通常は（3）式を使用してよい。

① 一般部分では

$$P = W_2 L_2 \tag{3}$$

② 両反対側がピン支持または、ローラー支持となる場合には、中央のピンに最大値を生じ、

$$P = (5W_2 L_1/8) \cdot 2 = 1.25 W_2 L_1 \tag{4}$$

付録図 12-3 両端ローラーの連梁

【注釈】
(1) ローラー（移動端）

縦方向の力のみ受け持つことができる支点。横方向力を受けると動いてしまうので、力を負担できない。また部材を支える点はピンになっていて回転力には抵抗できない。

(2) ピン（回転端）

縦・横の直線的な力を受け持つことができる支点。足元は固定されているものの、部材を支える点はピンになっていて回転は自由にできる。

(3) フィックス（固定端）

回転力をふくめて、どんな力も負担することができる支点。

(2) 地震荷重による応力

a．配管応力

配管部分には水平震度 K_H 及び鉛直震度 K_V が作用する。水平地震力の作用方向としては、管軸方向と管軸直角方向があるが、管軸方向は圧縮力又は引張り力のみとなるので、検討を省略する。

管軸直角方向は、自重の時に考慮した鉛直荷重 W が震度を乗じたものに変わったと考えればよい。すなわち、

水平荷重　$W_H = K_H \cdot W$

鉛直荷重　$W_V = K_V \cdot W$

となる。

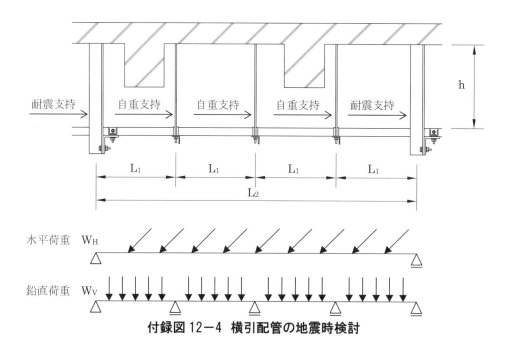

付録図12-4　横引配管の地震時検討

水平方向の地震荷重が作用する場合の検討スパンは、耐震支持間隔の L_2 であり、鉛直方向地震力が作用する場合の検討スパンは、鉛直支持間隔 L_1 である。

鉛直荷重の場合と同様に、端部支持条件や連続条件により(a)〜(c)の場合があるが、鉛直荷重と同様に(5)・(6)式を主として考える。

① 一番応力が少ない状態は、連続的に等間隔に支持され端部固定と見なせた場合で、

$$M_H = W_H L_1^2 / 12 \tag{5}$$
$$M_V = W_V L_2^2 / 12 \tag{6}$$

となる。

② 一番安全側の条件は両端ピンの中央と見なすことであり、

$$M_H = W_H L_1^2 / 8 \tag{7}$$
$$M_V = W_V L_2^2 / 8 \tag{8}$$

となる。

各配管は、自重によるモーメント M に加えて、上記 M_H 及び M_V を考慮して、断面を検討する。

b．支持部材応力（管軸直角方向）

管軸直角方向の支持部材に作用する地震時荷重は、自重時応力と同様に水平方向 P_h と鉛直方向 P_V に対して、下記のようになる。（付録図12－5参照）通常は、(9)・(10) 式を使用して良い。

① 一般部分では、

$$\text{水平方向} \quad P_H = W_H L_2 \tag{9}$$
$$\text{鉛直方向} \quad P_V = W_V L_1 \tag{10}$$

となる。

② 両反対側がピン支持となる場合には最大値を生じ、

$$\text{水平方向} \quad P_H = 1.25 W_H L_2 \tag{11}$$
$$\text{鉛直方向} \quad P_V = 1.25 W_V L_1 \tag{12}$$

となる。

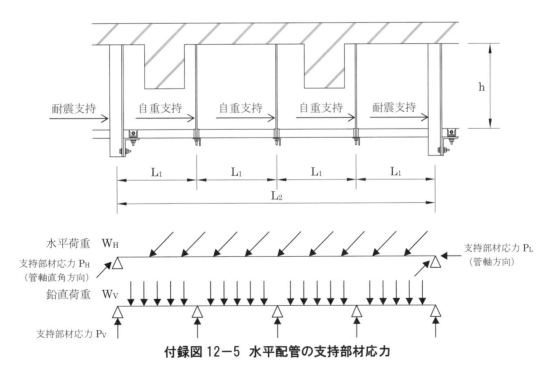

付録図12－5　水平配管の支持部材応力

支持部材応力（管軸方向）

管軸方向の支持部材に作用する地震時荷重は、自重時応力と同様に水平方向 P_L と鉛直方向 P_V に対して、下記のようになるが、通常は (13)・(14) 式を使用して良い。

① 一般部分では、

　　水平方向　$P_L = W_H L_2$ （13）

　　鉛直方向　$P_V = W_H L_1$ （14）

となる。

② 両反対側がピン支持または、ローラー支持となる場合には、中央のピンに最大値を生じ、

　　水平方向　$P_L = 1.25 W_H L_2$ （15）

　　鉛直方向　$P_V = 1.25 W_V L_1$ （16）

となる。

(3) 配管と支持部材の設計

a．配管の設計

配管に作用する力は、自重によるモーメント M と地震時のモーメント M_H と M_V である。これ以外の力としては、せん断力や管軸方向地震力による軸方向力があるが通常はこれを無視してよい。

モーメント（Kg・cm）に対し、配管は以下の条件を満足することを確認する。

① $\sigma_{AL} \geqq M/Z$ （17）

② $\sigma_{AS} \geqq (M + M_H + M_V)/Z$ （18）

ここに、σ_{AL}：配管材料の長期許容応力度（Kg/cm²）

　　　　σ_{AS}：配管材料の短期許容応力度（Kg/cm²）

　　　　Z　：配管の断面係数（cm³）

b．支持部材の設計（管軸直角方向）

支持部材に作用する荷重は、w を配管全体の長さ当たり重量として、

・鉛直荷重（自重）　　　$P = W_2 L_1$

・水平方向地震荷重　　　$P_H = W_H L_2$（管軸直角方向）

・水平方向地震荷重　　　$P_L = W_H L_2$（管軸方向）

・鉛直方向地震荷重　　　$P_V = W_V L_1$

として求められる。以下、この荷重に対して部材設計を行う。

1) トラス架構

付録図12-6のようなトラス支持部材において、a 材は圧縮力・引張り力と曲げモーメントを受け持つことができる部材（山形鋼・溝形鋼など）、b・c 材は引張りのみを受ける部材とする。

a 材には、自重による曲げモーメントが作用する。両端ピン支持とし、2点集中荷重と見なしてモーメントを算定する。

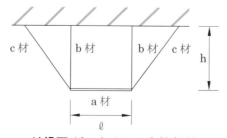

付録図 12-6　トラス支持部材

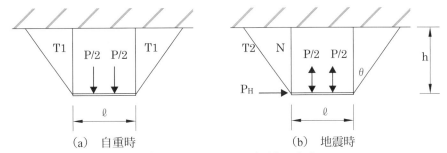

(a) 自重時　　　　　　　　(b) 地震時

付録図12-7　トラス部材の応力

c材は両側にあるが、水平荷重P_Hに対して片側のみしか効かないので、すべての水平力P_Hを片側に作用させる。ただし、鉛直荷重はb材において左右に分かれるためその$\ell/2$を考える。
すなわち、θをc材の角度として、

① 自重に対し、
- a材の曲げモーメント　　$M = P\ell/6$
- b材の引張り力　　　　　$T1 = P/2$
- c材の引張り力　　　　　$T2 = 0$

② 地震荷重時には自重も考慮して、
- b材の軸方向力　　　　　$N = P/2 \pm (P_H \tan\theta + P_V/2)$：引張り力をプラスする。
- c材の引張り力　　　　　$T2 = P_H/\cos\theta$

上記①の応力に対して長期許容応力度設計、②の応力に対して短期許容応力度設計を行う。ただし、b材は鉄筋などの軽微な材を使用する場合は、圧縮力を受けない（$N \geqq 0$）ようにする。

2）ラーメン架構部材

ラーメン架構は、付録図12-8のように、曲げモーメントに耐える部材から構成されているものである。

a・b材の接合は、曲げモーメントが伝達できるように、溶接などによらなければならない。

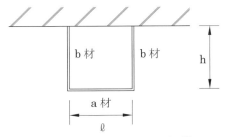

付録図12-8　ラーメン架構

各部材の応力は、下記のようになる。
① 自重に対し、
- a材の中央曲げ　$M_c = P\ell/6$（両端ピンとした時の値であり、安全側の値である）
- b材の引張り力　$N = P/2$

② 地震荷重時には自重の影響も考慮して、
- a材の端部曲げ　$M_a = M_b = P_H h/2$
- a材の中央曲げ　$M_c = (P + P_V) \cdot 1/6$

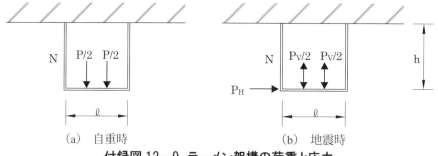

(a) 自重時　　　　　　　　(b) 地震時

付録図 12-9　ラーメン架構の荷重と応力

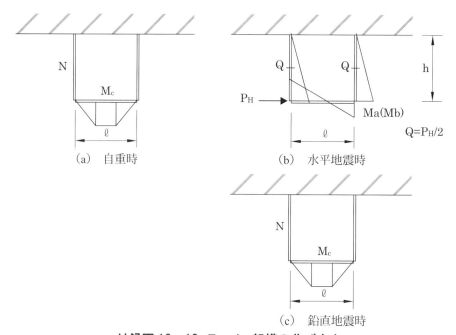

付録図 12-10　ラーメン架構の曲げ応力

- b 材の軸方向力　$N = P/2 \pm (P_H h/\ell/2 + P_V/2)$　（引張り力をプラスする。）
- b 材の端部曲げ　$M_b = Q \cdot h = P_H h/2$

上記①の応力に対して長期許容応力度設計、②の応力に対して短期許容応力度設計を行う。ただし、b 材が圧縮力を受ける場合は、座屈を考慮する。

c．支持部材の設計（管軸方向）

管軸方向には、地震力 P_L が作用する。通常の耐震支持材は、付録図 12-11 に示すようなもので、引張り力のみを受持つ c 材が配管の両側に設けられる。2 組が設けられているとすると、一組に作用する力は 1/2 となる。

すなわち、θ を c 材の角度として、

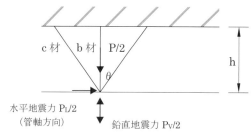

付録図 12-11　管軸方向耐震支持部材

① 地震荷重時には自重も考慮して、
・b材の軸方向力　$N = P/2 \pm (P_L \tan\theta/2 + P_V/2)$：引張り力をプラス
・c材の引張り力　$T2 = P_L/\cos\theta/2$

1.2　立て配管と支持部材

立て配管の検討では、固定位置（自重支持）と水平方向の振止め位置（ローラー支持）をどのようにするかを検討する。地震時の水平力に対しては、水平方向にいくつかの位置でローラー支持してやる必要がある。通常、この支持点は階高の倍数に設定される。

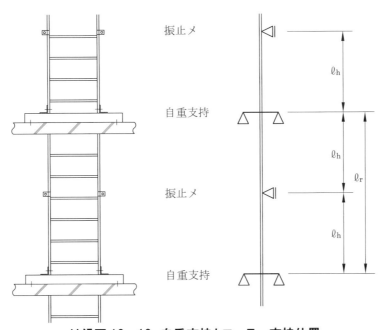

付録図12－12　自重支持とローラー支持位置

(1)　自重による応力

a. 配管支持

自重の支持方法は、付録図12－13に示した3種類の方法がある。配管重量を$w(Kg/cm)$として、

(a) 両側自重支持の場合、配管重量は上下に分かれる。

上部引張り力　$T = w\ell_T/2$

下部圧縮力　　$C = w\ell_T/2$

(b) 上ローラー下自重支持の場合、配管重量はすべて下部に伝わる。

下部圧縮力　　$C = w\ell_T$

(c) 上自重支持下ローラーの場合は、配管重量はすべて上へ伝わる。

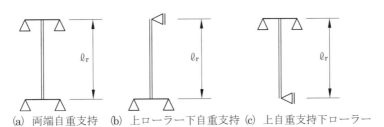

(a) 両端自重支持　(b) 上ローラー下自重支持　(c) 上自重支持下ローラー

付録図12－13　配管自重の支持方法

　　　　　上部引張り力　$T=w\ell_T$

となる。

b．支持部材の応力

　支持部材としては、自重支持部分において管軸方向に配管重量を受ける。その力は、付録図12-13の軸方向力T又はCの値による。

　水平方向のローラー支持部分は、配管の座屈を拘束するためにいくらかの剛性と強度が必要であるが、地震荷重時の検討を満足すれば、これは同時に満足されるとしてよい。

(2) 地震荷重による応力

a．配管応力

1) 直接地震力による応力

　地震荷重による応力としては、配管に直接作用する地震力によるものがある。この荷重は、設計用標準水平震度K_Hにより定められる水平方向力である。

　直接地震力による応力は、付録図12-14に示したように、両端ピン支持とした時の中央モーメントMoを採用する。実際には、建物の振動状態に応じて、多様な変形を生じ、多様な応力を生じると思われるが、Moが安全側の値であることからこれを用いる。

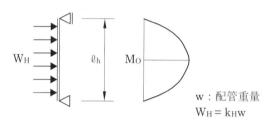

付録図12-14　水平地震荷重による配管応力

2) 層間変形による応力

　地震時の建物の層間変形により、立て配管は強制変形を受け応力を生じる。その意味で立て配管は、建物とはあまり密に繋がらない方がよいが、逆にローラー支持間隔が大きいと自重支持の場合の座屈応力が小さくなる。

　建物より受ける強制変形は、建物の地震時の振動性状により複雑であるが、ここでは簡便なように支持点間で片持ち梁状の変形をすると仮定する。

　その場合、強制変形力δを与える荷重Poは、$Po=3EI\delta/\ell_h^3$となる。このPoによる立て配管に生じるモーメントは、下記のようになる。

$$M=Po\ell_h=3EI\delta/\ell_h^2 \tag{19}$$

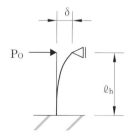

付録図12-15　立て配管の強制変形

ここに、E：配管材料のヤング率（Kg/cm²）
　　　　 I：配管材料の断面2次モーメント（cm⁴）

b．支持部材応力（管軸直角）

地震時に自重支持及びローラー支持点に生じる水平応力は、共に上記直接地震力と強制変形によるものの和である。

直接地震力によるもの。　　$P_H = w_H \ell_h$

強制変形によるもの。　　　$Po = 3EI\delta/\ell_h^3$

すなわち、作用力＝P_H＋Po となる。

この他に、自重支持点では鉛直応力 $P_V = w\ell_h$ を受ける。

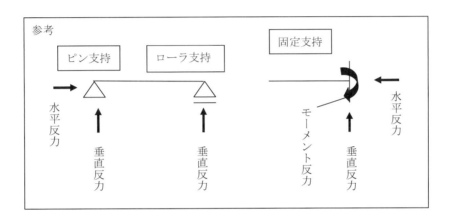

建築電気設備の耐震設計・施工マニュアル改訂第 2 版

2016 年 1 月 29 日　第 1 刷発行
2018 年 3 月 20 日　第 2 刷発行
2023 年 6 月 28 日　第 3 刷発行
2024 年 6 月 20 日　第 4 刷発行

編　集　電気設備の耐震設計・施工に関する検討委員会
　　　　一般社団法人　日　本　電　設　工　業　協　会
　　　　一般社団法人　電　気　設　備　学　会

発行所　一般社団法人　日　本　電　設　工　業　協　会
　　　　〒107-8381　東京都港区元赤坂 1-7-8
　　　　　　　　　　TEL：03-5413-2161
　　　　　　　　　　FAX：03-5413-2166

発売元　株式会社　オ　ー　ム　社
　　　　〒101-8460　東京都千代田区神田錦町 3-1
　　　　　　　　　　TEL　03-3233-0641

印　刷　昭和情報プロセス株式会社

ISBN978-4-88949-100-5　C3054

2018-3　Ⓒ無断転載を禁ず